2020 中国家具年鉴

CHINA FURNITURE YEARBOOK

 中国家具协会 编

中国林业出版社

·北京·

中国家具协会 CHINA NATIONAL FURNITURE ASSOCIATION

地址：北京市朝阳区百子湾路 16 号百子园 5C-1203 室

Add：Room 1203，Building C，No.5 Baiziyuan，No.16，Baiziwan Road，Chaoyang District，Beijing

电话 Tel：010-87766752/87766795

邮箱 E-mail：huiyuan@cnfa.com.cn

官网 Official Website：http:// www.cnfa.com.cn

QQ：1186486096

中国家具协会公众号

图书在版编目（CIP）数据

2020 中国家具年鉴 / 中国家具协会编 . — 北京：中国林业出版社，2020.8

ISBN 978-7-5219-0702-5

Ⅰ. ① 2… Ⅱ. ①中… Ⅲ. ①家具工业 – 中国 – 2020 – 年鉴 Ⅳ. ① F426.88

中国版本图书馆 CIP 数据核字（2020）第 130971 号

策划编辑：杜娟	责任编辑：杜娟　陈惠
电　　话：（010）83143553	传　　真：（010）83143516

出版发行　中国林业出版社（100009　北京西城区德内大街刘海胡同 7 号）
　　　　　E-mail: jiaocaipublic@163.com　电话：（010）83143500

经　　销　新华书店
印　　刷　河北京平诚乾印刷有限公司
版　　次　2020 年 8 月第 1 版
印　　次　2020 年 8 月第 1 次印刷
开　　本　787mm×1092mm　1/16
印　　张　24
字　　数　710 千字
定　　价　230.00 元

未经许可，不得以任何方式复制或抄袭本书之部分或全部内容。

版权所有　侵权必究

ONLEAD
海太欧林集团

ONLEAD 立足高端办公家具市场，秉持"同心同德、尽善尽美"的核心理念，以匠心打造人文科技、绿色环保、健康舒适的办公空间。

Based on the high-end office furniture market, ONLEAD upholds the core concept of "one heart one mind, as perfect as we can" and creates a healthy and comfortable office space featuring humanities, science and technology, environmental protection, health and comfort with ingenuity.

创造美好办公生活
Create a Better Office Life

中国家具协会网站全新改版升级

中国家具协会网站（cnfa.com.cn）是中国家具协会开展对外宣传、信息服务的重要窗口。网站始建于1998年，距今已有22年发展历史。2019年，中国家具协会网站迎来了第八次改版升级。新站采用响应式布局设计，开辟全新栏目，为行业搭建设计趋势、品牌展示、经济运行、国际交流、质量标准、产业集群、政策法规等方面的信息资讯展示平台，向社会大众全面展示行业企业风采。

网站设置：

《**资讯中心**》**栏目**：展示行业企业在国际、设计、标准、政策等方面的最新信息和权威资讯。

《**信息中心**》**栏目**：为协会会员提供权威可靠的历史数据，并定期向行业内外发布行业运行概况和电子刊物阅览。

《**会员中心**》**栏目**：集中展示协会会员信息，允许会员账号登录以自助修改和更新企业信息；相关单位亦可通过本栏目申请成为协会会员。

《**品牌展示**》**栏目**：本次改版新增特色栏目，集中展示行业内具有原创性、专业性、艺术性的产品及相关项目的图文资料。会员企业可通过本栏目展示产品特色、扩大品牌影响，社会大众可通过本栏目了解优秀品牌，欣赏优秀设计。

《**专题专栏**》**栏目**：重点展示由中国家具协会主导的各项行业活动与合作项目，活动及项目形式涵盖展览、竞赛、论坛等。

目前，中国家具协会网站新版已正式上线。网站长期开放**广告合作**，欢迎家具及上下游行业企业与我们联系。

联系人：
中国家具协会 经济（国际）合作部
林为梁 010-87747343 15120090757
lwl@cnfa.com.cn

2020 中国家具年鉴

编委会

主　　任：徐祥楠

副 主 任：张冰冰　屠　祺

主　　编：徐祥楠

委　　员（按姓氏拼音排序）：

　　　　　曹选利　曹泽云　陈宝光　陈豫黔　池秋燕
　　　　　丁　勇　高　伟　高秀芝　何法涧　侯克鹏
　　　　　胡盘根　靳喜凤　李安治　李凤婕　梁纳新
　　　　　林　萍　刘福章　刘金良　刘　伟　孟庆科
　　　　　倪良正　牛广霞　秦志江　任义仁　唐吉玉
　　　　　王　克　王学茂　王增友　席　辉　谢文桥
　　　　　张　萍　赵　云　赵立君　祖树武

责任编辑：吴国栋

编　　辑：郝媛媛　潘晓霞　杨　磊　王　蕃

美　　编：郝媛媛

目 录

01 专题报道
Special Report

中国家具协会成立 30 周年暨
中国国际家具展览会 25 周年庆典在上海浦东举办　**014**

对话时代·唱响未来
——在中国家具协会成立 30 周年暨
中国国际家具展览会 25 周年庆典上的主旨发言　**019**

世界家具产业峰会在成都召开　**023**

在 2019 世界家具产业峰会上的讲话　**026**

02 政策标准
Policy Standard

2019 年政策解读　**030**

2019 年标准批准发布公告汇总　**037**

2019 年标准解读　**038**

03 年度资讯
Annual Information

中国家具协会及家具行业 2019 年度纪事　**042**

2019 国内外行业新闻　**054**

CONTENTS

04 数据统计
Statistical Data

全国数据	**082**
2019年全国家具行业规模以上企业营业收入表	082
2019年全国家具行业规模以上企业出口交货值表	082
2019年全国家具行业规模以上企业主要家具产品产量表	082
2019年全国家具行业出口情况统计表	083
2019年全国家具行业进口情况统计表	083
地方数据	**084**
2019年家具行业规模以上企业分地区家具产量表	084
2019年家具行业分地区家具出口统计表	085
2019年家具行业分地区家具进口统计表	086
分类数据	**088**
2019年家具商品出口量值表	088
2019年家具商品进口量值表	089
2019年家具商品出口各国家（地区）情况表	091
2019年家具商品进口各国家（地区）情况表	099

05 行业分析
Industry Analysis

2019 软体家具缝制机械发展现状及未来趋势	106
2019 我国家纺软体家具面料发展现状与趋势	113

2019家具涂料与涂装工艺发展现状及未来趋势	**119**
推动全装修成品房建设　实现房地产行业高质量发展	**123**
中国家具五金行业现状及未来趋势	**132**
2019我国木材与人造板行业现状及发展趋势	**138**

06 地方产业
Local Industry

北京市	**148**
上海市	**153**
天津市	**158**
重庆市	**161**
河北省	**163**
山西省	**169**
内蒙古自治区	**171**
辽宁省	**174**
哈尔滨市	**179**
江苏省	**181**
浙江省	**184**
江西省	**192**
山东省	**194**
河南省	**198**
湖北省	**200**
武汉市	**201**
湖南省	**203**
广东省	**205**
广州市	**210**
四川省	**212**
贵州省	**214**
陕西省	**216**

西安市	**219**
甘肃省	**221**
福建省	**223**

07 产业集群
Industry Cluster

中国家具产业集群分布图	**230**
中国家具产业集群分布汇总表	**231**
2019 中国家具产业集群发展分析	**232**
中国家具产业集群——传统家具产区	**236**
中国红木家具生产专业镇——大涌	**238**
中国苏作红木家具名镇——海虞	**242**
中国（瑞丽）红木家具产业基地——瑞丽	**245**
中国仙作红木家具产业基地——仙游	**249**
中国红木（雕刻）家具之都——东阳	**252**
中国京作古典家具产业基地——涞水	**255**
中国广作红木特色小镇——石碁	**257**
中国家具产业集群——木质家具产区	**260**
中国实木家具之乡——宁津	**262**
中国欧式古典家具生产基地——玉环	**265**
中国板式家具产业基地——崇州	**269**
中国中部家具产业基地——南康	**272**
中国家具产业集群——办公家具产区	**276**
中国办公家具产业基地——杭州	**278**
中国办公家具重镇——东升	**281**
中国家具产业群——群商贸基地	**282**
中国家居商贸与创新之都——乐从	**284**
中国北方家具商贸之都——香河	**287**

中国家具展览贸易之都——厚街	289
中国家具产业集群——出口基地	**292**
中国椅业之乡——安吉	294
中国家具出口第一镇——大岭山	298
中国出口沙发产业基地——海宁	300
中国家具产业集群——新兴家具产业园区	**302**
中国东部家具产业基地——海安	304
中国中部（清丰）家具产业园——清丰	307
中国（信阳）新兴家居产业基地——信阳	309
中国·兰考品牌家居产业基地——兰考	311
中国家具产业集群——综合产区	**314**
中国家具设计与制造重镇、中国家具材料之都——龙江	316
中国特色定制家具产业基地——胜芳	319
中国金属家具产业基地——樟树	322
中国校具生产基地——南城	325
中国软体家具产业基地——周村	330

08 行业展会
Industry Exhibition

2019 年国内外家具及原辅材料设备展会汇总 **336**

第 25 届中国国际家具展 & 摩登上海时尚家居展 **347**

2019 中国（广州）国际家具博览会 **354**

2019 中国沈阳国际家博会 **359**

09 行业大赛
Industry Competition

2019 年中国技能大赛——"三福杯"
第二届全国家具雕刻职业技能竞赛总决赛成功举办 **364**

2019 年中国技能大赛——"三福杯"
第二届全国家具雕刻职业技能竞赛总决赛获奖情况 **371**

-01-

专题报道
Special Report

编者按：2019年是中国家具协会砥砺奋进、继往开来的一年。9月10日，"对话时代·唱响未来——中国家具协会成立30周年暨中国国际家具展览会25周年庆典"在上海浦东隆重召开，来自全国各地的政府部门、专家学者、企业家、媒体代表等近600人参加庆典。会上，中国家具协会向30年来为行业做出重大贡献的单位和个人授予荣誉称号，弘扬时代精神，树立先进榜样。5月31日，世界家具联合会工作会议在成都召开，亚洲家具联合会会长、中国家具协会理事长徐祥楠当选为世界家具联合会主席；6月1日，由中国家具协会主办的世界家具产业峰会在成都国际家具工业展览会期间召开，为促进全球家具行业共同携手、共享繁荣贡献积极力量。

中国家具协会成立30周年暨中国国际家具展览会25周年庆典在上海浦东举办

2019年9月10日,"对话时代·唱响未来——中国家具协会成立30周年暨中国国际家具展览会25周年庆典"在上海浦东举办。这是一次回首光阴岁月、致敬时代精神的大会,也是一次展望行业未来、共绘宏伟蓝图的大会。

十二届全国人大内务司法委员会委员、中央编办原副主任、现中国轻工业联合会党委书记、会长张崇和,中国轻工业联合会党委副书记、世界家具联合会主席、亚洲家具联合会会长、中国家具协会理事长徐祥楠,中国家具协会原理事长贾清文、朱长岭,世界家具联合会秘书长、亚洲家具联合会副会长兼秘书长、中国家具协会副理事长屠祺,中国家具协会副理事长、上海博华国际展览有限公司创始人、董事王明亮,中国家具协会专家委员会副主任刘金良、陈宝光,中共清丰县委副书记潘奇峰,信阳市羊山新区管委会负责人刘璇,龙江镇党委委员、副镇长黄勇基等领导嘉宾,以及来自全国各地的政府部门代表、专家学者、企业家、媒体代表等近600人参加庆典。屠祺副理事长主持庆典。

张崇和会长在致辞中指出,中国家具协会和行业的30年,是矢志奋斗、砥砺前行的30年,是走向国际、引领潮流的30年,是主动求变、成就辉

煌的30年。发展鼓舞人心，成就令人振奋。中国家具协会和行业的30年，凝结着历届理事会的团结奉献，饱含着全体家具人的辛勤汗水，凝聚着广大会员的不懈奋斗。当前，发展进入新征程，行业步入新阶段。中国家具协会和行业要深刻洞察时代潮流，勇于承担行业重托，以锐意改革、勇立潮头的当代魄力，续写开拓创新砥砺奋进的全新篇章。张崇和会长就中国家具协会和行业发展提出了四点建议：一是不忘初心，牢记使命；二是与时俱进，开拓创新；三是高质量发展，高水平奉献；四是面向新时代，共铸新辉煌。希望家具行业的同志们，以习近平新时代中国特色社会主义思想为指引，求真务实，继往开来，以生生不息的洪荒伟力，激荡永不懈怠的奋斗力量；以永葆初心的使命担当，谱写中国家具行业高质量发展的时代华章！

徐祥楠理事长发表讲话。他回顾了中国家具

中国轻工业联合会党委书记、会长张崇和

中国轻工业联合会党委副书记、中国家具协会理事长徐祥楠

张崇和会长为中国家具协会题词嘉勉

中国家具协会原理事长贾清文

中国家具协会原理事长朱长岭

中国家具协会副理事长屠祺

中国家具协会专家委员会副主任刘金良

中国家具协会专家委员会副主任陈宝光

河北蓝鸟家具股份有限公司党委书记、董事长贾然

广州尚品宅配家居股份有限公司董事长李连柱

上海博华国际展览有限公司创始人、董事王明亮

协会的发展历史，总结了发展成就，展望了发展方向。他指出，30年来，中国家具协会历届理事会秉承服务政府、服务行业、服务企业、服务会员、服务社会的宗旨，肩负引领行业发展的重任，紧密团结广大企业，锐意进取、鼎故革新，为推动家具行业从粗放增长向集约增长转变、中国产品向中国品牌转变、中国制造向中国创造转变，提供了强劲的发展动力。30年来，全体家具人敏锐识变、与时偕行。推进生态文明、两化融合、质量标准、"数字中国"建设，积极构建全新商业模式，构建了全新的产业格局。在全体家具人的共同努力下，中国以全球39%的家具产量、35%的出口总额、29%的消费市场，成为世界第一的家具生产国、出口国和消费国，为全球家具产业的繁荣发展贡献了中国力量，注入了中国智慧。新时代是开放合作的时代，只有调动一切可以调动的力量，才能在经济全球化大势中实现"世界大同，天下一家"的美好愿景。要继续扩大合作，各施所长；继续扩大开放，包容并蓄；继续做好大国表率，勇担重任；同心协力，积极参与全球治理体系改革和建设，共同构筑家具行业的命运共同体。

为鼓励先进、树立榜样，中国家具协会副理事长屠祺宣读《关于授予中国家具行业先进单位和个人荣誉称号的决定》，授予贾然等10人"中国家具行业卓越贡献"荣誉称号，授予李连柱等58人"中国家具行业杰出贡献"荣誉称号。庆典还颁发了中国家具行业领军企业、中国家具行业优秀企业、中国家具行业品牌展会、中国国际家具展览会荣誉展商等荣誉。

庆典上，中国家具协会理事长徐祥楠接受香港家私协会主席张呈峰，深圳市家具行业协会会长尤国忠，广州市家具行业协会会长梁纳新，佛山市顺德区龙江镇人民政府党委委员、副镇长黄勇基，浙江省家具行业协会执行副理事长、秘书长马志翔向中国家具协会赠送的庆贺礼物和祝福。

庆典最后，中国家具协会全体人员上台共唱《我爱你中国》，全场嘉宾起立合唱，表达了中国家具协会和中国家具人对中华人民共和国成立70周年的浓浓情意和诚挚祝福，将庆典活动推向高潮。

伴随着感人至深、催人奋进的歌声，"对话时代·唱响未来——中国家具协会成立30周年暨中国国际家具展览会25周年庆典"圆满结束。创建于1989年的中国家具协会，带领中国家具行业走过了30个春秋。30年来，我们亲历了一个波澜壮阔的时代，书写了一段风起云涌的历史；我们团结了一队同心戮力的伙伴，成就了一番灿烂辉煌的事业。中国家具协会的30年，是伴随中国家具人风雨兼程的30年，是勾勒中国家具业时光如画的30年。苍山如海，感谢无数家具人的共同奋斗；雄关漫道，我们必将开创更加美好的未来！

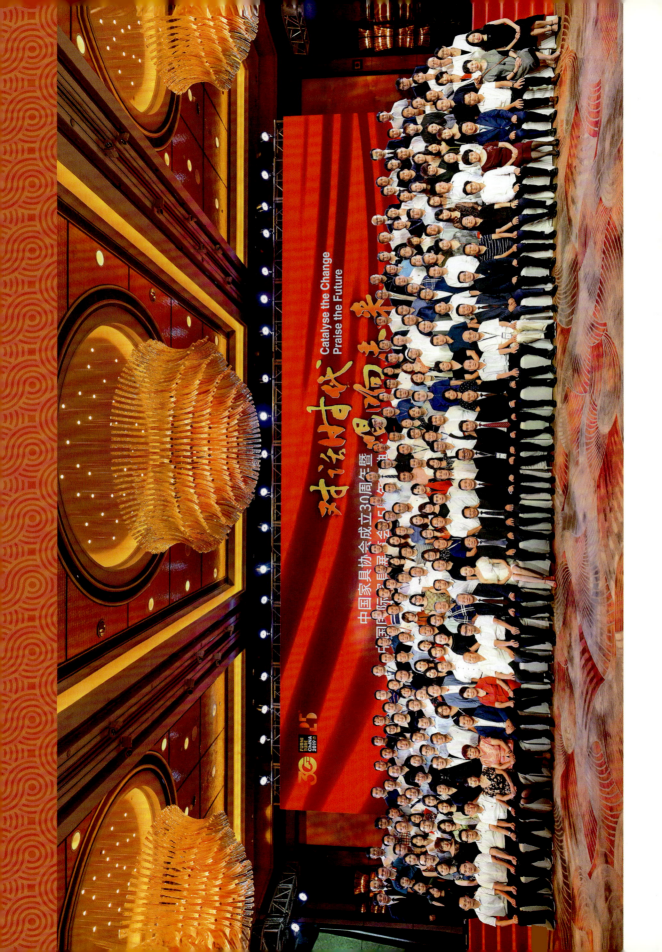

对话时代·唱响未来
——在中国家具协会成立 30 周年暨中国国际家具展览会 25 周年庆典上的主旨发言

中国轻工业联合会党委副书记、中国家具协会理事长　徐祥楠

尊敬的张崇和会长，各位代表、朋友们：

　　大家下午好！

　　素月分辉，明河共影。在中秋节前夕，我们欢聚在上海，共同举行"中国家具协会成立 30 周年暨中国国际家具展览会 25 周年庆典"。这是一次回首光阴岁月、致敬时代精神的大会，也是一次展望行业未来、共绘宏伟蓝图的大会。我们总结过往、弘扬先进，与全体家具人团结一心，用意气风发的斗志、坚如磐石的信心，向着行业繁荣美好的明天不断前行！

　　70 年前，1949 年 10 月，中国共产党领导人民建立了新中国，中华民族从此开启了实现伟大复兴的历史新纪元。70 年来，中国人民站在实现社会主义现代化的历史新起点上，挺起脊梁、砥砺奋进，中华民族迎来了从站起来、富起来到强起来的历史性飞跃。

　　30 年前，轻工业部筹备组建中国家具协会工作组，经过近一年的筹备，民政部于 1989 年 6 月 20 日批准中国家具协会正式成立。30 年来，中国家具协会历届理事会秉承服务政府、服务行业、服务企业、服务会员、服务社会的宗旨，肩负引领行业发展的重任，紧密团结广大企业，锐意进取，鼎故革新，为推动家具行业从粗放增长向集约增长转变、中国产品向中国品牌转变、中国制造向中国创造转变，提供了强劲的发展动力。

　　今天，在全体家具人的共同努力下，中国以全球 39% 的家具产量、35% 的出口总额、29% 的消费市场，成为世界第一的家具生产国、出口国和消费国，为全球家具产业的繁荣发展贡献了中国力量，注入了中国智慧。

　　天道酬勤，日新月异。家具的更新换代，日益满足了人民对美好生活的需求；科技的飞速发展，不断实现了中国家具行业在全球地位的提升。与日俱增的获得感和中国家具行业的伟大成就让我们坚信：幸福都是奋斗出来的！

　　九层之台，起于累土。千里之行，始于足下。中国家具行业今日的辉煌，是一个个小突破积累起来的，是一代代家具人奋斗出来的。在专业教材稀少、教学条件落后的二十世纪七八十年代，南京林业大学、中南林业科技大学、北京林业大学等一批家具院校的学科带头人，扎根教育，投身科研，孜孜不倦地培育专业人才，为中国家具学科教育奠定了坚实堡垒。在物资原料紧缺、制造设备单一的二十世纪八九十年代，贾然、陈永泰、谭广照等老一辈

企业家，钻研技术，突破难题，兢兢业业地带领企业发展壮大，开创了中国现代家具产业历史先河。在经济发达、科技进步的二十一世纪，新一代的家具企业家，扛起行业发展重任，运用现代化管理理念、数字化生产技术，推动行业从"生产型制造"向"服务型制造"转型。惟奋斗者进，惟奋斗者强。正是老、中、轻三代家具人的接力奋斗，才换来了中国家具业今日的荣光。

大道至简，实干为要。新时代是奋斗的时代，奋斗的人生最幸福。新时代的科教工作者们，要围绕行业与企业需求，加快人才梯队建设，培养创新型、技能型的实用人才，为行业注入新发展动力。新时代的家具企业家们，要继续扎根于企业经营管理，将新理念、新模式、新动能应用于企业转型升级，加快技术革新，推动行业稳步前行。新时代的家具从业者们，要始终奋斗在家具产业一线，做好每一件小事、完成每一项任务，在平凡岗位上做出不平凡的成绩。

人生在勤，勤则不匮。让我们在拼搏奋斗的行业进行曲中，发扬时代朝气，书写实干华章！

"变而求存"是从古至今人类文明进步的生存智慧，也是万事万物进化的生命繁衍。战国时期政治家商鞅以坚韧的意志力推动变法，用果敢的勇气除旧迎新。历史变革的道路深刻表明：**积极应变，主动求变，才能与时代同行！**

中国家具行业从历史中走来，在变化中革新。在改革浪潮的助推下，全体家具人敏锐识变、与时偕行。面对环境保护的要求，我们积极推进生态文明建设，推动水性漆、高固分涂料等先进技术落地。美克、全友、明珠、黎明文仪、永艺等7家企业被工业和信息化部（下称"工信部"）评为绿色工厂，成为绿色制造的典范。面对生产模式的变化，我们积极推进两化融合建设，推广智能制造应用。尚品宅配、天坛、慕思等大批企业积极引进自动化流水生产线，建立立体仓库，实现智能工厂无人化生产。面对生活品质的提升，我们积极推进标准建设，培养标准化人才，目前已出台国家标准74项，行业标准76项，中国家具协会团体标准9项，家具标准国际转化率稳步增长，产品质量日益提升。面对信息技术的进步，我们积极推进"数字中国"建设，加速互联网成果转化。伊春光明、青岛一木等传统家具企业引入电子商务，行业在转型升级中更上阶梯。面对消费升级的趋势，我们积极构建全新商业模式，推动新业态普及。曲美、顾家、喜临门等行业领军企业建立新零售体验店，迈向产业互融的大家居格局。百舸争流，奋楫者先。新时代是与时俱进的时代，只有敢为人先、推陈出新，才能与时代同进。

我们要坚定不移的推行生态文明建设，牢固树立绿水青山就是金山银山的发展理念，推行绿色生产技术，倡导绿色生活方式，让我们生于斯、长于斯的地球家园更加动人美丽。我们要坚定不移地推行标准体系建设，全方位实施标准化建设，占领国际标准"制高点"，让标准成为中国家具企业走出去的"先手棋"。我们要坚定不移地推行创新型现代化建设，实施创新驱动发展理念，把科技创新作为第一动力，智能制造作为主攻方向，切实推动行业转型升级，为人民带来更加美好的生活体验。

千帆竞发，勇进者胜。让我们在与时俱进的行业变奏曲中，高扬时代风帆，恒立大浪潮头！

历史给予我们强大的力量，指明了不断前行的方向。改革开放引导我们——开放决定命运，"一带一路"激励我们——合作才能共赢。时代前进的轨迹深刻表明：**开放合作，道路才能越走越宽！**

中国家具行业始终以合作为要领，以开放为前提，顺应时代潮流、永葆行业常青。产业集群是家具产业开展合作的有效方式：大涌、安吉、南康、龙江、胜芳等地以特色家具产业为基础，整合上下游产业链，集群内企业拧成合力、抱团发展，实现地区产业的整体提升，成为区域经济的重要支柱。展会贸易是达成共赢的重要平台：我们举办中国国际家具展览会、中国（广州）国际家具博览会、中国沈阳国际家具展览会等十多个国际型展会，各地还举办了几十个地方型、特色型展览。特别是中国国际家具展览会，25年来坚持"出口导向、高端内销、原创设计、产业引领"的办展理念。不仅为中国企业提供了国际贸易渠道，也为各国企业敞开了中国市场大门。国际交流合作是扩大开放的高效途径：我们的产品远销全球100多个国家，与200多个国家和地区进行交流对接；举办世界家具大会、亚洲家具年会等行业活动，实现信息和技术互通；促进国际产能合作，拓展市场和渠道资源。在家具行业的国际交往中，中国彰显了大国担当，推动了各国家具行业共同发展。

精诚合作，勠力同心。新时代是开放合作的时代，只有调动一切可以调动的力量，才能在经济全球化大势中实现"世界大同，天下一家"的美好愿景。我们要继续扩大合作，各施所长。推进产学研融合，实现高校人才、科技成果与行业的无缝接轨；助力上下游互联，带动供应链的产业集聚；助推跨行业融通，实现有限资源的无限效应。我们要继续扩大开放，包容并蓄。搭建进出口贸易服务平台，接轨国际化贸易模式；创新对外投资方式，加快培育国际经济合作和竞争新优势。我们要继续做好大国表率，勇担重任。发挥世界家具联合会、亚洲家具联合会的行业组织作用，打造互利共赢的全球合作模式；规划全球家具产业发展体系，建立平衡普惠的全球发展格局。全体家具人要同心协力，积极参与全球治理体系改革和建设，共同构筑家具行业的命运共同体。

一花独放不是春，百花齐放春满园。我们要在开放合作的行业协奏曲中，团结一切力量，惠利内外全球！

时光如梭，川流不息。回首过去，我们拼搏奋斗创造幸福、与时俱进拥抱变革、开放合作争取共赢。我们义无反顾的勇往直前都源于矢志不渝的不变初心。习近平总书记叮嘱我们："**走得再远都不能忘记来时的路。**"

我们的手工艺人，倾心于博大精深的中国传统文化，用灵巧的双手雕琢出无与伦比的佳作，以无尽的热爱传承中国传统家具事业。我们的技术工人，专心于精益求精的家具生产制作，用心打磨每一个家具零件，严格把控每一件产品品质，以心无旁骛的专注诠释精准高效的工匠精神。我们的设计人员，醉心于尽善尽美的家具产品研发，用精妙的设计创意改变人民生活，影响着世界家具的设计思潮。我们的行业服务者，尽心于搭建交流平台、拓展销售渠道、完善检测体系、健全人才培养、解决企业难题，用无微不至的服务保障行业稳健运行。

回首往昔，中国家具协会的历任理事长们，始终坚守"全心全意为会员服务"的初心，脚踏实地，为推动行业发展和协会成长做出了重要贡献。1989年，陈鼎新同志带领协会第一届理事会，同老一辈企业家一起，响应政策，把握机遇，以"开拓"为要务，合力推动家具行业开启了现代化建设之路。1995至2010年，贾清文同志带领协会第二、三、四届理事会，以"发展"为方向，抢抓生产，提高产能，培育了行业快速发展的新动力。2010至2018年，朱长岭同志带领协会第五、第六届理事会，以"创新"为引擎，战胜挑战，勇攀高峰，形成了家具行业布局全球的新格局。今天，协会全体工作者以"引领"为使命，团结亚洲，走向世界，以崭新的面貌开创了行业工作的新局面，开启了协会和行业共同发展的新篇章。

千千万万的家具人，在工作岗位上逐梦前行。他们克己奉公的敬业奉献值得我们薪火相继，他们不忘初心的时代精神值得我们一脉相传。只要我们目标专一，锲而不舍，坚持一张蓝图绘到底，坚持一年接着一年干，一届接着一届干，勇于站在时代前沿，汇聚行业磅礴之力，就能一往无前，从胜利走向胜利，推动行业不断前行。

岁月不老，时光不变。初心生于逐梦，我们要坚守创造美好生活的永恒初心，从梦想起航的地方出征，向着理想的彼岸奋进。初心贵于坚守，我们要传承中国文化，坚持卓越品质，推进标准规范，让中国家具站立于世界高峰。初心臻于发展，我们要随着时代不断丰富初心的内涵，时刻为其注入新的养分。新时代开启新征程，新使命展现新作为。我们要在不忘初心的行业交响乐中，牢记伟大使命，续写时代辉煌！

同志们、朋友们！

作始也简，将毕也巨。三十年来，全体家具人取得了举世瞩目的伟大成就，值得我们为之骄傲和自豪。

在中国家具协会30周年暨中国国际家具展览会25周年庆典之际，我代表中国家具协会，向为行业发展作出积极贡献的全体家具人，致以崇高的敬意！向一直以来支持协会工作、关心行业发展的各位领导、各界人士，表示衷心的感谢！我们要向这个伟大时代致敬，是国家的强大、改革的春风、经济的发展，给予了中国家具行业蓬勃发展的时代机遇。

立足于过万亿的常青产业，吸吮着五千多年的文化养分，聚合了五百多万人的磅礴之力，中国家具行业拥有无比强大的前进动力和广阔的时代舞台，值得我们一生为之奉献。一个澎湃的行业，充满了繁荣发展的活力，"我们都在努力奔跑，我们都是追梦人！"

让我们挥动高质量发展大旗，在习近平新时代中国特色社会主义思想指引下，不忘初心，拼搏奋斗，开放合作，与时俱进！用中国智慧与中国力量，创造中国速度和中国方案，为实现中华民族伟大复兴的中国梦、实现全球人民对美好生活的向往，继续奋进！

让我们奏响新时代宏伟乐章，共同高歌六十亿人类命运交响曲，为中华人民共和国成立70周年华诞献礼！

谢谢大家！

2019年9月10日

世界家具产业峰会在成都召开

2019年6月1日，世界家具产业峰会在成都国际家具工业展览会期间召开。此次峰会由中国家具协会主办，成都新东方展览有限公司承办。十二届全国人大内务司法委员会委员、中央编办原副主任，现中国轻工业联合会党委书记、会长张崇和，中国轻工业联合会党委副书记、世界家具联合会主席、亚洲家具联合会会长、中国家具协会理事长徐祥楠，成都市人民政府副秘书长、市政府办公厅主任廖成珍，世界家具联合会秘书长、亚洲家具联合会副会长兼秘书长、中国家具协会副理事长屠祺，成都市贸促会会长、成都市博览局局长陈赋，以及来自亚洲、欧洲、南美洲、非洲的各国政府机构代表、行业代表、专业媒体等出席峰会。

张崇和会长在致辞中对推动世界家具行业合作与发展提出四点希望：一是创新共荣，二是绿色共生，三是智慧共享，四是开放共赢。张会长表示，世界家具的繁荣发展离不开中国，中国的家具发展离不开世界。我们要共同创造全球家具行业百花齐放的美好未来，共同谱写世界家具行业美好篇章。

徐祥楠理事长作为世界家具联合会主席为本次峰会致辞。他期待在世界家具联合会未来的工作中，与大家携手前行，共铸辉煌。他指出，我们要秉承互惠共赢的理念，共建开放的新型产业经济，向着命运共同体的目标，以更加开放的姿态拥抱世界，以更有活力的文明成就贡献世界。

廖成珍副秘书长在峰会上致辞。她介绍了成都市经济发展总体情况、家具产业及成都家具展的发展现状。未来，成都将加快推动家具产业集群发展，在绿色环保、技术革新、创新设计方面提升核心竞争力，并主动服务四川家具行业发展，持续提升产业能力和功能辐射能力。

世界家具联合会秘书长、亚洲家具联合会副会

中国轻工业联合会党委书记、会长张崇和

中国轻工业联合会党委副书记、世界家具联合会主席、亚洲家具联合会会长、中国家具协会理事长徐祥楠

成都市人民政府副秘书长、市政府办公厅主任廖成珍

世界家具联合会秘书长、亚洲家具联合会副会长兼秘书长、中国家具协会副理事长屠祺

长兼秘书长、中国家具协会副理事长屠祺以"携手推进全球家具行业共同发展"为题作主题演讲。她介绍了全球家具产业格局，并对推进全球家具产业协同发展提出了建议：要打造绿色产业模式，建立高效的沟通机制，搭建共赢合作平台，培育新型增长动力。

意大利家具销售商联合会主席 Mauro Maroli 以"欧洲家具业的发展情况"为题作主题演讲。他以详尽的数据介绍了欧洲家具产业分布和发展情况，并分享了意大利家具产业发展概况。埃及家具出口商协会理事、埃及 APPLIANCE 总裁 Walid Abd Ei Halim 以"非洲家具业的发展机遇"为题作主题演讲。他分享了非洲家具业的发展现状，展望了以埃及为代表的非洲家具产业的发展机遇。巴西 Mobile Lojista 杂志 CEO Carlos Bessa 以"南美洲家具市场展望"为题作主题演讲。南美洲有世界上最大的热带雨林，是全球重要的木材出口地区之一。巴西是南美洲最大的经济体，其家具产业在南美洲占有举足轻重的地位。凭借资源优势和经济逐渐复苏，以巴西为代表的南美家具产业将在未来取得更大的发展。

会上，成都新东方展览有限公司副总经理姜华，四川省家具进出口商会秘书长荣煜伟，香港家私协会主席张呈峰，就2020年香港家居设计生活馆落地成都家具展签署合作协议。会议由中国家具协会经济（国际）合作部主任张婷主持。

推动全球家具产业繁荣发展，不断满足人们美好生活的向往，是全球家具人共同的心愿，是全球家具业的价值目标。此次世界家具产业峰会的召开，将大力促进全球家具行业共同携手、共享繁荣，为构筑全球家具产业命运共同体贡献积极力量。

意大利家具销售商联合会主席 Mauro Maroli

埃及家具出口商协会理事、埃及 APPLIANCE 总裁 Walid Abd Ei Halim

巴西 Mobile Lojista 杂志 CEO Carlos Bessa

2020 年香港家居设计生活馆签约仪式

世界家具产业峰会

在 2019 世界家具产业峰会上的讲话

中国家具协会理事长　徐祥楠

尊敬的张崇和会长，国际家具界的朋友，女士们、先生们：

大家下午好！

今天，我们相聚蜀韵天府，共同参加2019世界家具产业峰会。首先，我代表世界家具联合会、亚洲家具联合会和中国家具协会，对出席论坛的各国嘉宾、各位朋友，表示诚挚的问候和热烈的欢迎！昨天召开的世界家具联合会工作会议，选举我为新一届世界家具联合会主席。感谢各成员国代表对我的信任，我将不负众望，尽职尽责。

家具是人类智慧和劳动的结晶，是社会文明发展与生活实践的产物。家具既是室内生活环境的主要装饰，也是人民精神生活的重要寄托。几千年来，世界家具行业交流互鉴，互通有无，异彩纷呈。各国家具产品集材料、制作、功能、结构、美感于一体，跨越国界，跨越时空，跨越文明，形成了丰富多彩的式样风格，特色鲜明的地域特征，为构建人类命运共同体，奉献了源远流长的文化积淀。

中国是家具生产大国，家具制造历史悠久。中国古典家具起始于汉唐，发展于宋元，兴盛于明清，继承和创新于当今。中国家具流派风格多样，地域特征明显，对东西方家具发展都产生了不同程度的影响，在世界家具体系中占有重要的历史地位，为满足全球人民美好生活需要作出了贡献。

当前，世界各国经济发展联系日益密切，开放型世界经济、经济全球化持续推进。深化交流互鉴，有助于加快行业的国际化进程，推动经济社会发展，实现共同繁荣。

今天上午，拥有20年历史的成都家具展隆重开幕，总展出面积达34万平方米，国内外参展企业近3000家，为推动全球家具行业全产业链发展提供了广阔的展示平台。

此时此刻，全球40多个国家和地区的家具行业专业人士共聚一堂，讨论新一轮科技和产业革命兴起的时代背景下，家具行业互学互鉴、合作共赢的美好愿景，以国际视野共话世界家具行业发展趋势，探讨全球家具产业变革，必将对世界家具产业发展产生重要且积极的推动作用。

未来，全球家具行业要顺应时代要求，把握发展机遇，合力克服挑战，履行历史使命，为实现世界家具产业的跨越提升发挥更大的作用。在此，我就携手推进全球家具产业共同发展提出几点想法，希望与全球家具行业同仁共同实现。

第一，家具行业要秉承造福人类的宗旨和使命。家具的出现，是为了让人们的工作和生活更加舒适、便捷，我们要以造福人类为目标，设计生产出更加美观、实用、高质量的家具产品，推动家具产业为人类带来更多福祉。

第二，家具行业要倡导可持续发展的理念。要充分利用资源，节约资源，建立健全资源可循环机制。要坚持绿色发展模式，促进家具行业与自然环境和人类社会协调发展，为落实联合国2030年可持续发展议程作出家具行业的贡献。

第三，家具行业要坚持合作共赢。合作共赢是大势所趋，我们要摒弃零和博弈的思维，树立共赢、双赢的理念。全球家具行业要携手应对发展面临的挑战，实现更加务实的双边和多边合作，共筑全球家具产业命运共同体。

第四，家具行业要促进开放融通。历史告诉我们，开放带来进步，封闭必然落后。各国经济发展日益相互联系，相互影响，我们要减少各类贸易或非贸易壁垒对全球家具产业融通发展的影响，用包容、宽广的胸怀，促进行业整体水平的提升。

第五，家具行业要坚持创新发展。为了更好地适应经济社会的发展，家具行业需要持续注入新的动力，我们要保持创新精神，鼓励创新思维，实现技术创新、材料创新、工艺创新、模式创新，用创新驱动发展。

各位嘉宾，各位朋友！

让我们通力并进，携手应对面临的挑战，一起播撒合作的种子，共同收获发展的果实，让世界家具产业焕发更加灿烂的光芒，为人类美好家居生活作出更大的贡献！

最后，预祝世界家具产业峰会取得圆满成功！谢谢大家！

2019年6月1日

世界家具产业峰会

-02-

政策标准
Policy Standard

编者按：2019 年，国家出台了多项利好政策，为家具行业稳健发展提供了有利保障。本篇主要围绕与家具行业紧密相关的民营企业发展、共享制造模式、老年用品产业、设计提升行动、减税降费举措五个方面进行专题进行分析解读。2019 年，我国家具行业标准制修订工作有序推进，出台国家标准 3 项、行业标准 1 项和中国家具协会团体标准 4 项，截至 2019 年末，我国家具行业现有国家标准共计 76 项，行业标准共计 75 项。本篇还对部分标准进行了重点解读。

2019 年政策解读

促进民营企业健康发展

《关于营造更好发展环境支持民营企业改革发展的意见》

发布时间：2019 年 12 月 22 日
发布单位：中共中央、国务院

背　　景：在国内外环境发生深刻变化的背景下，民营经济发展面临一定困难和问题。进一步稳定各方预期、激发民营企业活力和创造力，破解民营经济规模小、发展粗放、国际竞争力不强等突出矛盾，成为推进供给侧结构性改革、实现高质量发展、应对外部变局的重大课题。党的十八大以来，围绕民营企业关切的产权保护、企业家精神等重大课题，中央接连出台重要文件。2016 年，《中共中央 国务院关于完善产权保护制度依法保护产权的意见》出台。2017 年，《中共中央 国务院关于营造企业家健康成长环境弘扬优秀企业家精神更好发挥企业家作用的意见》出台。2018 年 11 月 1 日，习近平总书记主持召开民营企业座谈会并发表重要讲话，充分肯定我国民营经济的重要地位和作用，为民营企业未来发展指明方向。为进一步激发民营企业活力和创造力，充分发挥民营经济在推进供给侧结构性改革、推动高质量发展、建设现代化经济体系中的重要作用，中共中央、国务院出台实施《关于营造更好发展环境支持民营企业改革发展的意见》(下称《意见》)。

意　　义：《意见》是首个立足于民营企业改革发展的中央文件。文件以供给侧结构性改革为主线，营造市场化、法治化、国际化营商环境，为保障民营企业依法平等使用资源要素、公开公平公正参与竞争、同等受到法律保护等，提供坚强有力的制度保障。

内　　容：《意见》一共分为八个部分，其中第一部分是总论。第二部分到第七部分是分论，分别从优化公平竞争的市场环境、完善精准有效的政策环境、健全平等保护的法治环境、鼓励引导民营企业改革创新、促进民营企业规范健康发展、构建亲清政商关系六个维度，对如何支持民营企业发展的具体政策，作出了详细的阐述和规定。这六个部分是《意见》的主要内容所在。第八部分阐述了组织保障，分别从建立健全民营企业党建工作机制、完善支持民营企业改革发展工作机制、健全舆论引导和示范引领工作机制三个方面，对各级党委和政府如何贯彻落实这一重要部署，提出了具体要求。

《关于促进中小企业健康发展的指导意见》

发布时间：2019年3月28日
发布单位：中共中央办公厅、国务院办公厅

背　　景：中小企业是我国国民经济和社会发展的重要力量，在推动经济发展、扩大劳动就业、促进技术创新、改善社会民生等方面具有不可替代的作用。2018年11月1日，习近平总书记在民营企业座谈会上的重要讲话，为新时代促进民营经济和中小企业发展工作指明了方向。李克强总理也多次就中小企业发展问题作出重要指示批示，2018年召开的国务院常务会议中，有13次议题涉及加大对中小微企业支持力度。为贯彻落实党中央、国务院决策部署，采取精准有效措施解决中小企业当前面临的突出困难，促进其持续健康发展，2018年10月，工信部会同有关部门研究起草《关于促进中小企业健康发展的指导意见》(下称《指导意见》)，12月24日，国务院常务会议对《指导意见》进行了审议。2019年3月28日，《指导意见》正式印发。

意　　义：《指导意见》结合近期已出台的部分财税金融政策，从营造良好发展环境，破解融资难融资贵问题，完善财税支持政策，提升创新发展能力，改进服务保障工作，强化组织领导和统筹协调等六个方面，提出23条针对性更强、更实、更管用的新措施。在当前国内外经济形势错综复杂、中小企业生产经营下行压力加大的情况下，《指导意见》为当前和今后一个时期促进中小企业发展提供遵循和指引，对提振中小企业发展信心，推动中小企业健康可持续发展，意义重大。

举　　措：2019年，工信部推动中小企业信息化服务工作，落实《关于促进中小企业健康发展的指导意见》。在服务政策落地、促进融资、降本增效、推动创新创业等方面，中小企业信息化推进工程发挥了重要作用，推动中小企业不断提高发展质量。2019中小企业信息化服务信息发布会上，工信部表示，2018年全国建立了4400多个服务机构，配备了30多万名服务人员，联合了7600多家专业合作伙伴；组织开展宣传培训和信息化推广活动3万余场，参加活动达249万多人次，与地方政府部门签署了1911份合作协议。全年中小企业信息化推进投入资金近17亿元，获得各级地方财政支持6.7亿元，全面提升中小企业信息化应用能力。

培育共享制造新模式新业态

《关于加快培育共享制造新模式新业态促进制造业高质量发展的指导意见》

发布时间：2019 年 10 月 22 日
发布单位：工业和信息化部

背　　景：共享经济是近年来兴起的一种新兴经济形态，正在全球范围内快速发展。党中央、国务院高度重视共享经济发展，明确提出要在共享经济等领域培育新增长点、形成新动能。共享制造即共享经济在生产制造领域的应用创新，是围绕生产制造各环节，运用共享理念将分散、闲置生产资源集聚起来，弹性匹配、动态共享给需求方的新模式新业态。当前，我国在机械加工、电子制造、纺织服装、科研仪器、工业设计、检验检测、物流仓储等领域涌现出一批典型共享制造平台，形成了产能对接、协同生产、共享工厂等多种新模式新业态，显示出很大的发展活力和潜力。但共享制造总体仍处于起步阶段，面临共享意愿不足、发展生态不完善、数字化基础较薄弱等问题，需进一步加强政策引导，优化发展环境。

意　　义：发展共享制造，有利于优化资源配置，提高生产资源的利用效率，减少闲置产能，扩大有效供给；有利于提高产业组织柔性和灵活性，推动大中小企业融通发展，促进产品制造向服务延伸，提升产业链水平，加快迈向全球价值链中高端；有利于降低中小企业生产与交易成本，促进中小企业专业化、标准化和品质化发展，提升企业竞争力，对推动新一代信息技术与制造业融合发展、培育壮大新动能、促进制造业高质量发展具有重要意义。

发展方向：《关于加快培育共享制造新模式新业态促进制造业高质量发展的指导意见》（下称《指导意见》），按照产业价值链三大主要环节，结合共享制造现实发展需求，以制造能力共享为重点，以创新能力、服务能力共享为支撑，提出了三大发展方向。一是制造能力共享，主要包括生产设备、专用工具、生产线等制造资源的共享。二是创新能力共享，主要包括产品设计与开发能力等智力资源共享，以及科研仪器设备与实验能力共享等。三是服务能力共享，主要围绕物流仓储、产品检测、设备维护、验货验厂、供应链管理、数据存储与分析等企业普遍存在的共性服务需求的共享。

目　　标：《指导意见》提出了两个阶段发展目标。到 2022 年，形成 20 家创新能力强、行业影响大的共享制造示范平台；推动支持 50 项发展前景好、带动作用强的共享制造示范项目；逐步健全信用、标准等配套体系，支持共性技术研发，不断夯实数字化发展基础，初步形成共享制造协同发展生态。到 2025 年，共享制造发展迈上新台阶，示范引领作用全面显现，共享制造模式广泛应用，生态体系趋于完善，资源数字化水平显著提升，成为制造业高质量发展的重要驱动力量。

重点任务：《指导意见》针对我国共享制造现阶段的发展特点和主要问题，从平台、集群、生态和基础 4 个方面，提出了 12 项重点任务。一是培育共享制造平台，积极推进平台建设、鼓励平台创新应用、推动平台演进升级。二是依托产业集群发展共享制造，探索建设共享工厂、支持发展公共技术中心、积极推动服务能力共享。三是完善共享制造发展生态，创新资源共享机制、推动信用体系建设、优化完善标准体系。四是夯实共享制造发展的数字化基础，提升企业数字化水平、推动新型基础设施建设、强化网络安全保障。

保障措施：一是加强组织推进，聚集各方力量，通过多种方式，助力共享制造创新发展。二是推动示范引领，在服务型制造示范活动中，遴选一批共享制造示范平台和项目，加强典型经验交流和推广。三是强化政策支持，积极利用现有资金渠道，支持共性技术研究与开发，引导和推动金融机构为共享制造提供金融服务等。四是加强人才培养，开展共享制造领域急需紧缺人才培养培训，加强互联网领域与制造业领域的复合型人才队伍培养等。

老年用品产业高质量发展

《关于促进老年用品产业发展的指导意见》

发布时间：2019 年 12 月 31 日

发布单位：工业和信息化部、民政部、国家卫生健康委员会、国家市场监督管理总局、全国老龄工作委员会办公室

背　　景：目前，人口老龄化是我国的基本国情，亟需加以积极应对。与老龄发达国家相比，我国老年用品产业发展较为滞后，产品种类相对匮乏，有效供给明显不足。

意　　义：一是明确老年用品产业重点领域。《关于促进老年用品产业发展的指导意见》(下称《指导意见》) 作为国家层面第一个促进老年用品产业发展的引导政策，首次明确了老年用品产业重点领域，希望调动各方积极性，加快构建老年用品产业体系，不断满足多层次消费需求。二是引导老年用品产业高质量发展。截至 2018 年底，我国 60 岁以上老年人口已超过 2.4 亿，占总人口的 17.9%，老年消费群体需求的多样性和高标准，将促使老年用品产业持续发展。《指导意见》基于对老年用品市场需求、行业现状的考虑，更多强调创新驱动，引导产业高质量发展。三是建立横向纵向联系促进产需对接。当前，制约老年用品产业发展的突出问题是产需缺乏有效衔接。《指导意见》由工业和信息化部、民政部、国家卫生健康委、国家市场监管总局、全国老龄工作委员会办公室联合发布，从部委层面建立供需横向联系，向下指导地方相应部门建立纵向联系，共同推进建设地方老年用品产业园区、培育创新型企业加快老年用品关键技术和产品的研发、建立中国老年用品指导目录、开展重点产品试点示范工程、开展"孝老爱老"购物节等措施落地。

目　　标：老年用品产业总体规模超过 5 万亿元，形成技术、产品、服务和应用协调发展的良好格局。

保障措施：一是发挥地方优势，培育经济新增长点。支持有产业基础的地方结合实际制定产业规划及相关政策措施，建设老年用品产业园区，发展地方特色老年用品产业，加快模式创新，培育经济新增长点。二是加大创新投入，提升产品供给能力。利用现有资金渠道，支持老年用品关键技术和产品的研发、成果转化、服务创新及应用推广。三是完善产业政策，推进行业应用推广。建立老年用品目录，开展智慧健康养老应用试点示范等。四是优化消费环境，培育规范消费市场。建立老年用品领域标准化信息服务平台。开展"孝老爱老"购物节活动，鼓励各大电商、零售企业在重阳节期间集中展示、销售老年用品。五是发挥协会作用，提高行业服务能力。指导行业协会在标准制修订等方面积极发挥作用。鼓励行业协会定期发布需求信息等。

设计提升专项行动

《制造业设计能力提升专项行动计划（2019—2022 年）》

发布日期：2019 年 10 月 29 日

发布单位：工业和信息化部、国家发展和改革委员会、教育部、财政部、人力资源和社会保障部、商务部、国家税务总局、国家市场监督管理总局、国家统计局、中国工程院、中国银行保险监督管理委员会、中国证券监督管理委员会、国家知识产权局

背　　景：当前，随着新一轮科技革命和产业变革的到来，工业设计的内涵和外延都发生了很多变化，同时设计能力不足已成为影响制造业领域转型升级的瓶颈问题和重要因素之一，在设计基础研究与数据积累、设计工具与方法、设计人才培养、试验验证以及公共服务能力等方面仍亟待加强。为此，工信部开展调查研究，多次组织地方主管部门、行业组织、科研机构、高等院校、设计企业等座谈讨论。围绕贯彻落实制造强国建设相关要求，瞄准制造业短板领域设计问题，提出开展制造业设计能力提升专项行动。

目　　标：争取用 4 年左右的时间，推动制造业短板领域设计问题有效改善，工业设计基础研究体系逐步完备，公共服务能力大幅提升，人才培养模式创新发展。在高档数控机床、工业机器人、汽车、电力装备、石化装备、重型机械等行业，以及节能环保、人工智能等领域实现原创设计突破。在系统设计、人工智能设计、生态设计等方面形成一批国家、行业标准，开发出一批好用、专业的设计工具。高水平建设国家工业设计研究院，提高工业设计基础研究能力和公共服务水平。创建 10 个左右以设计服务为特色的服务型制造示范城市，发展壮大 200 家以上国家级工业设计中心，打造设计创新骨干力量，引领工业设计发展趋势。推广工业设计"新工科"

教育模式，创新设计人才培养方式，创建 100 个左右制造业设计培训基地。

任　　务：针对制造业短板领域设计问题和影响设计创新发展的突出问题，提出 5 大任务、13 项举措。一是夯实制造业设计基础。提出要加大基础研究力度，开发先进适用的设计软件。二是推动重点领域设计突破。提出要补齐装备制造设计短板，提升传统优势行业设计水平，大力推进系统设计和生态设计。三是培育高端制造业设计人才。提出要改革制造业设计人才培养模式，畅通设计师人才发展通道。四是培育壮大设计主体。提出要加快培育工业设计骨干力量，促进设计类中小企业专业化发展。五是构建工业设计公共服务网络。提出要健全工业设计研究服务体系，搭建共创共享的设计协同平台，强化设计知识产权保护，营造有利于设计发展的社会氛围。围绕各项任务，《制造业设计能力提升专项行动计划（2019—2022年）》通过专栏的方式提出了关键设计软件迭代、重点设计突破、制造业设计人才培育、中小企业设计创新、工业设计公共服务体系建设、工业设计知识产权保护维权等 6 项工程，明确具体要求，增加行动计划的可操作性。

减税降费力度加大　　制造业受益最大

《关于实施小微企业普惠性税收减免政策的通知》

发布时间：2019 年 1 月 17 日
发布单位：财政部、税务总局
执行时间：2019 年 1 月 1 日至 2021 年 12 月 31 日

政策解析：将小微企业优惠税种由现行的企业所得税、增值税，扩大至资源税、城市维护建设税、城镇土地使用税等 8 个税种和 2 项附加。地方政府根据本地区实际情况，对增值税小规模纳税人在 50% 的税额幅度内减征"六税两费"。放宽了小微企业标准，扩大了小微企业的覆盖面，并且引入超额累进计算法，加大企业所得税优惠力度。将增值税小规模纳税人免税标准从月销售额 3 万元提高至月销售额 10 万元，免税政策受益面大幅扩大，更大激发市场活力。扩展了投资初创科技型企业享受优惠政策的范围。

《关于深化增值税改革有关政策的公告》

发布时间：2019 年 3 月 20 日
发布单位：财政部、税务总局、海关总署
执行时间：2019 年 4 月 1 日至 2021 年 12 月 31 日

政策解析：制造业在本次调整中增值税率由 16% 降至 13%，成为此次税率调整降幅最大的行业，此税率在 G20 国家中处于中等偏下水平，低于一些发达国家和新兴市场国家。本次调整还配套实施了一些政策，其中包括扩大进项税抵扣范围，试行期末留抵退税制度，对生产、生活性服务业进项税额加计抵减等。制造业由于相关支出规模较大，期末留抵税额占比最高，仍将成为这些政策的最大受益对象。此次改革并非单纯的下调税率，而是注重与税制改革相衔接，注重突出普惠性，通过完善税制向建立现代增值税制度的目标迈进，还为下一步税率三档并二档预留了空间。为落实好税收法定原则，增值税立法进程也会加快，推动增值税改革不断纵深发展。

《降低社会保险费率综合方案》

发布时间：2019 年 4 月 4 日
发布单位：国务院办公厅
相关文件：关于落实《降低社会保险费率综合方案》的通知
执行日期：2019 年 5 月 1 日

主要内容：降低城镇职工基本养老保险单位缴费比例，高于 16% 的省份，可降至 16%。继续阶段性降低失业保险和工伤保险费率，现行的阶段性降费率政策到期后再延长一年至 2020 年 4 月 30 日。调整社保缴费基数政策，将城镇非私营单位和城镇私营单位就业人员平均工资加权计算的全口径城镇单位就业人员平均工资作为核定职工缴费基数上下限的指标，个体工商户和灵活就业人员可在一定范围内自愿选择适当的缴费基数。加快推进养老保险省级统筹，逐步统一养老保险政策，2020 年底前实现基金省级统收统支。提高养老保险基金中央调剂比例，2019 年调剂比例提高至 3.5%。稳步推进社保费征收体制改革。企业职工各险种原则上暂按现行征收体制继续征收，"成熟一省、移交一省"。在征收体制改革过程中不得自行对企业历史欠费进行集中清缴，不得采取任何增加小微企业实际缴费负担的做法。建立工作协调机制，在国务院层面和县级以上各级政府建立由政府有关负责同志牵头，相关部门参加的工作协调机制。认真做好组织落实工作，该方案实施到位后，预计 2019 年全年可减轻社保缴费负担 3000 多亿元。

减税成果

2019 年出台的一系列减税降费政策，有效地降低了企业成本负担。2019 年全国实现减税降费 2.36 万亿元，超过原定的近 2 万亿元规模。制造业和小微企业受益最多。李克强总理在《2020 年国务院政府工作报告》中指出，2020 年继续执行下调增值税税率和企业养老保险费率等制度，新增减税降费约 5000 亿元。前期出台 6 月前到期的减税降费政策，包括免征中小微企业养老、失业和工伤保险单位缴费，减免小规模纳税人增值税，免征公共交通运输、餐饮住宿、旅游娱乐、文化体育等服务增值税，减免民航发展基金、港口建设费，执行期限全部延长到 2020 年年底。小微企业、个体工商户所得税缴纳一律延缓到 2021 年。预计全年为企业新增减负超过 2.5 万亿元。要坚决把减税降费政策落到企业，留得青山，赢得未来。

2019年标准批准发布公告汇总

家具标准项目汇总

2019年国家标准批准发布公告一览表

序号	标准编号	标准名称	代替标准号	发布日期	实施日期
1	GB/T 37646—2019	中国传统家具名词术语	—	2019-06-04	2020-01-01
2	GB/T 37648—2019	清洁生产评价指标体系 木家具制造业	—	2019-06-04	2020-01-01
3	GB/T 37652—2019	家具售后服务要求	—	2019-06-04	2020-01-01

2019年工业和信息化部行业标准批准发布公告一览表

序号	标准编号	标准名称	代替标准号	批准日期	实施日期
1	QB/T 5350—2018	家具用水性聚氨酯合成革	—	2018-12-21	2019-07-01

2019中国家具协会第二批团体标准发布汇总

序号	标准编号	标准名称	发布日期	实施日期	主要内容
1	T/CNFA 6—2019	儿童转椅	2019-09-01	2019-10-01	本标准规定了儿童转椅的术语和定义、分类、技术要求、检验方法、检验规则、包装、标志、运输和贮存。本标准适用于3-14周岁儿童所使用的家用转椅
2	T/CNFA 7—2019	金属箔饰面家具表面理化性能技术要求	2019-09-01	2019-10-01	本标准适用于金属箔饰面的各类家具。本标准不适用于含有金属粉末经涂饰处理的家具固化表面。本标准规定了金属箔饰面家具的理化性能要求及实验方法。
3	T/CNFA 8—2019	智能家具多功能床	2019-09-01	2019-10-01	本标准适用于智能家具多功能床产品。本标准不适用于水床、摇篮、童床等。本标准规定了智能家具多功能床的术语与定义、分类、要求、检验规则、标识、贮藏、运输等。
4	T/CNFA 9—2019	中式家具常用木材识别	2019-09-01	2019-10-01	本标准适用于中式家具常用木材的识别。本标准规定了中式家具常用木材的术语、分类、识别特征、实验方法和判定。

注：以上标准由中国家具协会质量标准委员会归口，联系方式：中国家具协会办公室 010-87732329 / 87766725

2019 年标准解读

■ 国家标准

《中国传统家具名词术语》标准解读

背　　景：中国传统家具制作历史悠久，是我国传统造物文化的重要组成和载体。但中国传统家具制作区域幅员辽阔，在传统家具的相关名词术语上有些为历史师徒口口相传，有些为专业术语，存在一词多义、多词一义以及诸多俚语、俗语、不规范名称并存的现象。广作、苏作、京作等传统家具生产制造基地，由于南北文化差异，对中国传统家具制作工艺、零部件、产品等名称表示都不一致。传统家具产业名词词汇的不统一，不利于全国性的传统家具设计、生产、制造、流通以及消费交流，迫切需要制定标准以满足生产厂家和消费者需求，更好地保障中国传统家具行业的发展。

内　　容：标准规定了中国传统家具一般术语、产品种类术语、结构部件术语、榫卯术语、工艺术语和纹样装饰术语等名词术语。该标准适用于中国传统家具及现代家具沿用的传统家具。

意　　义：该标准的实施，有利于传承我国家具行业传统文化。该标准归类和统一了我国不同地区传统家具名词术语，有利于家具企业生产、服务统一标识；有利于消费者购买辨识；存在消费争议时，有利于政府监管；有利于不同地方和区域、国家传统家具设计、生产、制造、流通以及消费交流。

《家具售后服务要求》标准解读

背　　景：近年来，中国家具产业持续高速发展，家具产品质量水平也在逐步提高。家具的售后服务也是消费者关注的重点，目前家具企业售后服务制度良莠不齐。家具销售纠纷申诉涉及的问题主要有售后服务保障难，修理、换货、退货难，商家重销售轻售后，不履行"三包"义务等。家具企业的售后服务制度不健全，售后服务不到位，不但损害了广大消费者的合法权益，也严重影响了家具行业的整体质量水平和品牌建设进度，阻碍了家具产业的国际化发展。

内　　容：本标准规定了家具售后服务的术语和定义，重点对服务要求进行了规范。对家具售后服务提出了基本要求，规定了家具三包的原则、方式、期限、对定期用户回访制度、缺陷消费品召回制度、投诉处理制度、售后服务质量评价制度提出了明确要求。以保证售后服务的质量，不断提高家具售后企业的服务水平。

意　　义：该标准的制定，将增强家具行业售后服务意识，进一步提高售后服务质量，规范市场秩序，保证消费者和企业的合法权益，促进家具行业的健康稳步发展。

■ 团体标准

中国家具协会第二批团体标准发布

2019年9月1日，中国家具协会第二批团体标准《儿童转椅》（T/CNFA 6-2019）、《金属箔饰面家具表面理化性能技术要求》（T/CNFA 7-2019）、《智能家具 多功能床》（T/CNFA 8-2019）、《中式家具常用木材识别》（T/CNFA 9-2019）正式发布，并于2019年10月1日起实施。此外，2019年7月2日，中国家具协会下发了第三批团体标准《公共家具采购质量控制及验收规范》《家具中植物纤维用天然乳胶》《家具企业挥发性有机物释放控制管理指南》《家具表面漆膜附着力交叉切割纤维判定法》四项标准的立项通知，计划于2020年审定后发布。

-03-

年度资讯

Annual Information

编者按：2019 年，在世界经济增长持续放缓、国内经济下行压力加大的复杂形势下，我国家具行业坚持贯彻新发展理念，坚持供给侧结构性改革；深入推进智能制造，两化融合推动数字化转型；企业绿色制造有序推进，科技研发投入明显增加；头部企业投资融资频繁，市场占有率不断攀升；品牌营销方式不断升级，新零售新业态继续深化；跨界与多元经营持续发酵，市场环境加快变革；海外设厂并购步伐加快，全球化布局规避出口风险。全行业以创新发展为动力，在稳中有进的态势中向高质量发展迈进。针对 2019 年度行业发展现状及热点问题，本篇总结出 18 个核心观点，汇集国内外重点新闻事件，带读者一起快速回顾过去一年家具行业的新变化。

中国家具协会及家具行业 2019 年度纪事

1　2019 家具行业趋势发布会在东莞举办

2019 年 3 月 16 日，由中国家具协会和国际名家具（东莞）展览会共同主办"2019 家具行业趋势发布会"在东莞厚街广东现代国际展览中心成功举办。会上，亚洲家具联合会会长、中国家具协会理事长徐祥楠，国际名家具（东莞）展览会总经理方润忠先后致辞。亚洲家具联合会副会长兼秘书长、中国家具协会副理事长屠祺发布了《中国家具行业发展报告》。发布会邀请彩通亚太区销售及市场总监黄美华作《新纪元的色彩：趋势、变化与调整》主题演讲，宜家东亚区全系列产品开发部经理 Lars Wretman 带来《中国家居消费趋势》主题演讲。2019 家具行业趋势发布会的举办，让企业家、设计师、消费者和媒体，在第一时间了解到 2018 年家具行业发展情况和 2019 年发展趋势。

2　2019 东北亚国际家居博览会成功举办

2019 年 3 月 13—15 日，2019 东北亚国际家居博览会在哈尔滨举办。展会由黑龙江省家具协会主办，中国家具协会、黑龙江省商务厅、中国对外贸易广州展览总公司等单位共同支持。中国轻工业联合会党委副书记，中华全国手工业合作总社党委副书记、监事会主席，亚洲家具联合会会长，中国家具协会理事长徐祥楠出席展会及相关活动。3 月 12 日，徐祥楠理事长出席"中俄建交 70 周年"中俄两国家具行业高峰会，会上，中俄双方进行了亲切友好的会谈。俄罗斯家具和木材加工企业协会副会长、执行总裁阿列克·努梅洛夫与黑龙江省家具协会会长赵立君签署了合作备忘录。3 月 13 日上午，徐祥楠理事长出席 2019 东北亚国际家居博览会，下午出席黑龙江省商务厅主办的东北亚家具产业贸易论坛。2019 东北亚国际家居博览会为落实国家"一带一路"建设和黑龙江省"一窗四区"部署发挥了重要作用。

3　2019 亚洲家具巅峰对话在台山大江举办

2019 年 3 月 15 日，"文化与发展——2019 亚洲家具巅峰对话"活动在广东省台山市大江镇伍炳亮黄花梨艺博馆举办。本次活动由亚洲家具联合会、中国家具协会联合主办，伍氏兴隆明式家具艺术有限公司承办。亚洲家具联合会会长、中国家具协会理事长徐祥楠在活动中致辞。亚

洲家具联合会副会长兼秘书长、中国家具协会副理事长屠祺主持对话，对话邀请亚洲各国、各地区的家具专家、收藏家、爱好者与知名企业代表汇聚一堂，共同探讨行业未来，谋求共赢发展。这次对话是近年来以中国传统家具和文化为主题的首次国际交流活动。

亚洲家具联合会第22届年会召开 徐祥楠连任会长

2019年3月16日，亚洲家具联合会（CAFA）第22届年会在广东龙江召开，本次会议由亚洲家具联合会、中国家具协会主办，顺德区龙江镇人民政府承办。会议全票表决通过中国家具协会继续担任亚洲家具联合会主席单位，中国家具协会理事长徐祥楠继续担任亚洲家具联合会会长。

徐祥楠会长任命中国家具协会副理事长屠祺为副会长兼秘书长，泰国家具协会副理事长 Jirawat Tangkijngamwong、新加坡家具商会副会长 Paul Keng 为副会长，任命 Koh Sok Yan、Casey Loo 为顾问。会上，CAFA 各国成员共享了本国家具行业基本数据和最新动态，期待着在中国的带领下，亚洲各国家具行业在国际市场开疆拓土，取得更大的成功。

亚洲家具联合会第22届年会暨中国龙江家居设计峰会成功举办

2019年3月17日，亚洲家具联合会第22届年会暨中国龙江家居设计峰会在广东龙江成功举办。亚洲家具联合会会长、中国家具协会理事长徐祥楠，龙江镇党委书记、镇长何春云分别为峰会致辞。亚洲家具联合会副会长兼秘书长、中国家具协会副理事长屠祺作《中国家具设计发展之路》主题演讲。米兰理工大学教授 Paolo Bartoli、宜家东亚区全系列产品开发部经理 Lars Wretman、HNI 美时家具设计总监 Marc Fong、彩通中国及台湾区销售经理 Jeff Ting 作了精彩演讲。会上，来自米兰理工大学、HNI 美时、亚洲家具联合会成员等16个合作机构代表与中国家具协会、龙江镇人民政府共同签署《中国家具协会设计创新培训基地合作意向书》，并举行龙江镇设立中国家具协会设计创新培训基地揭牌仪式。

中国家具协会第六届第六次理事会扩大会议在广州召开

2019年3月18日,中国家具协会第六届第六次理事会扩大会议在广州召开。中国轻工业联合会党委副书记、中华全国手工业合作总社党委副书记、监事会主席、中国家具协会理事长徐祥楠出席会议并作《理事会工作报告》。会议选举屠祺当选为中国家具协会副理事长,安徽省产品质量监督检验院等78家单位当选为理事单位,佛山市顺德区家具协会等13家单位当选为常务理事单位。会议审议并通过了《关于聘任刘金良同志为中国家具协会专家委员会副主任的决定》《中国家具协会会员诚信自律公约》等文件。大会向刘金良、陈宝光、吴智慧、李连柱等同志颁发中国家具协会专家委员会副主任聘书,向王明亮等12位同志颁发中国家具协会专家委员会委员聘书。会议还邀请山东大学新闻传播学院党委书记、管理学院教授王德胜作《消费升级背景下家具企业的战略定位》主题演讲。

 ## 中国家具协会参观广州中山纪念堂并开展学习交流活动

2019年3月19日,中国家具协会党支部组织全体党员群众参观广州中山纪念堂,并开展学习交流活动。通过参观学习,全体党员群众重温了以孙中山为代表的无数仁人志士发愤图强、献身祖国、为人民谋幸福的伟大事迹,深刻学习了孙中山先生一生坚持的"天下为公"的思想。随后,中国家具协会一行参观调研了广州市家具行业协会、广州百利文仪实业有限公司广州分公司、尚品宅配广州旗舰店和O2O东宝线下家装体验馆。

 ## 中国家具协会观摩第45届世界技能大赛全国集中阶段性考核

2019年3月19—21日,世界技能大赛家具行业"家具制作、木工、精细木工"项目的阶段性考核在广州市轻工技师学院顺利进行。来自广东、上海、江苏、湖北、黑龙江、河北以及住建部代表队的15名选手参赛,此次阶段性考核是为备战俄罗斯喀山第45届世界技能大赛。中国家具协会专家委员会副主任刘金良和协会工作人员一行于3月20日观摩了三个项目的比赛,并与竞赛裁判员和广州市轻工技师学院相关负责人交流座谈。

 ## 2019中国沈阳国际家博会春秋双展成功举办

2019中国沈阳国际家博会春季、秋季两届展会在分别于3月30日—4月1日、8月9—11日在沈阳国际展览中心成功举行。春季展会由中国家具协会、辽宁省家具协会、沈阳家具产业协会联合举办,秋季展会由中国家具协会、辽宁省家具协会、中国林产工业协会、沈阳家具产业协会等共同主办。沈阳家博会以沈阳为中心,辐射东北、华北及东北亚国际市场,是涵盖各类家具、定制家居、居室门品、集成吊顶、陶瓷卫浴、地板、灯饰、家居饰品、装饰装修材料、木工机械及原辅材料等家居全产业链的行业盛会。2019年,春秋双展总规模达到21万平方米、15个展馆、1500家参展企业、25万业内人士观展的规模,成为中国北方地区最具影响力的行业盛会。

 ## 第43届中国(广州)国际家具博览会圆满闭幕

2019年3月31日,第43届中国(广州)国际家具博览会圆满闭幕。3月18日,家博会一期开展。中国家具协会理事长徐祥楠、副理事长兼秘书长张冰冰、副理事长屠祺、专家委员会副主任刘金良、专家委员会副主任陈宝光出席博览会开幕式。3月28日,家博会二期开展。中国家具协会副理事长屠祺出席安吉椅业馆开馆仪式。3月18—21日、28—31日的两期展会,汇聚4344家品牌展商,297759人次专业观众,全球家居人和跨界设计师共同畅享一场极具创造力、高品质、未来感和人性化的家居盛会。展会期间,超过90%的展商首秀新品,50多家企业举办现场发布活动;新设"全球家居新品首发主题展",从全球各大家居新品中甄选25款最具前瞻意识的原创新品,多维度打造新品发布平台。

中国家具协会访问意大利并参加米兰家具展相关活动

2019年4月9—11日,应意大利对外贸易委员会、米兰国际家具展的邀请,亚洲家具联合会副会长兼秘书长、中国家具协会副理事长屠祺访问意大利,并参加米兰国际家具展相关活动。4月10日,由意大利米兰轻工信息中心(CSIL)主办的第十七届世界家具展望研讨会在展馆Congress Center举行。屠祺副理事长在会上代表中国家具协会作《中国家具行业报告》。研讨会还有来自越南HAWA、欧洲EFIC、欧洲EPF、波兰OIGPM、巴西ABIMOVEL等8个家具贸易国的演讲嘉宾向大会分享了本区域家具产业的情况。米兰展会期间,屠祺副理事长一行访问米兰理工大学,与米兰理工大学副校长Giuliano

045

Noci、商学院国际关系主管 Lucio Lamberti、中国业务主管 Delia Olivetto 等就国际人才培养、创新基地建设和设计大赛开展等方面的未来合作进行了深入探讨和交流。

 2019 中国家具行业信息大会在香河举办

2019 年 4 月 10 日，2019 中国家具行业信息大会在香河举办。本次大会由中国家具协会主办，香河国际家具城承办。中国家具协会理事长徐祥楠出席会议并讲话。香河县副县长刘凤顺在会上致辞。会议宣读了《关于表彰 2018—2019 年度中国家具行业信息工作"先进单位""先进个人"的决定》，对获奖单位进行颁奖，并发布了《中国家具协会信息工作报告》。行业信息交流环节，来自香河、天津、辽宁、四川等地的家具协会代表分享了协会的重点工作。

13 第三届中国香河国际家具展览会暨国际家居文化节开幕

2019 年 4 月 10 日，第三届中国香河国际家具展览会暨国际家居文化节拉开帷幕。本届展会由中国家具协会、河北省家具协会、香河家具城共同主办。4 月 9 日，中国家具协会理事长徐祥楠、副理事长兼秘书长张冰冰、专家委员会副主任陈宝光、副秘书长吴国栋、副秘书长丁勇、香河县委书记李桂强、县委副书记、县长王文强、副县长刘凤顺、香河县家具城管理委员会工委书记、主任凌少金，以及来自全国各省市家具协会的会长、秘书长及媒体等共同出席展会启动仪式。第三届中国·香河国际家具展览会暨国际家居文化节主会场位于月星家居广场，分会场位于家具城名展厅。本届展会以"'俱'会香河·体验世界"为主题，吸纳近 30000 名经销商、采购商及全国各大家具产业集群人士莅临。

 国家家具中心技术联盟第一届五次会议在杭州召开

2019 年 4 月 25 日，由国家家具中心技术联盟和浙江省家具与五金研究所主办的国家家具中心技术联盟第一届五次会议在杭州成功召开。出席会议的有来自全国各地的十二家联盟理事单位、家具质检中心的相关领导及专家。联盟聘任中国家具协会理事长徐祥楠为新一任的名誉理事长。谢明舜秘书长作《国家家具质量监督检验中心技术联盟工作报告》，报告介绍了联盟成立以来，在软体家具质量行业调查、联盟成员间检测能力比对、协作承担国家 NQI 科研项目、团体标准参与制订、开展联盟自身建设等方面的工作。提出 2019 年联盟将在加强团标宣贯、推动团体标准应用实施以及在行业质量测评推优等方面重点开展工作。

 2019 年中国家具协会传统家具专业委员会主席团工作会议在东阳召开

2019 年 4 月 26 日，2019 年中国家具协会传统家具专业委员会主席团工作会议在浙江省东阳市召开。中国家具协会理事长徐祥楠出席会议并讲话，中国家具协会传统家具专业委员会主任、主席团常务主席杨波就委员会工作进行了汇报。其他主席团成员、与会代表先后就传统家具行业的现状与未来发展趋势、委员会即将开展的各项工作进行了讨论，在行业面临各种困难和问题的情况下，专业委员会确定未来要担负的责任，发挥主导作用，为行业助力，为中国传统家具行业新的发展做出更多贡献。

 首届中国红木家具展览会在东阳举办

2019 年 4 月 26 日—5 月 1 日，首届中国红木家具展览会在浙江省东阳市东阳中国木雕城举办。展会由中国家具协会、东阳市人民政府主办，东阳中国木雕城承办。亚洲家具联合会会长、中国家具协会理事长徐祥楠出席了展会开幕式并发表致辞。本届展会展出总面积 30 万平方米。全国各地 2000 多名经销商、采购商齐聚东阳，客流约 14.5 万人次，现场成交额约 1.45 亿元，签约额约 7.4 亿元，东阳市企业与全国 35 家大型商场签订战略合作协议。展览会同期组织开展了中国家具协会传统家具专业委员会主席团工作会议、中国红木家具产业转型与可持续发展高峰论坛等活动。

17 中国家具协会理事长徐祥楠当选世界家具联合会主席

2019 年 5 月 31 日，世界家具联合会工作会议在成都召开。亚洲家具联合会会长、中国家具协会理事长徐祥楠当选为世界家具联合会主席，亚洲家具联合会副会长兼秘书长、中国家具协会副理事长屠祺任世界家具联合会秘书长，亚洲家具联合会顾问、国际家具出版物联盟副主席 Casey Loo 任世界家具联合会顾问。来自亚洲、欧洲、南美洲、非洲的全球的 40 余个国家的政府机构、行业组织、相关机构代表出席会议。会上，各国机构签署了世界家具联合会会员确认函，45 个机构成为世界家具联合会会员。各国会员充分讨论了世界家具联合会章程（草案），投票选举徐祥楠理事长为世界家具联合会主席。

世界家具产业峰会在成都召开

2019年6月1日，世界家具产业峰会在成都国际家具工业展览会期间召开。此次峰会由中国家具协会主办，成都新东方展览有限公司承办。会上，十二届全国人大内务司法委员会委员、中央编办原副主任、现中国轻工业联合会党委书记、会长张崇和出席峰会并向大会致辞。徐祥楠理事长作为世界家具联合会主席为本次峰会致辞。世界家具联合会秘书长、亚洲家具联合会副会长兼秘书长、中国家具协会副理事长屠祺以"携手推进全球家具行业共同发展"为题作主题演讲。会上，意大利、埃及以及巴西家具行业代表分别作了精彩演讲。成都新东方展览有限公司副总经理姜华，四川省家具进出口商会秘书长荣煜伟，香港家私协会主席张呈峰，就2020年香港家居设计生活馆落地成都家具展签署合作协议。

 2019年中国技能大赛——第二届全国家具雕刻职业技能竞赛工作会议在广东南海召开

2019年6月15日，2019年中国技能大赛——第二届全国家具雕刻职业技能竞赛工作会议在广东南海桂城召开。会议宣读了《关于举办2019年中国技能大赛——第二届全国家具雕刻职业技能竞赛的通知》竞赛组委会成员及工作机构人员名单、《关于总决赛地点的确定办法》等竞赛相关文件，并对雕刻大赛工作进行了详细介绍。6月16日，2019年中国技能大赛——第二届全国家具雕刻职业技能竞赛轻工行业裁判员培训班在广东佛山南海举办。培训班由中国轻工业联合会主办，中国家具协会承办。来自全国家具制作职业技能竞赛各赛区裁判员候选人50余人参加培训。课程结束后，全体学员参加了理论考试，成绩合格的学员将获得国家职业技能竞赛轻工行业裁判员证书，获得裁判资格。

 中国家具协会党支部开展"不忘初心、牢记使命"主题教育

2019年6月19日上午，中国家具协会党支部召开"不忘初心、牢记使命"主题教育的动员部署会，按照国资委党委和中轻联会社党委统一安排，对主题教育进行动员部署。中国家具协会全体党员群众参加会议。8月1日，协会党支部组织开展了"不忘初心、牢记使命"主题教育专题党课。协会党支部书记徐祥楠、中国轻工业质量认证中心副主任王献新、北京中大华远认证中心培训部副主任曹雅洁三位同志分别讲授专题党课，协会党支部全体党员群众参加。

 中国家具协会第二批团体标准成功通过审定

2019年5月12日，2019年中国家具协会团体标准审定会在浙江安吉成功召开。会议由中国家具协会质量标准委员会主办，浙江省椅业协会承办。中国家具协会理事长、质量标准委员会主任徐祥楠发表讲话。本次审定会将《中式家具用木材》《智能家具 多功能床》《儿童转椅》《全铝家具》《家具表面金属箔理化性能检测法》五项标准分成两组，分别由中国家具协会质量标准委员会秘书长罗菊芬、浙江农林大学教授李光耀两位组长牵头召开了审定会，五项标准均成功通过会议审定。6月25日，中国家具协会第二批团体标准终审会在中国家具协会顺利召开。会上，与会专家对2019年5月通过标准审定会审定的五项中国家具协会团体标准进行复核。五项标准均顺利通过终审，于2019年9月正式发布。

 中国家具协会软垫家具专业委员会第二十九届年会在广东东莞召开

2019年7月5日，中国家具协会软垫家具专业委员会第二十九届年会在广东东莞召开。本次会议由中国家具协会软垫家具专业委员会主办，东莞市慕思寝室用品有限公司承办。中国家具协会副理事长兼秘书长张冰冰在大会上作了软垫行业发展趋势报告。会议宣布由吴国栋同志担任中国家具协会软垫家具专业委员会副主任（主席团主席）。中国塑料加工工业协会副理事长曹俭、广东省家具协会会长王克、慕思集团总裁姚吉庆、喜临门集团标准总监段鹏征、苏州筑麻一生新材料科技有限公司董事总经理邵力克作了精彩演讲。会议同期举办了床垫原辅材料及设备订货会，床垫企业及原辅材料企业进行了深入交流。会后，与会代表参观慕思数字化工厂及门店，共同见证软垫行业的智能制造实况。

23 第三届中国家居制造大会成功举办

2019年7月7日，第三届中国家居制造大会主题大会在广东省东莞市广东现代国际展览中心举行。本届大会围绕"融合·突破·并进"的主题，从人工智能、物联技术、现代设计等角度，探究中国家居制造业的生存与发展。中国轻工业联合会党委副书记、世界家具联合会主席、亚洲家具联合会会长、中国家具协会理事长徐祥楠发表致辞。

大会邀请商务部贸易救济调查局副处长王建峰、华为联合创新与解决方案合作部部长李旭成、"中国工业设计之父"柳冠中作主题演讲。以"中国家居制造升级再探讨"为论题，由中国家具协会专家委员会副主任陈宝光担任主持人，慕思集团总裁姚吉庆、联邦家私集团董事李虹瑶、东鹏控股集团总裁龚志云、锐驰家具总经理傅海君、三维家CEO蔡志森和雷峰资本创始合伙人单飞组成"制造智囊团"，从资源、传统建材、品牌、物联网、资本等角度展开观点碰撞与思想交流。7月8日，成功召开第三届中国家居制造大会——设计与技术驱动下的制造转型和未来大家居的整合与升级两场分论坛。

 第25届中国国际家具展览会和摩登上海时尚家居展开幕

2019年9月9日，由中国家具协会和上海博华国际展览有限公司共同主办的第25届中国国际家具展览会和摩登上海时尚家居展在上海浦东新国际博览中心及世博展览馆开幕。中国轻工业联合会党委书记、会长张崇和，中国轻工业联合会党委副书记、中国家具协会理事长徐祥楠，中国家具协会副理事长屠祺等领导出席了开幕典礼。本届展会以"出口导向，高端内销，原创设计，产业引领"为宗旨，展览面积超过35万平方米，参展品牌和展商数量再创新高，展览形式和活动内容推陈出新。展会期间，第四届中国家具标准化国际论坛成功举办。中国家具协会理事长徐祥楠发表讲话。国内外多名专家学者就智能家具标准体系建设、国外相关安规的检测、认证要求等方面与台下观众做了面对面的技术交流。

 中国家具协会成立30周年暨中国国际家具展览会25周年庆典在上海浦东举办

2019年9月10日，"对话时代·唱响未来——中国家具协会成立30周年暨中国国际家具展览会25周年庆典"在上海浦东举办。十二届全国人大内务司法委员会委员、中央编办原副主任，现中国轻工业联合会党委书记、会长张崇和出席会议并为大会致辞。中国轻工业联合会党委副书记、世界家具联合会主席、亚洲家具联合会会长、中国家具协会理事长徐祥楠在讲话中回顾了中国家具协会的发展历史，总结了发展成就，展望了发展方向。大会邀请河北蓝鸟家具股份有限公司党委书记、董事长贾然；广州尚品宅配家居股份有限公司董事长李连柱、上海博华国际展览有限公司创始人、董事王明亮作了主旨演讲。为鼓励先进、树立榜样，中国家具协会授予贾然等10人"中国家具行业卓越贡献"荣誉称号，授予李连柱等58人"中国家具行业杰出贡献"荣誉称号，庆典还颁发了中国家具行业领军企业、中国家具行业优秀企业、中国家具行业品牌展会、中国国际家具展览会荣誉展商等荣誉。

 2019年中国技能大赛——"三福杯"第二届全国家具雕刻职业技能竞赛总决赛在仙游举办

10月26日上午，2019年中国技能大赛——"三福杯"第二届全国家具雕刻职业技能竞赛总决赛在福建仙游中国古典工艺博览城正式开赛。总决赛由中国轻工业联合会、中国家具协会、中国就业培训技术指导中心、中国财贸轻纺烟草工会全国委员会主办，仙游县人民政府、福建省家具协会、福建省古典工艺家具协会承办。十二届全国人大内务司法委员会委员、中央编办原副主任，现中国轻工业联合会党委书记、会长张崇和，竞赛组委会主任、中国轻工业联合会党委副书记、中国家具协会理事长徐祥楠等领导出席会议。10月28日，2019第七届中国（仙游）红木家具精品博览会在福建仙游中国古典工艺博览城开幕。开幕式上举行了2019年中国技能大赛——"三福杯"第二届全国家具雕刻职业技能竞赛总决赛表彰大会。本次竞赛有力推动了家具行业技能人才队伍建设工作，为行业高质量发展打下了人才基础。

 中国家具协会设计创新培训基地、信阳家居学院挂牌仪式暨"设计创新与家具产业发展"国际论坛成功举办

2019年10月29日，中国家具协会设计创新培训基地、信阳家居学院挂牌仪式暨"设计创新与家具产业发展"国际论坛在信阳国际家居产业小镇成功举办。中国家具协会理事长徐祥楠、信阳市人民政府市长尚朝阳分别为挂牌仪式致辞。中国家具协会副理事长屠祺宣读了《关于在信阳国际家居产业小镇设立中国家具协会设计创新培训基地的决定》，中国家具协会理事长徐祥楠、信阳市人民政府市长尚朝阳共同为"中国家具协会设计创新培训基地"揭牌。活动同期举行了"设计创新与家具产业发展"国际论坛。29日下午，与会嘉宾共同前往信阳红星美凯龙生态城项目、信阳天一美家实业有限公司、信阳永豪轩家具有限公司、信阳百德实业有限公司、碧桂园现代筑美绿色智能家居产业园参观交流。

28 第三届中国（新会）古典家具文化博览会成功举办

2019年11月15日，由中国工艺美术协会、中国家具协会、新会区传统古典家具行业协会联合主办的第三届中国（新会）古典家具文化博览会在江门新会古典家具城开幕。世界家具联合会秘书长、亚洲家具联合会副会长兼秘书长、中国家具协会副理事长屠祺在开幕仪式上致辞，当天下午，在新会古典家具城召开行业发展主题演讲及论坛。中国家具协会副理事长屠祺在论坛上作主题演讲，全面分析了我国传统家具行业的发展现状和形势。博览会期间还将举办新会"广作"名优产品展和木工机械及环保消防设备展，总体参展企业约为2000家，总展区约10万平方米，参观人数3万人次以上。

中国家具协会党支部深入学习贯彻党的十九届四中全会精神

2019年11月18日上午，中国家具协会党支部召开全体党员大会，徐祥楠书记主持会议，并组织全体党员群众深入学习贯彻党的十九届四中全会精神。徐书记提出，协会全体党员群众要深入学习、深刻领会党的十九届四中全会的重大意义、总体要求、目标任务，全面准确把握会议精神实质，不断增强"四个意识"、坚定"四个自信"、做到"两个维护"，结合协会实际工作，切实把思想和行动统一到习近平总书记重要讲话和党的十九届四中全会精神上来。

 全国家具行业标准化工作会暨全国家具标准化技术委员会第三届一次全体委员会议成功举办

2019年11月22日，全国家具行业标准化工作会暨全国家具标准化技术委员会第三届一次全体委员会议在河北衡水成功召开。会议由中国家具协会、全国家具标准化技术委员会（下称"全国家具标委会"）主办，河北深州经济开发区管理委员会承办。国家工业和信息化部科技司、中国轻工业联合会、中国家具协会、上海市市场监督管理局、国家家具质检中心、地方家具协会等相关部门领导和负责人，全国家具标委会全体委员、观察员等共计160余人参加会议。全国家具标准化技术委员会主任委员、中国轻工业联合会党委副书记、中国家具协会理事长徐祥楠在会上发表讲话。会议对2019年度在家具标准化工作中做出突出贡献的集体和个人进行了表彰，上海市质量监督检验技术研究院等10家单位荣获先进集体，南京林业大学吴智慧等20人荣获先进工作者。

 第四届东部家具博览会暨首届东部家居批发节成功举办

2019年12月7日上午，由中国家具协会与海安市人民政府联合主办，海安经济技术开发区管委会、东部家具行业商（协）会、中国东部家具产业基地共同承办的第四届中国东部家具博览会暨首届东部家居批发节在江苏海安开幕。开幕式上，中国家具协会理事长徐祥楠、海安市委书记顾国标分别为博览会致辞。开幕式后，各位领导嘉宾参观博览会现场及海安家具企业。博览会为期3天，博览会规模达30万平方米，共计设置超800个标准展位，展会吸引广东、深圳、上海、杭州、南京、苏州等地的2万名供应商、经销商前来观展洽谈。

2019 国内外行业新闻

家具智能制造时代来临 企业向数字化转型

当前，在全球范围内掀起了新一轮的科技革命和制造业变革浪潮，"互联网+""工业4.0""智能化"等词汇频繁出现。为了迎接制造业新时代，各国都纷纷抛出刺激实体经济增长的国家战略计划。在这样的变革背景下，中国在2015年提出《中国制造2025》，采取科技和经济结合的方式，将互联网技术和企业生产紧密联系，使科技推动企业进步发展。家具行业作为典型的制造业行业，也已不再是传统经济时代的大批量生产模式，而是将制造与科技的结合，逐渐转变为以制造为基础的解决家居系统方案的服务模式。智能制造技术逐渐融入到家具企业的制造环节中，家具企业正逐步向数字化转型。

◆ **顾家拟 10 亿投建定制智能家居制造项目** 5月15日，顾家家居与杭州大江东产业集聚区管委会在浙江杭州以书面方式签署《顾家定制智能家居制造项目投资协议书》，拟使用自筹资金 100656.62 万元投资建设顾家定制智能家居制造项目。项目拟在浙江省杭州市大江东产业园区建设定制家具的生产基地，包括新建生产车间、检测车间、仓库、配套工程设施及购置生产设备等。公司拟使用其控股子公司顾家定制作为定制家居华东基地项目的实施主体。

◆ **梦百合投资 1.94 亿元新建梦百合功能家具项目** 位于丁堰镇的梦百合科技股份有限公司共投资 1.94 亿元新建梦百合功能家具项目。项目投入 8000 万元用于购置智能自动生产流水线、焊接机器人工装等设备 233 台（套），预计年产功能床共 40 万个，可新增销售 5.5 亿元。目前该项目正抓紧施工。

◆ **尚品宅配整装云入驻企业超 1300 家** 尚品宅配董事长李连柱在参与证券时报·e公司"高管面对面"活动时透露，经过一年多时间的整合，"HOMKOO 整装云"平台的赋能优势获得行业普遍认可，入驻成员企业已经超过 1300 家。李连柱希望，未来能够整合赋能 1 万家装修公司，改变整装市场的格局。据悉，整装云平台上的中小装修企业，除了免费使用尚

品宅配的设计软件、供应链系统，还以一个整体的形式批量团购建材，大幅降低采购成本。表示在未来5—10年要做细分领域的阿里巴巴，打造一个深度赋能型供应链平台。

◆ **居然之家将布局智慧物流园** 6月30日，北京居然之家家居新零售连锁集团首个智慧物流园—开工仪式在天津宝坻举行。据介绍，宝坻智慧物流园预计2020年全面投入运营，未来3—5年内，居然之家将以此为起点，在全国重点城市进行商业模式的复制，使之成为居然之家核心业务板块之一。

◆ **欧派橱柜2020有望年实现实验生产线全自动化** 欧派定制橱柜生产基地对媒体开放，展现其"智能制造4.0"的变革之路。欧派橱柜将加大投入自动化生产车间的试点。2018年试点的示范已花费5000万元，试验生产线全自动化有望在2020年实现。

◆ **美克家居与华为签订战略合作协议** 10月20日，美克国际家居用品股份有限公司与华为技术有限公司于签订战略合作协议，双方将致力于在智慧门店、智慧物流、智能制造等领域加强合作，为消费者提供更便捷、智能、多样化的服务。

◆ **三维家联手华为云打造家居产业集群** 据悉，三维家公司正构建开放的PaaS生态平台，并计划联合"华为云"在全国核心城市打造家居产业集群，重构家居产业链。三维家联合创始人兼总经理徐明华透露，未来三维家和华为云将联合在全国核心城市打造家居产业集群，利用家居产业的优势，推动产业云化、智慧化、数字化，连接起产业从B端到C端的每个环节，服务千家万户的家居需求。

◆ **百得胜天津工厂2期投产** 8月24日，百得胜天津工厂2期正式投产。据悉，该工厂占地面积10000平方米，月产能20000平方米。百得胜小家居天津工厂的投产有望推进其一体化、信息化和智能化生产，服务北方市场。

◆ **宜家中国成立数字创新中心** 7月9日，宜家中国宣布其数字创新中心在上海成立，继续其数字化转型道路。宜家决定成立独立于所有业务部门的宜家中国数字创新中心，负责制定和引领宜家中国的数字化发展目标和进程、开发新技术、解决方案和工作模式，并培养与宜家数字化发展相关的技术和人才。

家具企业投资并购事件频发　行业迈入洗牌整合阶段

当前，我国家具行业已迈入洗牌整合阶段，头部企业尤其是上市企业大举进行投资并购，市占率不断攀升，呈现出强者更强的市场格局。2019年，行业内大型并购事件频发，红星美凯龙、索菲亚、兔宝宝、顶固集创等头部企业纷纷通过收购方式扩大企业规模、扩大上下游产业链；阿里巴巴等电商巨头跨界投资家居行业，瓜分市场红利；宜家等国外家居巨头也在2019年有所动作。家具企业在资本运作之路上越走越远。

◆ **顾家家居终止收购喜临门** 4月14日，顾家家居、喜临门同时发布公告，顾家家居与喜临门控股股东绍兴华易投资有限公司签订的《股权转让意向书》已经到期自动终止，双方不再受《股权转让意向书》的约束。双方交易停止后，顾家家居在十个工作日内收回3000万定金及其孳息。国外家具零售企业抱团发展、变革创新，扩展市场版图。

◆ **红星美凯龙战略投资银座家居** 7月18日，红星美凯龙以增资和收购股权的方式，战略投资银座家居：红星美凯龙向银座家居增资0.20亿元，并以2.56亿元、0.72亿元分别受让山东省商业集团有限公司所持36.1%股份、山东银座商城股份有限公司所持10.2%股份，共计获得银座家居46.5%的股权。红星美凯龙将与鲁商集团各以46.5%的持股比例，共同控制银座家居。

◆ **索菲亚以5890万元增持合资门业公司，股权至70%** 7月3日，索菲亚发布公告表示，将使用自有资金5890万元，向合资方华鹤集团有限公司购买其持有的门业公司19%的股权。股权转让完成后，索菲亚对门业公司的持股比例增至70%，华鹤集团的持股比例降

至30%。索菲亚表示，进入定制门窗品类是践行"大家居"战略，拓展产品品类的重要举措。

◆ **兔宝宝拟7亿收购裕丰汉唐70%的股权** 9月19日，德华兔宝宝装饰新材股份有限公司发布公告，公司拟7亿元收购漆勇等持有的青岛裕丰汉唐木业有限公司70%的股权。同时，裕丰汉唐在2019年、2020年、2021年三个会计年度实现的净利润应分别不低于7000.00万元、1.05亿元、1.40亿元的业绩承诺。

◆ **阿里巴巴战略投资三维家，成为三维家第一大股东** 9月30日，智能家居云设计&云制造平台三维家完成阿里巴巴数亿元战略投资，本轮投资具体金额大约5亿元，投后估值大约25亿元，据天眼查信息显示，阿里巴巴已经成为三维家第一大股东，持股20%，三维家创始人蔡志森、红星美凯龙分别位列第二大和第三大股东，分别持股12.70%和12.00%。

◆ **绿地控股收购上海吉盛伟邦家具村剩余股权** 9月17日，绿地控股集团股份有限公司公告，以23.49亿元向上海吉盛伟邦家居市场经营管理有限公司收购上海吉盛伟邦绿地国际家具村市场经营管理有限公司50%股权，交易完成后，绿地控股持有上海吉盛伟邦家具村100%股权，并已于2019年9月16日办理完成了工商变更登记手续。2019年11月开始进行为期4年的全面拆迁改造，家具村改造后将建成人工智能创新中心，不再进行家具经营。项目改造要求入驻家具商户撤离，但商户沟通及后续赔偿等事宜的交涉工作尚未完成。

◆ **皇朝家私引入国资科学城** 2019年，皇朝家私发布公告宣布所有认购交接事宜均已交接完成。科学城集团持有皇朝家私25.07%的股份，成为第一大股东。皇朝家私首席执行官谢锦鹏持有13.43%的股份，退居第二大股东。

◆ **齐家网与好莱客相互交叉投资** 齐屹科技（齐家网）公布：就早前与广州好莱客订立交叉投资及潜在合营事项协一事，透过二级市场以总额约3240万元人民币购入广州好莱客189.9万股股份。而广州好莱客于5月6日在香港建立离岸特殊目的公司好莱客投资以购买公司股份，并正申请批准。完成后，好莱客投资将根据协议向齐屹科技现有股东购买股份。尽管购买对方股份的三个月期限已过，双方同意继续按照协议落实交叉投资。

◆ **顶固集创调整为全资收购凯迪仕** 11月6日，顶固集创发布公告，拟进行重大资产重组方案调整，由公司收购苏祺云、蒋念根、徐海清、李广顺合计持有的凯迪仕48%的股权调整为收购苏祺云、蒋念根、徐海清、李广顺、深圳市建信远致投贷联动股权投资基金合伙企业（有限合伙）、深圳领凯企业管理合伙企业（有限合伙）合计持有凯迪仕96.2963%的股权。此次交易完成后，公司将直接持有凯迪仕100%股权。

◆ **兔宝宝5亿元设立投资管理公司** 6月25日，兔宝宝公告，为更好对投资业务进行管理，实现产业经营与资本运营相结合，推进战略落地，公司拟全资设立德华兔宝宝投资管理有限公司，注册资本5亿元。公司拟利用该平台围绕公司未来发展的战略需要，通过股权投资等方式进行产业项目孵化和产业整合，促进产业与资本的良性融合。

◆ **宜家收购Veja Mate25%股权** 2月19日，瑞典家具巨头宜家（IKEA）的母公司Ingka Group表示，已斥资2.26亿美元收购了德国第二大海上风力发电场Veja Mate的25%的股权。Veja Mate是一个建造于德国附近北海上的风力发电场，于2017年开始投入使用，总装机402兆瓦。本次收购是Ingka在风力发电领域的第二大单笔投资。

◆ **Franchise Group收购American Freight** 12月30日，北美零售巨头Franchise Group宣布将以4.5亿美元现金收购北美家具折

扣连锁品牌 American Freight，收购预计在 2020 年完成。后者主要出售名牌家具、床垫以及家居饰品，目前拥有 176 家门店。

◆ **山田电机收购大家家具** 12 月 12 日，日本家电零售巨头山田电机（Yamada Denki Co.）宣布收购大冢家具（Otsuka Kagu）的多数股权，收购完成后，大冢家具将成为山田电机的子公司。山田电机将在本月稍晚通过第三方配售购买大冢家具发行的 43.7 亿日元新股，并在 12 月 30 日获得 51.74% 的股份。

◆ **意大利高端家具 Interni 被收购** 私募基金 Progressio Investimenti III 宣布入股意大利高端家具制造商 Interni 集团，将收购其 70% 的股权。Interni 集团于 1933 年成立，主攻住宅领域，负责生产和提供高端产品、服务和家居解决方案。

2019 年泛家居行业融资 123.9 亿元　成熟企业受资本青睐

2019 年，据不完全统计，全球家居家装行业共发生融资事件 235 起，融资总额约 39.63 亿美元。相较 2018 年的 301 起融资和 56.02 亿美元的融资总额，2019 年的融资事件数量和融资总额分别同比下降了 21.92% 和 29.26%。

重点来看国内方面，据不完全统计，2019 年中国泛家居行业共获得 62 次融资，总融资额约为 123.9 亿元，相较 2018 年的 63 起融资和 240.78 亿元的融资总额，融资总额相差较大。看似融资总额大打折扣的背后，2018 年和 2019 年各有一起远高于行业平均融资金额的融资事件。

2018 年 2 月 11 日，居然之家接受了来自阿里巴巴、泰康集团、云锋基金、加华伟业资本等投资机构高达 130 亿元的联合投资。2018 年 2 月 27 日，居然之家又迎来顾家家居 1.98 亿元投资。仅居然之家这两笔融资，就占到了 2018 年家居家装行业融资总额的 54.81%，是 2018 年泛家居行业最高额度融资事件。而 2019 年的融资桂冠属于红星美凯龙。2019 年 5 月 15 日，红星美凯龙发布公告称，公司控股股东红星控股成功发行可交换债券，以 43.59 亿元被阿里巴巴全额认购。这笔融资占到了 2019 年家居家装行业融资总额的 35.18%。

如果去掉上述两起极少出现的融资情况，2018 年和 2019 年中国泛家居的融资总额为 106.8 亿元和 80.3 亿元，2019 年融资总额有小幅下降。

2019 年的融资事件中，共有 5 家企业在 2019 年获得两次融资，分别为：掌上辅材、欧瑞博、中装速配、中寓住宅、奕至家居。酷米乐、BroadLink、涂鸦智能、绿米联创、三维家、打扮家、觅瑞科技、小胖熊、易友通、掌上辅材、中装速配 11 家企业在 2018 年也获得了融资。从投资方看，阿里巴巴、绿地控股、小米集团等拥有巨大资本实力的企业，纷纷进入家居领域开始布局。从投资领域看，智能家居、建材供应链最受资本欢迎。

2019年中国泛家居行业A轮及以上融资情况统计表

企业名称	企业类型	融资阶段	融资额	投资机构
三维家	智能家居平台	战略融资	数亿元	阿里巴巴
银座家居	家居卖场	战略融资	3.48亿元	红星美凯龙
红星美凯龙	家居卖场	战略融资	43.59亿元	阿里巴巴
掌上辅材	建材供应链	战略融资	—	红星美凯龙
皇朝家私	家具生产	战略融资	6.99亿元	科学城投资、皇朝家私创始人谢锦鹏
亚美利加	建材供应链	战略融资	—	—
Nidone	智能家居	战略融资	113万元	恒宇集团
涂鸦智能	智能家居	战略融资	—	绿地控股
欧瑞博ORVIBO	智能家居	F轮—上市前	—	恒大集团
Broadlink	智能家居	E轮	1.4亿元	毅达资本、中信产业基金
酷家乐	智能家居平台	D+轮	超1.3亿美元	高瓴资本、顺为资本、GGV资本
8H床垫	睡眠科技	D轮	—	宽窄文创产业投资集团、中哲集团
欧瑞博ORVIBO	智能家居	C轮	1.3亿元	美的集团、红星美凯龙
绿米联创	智能家居	B+轮	1亿美元	远翼投资、凯辉基金、云沐资本
智蜂巢	自动化家具	B轮	亿元以上	IDG资本、双湖资本
9AM站坐智能	智能家居	B轮	数千万元	乐歌股份
优点科技	智能家居	B轮	7亿元	阿里巴巴
小胖熊	建材供应链	B轮	1.3亿元	云启资本、经纬中国、正瀚投资
卖到菲洲网	建材电商平台	PreB轮	8000万元	华创资本
中装速配	建材供应链	A+轮	8000万元	青松基金、万融资本、梧桐树资本
易友通	家居物流配送	A+轮	—	顺丰速运
打扮家	室内设计平台	A+轮	数千万元	明源云
掌上财铺	建材供应链	A+轮	3000万元	源渡创投、源码资本
中装速配	建材供应链	A轮	1000万元	银河系创投
觅瑞科技	智能家居	A轮	1000万元	鼎祥资本、成都高投
紫光物联	智能家居	A轮	—	保利资本
创米科技	智能家居	A轮	1亿元	执一资本、九阳股份、中信产业基金
汇思锐	智能家居	A轮	数千万元	东方富海、涂鸦智能
优梵艺术	时尚家居品牌	A轮	近亿元	天图投资、广发信德、瀚泽资本
中寓住宅	装配式装修	A轮	数千万元	以太创服、倪张根
众家联	家具供应链服务	A轮	数千万元	—
工汇有活	装修施工交付	A轮	数千万元	—
ONEZONE生活	家居生活品牌	A轮	—	钟鼎创投
筑集采	建材供应链	A轮	2亿元	国泰君安创新投资

注：以上统计为部分选取，非完全统计。

中国家具行业出口形势严峻　海外布局速度加快

近年来，我国家具企业海外设厂、海外并购的步伐正在加快。随着中美贸易战和反倾销税的持久化和常态化发展，以及"一带一路"发展方向的引导，我国部分家具产能正快速向东南亚转移。2019年，各大家具企业和上市公司纷纷在越南、柬埔寨、罗马尼亚建厂或扩增越南工厂规模，越南成为中国家具产能外溢的最大积聚地。热度一向比较低的印度尼西亚中爪哇都已有59家中资家具厂落地。为加快全球化布局，顾家、敏华、曲美、美克美家、梦百合、永艺、恒林、兔宝宝等大型上市公司纷纷通过收购海外公司的方式将产能外溢。

◆ **顾家家居在越南投资5000万美元建家具厂**　9月3日，顾家家居在越南南部平福省的Dong Xoai III 工业园签署了一份超过12公顷的租赁合同，计划在此建造一座室内装饰木制家具制造厂。Dong Xoai III 工业园处于胡志明市南部的重点经济区，在工业建设和发展方面具有极大的投资吸引力。

◆ **永艺计划在越南建设办公家具生产基地**　11月8日，永艺股份发布公告，计划投资950万美元在越南建设办公家具生产基地。公告称此举为响应"一带一路"政策，加快全球化布局，同时有效规避贸易壁垒。

◆ **美克家居划对三家南司进行增资**　11月23日，美克家居发布公告，计划对三家位于越南的公司进行增资，交易金额约合1.81亿元。公告称，此举是为完善供应链全球配置、统筹优化产能、将东南亚打造成北美市场的主要供应源。

◆ **恒林股份计划建设越南办公及民用家具制造基地**　11月26日，恒林股份公告称，拟以4800万美元在越南设立全资子公司，建设越南办公及民用家具制造基地。公告称，其符合"一带一路"发展方向，有利于规避贸易摩擦风险，充分开拓国际市场。

◆ **顺诚拟收购一家越南家具制造厂70%股权**　7月16日，顺诚公布，拟3255万美元收购Jolly State International Limited的70%已发行股本。据悉，卖方越南公司为一家越南家具制造厂的法定拥有人，拥有两幅地块的土地使用权，有关地块总面积约19.05万平方米，可用作工厂。

◆ **敏华控股3亿美元越南建厂**　敏华控股正在加大对越南工厂的建设，最快在2019年8月投产。在投资3亿美元之后，该工厂计划在9月装运1400～1500个集装箱。芝华仕的产品正在向敏华越南工厂过渡，目前面积已扩大到410万平方英尺*，员工数从1200人增加到3500人。公司计划在2020年将所有出口至美国的产品转移至越南生产，扩建基地的产能将每年提升到80万套。

* 1平方英尺 ≈ 0.0929平方米，下同。

◆ **兔宝宝在柬埔寨设立工厂** 兔宝宝董秘徐俊在浙江辖区上市公司2019年投资者集体接待日活动上表示，公司2019年在柬埔寨投资设立了贴面板工厂和地板工厂，主要目的是要充分发挥公司的资源优势和渠道优势，恢复对美国市场的出口业务。

◆ **永艺股份拟950万美元在罗马尼亚建厂** 2月，永艺股份宣布，公司计划以自有资金投资950万美元在罗马尼亚建设家具生产基地。此次在罗马尼亚投资建设家具生产基地，旨在围绕欧洲市场就近布局生产制造基地，有利于加快开拓欧洲及其他海外市场，规避国际贸易摩擦风险，并确保公司主业持续稳定发展。

◆ **曲美家居收购境外公司 Ekornes ASA** 5月23日晚公告，曲美家居拟联合华泰紫金向挪威上市公司Ekornes ASA的全体股东发出现金收购要约。拟收购标的公司至少55.57%的已发行股份，至多为其全部股份。假设全部股东接受要约，交易价格为51.28亿挪威克朗，合计40.63亿元人民币，公司需支付的对价约36.77亿元。Ekornes ASA 公司是全球尤其是北欧地区较为知名的国际家具品牌，创立于1934年，是北欧地区最大的家具制造商。在收购Ekornes后，公司在全球拥有超过6400家零售终端，成功实现了渠道全球化布局。

◆ **恒林股份4.38亿元收购瑞士 Lista Office** 6月3日，浙江恒林椅业股份有限公司公告了公司以现金6388万瑞士法郎（折合人民币约4.38亿元）收购Lista Office。这意味着恒林股份将进军高端制造业，拓展欧洲市场。

◆ **梦百合拟6840万美元控股美国家居零售商** 9月20日，梦百合发布公告，公司或公司控股子公司拟现金收购Mor Furniture For Less,Inc. 已发行80%～85%的普通股及该公司全部衍生证券。本次交易是公司在梦百合品牌全球化战略下的重要举措，是公司继收购西班牙思梦，设立塞尔维亚、美国、泰国生产基地后在全球家居市场的又一重要布局。

◆ **大自然家居拟收购波兰复合地板制造商** 12月30日，大自然家居发布公告称，公司全资附属Boville拟向卖方收购Baltic Wood S.A.全部已发行股本的销售股份，收购事项的总代价将不会超过1836.2万欧元，目标公司主要在欧洲及亚洲生产及销售复合地板产品，年产量约160万平方米，市场包括欧洲及中国，在亚洲销售其"Baltic Wood"品牌的产品。

◆ **金牌厨柜拟向美国子公司增资2300万美元** 金牌厨柜公告称，公司拟使用自有资金，向全资子公司金牌厨柜国际有限公司增资2300万美元（折合人民币约1.63亿元）。本次增资资金拟用于其在美国购买土地、建立厂房，给当地客户提供专业、高效、便捷的服务，提升公司"Golden Home"品牌综合竞争力。

◆ **梦百合美国工厂开业，产能将达10亿元** 美国时间12月19日，梦百合美国工厂（南卡罗来纳州温斯伯勒工厂）开业。此工厂面积约70万平方米，厂房面积6万平方米，预计产能将达10亿人民币，销售网点主要分布在美国市场。至此，梦百合已在中国、西班牙、塞尔维亚、泰国、美国设立工厂。

同业联姻强强合作异业联盟模式升级

在竞争激烈的行业背景下，企业单打独斗的时代已经过去，战略合作成为企业占领市场份额的重要手段。无论是"异业联盟"还是"同业联姻"，家居企业的各项升级、合作都给行业带来快速发展的机遇。2019年，家具企业与零售企业、物流企业、家电企业、房地产企业、家装平台、电商平台等领域都开展了新的合作，合作范围更加广泛，合作模式不断升级。行业间的跨界合作，往往是强强联手，产生"1+1>2"的强大效应。展望已经过半的2020年，家具企业要做的是内求定力，外联共生，不管环境多么不确定，做好当下即是未来！

◆ **索菲亚与德邦快递合作，深化家居运输服务** 7月31日，德邦快递、索菲亚家居以及索菲亚四个上游供应商的代表共同签署三方合作协议，宣布三方将围绕家居干线运输、仓储管理、配送上门和安装交付四个环节进行资源整合，开展深度定制化全链路运输战略合作，助力家装一站式定制服务体验的升级。这一协议的签订，意味着让家居企业的物流解决方案实现定制化。

◆ **欧派、慕思联手打造"新联售"模式** 9月19日，欧派家居与慕思达成一项全新战略合作，共同打造睡眠品牌——慕思·苏斯，并开启"新联售"联合营销模式，在未来，双方还将展开包括联合产品开发、联合空间定制以及联合品牌推广等多方位合作，结合了双方的品牌和专业优势，计划在未来三年能够达到10亿元的销售目标。

◆ **喜临门与苏宁战略合作成绩显著** 2019年1至11月，喜临门在苏宁销售同比增长215%，双方将从床垫类拓展到床品类，达成零售云门店100家、年销售千万目标，并开发苏宁酒店、B2B渠道等。

◆ **欧派与欧亚达完成合作** 11月12日，欧派家居集团股份有限公司与武汉欧亚达商业控股集团有限公司完成品牌战略联盟合作签约。欧派旗下品牌则通过经销商或直营的方式进驻欧亚达家居连锁商场。

◆ **红星美凯龙与左右沙发达成合作** 11月13日，红星美凯龙与左右沙发签署战略合作协议。左右沙发加深与红星美凯龙合作，旗下十大系列全面入驻红星美凯龙。十大品牌布局分散到红星美凯龙进口馆、原创馆、智能馆、整体睡眠空间馆以及沙发馆。

◆ **居然之家联手敏华控股，携手进军新零售** 7月23日，敏华控股与居然之家辽宁分公司就招商、联合营销、新零售等工作进行了深入讨论，并就居然之家与敏华控股在辽宁区域的深度战略合作达成共识。

◆ **全友、松下、富森美达成三方战略合作** 7月20日，富森美家居、全友家居和松下住宅电器，在富森美拎包入住生活馆现场达成三方品牌战略合作，这标志着富森美拎包入住一体化服务驶入发展快车道。

◆ **索菲亚与和昌集团达成工程渠道战略合作** 6月20日，和昌集团在北京举行2019年集采签约仪式。和昌集团与索菲亚在内的多家供应商签署战略集采合作协议。索菲亚在与房地产商的工程渠道合作上进一步加强布局。

◆ **宜华联手保利探讨"地产+大健康"新机会** 8月2日，宜华集团与保利发展控股签署战略框架协议，将进一步探讨以房地产为立足点，从延伸家居、软装配套，到大健康产业协同，加速盘活房地产存量资产价值。在大健康领域，双方将探讨产融结合、方式多样的新合作模式，包括但不限于大健康产业投资、医养项目运营管理、医养项目信息系统建设、股权合作等。

◆ **齐家网与好莱客联合推出新品牌Nola** 11月21日，家装垂直平台第一股——齐屹科技（齐家网）与定制家居上市公司好莱客宣布，双方联合推出新品牌Nola。Nola重构了家装的人、货、场，是齐家网的数字化、互联网化，与好莱客的家居定制智能化的结合，打通线上线下销售，包括后续的售后、软装和智能等，以期从过去单一的材料采购装修家装，到整个家居生活服务，从场景功能高度去实现对客户的服务。

◆ **土巴兔与红星美凯龙达成家装供应链方面合作** 6月27日，土巴兔与红星美凯龙战略合作签约仪式在上海举行。双方可以在服务、渠道、品牌、价格等方面优势互补，共同打造优质家装供应链服务，提升装修公司的市场竞争力，为行业带来更好地服务体验。

H&M与宜家合作，共同研究面料的循环利用 在2019年面料交流可持续大会上，瑞典快时尚集团H&M Group宣布与瑞典家居零售巨头IKEA共同展开一项大规模研究工作，旨在调研"后消费阶段"循环使用的面料的化学成分。公司正在采取一系列举措，通过科研和合作的方式引领时尚行业在可持续发展和大气保护层做出积极贡献。

◆ **泰普尔丝涟与北美最大床垫卖场 Mattress Firm 重新合作**　美国第二大床垫制造商泰普尔丝涟在与北美最大床垫卖场 Mattress Firm 的谈判耗时半年后，最终成功修复渠道关系，这或将成为泰普尔丝涟开启新一轮高速发展，甚至冲击床垫行业头把交椅的契机。本协议签订后，泰普尔丝涟旗下品牌 Tempur-Pedic、Stearns & Foster 和丝涟的产品将重回 Mattress Firm 遍布全美的 2500 家门店。

家居企业上市步伐减缓　上市"黄金时代"已去

据不完全统计，2019 年，国内家居行业上市企业仅有 2 家，一家是居然之家新零售集团股份有限公司，另一家浙江麒盛科技股份有限公司。相比 2015—2017 年家居企业的集中上市热潮，从 2018 年起，企业上市步伐明显减缓。在全球宏观经济下行、国际纷争突显、国内发展不平衡不充分的大背景下，投资市场对风险更加敏感。已经上市的大部分企业在 2019 年也增速放缓。

◆ **居然之家正式上市**　12 月 26 日，居然之家新零售集团股份有限公司重组更名暨上市仪式在深圳证券交易所举行，公司中文证券简称"武汉中商"正式变更为"居然之家"，证券代码仍为 000785；公司的中文名称也由"武汉中商集团股份有限公司"变更为"居然之家新零售集团股份有限公司"。居然控股持有上市公司 42.60% 的股份，阿里直接持股为 9.58%，云锋五新持股 4.79%，泰康人寿持股 3.83%，红杉雅盛持股 0.66%，武汉商联为 1.72%。此次成功上市，意味着居然之家已成为继红星美凯龙、富森美之后，第三家登陆 A 股的家居卖场，家居产业的新商业模式对资本方的吸引力依然明显。

◆ **智能家居企业麒盛科技登陆 A 股，交易首日强势涨停**　麒盛科技股份有限公司成功实现 A 股主板上市，登陆上交所。股票代码为 603610，发行价格 44.66 元 / 股，市盈率为 22.99 倍。麒盛科技成立于 2005 年，是一家致力于智能电动床研发、生产和销售的智能家居跨国企业。公司主要产品为智能电动床及其配套产品，是全球健康睡眠解决方案提供商。麒盛科技通过智能化、AI 化、数据化，致力于让智能睡眠、健康睡眠走进千家万户。公司主要通过美国子公司奥格莫森美国将产品销往北美市场，通过国内子公司索菲莉尔积极拓展国内市场。财报显示，麒盛科技 2016—2018 年，营业收入年复合增长率为 37.46%，业绩表现强劲。同时，其在研发、生产、销售的智能床品方面，具有领先的技术优势和设计优势，为行业内领军企业。

◆ **美国在线床垫品牌商际诺思 ZINUS 上市**　10 月 30 日，美国在线床垫销售商际诺思 ZINUS 正式在韩国主板挂牌上市，ZINUS IPO 发行价定为 70000 韩元 / 股（约 423 人民币 / 股），净筹资 1692 亿韩元（约 10.2 亿人民币）。ZINUS 成立于 2006 年，是一个致力于为消费者提供高品质寝具和舒适睡眠体验的国际品牌。公司自有产品 2014 年入驻美国亚马逊平台，平均每年上市约 200 多款新产品。

2019年家居企业年报发布 行业发展趋势如何

2019年，国内外风险挑战明显上升，经济下行压力加大，家具行业的整体增速放缓，部分企业陷入瓶颈。本篇整理了38家家居上市企业公司经营数据，包括家具企业22家、家居卖场3家、原辅材料及设备企业6家、建材企业7家。22家企业净利润同比增长超过10%，21家企业营业收入同比增长超过10%。

从整体营业收入来看，金螳螂等集团性企业持续领跑，营业收入达308.30亿元，同比增长率高于2018年；红星美凯龙营业收入达164.70亿元，同比增长率相比2018年有明显下滑；欧派保持定制家具企业龙头地位，营业收入135.33亿元，同比增长率与2018年相比基本持平；顾家则领跑软体家具企业，营业收入110.94亿元；美克家居以55.88亿元保持木家具龙头地位；三棵树2019年营业收入增长率达66.64%，在38家企业中排名第一；曲美家居、喜临门、梦百合三家企业2019年净利润增长率过百。

定制行业的走势依然是家具产业人的关心话题。2018年，大多数的上市定制家具企业数据就有所下滑，年平均营收增速为18.08%。而2019年，9家定制家具企业的平均增速仅为16.7%，早已远低于2017年红利期时的普遍超出30%。从年报数据来看，半数企业增速低于2018年，仅有皮阿诺一家营收增速高于25%，这已经是皮阿诺2017年上市以来，连续3年保持着30%以上的高速增长。

2019年上市家居及相关企业业绩汇总表

企业	类别	营业收入（亿元人民币）	同比增长（%）	净利润（亿元人民币）	同比增长（%）
金螳螂	室内装饰	308.30	22.90	23.50	10.66
红星美凯龙	家居卖场	164.70	15.70	26.10	1.90
欧派家居	家具	135.33	17.59	18.39	17.02
顾家家居	家具	110.94	20.95	11.61	17.37
敏华控股	家具	112.57亿港元	12.28	13.64亿港元	11.21
居然之家	家居卖场	90.85	7.94	31.26	60.08
索菲亚	家具	76.86	5.13	10.77	12.34
大亚圣象	建材	72.98	0.51	7.20	−0.72
尚品宅配	家具	72.61	9.26	5.28	10.76
三棵树	建材	59.72	66.64	4.06	2.76
美克家居	家具	55.88	6.21	4.64	2.76
宜华生活	家具	52.44	−29.15	−1.85	−147.80
喜临门	家具	48.71	15.68	3.80	186.80
兔宝宝	建材	46.32	7.56	3.96	19.77
曲美家居	家具	42.79	47.99	0.82	239
梦百合	家具	38.32	25.65	3.74	100.82
东易日盛	室内装饰	37.99	−9.62	−2.49	−198.66
大自然家居	建材	34.27	17.40	9.25	3.81

续表

企业	类别	营业收入（亿元人民币）	同比增长（%）	净利润（亿元人民币）	同比增长（%）
志邦家居	家具	29.62	21.75	3.29	20.72
永艺股份	家具	24.5	1.63	1.81	74.5
好莱客	家具	22.25	4.34	3.65	-4.63
金牌橱柜	家具	21.25	24.90	2.42	15.37
江山欧派	家具	20.27	57.98	2.61	71.11
丰林集团	建材	19.43	21.63	1.70	22.30
德尔未来	建材	17.98	1.66	0.80	-23.24
吉林森工	建材	16.33	5.60	-3.90	-1028.57
富森美	家居卖场	16.19	13.96	8.01	8.97
南兴股份	木工设备	15.20	35.00	2.04	24.39
皮阿诺	家具	14.71	32.53	1.75	23.33
我乐家居	家具	13.32	23.10	1.54	51.24
弘亚数控	木工设备	13.11	9.75	3.04	12.59
中源家居	家具	10.70	20.50	0.34	1.80
顶固集创	家具	9.3	11.93	0.78	1.80
皇朝家私	家具	7.76	2.16	0.57	18.75
永安林业	家具	7.02	-6.98	-2.36	-82.26
星徽精密	五金	6.35	-6.38	/	/
st 亚振	家具	3.72	-10.72	-1.25	-44.60
捷昌线性驱动	智能家居驱动设备	14.08	26.15	2.84	11.68

注：以上数据为不完全统计。

定制家具企业营业收入及增速统计表

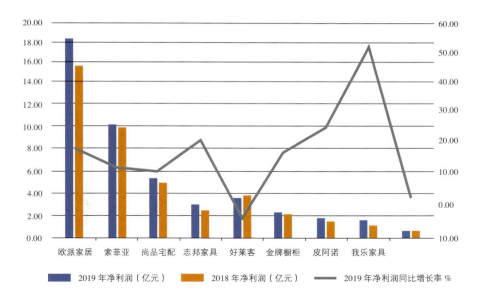

定制家具企业利润及增速统计表

家具品牌营销方式升级　如何满足消费需求成关键

随着90后、00后逐渐成为消费主体，品牌的营销方式也发生着翻天覆地的变化。2019年是"新国货"浪潮席卷的一年。从故宫口红到李宁"悟道"系列，从哈弗F5国潮版到大白兔奶糖，人们熟悉的老牌国货以全新的形式重新演绎了中华传统文化。家居企业在营销层面也紧跟消费国潮文化，进行了一系列文化IP的打造，推出"新国货"产品。此外，直播营销、短视频、体育赛事以及电影赞助营销成为部分家居企业发力重点。近年来，体育潮所涉及的范围越来越广，以体育赛事为载体的品牌宣传的营销方式受到了家居企业的追捧。家具企业看重的是体育赛事巨大的影响力和传播力，以及体育赛事自带的粉丝效应。

◆ **红星美凯龙登陆纽约时装周** 9月9日，"纽约时装周红星美凯龙中国日"正式亮相，这是中国家居品牌首次登陆国际时装周。红星美凯龙是本次纽约时装周中国日的独家冠名品牌，也担任本次纽约时装周的时尚合作伙伴。

◆ **尚品宅配与故宫宫廷文化推出新中式联名空间** 10月30日，定制家居巨头尚品宅配与故宫宫廷文化携手打造的联名新中式空间——"锦绣东方"正式亮相，此次尚品宅配与故宫宫廷文化IP的联名，亦是全屋定制行业内首次与国民文化类IP的联动，这背后深藏着对当下主流消费群体追求更有品质、更精致、更有文化底蕴的生活方式的洞察。

◆ **尚品宅配携手关晓彤演绎温情大片《懂你》** 2019年，尚品宅配邀请到关晓彤主演《懂你》，突破目前行业中简单的明星促销与签售的老套路，通过移动互联网的创意视频形式，向观众传递尚品宅配"第二代更懂你"的品牌理念。把"第二代全屋定制"推向话题的前端，以模式创新提升第二代消费群体的参与感。

◆ **顾家家居携手《攀登者》献礼国庆** 顾家家居联合电影《攀登者》共为祖国献礼，同时在线上发起"寻找1949年出生的时代同龄人"征集活动。面向全国顾家家居用户，寻找、搜集70周岁人群最值得骄傲的故事，通过祖国同龄人的深度参与分享，花样表白祖国，诠释爱国顾家新理念。

◆ **顾家冠名2019天猫双11狂欢夜** 2019年，顾家家居二度独家冠名天猫双11晚会，晚会的收视率领跑全国同时段节目。顾家把本次营销活动做成线上线下事件，给观众留下了年轻时尚的品牌形象，成为双11的企业"网红"。

◆ **京东全网首发故宫宫廷文化×左右沙发千里江山系列产品** 9月12日晚，故宫宫廷文化与左右沙发联合跨界打造，以"国粹国潮、国货复兴"为主题的家居生活空间跨界联名产品——锦鲤沙发与绣墩，在北京东苑戏楼正式发布，同时，与联名款锦鲤沙发和绣墩共同亮相现场的还有千里江山系列产品中的大件组合沙发，且均于当天在京东平台首发，圆国潮粉"坐拥江山"梦。9月26日，左右沙发国风单曲《千里江山》在网易云音乐首发上线，以此曲献礼祖国70周年。

◆ **欧派家居推出微电影《狼人的中秋烦恼3》** 2019年，欧派家居继续在中秋团圆日推出《狼人的中秋烦恼3》。短片通过虚与实的鲜明对比，让两代人在相对理想的家居环境下促进了沟通交流，倡导年轻人在拼搏之余多回过头关注、关心父母。

◆ **慕思联手马克斯·里希特推出睡眠音乐会** 从10月4日22:00到10月5日6:00，慕思把350张床跨越大半个中国搬到了八达岭长城附近——长城脚下的公社，不是为了展览，而是为了做一场真正的睡眠音乐会。作为全球寝具领域的引领者和颠覆者，慕思再次跨界睡眠音乐领域，携手世界知名现代派作曲家马克斯·里希特亮相第22届北京国际音乐节，推出长城8小时超长睡眠音乐会。

◆ **百得胜成为《我和我的祖国》院线联合营销合作伙伴** 百得胜为致敬祖国70周年华诞，在《我和我的祖国》上映当天推出轻奢实木新品"十二时辰"系列，并开展全国大促活动。

◆ **林氏木业携手天猫超级店庆日共筑理想生活** 8月，林氏木业携手天猫超级店庆日，以《向往的时光》为题，在依河而建的山林间搭建了一个集合"花酒茶会""夜空观星"等趣味体验的生活社区，邀请了演员、模特张亮和人气乐队果味VC亮相表演。借助这次超级店庆日活动，林氏木业将首次推出居家空间解决方案，将产品和空间结合，主导家居空间零售新趋势。

◆ **索菲亚牵手中国女排** 12月19日，索菲亚家居股份有限公司与中国国家女子排球队合作签约仪式在北京隆重举行。本次签约标志着索菲亚正式成为中国国家女子排球队的官方供应商，助力中国女排征战2020东京奥运会。

◆ **红星美凯龙牵手中国女子高尔夫公开赛** 9月23日，红星美凯龙首次冠名体育赛事，牵手中国女子高尔夫公开赛。12月8日，2019红星美凯龙·中国女子高尔夫公开赛完美落幕。两者之间的强强联合，不仅开创了中国女子高尔夫公开赛首个国内自主企业冠名赞助的先河，推动高尔夫及其相关赛事、产业在中国的发展，还能够向更多的消费群体推广红星美凯龙的居家生活美学。

◆ **慕思成为2019男篮世界杯官方指定寝具** 2018年慕思寝具成为澳网的合作伙伴，而男篮世界杯是慕思寝具连续第二年签下的顶级体育赛事合作。慕思寝具与国际篮联（FIBA）官方达成合作，成为2019年男篮世界杯官方指定寝具。在比赛中，慕思寝具将为32支球队提供包括床垫、床架和按摩椅等在内的产品支持，帮助他们以最好的精神和身体状态完成比赛。

◆ **司米橱柜举办首届"司米杯"高尔夫邀请赛** 12月4—5日，由司米橱柜主办的"华人明星设计师论坛暨首届司米杯高尔夫邀请赛"在东莞峰景高尔夫球会完美收杆。此次"司米杯"以广州设计周为契机，通过以设计促进合作，以球会友，以比赛建立友谊，从而打造一个司米顶级多元化设计互动交流平台。

◆ **生活家地板与中国女足正式签约** 1月8日，生活家地板与中国女足正式签约，携手中国女足出征2019法国女足世界杯。生活家借势新媒体的力量，更好地实现广泛覆盖＋精准营销＋有效传播的营销目标。

◆ **丝涟进驻天猫超级日，高端床垫销量被刷新** 7月29日，丝涟正式亮相天猫超级品牌日，成为首位进驻天猫超品日的国际床垫品牌。截止7月30日零点，丝涟床垫天猫超品日已刷新高端床垫销售记录，位居天猫床垫行业首位，单日增粉55万，超过开店以来粉丝总和，是去年双11的36倍之余。

双11家具企业高歌猛进　直播带货蔚然成风

双11作为中国零售业的大考，已成为观察新消费趋势的重要窗口。2019年的双11如约而至，线上线下齐发力，再一次创造了奇迹。11月12日，央行首次发布了双11相关数据。数据显示，双11当天网联、银联共处理网络支付业务17.79亿笔，金额为14820.70亿元，较去年同期上涨162.6%。电商方面，综合各大电商平台的战报，2019年双11全网销售额最终锁定在4101亿元，同比增长30.5%。天猫销售额2684亿，占全网销售额的65.5%，京东、拼多多、苏宁易购占比分别为17.2%、6.1%和4.9%。在行业品类成交额排行榜中，家居建材类排名第七。家居品类一直被看作接触互联网与新零售渗透较晚的行业，然而各大品牌也早已将双11视为一年营销的重要节点，从品牌宣传推广、优惠营销策略上早早布局。

◆ **天猫双11硕果累累**　2019年天猫官方口径统计的TOP10家居榜单发布已经发布。家具、床垫、沙发、灯具四品类中，家具品牌销量居首，榜单TOP品牌保持了基本稳定，前十品牌均突破一亿元"小目标"。在住宅家具TOP10榜单中，林氏木业连续7年保持第一，全渠道销售额达到9.8亿元，其中B2C线上渠道销售4.95亿。顾家家居持续发力，不但再次独家冠名天猫晚会，成交额也在后半段超越全友和芝华士，成功攀升到第二，全渠道销售额达到7.51亿。儿童家具在2019年销售额表现突出，前十品牌中出现爱果乐与护童两大专注儿童家具品牌，儿童学习桌无疑是这次双11家具最亮眼的"新品类"，体现出儿童家具消费需求的增长趋势。从流量来看，天猫双11会场从单纯的行业品类会场，变成了"品类+榜单+直播"三足鼎立，直播成了品牌争相实践的新模式。

◆ **拼多多家居销量暴涨**　拼多多作为最晚加入电商大战的平台，在2019年增势迅猛，百亿补贴获取大量新用户，在2019年双11大战中，全网销售额占比达到6.1%，反超苏宁。2019年前三季度，拼多多的家居用品整体销量同比涨幅超过400%。全屋定制销售增长强劲，销量是去年45倍；办公家具销量同比上涨610%；五金工具同比增长490%。

◆ **京东双11全屋定制增长360%**　2019年京东双11累计下单金额超过2044亿元。家具品类

2019年天猫双11家具类24小时 TOP品牌榜

排名	品牌
1	林氏木业
2	顾家家居
3	全友
4	芝华士
5	源氏木语
6	爱果乐
7	慕思
8	喜临门
9	雅兰
10	护童

2019年天猫双11床垫类24小时 TOP品牌榜

排名	品牌
1	慕思
2	雅兰
3	喜临门
4	金橡树
5	金可儿
6	芝华士
7	顾家家居
8	丝涟
9	舒达
10	穗宝

2019年天猫双11沙发类24小时 TOP10

排名	品牌
1	芝华士
2	顾家家居
3	林氏木业
4	全友
5	卫诗理
6	源氏木语
7	坎佩乐尼
8	Norhor
9	左右
10	优梵艺术

注：以上统计来源于网络，排名依据为各品牌B2C成交金额。

成交额同比去年增长120%，全屋定制品类成交额同比增加360%。11月11日0—1时，家具整体销售额同比去年提升了250%，其中，高端红木家具销售额达到去年同期的4倍，儿童家具整体销售额达到去年同期的280%。85后和90后成为全屋定制主要客户群体。

◆ **居然之家双11战报** 到2019年，居然之家和阿里合作已近两年时间。2019年双11居然之家公布了战报，总体销售额208.81亿元，同比增长73.68%，吸引了76.9万顾客。其中新零售门店拿下97.64亿，在2018年的基础上更上一层楼。

◆ **红星美凯龙双11战报** 2019双11期间，红星美凯龙最终实现线上线下总销售额突破219.86亿元，同比大增37.4%。新零售门店6城24店总销售额24.93亿元；新零售门店最高单店销售破4亿元，店均销售超1亿，新增会员44.9万人，同比增长240%。

了解消费者需求变化　　大数据助力企业营销

互联网开创了一个全新的时代。随着电子商务的兴起以及大数据的建立，企业通过一系列的消费群体数据分析，可以直观看到用户的消费习惯和消费能力，从而进行准确的定位，为产品精准寻求目标消费人群。消费细分时代已经来临，家具企业也要用好数据分析，进行精准营销和服务。

◆ **2019年中消协大数据出炉，家居品类投诉下降3.27%** 中国消费者协会公布2019年全国消协组织受理投诉情况分析。在具体商品投诉中，家具类产品投诉13809件，位于投诉品类第六位，同2018年的14276件投诉相比减少467件，同比下降3.27%。消费者反映的问题主要集中在质量、环保、合同、售后四大问题。具体体现在在使用过程中家具出现变形、开裂、脱皮、掉漆等情况；家具板材、漆面甲醛含量超标，危害身体健康；未按合同约定时间送货及安装、订货样品和实物不一致、颜色、型号不相符，或以次充好、用人造板贴木皮冒充实木家具等；经营者维修不及时或以各种理由拒绝承担"三包"义务。

◆ **京东发布电商报告，微信购物家具等增长显著** 京东大数据研究院发布《2019社交电商发展趋势报告》，从2017年到2019年，微信购物用户数持续增长。其中，家具成为占比提升较多的品类。2019双11大促，微信渠道前五的品类里有厨具和家居日用。用户数提升较多的是六线和一、二线城市。

◆ **天猫线上家居爆发，差异化增大** 9月20日，天猫无忧购、阿里妈妈发布数据显示，自2016年以来，随着电商送装服务的完善，线上家居消费呈现爆发趋势。其中小户型家具增长49%，家具O2O增长118%。此外，数据显示不同时代的人，家居风格存在很大差异，其中差异最大的是80后和85后：

068 / 年度资讯　Annual Report

85后的家居风格接近90后，喜欢日式、宜家、简约风；而80后更接近70后，喜欢古典、美式、田园、东南亚风格。

◆ **苏宁发布消费报告，中国家庭居住支出占比超20%**　苏宁金融研究院发布《中国居民消费升级报告（2019）》，当前居住支出占比较高，超过20%。尤其在城市，居住支出从2012年快速上升，2018年城镇居民将近四分之一的支出用于住房居住，农村居民的居住支出占比已达21.94%，越来越多农村年轻人在县城买房。

◆ **极有家发布环保消费数据，六成环保家装消费来自三、四线地区**　极有家发布《环保消费数据》，从建材到餐具，再到"收纳神器"，各类环保型产品都有高速增长。2018年的成交同比翻了一倍还多；环保家装建材的消费则大涨51%，节能环保的LED灯同比增幅也超过五成。数据显示，在三、四线地区，家居环保热潮更为显著。环保家装建材的消费者中，超过六成来自三、四线及以下地区，成为驱动这一热潮的最大动力。这也表明小城镇家庭在装修选择上，正快速向高品质的无污染建材靠拢。

◆ **淘宝发布家装指南，租房装修增幅最快**　淘宝旗下生活家居平台极有家发布《2019家装指南》。大数据显示，普通家庭会将近40%预算花在客厅置办上，其次则是卧室（26.5%）与厨房（22.6%）。淘宝极有家消费者中有2/3为女性，女性份额逐年稳步提升。中小户型家庭已经成为淘宝家居消费的绝对主力军，占比高达80%。新房装修仍是消费者家装的主要诉求，占据53%市场份额。除此之外，租房装修需求占比为31%。值得注意的是，过去1年租房装修以195%的年增幅成为家装领域上升最快的细分市场，看似市场体量最小，但却有着巨大增长空间的旧房翻新占据18%的份额。

◆ **毛坯房近三年装修量降50%**　近几年，国内住宅装修总量每年约2200万户。从2019年来看，全装修保障房及精装修商品住宅的装修总量超770万户，占比超35%。毛坯房装修量550万户，仅为2016年50%，住宅装修市场占比降到24%。老房二手房装修量近890万户，占比40%。

新零售模式全面展开　消费体验继续升级

2019年，家居卖场在新零售方面的布局进展可谓如火如荼，居然之家、红星美凯龙纷纷开启了零售新步伐。智慧零售、无人零售、零售业态整合等多种形式齐头并进。各大家居卖场联合电商巨头，充分利用互联网技术，尤其是移动互联相关技术和应用，优化产品销售和服务模式，以全新的方式提高用户体验和运营效率。尚品宅配等家具企业通过提供一站式家居解决方案，为顾客提供一整套物流、安装、维护等服务。新零售业态已经成为家具行业的主旋律。

◆ **红星美凯龙与阿里签署战略合作协议**　5月24日，红星美凯龙与阿里巴巴于中国杭州市余杭区签署了战略合作协议。此前于5月15日，阿里巴巴以43.595亿元全额认购红星美凯龙，一举拿下超过总股本13.7%的股份，跃升为第二大股东。此次战略合作协议的签署，双方宣称将从七大领域展开具体的合作内容，分别包括：新零售门店建设、电商平台搭建、物流仓促和安装服务商体系、消费金融、复合业态、支付宝系统以及信息共享。

◆ **尚品宅配宣布开启"全屋定制第二代模式"**　尚品宅配宣布开启"全屋定制第二代模式"，在提供定制柜类产品的基础上，增加背景墙、沙发、床垫、窗帘、电器、灯饰、饰品等全品类定制打造。不仅如此，尚品宅配还建立 FACE ID 体系识别顾客年龄、性别、情绪、停留时长等信息，实时捕捉进店顾客动态，帮助门店导购及设计师更准确地预判客户的需求。在服务端，通过消费端对消费者需求的预判，通过已有的软件技术和信息化技术，快速地为消费者提供更完整、更符合消费审美的一站式家居解决方案。

◆ **尚品宅配开进家电卖场**　定制家居领导品牌尚品宅配与家电连锁品牌企业工贸家电签署战略合作。双方将联合打造家居体验馆，借助双方的资源优势，相互引流、相互赋能，并开展高效的互动营销。体验馆将全屋定制、全屋系统设备（包括中央空调、采暖系统、新风系统、净水系统、智能系统等）、全屋成套家电，以样板间＋场景化的形式展现出来，让消费者能够身临其境。

◆ **居然之家卖场再扩业态**　8月6日，中国黄金旗舰店落户居然之家北京北五环店，一个多月前的6月18日，居然之家北京北五环店与北京四季文旅科技股份有限公司正式签约，将共同打造 AOMO 奥摩室内动物乐园。此次居然之家引进中国黄金，补充了传统家居卖场的商业短板，也丰富了居然之家的娱乐业态。

◆ **居然之家与苏宁达成战略合作**　5月30日，居然之家集团总裁王宁一行到访苏宁，与苏宁高管团队进行深入会谈，并签署了战略合作协议。根据协议内容，未来双方将在零售、物流、采购和智能家居四大版块展开深度合作。

◆ **苏宁、红星美凯龙对6000万投资非码**　门店数字化交易平台"非码"完成6000万战略融资，由苏宁领投，红星美凯龙、普思资本、IDG 跟投，光源资本担任本轮融资的独家财务顾问。至此，非码已完成三轮融资，融资总额约2亿元。

◆ **富森美家居联手四川苏宁布局新零售**　8月17日，四川苏宁和富森美家居"家居生活一体化"项目正式签署，此次也被看作苏宁2019全场景零售布局的重要战略之一。双方合作将借助对方优势资源，打破行业壁垒，相互引流、相互赋能，在媒体推广、营销联合、连锁拓展等方面开展全面而深度的合作。

合作共赢 智能家居行业再创高潮

2019年，伴随着政策东风以及5G、人工智能技术的进步和完善，智能家居行业在2019年迎来了发展热潮，与智能家居相关的离线语音识别模块标准、智能家居标准的诞生，又再次将这一领域推向新的高潮。2019年底，阿里巴巴表示，将与OPPO联手推动中国智能家居互联互通联盟，打造中国智能家居的行业标准。无论是科技巨头罕见的联手合作，还是智能家居领域相关企业所建立的互联互通合作联盟，都预示着智能家居产业正在朝着融合化方向发展。

◆ **离线语音识别模块标准通过审查** 11月27日，由轻生活科技发起并担任起草组长单位的《家用及类似电器用中文离线语音识别控制模块技术规范》团体标准终于顺利通过审查。这意味着中国首个中文离线语音识别模块标准即将诞生，这将对促进智能家居行业的健康发展有着极大的重要意义。

◆ **亚马逊、谷歌和苹果达成合作，打造智能家居新标准** 12月19日，苹果、亚马逊和谷歌公司与Zigbee联盟宣布达成一项罕见的合作伙伴关系，旨在打造智能家居新标准，让消费者使用起来更方便。该项目将使设备制造商更轻松地构建与智能家居和语音服务兼容的设备，例如亚马逊Alexa、苹果Siri以及Google Assistant等。

◆ **居然之家联手华为建立智能家居标准规范** 3月14日，北京居然之家家居新零售连锁集团有限公司在上海宣布与Huawei HiLink达成战略合作。双方表示，将发挥各自优势在全屋智能家居领域展开深度合作，共同建立智能家居行业的服务标准和规范。

◆ **科技部公布国家人工智能开放创新平台名单，智能家居领域小米入选** 2019世界人工智能大会开幕式上，科技部公布最新一批国家人工智能开放创新平台名单，囊括了10大创新企业代表，视觉计算领域的代表为依图科技，营销智能领域的代表为明略科技，基础软硬件的代表为华为，普惠金融领域的代表为中国平安，视频感知领域为海康威视，智能供应链领域为京东，图像感知领域为旷视，安全大脑领域为360，智慧教育领域为好未来，智能家居领域为小米。

◆ **青岛海尔拟改名为海尔智家** 6月5日，青岛海尔股份有限公司发布公告称，青岛海尔拟变更为"海尔智家股份有限公司"。这意味着，深耕家电业的青岛海尔将超越家电本身，加速智慧家庭生态品牌的引领。12月4日，海尔智家与金茂、自如、保集等企业，达成2万套智慧家庭供货协议，并举行"超级工程2020"俱乐部峰会，面向工程端发布新的策略，推出7大精装地产方案，3大智慧公寓方案，将2020年的工程市场端落地规划定在20万套。将在南、北方各成立20家工程联盟，计划赋能出20家规模过亿元的会员单位。

◆ **红星美凯龙联手荣耀打造未来智慧家** 9月9日，荣耀宣布联合红星美凯龙打造"未来智慧家"体验空间，空间以荣耀智慧屏为家居中控，融合华为HiLink家居生态产品，以及红星美凯龙智慧家装产品，以智能化、艺术化的一体空间设计为用户展示智慧家庭生活方式。

◆ **索菲亚与格力达成战略合作** 5月6日，格力电器和索菲亚家居在珠海举行战略合作签约仪式。双方将在产品线研发、整装推进、智能工业4.0领域和品牌联合营销等方面开启深度合作，携手打造智慧家居。

◆ **德尔未来投资智能家具项目** 6月24日，德尔未来发布公告，公司公开发行债券募集资金投资智能项目，募集资金净额人民币61896.7万元，已全部到位。项目具体为年产智能成套家具8万套、3D打印定制地板研发中心、智能成套家具信息化系统及研发中心和补充流动资金四项。

◆ **皇朝家私与创维集团达成战略合作** 11月27日，创维智能人居产品发布会暨战略合作签约仪式于创维半导体设计大厦举行。双方确立在智能家居领域的战略合作，协同创造更美好的未来人居。

◆ **欧派联手华为布局智能家居** 8月10日，欧派家居集团与华为在2019华为开发者大会上举行战略合作发布会。双方打破品牌与互联的壁垒，并确立了双方在物联网生态和智能家居领域的战略合作。欧派将全面对接华为 HiLink 平台，实现生态共赢，为消费者带来更好的物联网解决方案和智能家居体验。

◆ **全国首家全宅智能生活体验馆发布** 6月2日，由红星美凯龙、欧瑞博、美的置业联合主办的智家创新生态战略合作发布会在上海红星美凯龙真北店举行。现场，全国首家真全宅智能生活体验馆正式推出。此后，结合红星美凯龙的渠道与欧瑞博的产品技术优势，双方还将共同打造 100 家全宅智能生活体验馆。

◆ **宜家推出机器人家具系统** 宜家为改造城市中有限的生活空间，与美国一家机器人家具初创公司 Ori Living 合作，推出一套名为 Rognan 的机器人家具系统。据宜家介绍，这套系统由一个触控板控制，将床、沙发和衣柜等多个家具组合在一起，并在底部安装了滑轨，这种可移动的模块设计可以让一个小房间划分成卧室和客厅两个空间，将会在明年在香港和日本率先推出。

◆ **IoT 领域企业 Control4 发布可控制超过新操作系统** 美国东部时间 5 月 23 日，Control4 发布了最新的操作系统 Smart Home OS 3。据该公司称，新的操作系统可以控制超过 13500 个第三方智能家居设备，并且增添了千余种新功能。用户可以创建整体家庭仪表板来监控所有设备。在使用前用户需要经过专业的安装程序，但该公司表示，一旦启动并运行，用户就可根据自己的需要去定制系统。据悉，Control4 的操作系统也支持亚马逊、谷歌等智能家居头部企业的产品。

◆ **获保利 1.5 亿战略投资，UIOT 超级智慧家品牌升级** 上海紫光乐联物联网科技有限公司发布品牌升级战略，原"UIOT"品牌升级为"UIOT 超级智慧家"。上海紫光乐联物联网科技有限公司是物联网型无线全屋智能家居系统的研发、制造和销售的专业厂商。红星美凯龙于 2017 年 1 月战略投资入股，目前是公司第三大股东。UIOT 超级智慧家自 2011 年创始，自主研发物联网、云计算、大数据、语音识别、AI 等智慧科技，构建互联互通的家庭物联网，连接家庭电工、暖通舒适、安全和影音等家居子系统，致力于为全球消费者创造可持续发展的智慧美好新生活。

跨界与多元经营成为行业趋势　外行业巨头挤占家具赛道

2019年,跨行业经营现象仍在持续发酵。国外家居生活方式零售品牌无印良品、国际零售业巨头沃尔玛、国内家电零售巨头国美、房地产开发商碧桂园、电商巨头阿里巴巴和拼多多等各类型企业在家具领域均有新的动作。它们或是拥有强大的资本支撑,或是掌握上游家居消费者的流量入口,再加上互联网及数字技术优势壁垒,使其拥有极强的产业链整合和创新能力,给家具企业带来了极大挑战。未来,家具行业的规模边界甚至竞争格局将因外界资源的入局而发生颠覆性改变,家具企业唯有加强应变、转向和融合能力,才能在未来竞争中处于不败之地。

◆ **沃尔玛新推在线家具** 2019年,沃尔玛推出自有品牌Modrn,瞄准不断增长的在线销售家具市场。Modrn将通过Walmart.com、Jet.com和Hayneedle来销售,产品类别的价格从199美元到899美元不等,包括沙发、床、酒吧家具、室内和室外餐厅和椅子。这不是沃尔玛首次涉足在线家具品牌,它在2016年以9000万美元的价格收购了在线家具零售商Hayneedle。沃尔玛不断加重在市场中的地位,利用所收购公司的经验教训,并通过推出较新的自有品牌产品付诸实践,最终从Wayfair、Target和亚马逊的竞争中脱颖而出。

◆ **无印良品家装中国首发** 12月21日,无印良品家装发布会在北京三里屯召开,会上正式宣布无印良品将在中国推出MUJI INFILL(无印良品家装)业务。MUJI INFILL将为用户提供从规划到设计施工的一条龙服务。家装从设计到施工的整体服务,并不是由无印良品单独完成,而是通过与少海汇合作,由无印良品提供设计,海尔全屋家居提供全屋定制,有住提供装修服务,为顾客提供住家需求解决方案。

◆ **碧桂园·现代筑美绿色智能家居产业园开工** 2月26日,碧桂园·现代筑美绿色智能家居产业园在河南信阳举办开工仪式。据了解,该智能家居产业园占地1000亩*,总投资约23亿,建设周期约为24个月。项目建成后,将形成年产橱柜30万套、卫浴柜60万套、衣柜/收纳柜10万套、木门180万樘的生产规模,预计实现年产值50亿元,年创税2亿至4亿元。

◆ **拼多多"新品牌计划"在家居行业初露锋芒** 2018年12月,拼多多正式推出"新品牌计划",计划扶持1000家覆盖各行业的优质制造企业,帮助企业有效触达平台4.4亿消费者,以较低成本培育品牌。该计划从C端逆向整合工厂,拼多多根据掌握的海量用户数据,为工厂提供生产依据,并作为电商渠道为工厂提供新的销售路径。2019年11月27日,拼多多联合创始人冬枣亮相"2019酷+全球泛家居数字化生态大会",高调公布相关营收数据,证明了拼多多对于家居家装行业的高度重视。

◆ **国美进军整体橱柜市场** 5月29日,国美宣布IXINA与厨空间同步在北京和上海亮相,这是国美"家·生活"战略新业务的落地,标志着国美进军整体橱柜市场。继北京和上海后,第二批IXINA门店将在无锡、南京落地,未来将采用合伙人制和加盟制进行拓展,计划未来三年开200家门店。

◆ **ZARA HOME将在线为企业客户定制产品** ZARA母公司Inditex透露,ZARA HOME品牌将为企业客户提供家居、软装设计等定制服务,结合该集团的数字化渠道布局,对公业务还将提供物流等额外服务。

◆ **中海与华为推出5G时代全屋智能家居** 11月,中海地产与华为HiLink联合打造的5G智能家居样板,亮相于华为天猫旗舰店直播间,包括玄关、客厅、餐厨、卧室场景、浴卫、书房六大场景,以智慧灯光为主,一键控制全屋。同时,双方合作的智慧生活场景已在上海的中海臻如府落地。

◆ **摩拜使用废弃单车打造环保家具** 9月11日,由摩拜废弃共享单车零部件打造的立灯、躺椅、烛台等时尚家居用品在751D·park北京时尚设计广场亮相。据摩拜单车数据显示,随着部分共享单车和零部件已经到了报废期,摩拜已翻新复用148万条轮胎和126万把智能锁。同时,摩拜还尝试将废弃零部件改造成时尚家具等环保用品。

---

* 1亩=1/15公顷,下同。

精准布局　家具产业全产业链向高质量发展迈进

当前，中国经济发展进入新常态，中国家具业正经历调整期，由中高速发展向高质量增长转变。木材加工行业是家具行业上游的重要组成部分，2019年，中俄木材加工交易中心启动建设，体现了国家聚焦高质量发展、全方位扩大开放的决心，更为木质家具生产企业带来了利好福音。流通卖场是家具行业下游的重要组成部分，也是普通消费者购买家具的主要渠道。为满足更多城乡居民日益增长的美好需求，2019年，家居卖场的布局不再盲目扩张，而是逐渐从一线城市向二、三线城市转移，使高质量产品和高标准服务让更多人受益。

◆ **中俄木材加工交易中心在绥芬河启动建设**　9月29日，中国（黑龙江）自由贸易试验区绥芬河片区正式揭牌，与此同时，绥芬河中俄木材加工交易中心在黑龙江省绥芬河市启动建设。据介绍，绥芬河中俄木材加工交易中心项目总占地面积38万平方米，总投资6亿元人民币，同时配套有原木板材堆场、木材交易中心、物流中心等。木材已经成为绥芬河口岸最主要的进口大宗货物，过去20年，绥芬河口岸曾经累计进口俄木材8517万立方米，货值97.1亿美元。在俄罗斯的森林采伐、原木加工等林业投资项目139个，投资总额近5亿美元，绥芬河现已成为中国最大的俄罗斯木材进口集散中心。目前，绥芬河正致力于打造年产地板1000万立方米、家具100万套、交易量500万立方米、交易额150亿元的百亿级木业产业集群。

◆ **红星美凯龙2019年经营428家建材店**　截至2019年12月31日，红星美凯龙家居集团股份有限公司经营了87家自营商场、250家委管商场，通过战略合作经营12家家居商场，此外，以特许经营方式授权开业44个特许经营家居建材项目，共包括428家家居建材店/产业街。

◆ **宝能·第一空间盛大开业，粤港澳大湾区家居商业地标诞生**　11月30日，家居商业——宝能·第一空间正式扬帆起航。25万平方米超大体量，7大主题臻选馆，全球奢华家居品牌集中亮相，标志着粤港澳大湾区家居商业新的标杆诞生。宝能·第一空间作为深圳笋岗首批面世的城市更新项目，站在产业战略的全局性考虑，把握粤港澳大湾区和先行示范区建设的发展机遇，引领中国家居产业未来发展的潮流方向。

◆ **江西南康将打造成全球最大家具直播基地**　12月11日晚，由江西赣州市南康区商务局、南康区家具产业促进局、南康区家具协会、南康家居小镇电商村主办，家播汇淘宝直播家居生活产业带直播基地承办的"双12品质南康·家具让生活更美好——电商直播基地战略升级启动仪式"在南康家居小镇的围屋隆重举办。预示着南康家具产业将全力向电商直播版块开疆扩土，攻城略地。

◆ **富森美自贡商场开业**　富森美自贡商场在川南建材市场盛大开业。这是富森美家居联手四川英祥实业集团打造的"自贡第一店"，标志着富森美向省内二级城市稳步迈进。此前，富森美2018年已经在同处川南的泸州完成了两个家居卖场的打造。富森美自贡商场位于自贡市自流井区马吃水商圈的川南建材市场，紧靠主城区，面向盐都大道，交通及地理优势明显。

◆ **欧亚达进军顺德打造一站式商业中心**　4月10日，欧亚达顺德北滘店2019年全球招商新闻发布会在顺德北滘华美达酒店隆重启幕。欧亚达家居顺德北滘店将构建10万平方米"一站式"泛家居商业新中心，结合广东区域消费市场的需求，对品牌结构进行优化升级。此次全球招商活动旨在吸纳全球优质进口品牌和国内一线家居建材品牌以及优质原创家具品牌。

供应链成为家居业新渠道 平台企业备受资本青睐

近年来，家居行业出现了一批供应链平台企业。它们瞄准了厂家与工长或装企之间的连接型角色，通过深度整合家居产业链的模式，试图解决家居行业中间环节繁杂且低效的问题。越来越多的建材工厂想在这块"新蓝海"里找寻新机会，如何开辟新渠道、发掘销售增长点成为企业的主要竞争点。很多供应链企业获得了不错的融资，企业的发展也在正轨上，但未来发展仍有很多难题。目前来看，家居供应链企业普遍面临着利润率低、获客难、服务优势不明显、供应链整合难度高、部分地区过度竞争的困境。但不可否认的是，在供应链市场日益庞大的背景下，平台企业的发展前程无限。

◆ **全球木材产量增速升至70年以来新高** 据联合国新闻处消息，联合国粮农组织表示，2018年工业圆木、锯材和木基板材等主要木材产品的全球生产和贸易量创下自1947年该组织开始记录森林统计数据以来的最高值。2018年，世界锯木产量增长2%，锯木和板材产量均创历史新高。全球木浆生产和贸易增长2%，分别为1.88亿吨和6600万吨。在所有木制品类别中，用于建筑和家具制造的刨花板和OSB木面板的全球产量增长最快，2014—2018年间的增速分别为25%和13%。对这些产品日益增长的需求大部分来自东欧，包括俄罗斯。

◆ **耗资11亿的首个家居原材料集散中心落地湖南** 在10月底，湖南首个家居原材料集散中心——中南爱晚家居材料市场将开门迎客。中南爱晚家居材料市场总投资约11亿元，整体业态规划涵盖了高档原木、实木、皮革布艺、五金、海绵化工、陶瓷卫浴、电商孵化和酒店办公等，定位为区域性、综合型、现代化家居家装原辅材料集散中心。

◆ **齐家网推出齐智推，赋能家居品牌精准获客** 齐家网宣布推出智能营销产品"齐智推"。齐家网相关负责人介绍，齐智推从用户和品牌商各自的路径和目的出发，对齐家网平台有效广告进行整合，为家居品牌商提供品效合一的智能解决方案。齐智推全路径包含流量智造、内容智造、效果智造、沉淀智造，旨在解决家居建材商面临的线上获客渠道繁杂、难于精准获取流量问题。

◆ **斑马仓与天猫达成合作，有望实行先装修后付款** 一站式整装建材供应链平台斑马仓与线上巨头天猫装修在阿里巴巴集团总部签订战略合作协议，达成战略合作共识。立足于互联网家装市场的斑马仓与阿里巴巴达成合作可谓前景广阔。2019年公司大力招募城市合伙人，线下开了更多的家装馆，同时完善供应链，提升VR技术，给各地合伙人提供营销与管理工具。

◆ **中装速配完成8000万元A+轮融资** 建材供应链平台中装速配已于6月完成8000万元A+轮融资，本轮投资方为青松基金、万融资本和梧桐树资本。中装速配成立于2017年5月，是一家服务于中小装修企业的建材供应链平台，起步于四、五线城市，并正逐步向中心城市渗透，现已布局数百城市区域。平台则主要通过会员服务费和建材产品的利差盈利，其中会员业务自去年8月上线，收费标准为19800元/年，目前续费率已超过90%（部分还未到续费期），部分会员装企每月在平台的采购额已经占到其材料费的30%，许多半包会员装企借助中装速配的产品服务成功转型为整装模式。

◆ **家装建材B2B平台小胖熊获1.3亿元B轮融资** 近日获悉，家装建材B2B交易平台小胖熊宣布获得1.3亿元B轮融资，由正瀚投资领投、云启资本跟投，经纬中国继续加码。2018年6月，小胖熊宣布获得近千万美元A轮融资，领投方为经纬创投。小胖熊成立于2013年，主营业务是为装修队工长、装修公司等客户提供装修设计、辅材、主材等建材采购、配送及售后服务。目前，该平台上的注册用户已达6.8万，下单用户累计超过4.5万，在库SKU达12000多种，涵盖上百个建材品牌，其中大部分来自厂家直采。

国际家具贸易增长大幅放缓　压力与机遇并存

2019年，全球家具业陷入低迷，生产总额出现收缩；国际家具贸易增长大幅放缓。具体来看，2019年，全球家具生产总额约4900亿美元，同比下降1%，其中出口占比达三分之一。分区域看，亚太地区仍是家具生产的主力军，约占全球的50%，其中，中国家具生产总额约占全球的37%；北美地区在2019年延续了之前的增长趋势，且增长速度开始加快；欧洲家具产量有所回落；南美洲近几年出现的经济衰退还未消散；中东地区和非洲的家具产业仍属于不发达行列。但值得注意的是，近几年全球家具业格局有所转变，产品流和价值链正在重塑。印度、波兰、越南近几年家具生产迅猛。受关税及非关税壁垒、贸易摩擦等综合因素影响，2019年我国家具出口压力明显增加。

◆ **美国对中国床垫反倾销终裁：36家企业税率翻倍达162%**　10月18日，美国商务部发出了对中国床垫反倾销做出最终裁定的通告，确定了征收反倾销税的几家公司。根据商务部的通知，最终确定的反倾销税征收方案为：被调查企业中，仅恒康家居（即梦百合）获得了57.03%的反倾销税率。其他36家征收单独税率的企业，此次核定反倾销税率为162.76%，这比初裁结果的74.65%将近翻了一倍，而除名单之外的其他企业，则统一征收1731.75%的反倾销税率。

◆ **美公布对华木制橱柜、浴室柜反倾销初裁**　10月4日，美国商务部发布公告，对原产于中国的木制橱柜和浴室柜产品作出反倾销初步裁定。裁定我强制应诉企业洪泽安心厨家具公司倾销幅度为4.49%，大连美森木业公司倾销幅度为262.18%。日照富凯木业倾销幅度为80.93%，分别税率企业倾销幅度为39.25%，全国统一倾销幅度为262.18%。据悉，2019年3月27日，美商务部对我木制橱柜和浴室柜发起双反调查，涉案金额约44亿美元，这是迄今为止美对我案值最大的双反调查。经中国积极向美国国际贸易委员会进行损害抗辩，美方已将28亿美元涉案产品从调查范围排除。

◆ **美国2019年零售关店数量超过9300家**　根据美国Coresight Research研究机构发布截至12月20日数据报告显示，美国已关闭了9302家零售门店，比2018年全年增加了59%，其中不乏人们熟悉的3B家居。瑞银证券（UBS Securities）4月份发布的一份报告显示，美国线下市场的低迷有望持续。到2026年，如果电子商务渗透率从目前的16%提高到25%，则将需要关闭7.5万家门店。

◆ **美国进口中国床垫同比下跌98%**　根据美国今日家具报道，自2月以来，中国床垫进口量急剧下降，其市场份额也在下降。6月份，中国床垫进口量较上年同期下降了92%，而7月份的下降幅度更大，比2018年7月份下降了98%。6月，中国占美国床垫进口市场总额的9%，7月则仅剩2%。短短5个月，中国在美国床垫进口市场的份额从87%，变为微不足道的2%。

◆ **印度家具市场蓬勃发展**　印度新兴的中产阶层为家具行业带来了很大的消费潜力，2014年家具行业总销售额约为8.9亿卢比，占印度

GDP 的 0.5%。2019 年预计达到 27 亿卢比，2015—2019 年的年均增长率达到 25%。印度房地产行业的发展对民用家具、办公家具及酒店家具消费需求具有显著的拉动作用，其中民用家具占据印度市场 65% 的份额，办公家具占比 20%，其他酒店家具等占比 15%。

◆ 《消费者报告》杂志公布 2019 年度床垫产品榜单 《消费者报告》是由全美有着极高知名度的美国消费者联盟（Consumer Union）主办出版，从 1936 年开始发刊至今。《消费者报告》每年推出一次，床垫测评版块分为三大类，分别是床垫产品、床垫经销商以及床垫品牌的排名。其中，床垫产品的测评排行榜又分为两大类，分别为记忆绵床垫榜单（Memory Foam Mattress）和弹簧床垫（Innerspring）榜单。在这两大榜单中，舒达各有一款产品上榜。因为易于包装和运输等特点，"盒装床垫"在国外发展迅速，相关电商品牌也多达 150 家，这种床垫大部分为记忆海绵床垫。

◆ 巴菲特翻牌家具零售商 RH 11 月 14 日，根据巴菲特旗下伯克希尔哈撒韦公司（Berkshire Hathaway）向美国证券交易委员会提交 13F，伯克希尔首度投资家具行业，入手高端家具零售商 RH（Restoration Hardware）120 万股股票，价值 2.063 亿美元。在当天盘后交易中，RH 的股票上涨了 6.7%。该股今年已经上涨了 41%。

国内国际各大榜单公布　家具企业表现如何

2019 年，家具行业头部企业和企业家们成绩亮眼，在国内多项重要榜单中斩获一席之地。其中，"中国民营企业 500 强"由中华全国工商业联合会评选发布，是在对民营企业调研的基础上，按照年营业收入总额降序排列产生。《2019 胡润全球独角兽榜》由胡润研究院发布，评选条件是全球估值十亿美元以上的科技初创企业，创办不超过 10 年，获得过私募投资且未上市。这是胡润研究院继六次发布中国独角兽季度指数后，首次发布全球独角兽榜。《胡润中国潜力独角兽》旨在寻找三年内最有可能达到 10 亿美元估值的高成长性企业。个人榜单方面，福布斯中国富豪榜是美国财经杂志《福布斯》针对中国制订的一个榜单（只包含大陆地区），每年更新一次。《胡润百富榜》的上榜门槛连续七年保持 20 亿元。家具头部企业的闪亮成绩为全行业树立了模范榜样，带领行业不断成长与进步。

◆ 民营企业制造业 500 强出炉 家居企业 7 家入榜　8 月 22 日，2019 中国民营企业制造业 500 强发布。本次制造业 500 强上榜门槛为 85.62 亿，在 2019 中国民营企业 500 强榜单中，家居有关的企业有 7 家。宜华集团以 251.19 亿元营收排名第一，德华集团、大亚科技则以 217.89 亿元、189.61 亿元营收分列二、三位，泰普森集团、欧派家居、顾家、敏华控股等四家企业也跻身其中。在 2019 中国民营企业 500 强榜单中，香江集团、月星集团、宜华集团、红星美凯龙控股集团、德华集团、大亚科技集团 6 家家居类企业入榜。

◆ 日日顺、土巴兔上榜 2019 胡润全球独角兽榜　10 月 21 日，胡润研究院发布首份《2019 胡润全球独角兽榜》，494 家企业上榜，平均估值 239 亿人民币，其中，中美两国拥有世界 80% 以上独角兽公司。日日顺、土巴兔、好享家、艾佳生活、涂鸦智能、智米科技 6 家泛家居企业上榜。

◆ 酷家乐、有屋、云丁等入选 2019 二季度胡润中国潜力独角兽　9 月 4 日，胡润研究院发布《2019 二季度胡润中国潜力独角兽》，这是胡润研究院第二次发布"潜力独角兽"，旨在寻找三年内最有可能达到十亿美元估值的高成长性企业，本次在大陆地区筛选出 79 家高成长性潜力独角兽企业，酷家乐、有屋、云丁等家居企业入选。

◆ 13 位家居企业家上榜 2019 年度福布斯中国富豪榜　近日，福布斯发布 2019 年度中国富豪榜。400 位上榜富豪中，有 13 位企业家来自家居行业。欧派家居姚良松以 340.8 亿排在 60 位，红星美凯龙车建新以 332.3 亿排在 64 位，居然之家汪林朋以 193.7 亿排在 120 位。

◆ **车建新、姚良松等家居企业家入选2019胡润百富榜** 10月10日,《2019年胡润百富榜》揭晓。截至2019年8月15日的财富排行中,百富榜前三分别被马云家族(2750亿元)、马化腾(2600亿元)及许家印(2100亿元)占据。按行业划分,家居行业榜中,红星美凯龙车建新及欧派家居的姚良松分列二、三,总排名分别为72和76,财富值分别为380亿人民币和365亿人民币。

◆ **新中国成立70周年70品牌家居入围名单出炉** 10月15日,CCTV《大国品牌》中国广告协会联合举办新中国成立70周年品牌盛典,发布最具社会贡献度的70个中国品牌。大家居行业,红星美凯龙、中国联塑、万家乐、三棵树、金牌厨柜、东鹏瓷砖等被授予"新中国成立70周年70品牌"荣誉。

履行社会责任 坚持公益传承

扶贫不仅是国家的责任,也是企业的责任。公益事业并非一蹴而就,一个有担当的企业需要不忘初衷,并将公益精神薪火相传,才能在这条路上越行越远。2019年,家具行业温暖常在,越来越多的家具企业关注公益事业,并逐渐开始加入公益事业,他们以直接资助、影响力号召、直接执行、参与执行等多种方式,在健康医疗、扶贫救灾、绿色环保、环境保护、关爱老人儿童等多个方面为需要帮助的群体提供支持。

◆ **2019世界睡眠日大型睡眠科普启动会** 3月17日,中国睡眠研究会联合慕思寝具在中国科技会堂共同举办2019年世界睡眠日大型科普活动启动会暨《2019中国青少年儿童睡眠白皮书》发布会。2019年是慕思寝具对外发布睡眠白皮书的第六年,从2014年的《中国企业家睡眠指数白皮书》开始,慕思先后针对中国企业家、中国中产阶级、中国青年、中国互联网网民多个群体,全方位洞察中国国民的睡眠特征,为改善全民的睡眠现状起到了积极的推动作用。

◆ **红星美凯龙启动挚爱基金"一日捐"公益活动** 12月6日,红星美凯龙启动挚爱基金"一日捐"公益活动,首次在全国商场发起的公开募捐。红星挚爱基金已成立4年多,红星美凯龙还通过"光彩助困基金""关爱基金"等各类专项基金,关心社会。

◆ **曲美家居以旧换新绿色环保公益行动启动** 5月22日,曲美家居与旧物仓正式合作签约,用推出复刻经典旧爱家具H70系列的方式,拉开了2019年旧爱设计活动的序幕。6月21日,以旧焕新第七季暨生活美学复兴行动在北京国际家居展上正式启动。

◆ **尚品宅配公益项目"爱尚计划·爱上学"开展绘画大赛** 4月27日,尚品宅配公益项目"爱尚计划·爱上学"携手许钦松艺术基金会、爱德基金会、广州市爱德公益发展中心、广州市社会服务发展促进会等公益机构,举办"与爱对画"首场全国绘画大赛。参赛选手的作品还将在为期一个月的公益画展展出并进行义卖,所得善款将用于"爱尚计划·与爱对画"项目中的偏远山区学校的艺术教育。六年来,"爱尚计划"为偏远贫困地区302所学校无偿提供定制课桌椅,累计24299套。

◆ **大自然携手中国绿化基金会、澳门红十字会开展公益活动** 4月22日,大自然家居携手中国绿化基金会共同打造的"自然力量,一植向前"公益植树梭梭林二期工程启动仪式,在阿拉善乌兰布和沙漠捐种900亩梭梭树,进行防沙固沙,绿化生态修复建设,正式落成大自然家居第23片公益植树生态林。12月14日,大自然家居与澳门红十字会签订了十年合作协议,助力精准扶贫和民生工程建设。

◆ **左右沙发开启第二季"绿色星球you你左右"公益项目** 8月,左右沙发开启了第二季"绿色星球you你左右"公益项目。左右沙发再次向阿拉善腾格里沙漠锁边生态公益项目捐款30万元,种植30000棵树苗,造林600亩。

◆ **全友家居开展轻公益捐助活动** 11月27日,全友家居联合旧衣回收和处理平台"飞蚂蚁"开展轻公益捐助活动。通过线上线下募集过冬衣物、定制过冬温暖礼包，帮助四川凉山州昭觉县的人们温暖过冬。短短一个星期，就筹得约600千克过冬衣物，除了旧衣募捐，全友还准备了数千套全新御寒物资。

◆ **雅兰床垫开展暖冬公益捐赠行动** 1月11日，雅兰床垫开展了"爱，一被子"暖冬公益捐赠行动，将"爱，一被子"童趣故事被、玩具、书籍等物资送到深圳市龙岗区阳光天地特殊儿童康复中心的孩子及家长们手上，用行动来呼吁更多人和企业关注特殊儿童的教育和健康成长。

◆ **索菲亚携手公益组织稀捍行动发起"绣出美好"公益项目** 2019年母亲节，索菲亚家居呼吁大众共同关注羌绣这一项非遗文化，携手公益组织稀捍行动发起"绣出美好"公益项目，定制母亲节羌绣贺卡，认领绣娘工时，制作公益抱枕。同年9月，索菲亚家居首家品牌旗舰店被改造成"绣出美好"快闪博物馆，让广大消费者用更直接的方式感受非遗之美。

◆ **我乐家居联合百隆捐赠课桌椅** 2019年，我乐家居联合公益合作伙伴——奥地利百隆共同走到部分贫困、偏远的地区捐赠课桌椅，带着"小课桌，大梦想"的坚定信念，积极改善学校教学环境，时刻牢记关注社会、关爱家庭的理念，只为做一件美好而充满意义的事情。

◆ **诗尼曼家居推广中华儿慈会小水滴助童新生专项基金** 6月16日，诗尼曼家居与海清共同发起了"了不起的星愿"活动，推广中华儿慈会小水滴助童新生专项基金，以此号召更多的人通过拍付诗尼曼公益宝贝为"小水滴"献爱心，关爱孤残儿童。

-04-
数据统计
Statistical Data

编者按：本篇行业基础数据均来自中国轻工业信息中心，分为全国数据、地区数据和分类数据三大类型。全国数据统计了各家具细分行业规模以上企业的主营业务收入和家具产品产量，分别对全国家具行业及规模以上家具企业的进/出口量值做了分类统计；地方数据汇总了全国 31 个省份的家具产量及进出口数据；分类数据汇总了各类型家具进/出口量值、各国家（地区）进/出口值，方便读者查阅具体信息。

全国数据

2019 年全国家具行业规模以上企业营业收入表

行业名称	2019 年主营业务收入（亿元）	2018 年主营业务收入（亿元）	增速（%）
家具制造业	7117.16	7013.69	1.48
其中：木质家具制造业	4350.40	4211.09	3.31
竹、藤家具制造业	93.10	100.39	−7.26
金属家具制造业	1375.90	1372.18	0.27
塑料家具制造业	87.04	97.99	−11.17
其他家具制造业	1210.72	1232.05	−1.73

2019 年全国家具行业规模以上企业出口交货值表

行业名称	2019 年出口交货值（亿元）	2018 年出口交货值（亿元）	增速（%）
家具制造业	1690.94	1733.08	−2.43
其中：木质家具制造业	730.86	748.32	−2.33
竹、藤家具制造业	23.12	21.26	8.73
金属家具制造业	496.43	502.17	−1.14
塑料家具制造业	39.77	41.24	−3.56
其他家具制造业	400.77	420.10	−4.60

2019 年全国家具行业规模以上企业主要家具产品产量表

产品名称	2019 年产量（万件）	2018 年产量（万件）	增速（%）
家具	89698.45	90939.42	−1.36
其中：木质家具	31564.35	31120.65	1.43
金属家具	40270.46	42341.55	−4.89
软体家具	6933.24	7205.06	−3.77

2019 年全国家具行业出口情况统计表

商品名称	2019 年出口量（万件）	2018 年累计出口量（万件）	出口量同比增长（%）	2019 年出口值（万美元）	2018 年出口值（万美元）	出口值同比增长（%）
家具	—	—	—	5609318.50	5555811.54	0.96
木家具	24146.90	26956.06	−10.42	1163317.47	1348842.16	−13.75
金属家具	34813.61	37409.82	−6.94	911301.96	850737.35	7.12
塑料家具	6233.24	5860.51	6.36	108398.38	98696.55	9.83
竹、藤、柳条及类似材料制家具	761.57	736.45	3.41	11038.51	10994.36	0.40
其他材料制家具及家具零件	—	—	—	622596.28	524297.54	18.75

2019 年全国家具行业进口情况统计表

商品名称	2019 年进口量（万件）	2018 年进口量（万件）	进口量同比增长（%）	2019 年进口值（万美元）	2018 年进口值（万美元）	进口值同比增长（%）
家具	—	—	—	276020.84	329002.91	−16.10
木家具	745.49	886.23	−15.88	76583.61	92332.13	−17.06
金属家具	152.59	216.99	−29.68	11996.71	12489.19	−3.94
塑料家具	142.27	160.39	−11.30	2614.45	2749.82	−4.92
竹、藤、柳条及类似材料制家具	2.31	4.07	−43.36	84.19	107.40	−21.62
其他材料制家具及家具零件	—	—	—	33622.42	34560.07	−2.71

地方数据

2019 年家具行业规模以上企业分地区家具产量表

省份	2019 年产量（万件）	2018 年产量（万件）	增速（%）
全国	89698.45	90 939.42	-1.36
北京市	463.07	475.21	-2.55
天津市	1037.65	1002.79	3.48
河北省	2727.46	2921.80	-6.65
山西省	60.31	24.22	149.02
辽宁省	2232.49	2239.62	-0.32
吉林省	63.79	70.30	-9.26
黑龙江省	205.82	209.97	-1.98
上海市	1984.86	2041.61	-2.78
江苏省	3801.56	3509.98	8.31
浙江省	23964.36	26282.22	-8.82
安徽省	1223.48	952.54	28.44
福建省	15177.76	14640.04	3.67
江西省	4263.99	4508.27	-5.42
山东省	3543.92	3805.29	-6.87
河南省	3495.09	2439.33	43.28
湖北省	1347.19	634.77	112.23
湖南省	711.10	625.11	13.75
广东省	18451.93	19842.11	-7.01
广西壮族自治区	337.34	562.17	-39.99
海南省	—	0.05	—
重庆市	876.71	770.61	13.77

续表

省份	2019年产量（万件）	2018年产量（万件）	增速（%）
四川省	3135.11	2839.82	10.40
贵州省	237.70	198.47	19.77
云南省	44.28	48.42	-8.55
陕西省	263.02	237.95	10.54
甘肃省	1.06	2.88	-63.19
宁夏回族自治区	4.61	3.40	35.62
新疆维吾尔自治区	42.81	50.45	-15.16

2019年家具行业分地区家具出口统计表

排名	省份	2019年出口量（件）	2018年出口量（件）	出口量同比增长（%）	2019年出口值（美元）	2018年出口值（美元）	出口值同比增长（%）
	全国	3720433336	3593639412	3.53	56093184985	55558115426	0.96%
1	广东省	1227127680	1105158906	11.04	23231742687	21984452361	5.67
2	浙江省	1052764194	1023973534	2.81	13305879156	13557888103	-1.86
3	江苏省	437705358	431964122	1.33	4820087594	4913703311	-1.91
4	福建省	312785268	313437705	-0.21	3703580181	3740567624	-0.99
5	山东省	165206037	177938067	-7.16	2642263763	2857680083	-7.54
6	上海市	158813733	182427659	-12.94	2213706019	2661677345	-16.83
7	河北省	120403418	109703186	9.75	1785217533	1628110366	9.65
8	江西省	34997953	32461300	7.81	962011419	952763808	0.97
9	河南省	34200691	28602277	19.57	875132848	561704398	55.80
10	安徽省	23174562	23050951	0.54	584183379	610697767	-4.34
11	辽宁省	48366776	55046912	-12.14	546164790	591079121	-7.60
12	天津市	44405477	42978121	3.32	500695811	575196142	-12.95
13	湖北省	10420596	11381906	-8.45	216700658	177699594	21.95
14	湖南省	5960923	3942435	51.20	129250277	109924835	17.58
15	黑龙江省	13768964	20298714	-32.17	117718760	137272099	-14.24
16	北京市	1835518	3842773	-52.23	109226370	154668390	-29.38
17	广西壮族自治区	11622999	10316830	12.66	73639633	74061692	-0.57
18	新疆维吾尔自治区	2751521	2292314	20.03	65079300	51142414	27.25

续表

排名	省份	2019年出口量（件）	2018年出口量（件）	出口量同比增长（%）	2019年出口值（美元）	2018年出口值（美元）	出口值同比增长（%）
19	吉林省	4016640	4949512	-18.85	63559279	73744297	-13.81
20	重庆市	4190787	3643214	15.03	45872838	38439378	19.34
21	四川省	1416639	2205169	-35.76	36718393	55768854	-34.16
22	海南省	497743	387265	28.53	16741444	15020622	11.46
23	陕西省	1490899	383016	289.25	12956095	5901265	119.55
24	云南省	371041	966166	-61.60	11704534	13731958	-14.76
25	内蒙古自治区	1503606	1817727	-17.28	9924474	10310980	-3.75
26	贵州省	314743	230412	36.60	6462911	1659361	289.48
27	山西省	208666	155779	33.95	5212336	779568	568.62
28	西藏自治区	92730	44098	110.28	1330799	589160	125.88
29	宁夏回族自治区	7246	30000	-75.85	254480	1661545	-84.68
30	甘肃省	10878	9303	16.93	144662	215385	-32.84
31	青海省	50	39	28.21	22562	3600	526.72

2019年家具行业分地区家具进口统计表

排名	省份	2019年进口量（件）	2018年进口量（件）	进口量同比增长（%）	2019年进口值（美元）	2018年进口值（美元）	进口值同比增长（%）
	全国	162690881	209 400 571	-22.31	2 760 208 374	3 290 029 113	-16.10
1	上海市	68375923	85708865	-20.22	890664302	1079789376	-17.51
2	广东省	26291462	30038980	-12.48	472449271	528190845	-10.55
3	北京市	7392868	11727753	-36.96	245722785	297688902	-17.46
4	福建省	2677744	3358177	-20.26	205989330	224606423	-8.29
5	天津市	14900734	16521586	-9.81	183734965	243079002	-24.41
6	江苏省	11312902	20745397	-45.47	178780752	233282326	-23.36
7	浙江省	8430757	8898071	-5.25	168970072	189345554	-10.76
8	辽宁省	4649636	7418083	-37.32	81590813	104074097	-21.60
9	四川省	3164408	3228608	-1.99	69524105	82404580	-15.63
10	山东省	2665853	3582007	-25.58	58483548	71895865	-18.66
11	吉林省	5597754	7504443	-25.41	39923074	70035177	-43.00
12	湖北省	2473017	3516969	-29.68	31794719	41169112	-22.77

续表

排名	省份	2019年进口量（件）	2018年进口量（件）	进口量同比增长（%）	2019年进口值（美元）	2018年进口值（美元）	进口值同比增长（%）
13	广西壮族自治区	171904	81678	110.47	29818119	18065170	65.06
14	重庆市	812718	2224652	−63.47	21272907	23638059	−10.01
15	河北省	1537890	2198339	−30.04	16901458	24211746	−30.19
16	陕西省	479625	1076577	−55.45	13872523	14135930	−1.86
17	云南省	137708	235056	−41.41	11417507	13264007	−13.92
18	河南省	605992	173939	248.39	9489771	3612288	162.71
19	湖南省	317533	445677	−28.75	7630613	11370791	−32.89
20	黑龙江省	190847	223240	−14.51	4713182	3408009	38.30
21	江西省	64861	221253	−70.68	3929911	1320431	197.62
22	海南省	10421	107079	−90.27	3751794	4334353	−13.44
23	安徽省	374856	111984	234.74	3443090	2873162	19.84
24	贵州省	5407	264	1948.11	2447387	368239	564.62
25	山西省	12519	3552	252.45	1211598	1650235	−26.58
26	西藏自治区	32785	42972	−23.71	946346	100374	842.82
27	新疆维吾尔自治区	291	3386	−91.41	580513	1456513	−60.14
28	内蒙古自治区	274	643	−57.39	574547	219267	162.03
29	宁夏回族自治区	2054	10	20440.00	525419	60198	772.82
30	甘肃省	89	493	−81.95	33952	348409	−90.26
31	青海省	49	838	−94.15	20001	30673	−34.79

分类数据

2019 年家具商品出口量值表

出口商品名称	2019 年出口量（万件）	2018 年出口量（万件）	出口量同比（%）	2019 年出口额（万美元）	2018 年出口额（万美元）	出口额同比（%）
94011000- 飞机用坐具	14.51	2.65	447.55	19570.51	13318.45	46.94
94012010- 皮革或再生皮革制面的机动车辆用坐具	23.31	18.49	26.05	4454.33	4681.90	-4.86
94012090- 非皮革或再生皮革制面的机动车辆用坐具	237.05	206.30	14.90	11271.88	11351.76	-0.70
94013000- 可调高度的转动坐具	6427.43	6204.48	3.59	278841.32	249795.63	11.63
94014010- 皮革或再生皮革制面的能作床用的两用椅（但庭园坐具或野营设备除外）	34.00	38.36	-11.36	4206.16	5590.52	-24.76
94014090- 非皮革或再生皮革制面的能作床用的两用椅（但庭园坐具或野营设备除外）	523.48	543.77	-3.73	52258.99	51440.40	1.59
94015200- 竹制的坐具	110.67	71.71	54.33	1395.02	1183.92	17.83
94015300- 藤制的坐具	5.17	6.48	-20.26	188.21	656.95	-71.35
94015900- 柳条及类似材料制的坐具	8.71	7.10	22.64	1138.88	921.69	23.56
94016110- 皮革或再生皮革制面带软垫的木框架坐具	1032.88	1290.32	-19.95	224463.65	278820.00	-19.50
94016190- 非皮革或再生皮革制面带软垫的木框架坐具	6891.55	7143.90	-3.53	547209.71	598861.58	-8.63
94016900- 其他木框架坐具	3249.52	3304.12	-1.65	57109.63	66847.66	-14.57
94017110- 皮革或再生皮革制面带软垫的金属框架坐具	1729.57	1866.82	-7.35	45366.74	43036.38	5.41
94017190- 非皮革或再生皮革制面带软垫的金属框架坐具	16119.19	14581.33	10.55	537982.15	435918.07	23.41
94017900- 其他金属框架坐具	23346.11	24100.63	-3.13	305635.16	310957.73	-1.71
94018010- 石制的坐具	4.47	3.14	42.42	193.13	224.83	-14.10
94018090- 其他未列名坐具	9046.40	9075.00	-0.32	154118.15	139612.29	10.39

出口商品名称	2019年出口量（万件）	2018年出口量（万件）	出口量同比（%）	2019年出口额（万美元）	2018年出口额（万美元）	出口额同比（%）
94019011-机动车辆用座椅调角器	2592.89	2601.83	-0.34	12141.21	12188.33	-0.39
94019019-机动车辆用坐具的其他零件	13.31（万吨）	13.78（万吨）	-3.36	139762.68	142734.09	-2.08
94019090-非机动车辆用坐具的零件	64.61（万吨）	58.25（万吨）	10.91	239421.74	208628.89	14.76
94021010-理发用椅及其零件	367.83	313.29	17.41	15942.08	12810.42	24.45
94021090-牙科用椅及其零件；理发用椅的类似椅及其零件	720.65	660.41	9.12	4334.21	4486.81	-3.40
94029000-其他医用家具及其零件（如手术台、检查台、带机械装置的病床等）	5022.56	4817.01	4.27	64801.46	57013.45	13.66
94031000-办公室用金属家具	1453.59	1511.45	-3.83	66158.19	68100.56	-2.85
94032000-其他金属家具	33360.01	35898.37	-7.07	845143.77	782636.79	7.99
94033000-办公室用木家具	2000.10	2143.15	-6.67	97174.29	119958.39	-18.99
94034000-厨房用木家具	2645.22	3536.91	-25.21	137138.72	190432.09	-27.99
94035010-卧室用红木家具	0.08	0.04	68.53	15.97	17.77	-10.11
94035091-卧室用漆木家具	0.58	0.55	3.75	35.13	39.01	-9.95
94035099-卧室用其他木家具	2957.24	3292.85	-10.19	269489.81	311949.60	-13.61
94036010-其他红木家具	0.94	1.98	-52.68	151.40	199.04	-23.94
94036091-其他漆木家具	0.83	3.95	-79.06	47.37	165.45	-71.37
94036099-其他木家具	16541.93	17976.62	-7.98	659264.79	726080.81	-9.20
94037000-塑料家具	6233.24	5860.51	6.36	108398.38	98696.55	9.83
94038200-竹制家具	748.69	723.98	3.41	10357.20	10521.47	-1.56
94038300-藤制家具	2.95	3.40	-13.19	88.00	119.59	-26.42
94038910-柳条及类似材料制家具	9.93	9.06	9.55	593.31	353.30	67.93
39263000-塑料制家具、车厢或类似品的附件	11.39（万吨）	11.45（万吨）	-0.51	43851.11	43725.95	0.29
94038920-石制家具	127.79	121.92	4.81	21367.50	14334.07	49.07
94038990-其他材料制家具	3999.17（万吨）	3818.09（万吨）	4.74	132482.11	111213.35	19.12
94039000-家具的零件	134.16（万吨）	123.06（万吨）	9.02	424895.56	355024.17	19.68
94041000-弹簧床垫	981.19	1070.51	-8.34	70858.89	71161.83	-0.43

2019年家具商品进口量值表

进口商品名称	2019年进口量（万件）	2018年进口量（万件）	进口量同比（%）	2019年进口额（万美元）	2018年进口额（万美元）	进口额同比（%）
94011000-飞机用坐具	1.40	1.29	8.22	20434.43	23881.91	-14.44
94012010-皮革或再生皮革制面的机动车辆用坐具	1.56	3.60	-56.74	1315.38	2497.79	-47.34
94012090-非皮革或再生皮革制面的机动车辆用坐具	4.91	29.94	-83.61	1964.26	4796.30	-59.05
94013000-可调高度的转动坐具	20.94	22.09	-5.21	3120.74	3135.52	-0.47
94014010-皮革或再生皮革制面的能作床用的两用椅（但庭园坐具或野营设备除外）	0.01	0.01	-63.57	7.08	30.98	-77.16
94014090-非皮革或再生皮革制面的能作床用的两用椅（但庭园坐具或野营设备除外）	0.17	0.28	-38.18	38.33	138.67	-72.36
94015200-竹制的坐具	5.35	6.22	-13.90	52.29	45.49	14.95
94015300-藤制的坐具	4.78	5.63	-15.13	198.92	209.32	-4.97
94015900-柳条及类似材料制的坐具	2.23	3.12	-28.39	26.82	46.20	-41.95
94016110-皮革或再生皮革制面带软垫的木框架坐具	18.71	21.53	-13.09	12659.48	13546.95	-6.55
94016190-非皮革或再生皮革制面带软垫的木框架坐具	81.80	90.15	-9.26	10669.06	12156.60	-12.24
94016900-其他木框架坐具	181.52	226.89	-20.00	6526.65	7557.87	-13.64
94017110-皮革或再生皮革制面带软垫的金属框架坐具	7.11	4.74	50.01	4298.60	3480.52	23.50
94017190-非皮革或再生皮革制面带软垫的金属框架坐具	19.77	19.67	0.49	4697.37	4156.67	13.01
94017900-其他金属框架坐具	87.38	112.13	-22.07	2031.69	2124.25	-4.36
94018010-石制的坐具	0.01	0.02	-54.47	11.27	20.48	-44.96
94018090-其他未列名坐具	132.73	114.68	15.74	5857.88	6340.56	-7.61
94019011-机动车辆用座椅调角器	880.21	1162.90	-24.31	4762.16	6654.53	-28.44
94019019-机动车辆用坐具的其他零件	4.30（万吨）	6.97（万吨）	-38.24	39971.03	60576.86	-34.02
94019090-非机动车辆用坐具的零件	1.82（万吨）	2.31（万吨）	-21.43	16238.40	17833.00	-8.94
94021010-理发用椅及其零件	0.40	0.81	-50.54	101.94	126.21	-19.22
94021090-牙科用椅及其零件；理发用椅的类似椅及其零件	7.22	12.30	-41.28	718.16	667.41	7.60
94029000-其他医用家具及其零件（如手术台、检查台、带机械装置的病床等）	80.50	87.72	-8.24	11792.78	13074.33	-9.80
94031000-办公室用金属家具	18.01	17.64	2.09	2078.91	2191.68	-5.15

续表

进口商品名称	2019年进口量（万件）	2018年进口量（万件）	进口量同比（%）	2019年进口额（万美元）	2018年进口额（万美元）	进口额同比（%）
94032000-其他金属家具	134.58	199.35	-32.49	9917.80	10297.51	-3.69
94033000-办公室用木家具	29.44	34.54	-14.76	3030.94	3463.25	-12.48
94034000-厨房用木家具	110.29	105.00	5.04	14238.96	18319.90	-22.28
94035010-卧室用红木家具	15.95	12.29	29.79	1905.27	2015.72	-5.48
94035091-卧室用漆木家具	0.04	0.00	1257.58	16.97	5.59	203.67
94035099-卧室用其他木家具	86.91	107.15	-18.89	17215.14	20265.34	-15.05
94036010-其他红木家具	20.99	21.43	-2.09	3320.98	3683.74	-9.85
94036091-其他漆木家具	0.05	0.02	124.89	49.06	27.27	79.87
94036099-其他木家具	481.81	605.79	-20.47	36806.30	44551.32	-17.38
94037000-塑料家具	142.27	160.39	-11.30	2614.45	2749.82	-4.92
94038200-竹制家具	0.40	0.27	47.03	24.31	7.97	204.94
94038300-藤制家具	1.90	3.80	-49.86	52.55	97.28	-45.97
94038910-柳条及类似材料制家具	0.01	0.01	8.33	7.32	2.16	239.67
39263000-塑料制家具、车厢或类似品的附件	0.25（万吨）	0.21（万吨）	17.73	9126.78	8819.89	3.48
94038920-石制家具	1.24	1.23	1.48	2066.24	1844.84	12.00
94038990-其他材料制家具	20.29	21.87	-7.20	4279.01	3745.56	14.24
94039000-家具的零件	7.29（万吨）	8.22（万吨）	-11.37	18150.38	20149.78	-9.92
94041000-弹簧床垫	10.72	10.47	2.37	3624.74	3665.87	-1.12

2019年家具商品出口各国家（地区）情况表

国别码	国家（地区）名称	2019年出口值（万美元）	2018年出口值（万美元）	出口值增速（%）
	贸易国合计	5609318.50	5555811.54	0.96
	亚洲	1712879.57	1435716.10	19.30
101	阿富汗	145.32	182.32	-20.29
102	巴林	4289.83	4105.65	4.49
103	孟加拉国	5016.59	5148.47	-2.56
104	不丹	10.96	0.76	1350.67
105	文莱	1589.23	1686.69	-5.78
106	缅甸	10023.84	7620.57	31.54

续表

国别码	国家（地区）名称	2019年出口值（万美元）	2018年出口值（万美元）	出口值增速（%）
107	柬埔寨	8849.64	3797.11	133.06
108	塞浦路斯	2564.38	2434.00	5.36
109	朝鲜	4674.19	4123.48	13.36
110	中国香港	124544.86	141769.31	−12.15
111	印度	81899.65	76264.56	7.39
112	印度尼西亚	52627.54	41717.25	26.15
113	伊朗	2978.09	5610.05	−46.92
114	伊拉克	28152.36	19943.61	41.16
115	以色列	33054.82	29245.71	13.02
116	日本	325089.97	312000.67	4.20
117	约旦	5464.82	4697.05	16.35
118	科威特	12457.70	11036.78	12.87
119	老挝	771.45	561.31	37.44
120	黎巴嫩	4460.82	5218.34	−14.52
121	中国澳门	9378.05	9001.57	4.18
122	马来西亚	139028.31	88173.87	57.68
123	马尔代夫	2953.10	2273.75	29.88
124	蒙古	1572.30	1788.88	−12.11
125	尼泊尔	1345.76	619.27	117.32
126	阿曼	14477.96	12033.30	20.32
127	巴基斯坦	5672.09	6974.26	−18.67
128	巴勒斯坦	185.27	136.68	35.55
129	菲律宾	73582.34	51694.36	42.34
130	卡塔尔	12790.31	10576.14	20.94
131	沙特阿拉伯	115341.15	77259.64	49.29
132	新加坡	137657.32	100584.10	36.86
133	韩国	194124.01	175526.42	10.60
134	斯里兰卡	4050.60	4395.35	−7.84
135	叙利亚	738.70	630.00	17.26
136	泰国	63080.78	48344.66	30.48
137	土耳其	9447.98	8733.35	8.18

国别码	国家（地区）名称	2019 年出口值（万美元）	2018 年出口值（万美元）	出口值增速（%）
138	阿拉伯联合酋长国	73310.58	58281.97	25.79
139	也门共和国	3120.08	1768.73	76.40
141	越南	80051.38	43553.55	83.80
143	中国台湾	52613.74	46915.54	12.15
144	东帝汶	309.26	223.63	38.29
145	哈萨克斯坦	4879.26	5016.84	−2.74
146	吉尔吉斯斯坦	751.80	733.47	2.50
147	塔吉克斯坦	562.65	525.99	6.97
148	土库曼斯坦	102.88	78.83	30.51
149	乌兹别克斯坦	3085.63	2708.30	13.93
199	亚洲其他国家（地区）	0.20	0.00	0.00
	非洲	251619.28	219654.52	14.55
201	阿尔及利亚	9706.36	10529.56	−7.82
202	安哥拉	8436.72	7966.56	5.90
203	贝宁	1700.57	1757.81	−3.26
204	博茨瓦那	2575.24	2207.70	16.65
205	布隆迪	29.82	94.48	−68.43
206	喀麦隆	3291.06	2666.89	23.40
207	加那利群岛	9.14	9.64	−5.28
208	佛得角	170.03	165.25	2.89
209	中非	16.95	39.45	−57.02
210	塞卜泰（休达）	0.86	0.00	—
211	乍得	65.69	8.05	716.40
212	科摩罗	815.95	804.88	1.38
213	刚果	1360.91	1054.80	29.02
214	吉布提	8510.35	7301.92	16.55
215	埃及	11903.00	7953.71	49.65
216	赤道几内亚	429.22	881.98	−51.33
217	埃塞俄比亚	1149.97	912.41	26.04
218	加蓬	1026.57	1168.96	−12.18
219	冈比亚	961.30	794.94	20.93

续表

国别码	国家（地区）名称	2019年出口值（万美元）	2018年出口值（万美元）	出口值增速（％）
220	加纳	10967.05	10419.56	5.25
221	几内亚	1985.30	1936.58	2.52
222	几内亚（比绍）	15.15	20.47	−25.97
223	科特迪瓦共和国	3566.68	3889.90	−8.31
224	肯尼亚	10866.54	10945.51	−0.72
225	利比里亚	557.83	662.82	−15.84
226	利比亚	6615.61	2574.74	156.94
227	马达加斯加	1731.34	1755.94	−1.40
228	马拉维	357.01	623.14	−42.71
229	马里	170.74	213.54	−20.04
230	毛里塔尼亚	1085.76	1272.32	−14.66
231	毛里求斯	3867.09	3263.50	18.50
232	摩洛哥	11250.42	10210.19	10.19
233	莫桑比克	5646.70	7257.50	−22.19
234	纳米比亚	752.01	674.80	11.44
235	尼日尔	68.96	31.03	122.23
236	尼日利亚	23710.26	21796.63	8.78
237	留尼汪	2211.17	2633.25	−16.03
238	卢旺达	81.74	72.42	12.87
239	圣多美和普林西比	7.52	12.29	−38.81
240	塞内加尔	6097.67	7155.79	−14.79
241	塞舌尔	256.53	236.61	8.42
242	塞拉利昂	282.21	273.17	3.31
243	索马里	4472.71	3694.04	21.08
244	南非	79788.22	61493.13	29.75
246	苏丹	3792.20	2760.77	37.36
247	坦桑尼亚	9323.27	8540.67	9.16
248	多哥	1943.68	1912.63	1.62
249	突尼斯	1046.09	1121.08	−6.69
250	乌干达	601.78	425.88	41.30
251	布基纳法索	120.22	86.68	38.70

续表

国别码	国家（地区）名称	2019年出口值（万美元）	2018年出口值（万美元）	出口值增速（%）
252	扎伊尔	3120.48	2931.34	6.45
253	赞比亚	1403.25	738.76	89.95
254	津巴布韦	457.39	432.90	5.66
255	莱索托	346.58	342.20	1.28
256	梅利利亚	0.07	0.05	41.07
257	斯威士兰	89.71	136.30	-34.18
258	厄立特里亚	12.31	8.24	49.31
259	马约特岛	664.97	707.53	-6.02
260	南苏丹	116.77	56.35	107.21
299	非洲其他国家（地区）	8.62	15.30	-43.67
	欧洲	1301143.16	1150703.03	13.07
301	比利时	53614.82	45175.38	18.68
302	丹麦	30307.62	29090.73	4.18
303	英国	291481.11	257233.30	13.31
304	德国	222804.05	198542.02	12.22
305	法国	142664.98	131364.75	8.60
306	爱尔兰	12893.86	11075.92	16.41
307	意大利	68739.44	61769.69	11.28
308	卢森堡	75.37	20.21	273.00
309	荷兰	130478.82	108740.58	19.99
310	希腊	15593.24	13648.49	14.25
311	葡萄牙	9637.07	8770.77	9.88
312	西班牙	77786.65	69223.41	12.37
313	阿尔巴尼亚	3082.39	2350.24	31.15
314	安道尔	9.25	19.41	-52.34
315	奥地利	4319.20	4493.27	-3.87
316	保加利亚	4723.41	2835.38	66.59
318	芬兰	6029.15	6576.10	-8.32
320	直布罗陀	1.23	0.22	452.58
321	匈牙利	2787.79	2358.18	18.22
322	冰岛	587.34	664.00	-11.55

续表

国别码	国家（地区）名称	2019年出口值（万美元）	2018年出口值（万美元）	出口值增速（%）
323	列支敦士登	5.56	24.85	−77.63
324	马耳他	1360.84	1387.86	−1.95
325	摩纳哥	29.94	6.33	372.68
326	挪威	10150.19	10448.69	−2.86
327	波兰	64260.79	53652.02	19.77
328	罗马尼亚	10168.07	8174.16	24.39
329	圣马力诺	0.513	0.02	1995.51
330	瑞典	43726.36	41731.21	4.78
331	瑞士	4790.08	5945.45	−19.43
334	爱沙尼亚	1609.93	1636.09	−1.60
335	拉脱维亚	3533.52	3270.20	8.05
336	立陶宛	4594.67	4084.99	12.48
337	格鲁吉亚	4287.72	3282.15	30.64
338	亚美尼亚	419.43	385.74	8.73
339	阿塞拜疆	389.04	415.17	−6.29
340	白俄罗斯	2275.35	692.70	228.48
343	摩尔多瓦	134.84	120.03	12.34
344	俄罗斯联邦	39384.41	34000.24	15.84
347	乌克兰	8388.80	6363.08	31.84
350	斯洛文尼亚共和国	6701.26	6062.89	10.53
351	克罗地亚共和国	5136.08	4206.38	22.10
352	捷克共和国	8564.91	7281.04	17.63
353	斯洛伐克共和国	2208.23	2426.79	−9.01
354	北马其顿共和国	82.96	52.62	57.66
355	波斯尼亚和黑塞哥维那	112.47	125.76	−10.57
356	梵蒂冈城国	0.0010	—	—
357	法罗群岛	0.11	0.25	−54.92
358	塞尔维亚	904.89	694.29	30.33
359	黑山	305.40	280.00	9.07
	拉丁美洲	201325.62	196605.40	2.40
401	安提瓜和巴布达	159.62	200.79	−20.51

续表

国别码	国家（地区）名称	2019年出口值（万美元）	2018年出口值（万美元）	出口值增速（%）
402	阿根廷	8009.39	11641.49	−31.20
403	阿鲁巴岛	276.70	235.62	17.43
404	巴哈马	418.46	181.09	131.09
405	巴巴多斯	262.58	165.90	58.28
406	伯利兹	154.91	106.33	45.68
408	玻利维亚	601.98	403.11	49.33
409	博内尔	0.00	1.47	−100.00
410	巴西	26593.98	24217.37	9.81
411	开曼群岛	50.15	22.09	127.02
412	智利	28043.33	31568.20	−11.17
413	哥伦比亚	12313.95	10933.32	12.63
414	多米尼亚共和国	86.65	101.69	−14.79
415	哥斯达黎加	4746.21	4105.36	15.61
416	古巴	318.76	463.10	−31.17
417	库腊索岛	85.66	79.01	8.41
418	多米尼加共和国	6820.60	6155.79	10.80
419	厄瓜多尔	4758.08	4201.83	13.24
420	法属圭亚那	164.83	176.41	−6.57
421	格林纳达	243.77	85.14	186.30
422	瓜德罗普岛	499.86	538.77	−7.22
423	危地马拉	3479.44	2854.18	21.91
424	圭亚那	610.52	446.81	36.64
425	海地	577.10	562.74	2.55
426	洪都拉斯	1782.73	1331.77	33.86
427	牙买加	2926.35	2074.37	41.07
428	马提尼克岛	290.39	289.76	0.22
429	墨西哥	59820.95	55127.97	8.51
431	尼加拉瓜	420.59	552.60	−23.89
432	巴拿马	10665.53	10316.18	3.39
433	巴拉圭	826.48	752.76	9.79
434	秘鲁	11192.92	10055.14	11.32

续表

国别码	国家（地区）名称	2019年出口值（万美元）	2018年出口值（万美元）	出口值增速（％）
435	波多黎各	5572.62	9048.51	-38.41
437	圣卢西亚	96.42	52.13	84.96
438	圣马丁岛	4.15	61.41	-93.24
439	圣文森特和格林纳丁斯	41.25	10.41	296.31
440	萨尔瓦多	1861.07	1474.26	26.24
441	苏里南	766.09	608.43	25.91
442	特立尼达和多巴哥	1436.60	1194.01	20.32
443	特克斯和凯科斯群岛	26.75	13.25	101.87
444	乌拉圭	3259.86	3563.37	-8.52
445	委内瑞拉	874.55	440.18	98.68
446	英属维尔京群岛	25.94	23.83	8.85
447	圣其茨和尼维斯联邦	81.09	13.67	493.06
448	圣皮埃尔和密克隆	0.007	0.01	-40.35
449	荷属安地列斯群岛	60.08	131.32	-54.25
499	拉丁美洲其他国家（地区）	16.70	22.44	-25.58
	北美洲	**1876563.58**	**2300099.92**	**-18.41**
501	加拿大	189067.68	176147.53	7.33
502	美国	1687474.78	2123926.15	-20.55
503	格陵兰	0.18	0.49	-62.93
504	百慕大群岛	20.88	25.69	-18.74
599	北美洲其他国家（地区）	0.06	0.05	8.67
	大洋洲	**265787.29**	**253032.56**	**5.04**
601	澳大利亚	231074.04	221358.09	4.39
602	库克群岛	9.36	4.21	122.04
603	斐济	959.20	1022.02	-6.15
606	瑙鲁	2.27	0.51	343.71
607	新喀里多尼亚	512.22	570.51	-10.22
608	瓦努阿图	173.10	183.80	-5.82
609	新西兰	30339.64	27527.61	10.22
610	诺福克岛	0.00	2.22	-99.93
611	巴布亚新几内亚	1192.61	1368.97	-12.88

续表

国别码	国家（地区）名称	2019年出口值（万美元）	2018年出口值（万美元）	出口值增速（%）
612	社会群岛	11.58	23.73	-51.20
613	所罗门群岛	171.96	152.86	12.50
614	汤加	65.98	25.22	161.63
617	萨摩亚	220.10	168.17	30.88
618	基里巴斯	27.08	12.84	110.86
619	图瓦卢	22.93	0.18	12811.20
620	密克罗尼西亚联邦	25.94	43.32	-40.12
621	马绍尔群岛共和国	37.61	18.89	99.17
622	帕劳共和国	64.83	24.20	167.92
623	法属波利尼西亚	497.08	427.18	16.36
625	瓦利斯和浮图纳	8.66	0.33	2492.52
699	大洋洲其他国家（地区）	371.10	97.71	279.80

2019年家具商品进口各国家（地区）情况表

国别码	国家（地区）名称	2019年进口值（万美元）	2018年进口值（万美元）	进口值增速（%）
	贸易国合计	276020.84	329002.91	-16.10
	亚洲	79435.03	94914.58	-16.31
103	孟加拉国	58.03	367.57	-84.21
106	缅甸	83.56	12.89	548.48
107	柬埔寨	56.75	41.03	38.32
108	塞浦路斯	1.29	0.06	2021.67
110	中国香港	70.90	158.23	-55.19
111	印度	1053.43	1420.55	-25.84
112	印度尼西亚	3600.21	4611.19	-21.92
113	伊朗	1.65	0.43	282.38
115	以色列	261.48	234.76	11.38
116	日本	17838.22	20052.41	-11.04
117	约旦	4.30	—	—
119	老挝	2187.18	2662.25	-17.84
120	黎巴嫩	0.06	0.11	-42.46

续表

国别码	国家（地区）名称	2019年进口值（万美元）	2018年进口值（万美元）	进口值增速（%）
121	中国澳门	0.81	0.08	895.93
122	马来西亚	7179.16	7358.47	-2.44
124	蒙古	0.56	0.17	230.11
125	尼泊尔	10.48	14.17	-26.04
126	阿曼	4.12	—	—
127	巴基斯坦	2.48	7.94	-68.76
129	菲律宾	511.34	659.92	-22.52
130	卡塔尔	0.07	0.51	-85.88
131	沙特阿拉伯	0.36	0.40	-9.54
132	新加坡	242.19	237.34	2.04
133	韩国	7944.02	10759.45	-26.17
134	斯里兰卡	4.68	7.38	-36.53
135	叙利亚	0.76	—	—
136	泰国	5721.72	5759.61	-0.66
137	土耳其	1085.23	1621.71	-33.08
138	阿拉伯联合酋长国	7.70	135.34	-94.31
141	越南	16200.95	22159.76	-26.89
142	中华人民共和国	6667.99	6446.57	3.43
143	中国台湾	8633.33	10184.24	-15.23
	非洲	304.71	206.58	47.50
202	安哥拉	—	0.41	—
206	喀麦隆	—	0.02	—
215	埃及	236.46	171.13	38.18
217	埃塞俄比亚	0.88	0.16	430.95
218	加蓬	5.66	—	—
219	冈比亚	1.62	—	—
220	加纳	13.27	—	—
224	肯尼亚	—	0.90	—
232	摩洛哥	1.686	6.29	-73.19
233	莫桑比克	28.50	0.41	6784.90
234	纳米比亚	0.07	2.59	-97.36

续表

国别码	国家（地区）名称	2019年进口值（万美元）	2018年进口值（万美元）	进口值增速（%）
235	尼日尔	0.00	0.20	−100.00
236	尼日利亚	3.43	8.57	−60.01
240	塞内加尔	0.68	0.23	196.04
242	塞拉利昂	0.01	0.04	−87.20
244	南非	9.99	10.11	−1.21
247	坦桑尼亚	0.26	—	—
248	多哥	—	0.51	—
249	突尼斯	1.00	1.50	−33.52
250	乌干达	0.00	0.00	100.00
252	扎伊尔（刚果金、民主刚果）	0.03		
254	津巴布韦	1.17	0.27	331.48
257	斯威士兰	—	3.20	—
	欧洲	170045.01	196273.35	−13.36
301	比利时	585.96	687.35	−14.75
302	丹麦	1428.70	1499.87	−4.75
303	英国	12890.95	16978.82	−24.08
304	德国	37225.35	49533.78	−24.85
305	法国	7980.38	8674.49	−8.00
306	爱尔兰	51.74	31.27	65.46
307	意大利	57150.21	58285.54	−1.95
308	卢森堡	0.07	0.03	178.91
309	荷兰	505.35	626.35	−19.32
310	希腊	69.47	49.53	40.27
311	葡萄牙	1593.84	1694.47	−5.94
312	西班牙	2538.59	2753.92	−7.82
313	阿尔巴尼亚	6.82	5.74	18.76
315	奥地利	3288.73	3848.61	−14.55
316	保加利亚	491.22	520.49	−5.62
318	芬兰	461.20	389.72	18.34
321	匈牙利	1926.97	3646.85	−47.16
322	冰岛	0.83	0.12	568.80

续表

国别码	国家（地区）名称	2019 年进口值（万美元）	2018 年进口值（万美元）	进口值增速（%）
323	列支敦士登	1.31	—	—
324	马耳他	3.17	4.57	−30.53
326	挪威	727.52	825.63	−11.88
327	波兰	16856.65	21348.58	−21.04
328	罗马尼亚	1978.52	2158.75	−8.35
329	圣马力诺	49.02	61.84	−20.73
330	瑞典	2436.80	2573.33	−5.31
331	瑞士	568.36	845.52	−32.78
334	爱沙尼亚	280.77	165.57	69.58
335	拉脱维亚	350.60	295.68	18.57
336	立陶宛	5786.79	5645.37	2.51
337	格鲁吉亚	0.00	0.07	−100.00
340	白俄罗斯	346.34	441.69	−21.59
343	摩尔多瓦	0.01	0.02	−31.63
344	俄罗斯联邦	290.66	655.95	−55.69
347	乌克兰	141.60	54.15	161.52
350	斯洛文尼亚共和国	1011.84	1385.82	−26.99
351	克罗地亚共和国	42.92	83.00	−48.29
352	捷克共和国	7557.73	6174.34	22.41
353	斯洛伐克共和国	2950.53	3663.49	−19.46
354	北马其顿共和国	0.73	3.07	−76.06
355	波斯尼亚和黑塞哥维那	401.93	586.98	−31.53
358	塞尔维亚	64.75	72.96	−11.26
359	黑山	0.05	—	—
399	欧洲其他国家（地区）	—	0.03	—
	拉丁美洲	2875.65	6131.80	−53.10
402	阿根廷	0.15	0.06	150.51
404	巴哈马	7.51	—	—
408	玻利维亚	1.33	0.46	187.79
410	巴西	129.44	519.35	−75.08
412	智利	9.28	0.37	2429.71

续表

国别码	国家（地区）名称	2019年进口值（万美元）	2018年进口值（万美元）	进口值增速（%）
413	哥伦比亚	4.39	0.38	1064.63
415	哥斯达黎加	0.41	—	—
418	多米尼加共和国	1.25	0.55	126.04
419	厄瓜多尔	0.00	0.99	−99.50
426	洪都拉斯	13.31	57.86	−77.00
429	墨西哥	2706.91	5551.45	−51.24
432	巴拿马	—	0.30	—
435	波多黎各	0.11	—	—
444	乌拉圭	1.53	—	—
445	委内瑞拉	—	0.03	—
446	英属维尔京群岛	0.04	—	—
	北美洲	**21749.21**	**29958.18**	**−27.40**
501	加拿大	1410.02	3428.61	−58.87
502	美国	20339.19	26529.56	−23.33
	大洋洲	**1609.21**	**1516.20**	**6.13**
601	澳大利亚	729.40	802.06	−9.06
603	斐济	1.20	—	—
609	新西兰	878.61	714.08	23.04
699	大洋洲其他国家（地区）	—	0.06	−100.00
701	国别（地区）不详	2.02	2.22	−8.99

05

行业分析
Industry Analysis

编者按：家具行业属于原料密集型产业，直接材料对主营业务成本的影响较大；同时，城市群建设、新房市场及存量房市场的发展趋势为家具行业提供了大量机遇。因此，上下游产业链的产业发展动态对处于中游的家具行业有直接影响。本篇选择性录入了家具上游原辅材料行业、下游房地产行业的专业分析文章。其中，上游产业汇总了我国木材与人造板产业、家具涂料与涂装产业、家纺软体家具面料产业、家具缝制机械产业的发展现状、面临问题及发展趋势，方便家具生产企业第一时间掌握家具产业链上下游的最新成果。

2019 软体家具缝制机械发展现状及未来趋势

中国轻工业联合会副会长、中国缝制机械协会理事长 何烨

缝制机械行业是精密机械与电子信息技术相结合的高新技术产业，缝制机械制造是指用于服装、软体家具、汽车飞机内饰和鞋帽、箱包等行业制作的专用缝纫机械制造，以及涉及铺布、裁剪、整烫、输送管理等设备的制造。

改革开放四十年以来，我国缝制机械行业由小变大、由弱变强，从二十世纪八十年代以生产家用缝纫机为主的制造体系，快速转型升级，向生产工业用缝纫机制造体系开拓前行，建立起较为完整的工业用缝纫机生产基础，形成了较为完善的产业链。

近 20 年来，随着机电一体化及信息技术的飞速发展，行业通过不断自主创新，加快转型升级，大力促进缝制机械自动化、信息化、智能化，建立了比较完整的缝制机械整机、零部件和电控装置生产制造和研发体系，形成了一批缝制机械的中国品牌企业和产品。中国缝制机械领先企业通过实施海外并购，逐步走向国际化，上工申贝收购德国杜克普、百福、凯尔曼，杰克股份收购德国奔马和拓卡、意大利威比玛和迈卡，企业产品正在向中高端市场拓展，有力地支撑了中国作为服装、软体家具、汽车飞机内饰和鞋帽、箱包等加工大国的地位，为国民经济稳增长做出贡献。

2019 年，我国缝制机械全年共完成工业生产总值约 600 亿元，生产各类缝制机械产品约 1024 万台，约占世界缝制机械产量的 80%，中国已成为名副其实的缝制机械制造大国，并向强国目标迈出坚实步伐。

一、软体家具缝制机械发展现状

软体家具是人们家居中的消费必需品，在家具产业中规模大、发展快，是家具产业中最具竞争力的一个行业。我国软体家具制造企业以中小企业为主，集中度低，但总市场份额较为稳定。

目前，中国床垫生产企业上千家，大型企业所占市场份额比例较小，中小企业产品多集中于国内低端市场；据国家统计局数据显示，2019 年 1—12 月，全国软体家具规模以上企业累计完成产量约 6933.24 万件。

软体家具是指以实木、人造板、金属等为框架材料，用弹簧、绷带、泡沫塑料等作为弹性填充材料，表面以皮、布等面料包覆制成的家具，特点是与人体接触的部位由软体材料制成或由软性材料饰面，包括沙发、床垫、软椅、软凳等产品。软体家具的主工序包括钉内架、打底布、粘海绵、裁剪和缝制外套到最后的部件组装。

在制造软体家具产品时，缝制机械主要完成铺布、裁剪、绗缝、缝纫等工序，具体涉及的缝制机械产品有铺布机、裁剪机、围边机、厚料平缝机、包缝机和绗缝机，以及基于正反手普通平缝机和包缝机的床垫立围缝制单元等。2019 年相关产品生产情况、生产企业及品牌见表 1。

二、软体家具缝制机械新技术发展情况

2019 年，行业骨干企业以下游行业转型升级的现实需求为导向，聚焦产品智能化、高效率、省人工、高质量加工和智慧缝制工厂技术及解决方案，积极开展科技创新实践，推出了一批新技术新产品，较好地满足了软体家具行业对缝制机械的需求。

软体家具产品制造的缝制机械涉及铺布机、自动裁床、绗缝机、厚料平缝机、厚料包缝机、长臂

表1 软体家居缝制机械产品概况

设备大类	产品名称	主要品牌或生产企业	产量产值	备注
缝前设备	铺布机	BULLMER、元一、和鹰、欧西玛、EASTMAN、KAWAKAMI、NCA、PGM、TSM、富山等	1000台至1500台，产值1亿至1.5亿	指用于软体家居产品加工的设备
	裁剪机	BULLMER、元一、和鹰、GERBER、LECTRA、PGM、纳捷、RUIZHOU、TSM等	200台至300台，产值8000万至1.2亿	
缝纫设备	围边机	南京四方、源田	1000至2000台，产值1亿至2亿	指用于软体家居产品加工的设备
	厚料平缝机	杜克普、百福、重机、标准海菱、标准菀坪、启祥、汇宝	5万台，产值约5亿	
	厚料包缝机	飞马、重机、富山、布鲁斯、杰克		
	长臂机	南京四方		
	立围缝制单元、绗拉链缝制单元以及蒙面加工模板机	南京四方、源田、标准菀坪、川田	500至1000台，产值2500万至5000万	
	绗缝机	上工富怡、家柏思、恒昌、恒业、源田、正步、艺博达	1000至2000台，产值约2亿至4亿	指用于床垫加工的绗缝机
缝后设备	智能仓储	中研技术	定制	

机、翻转围边机、床垫立围缝纫单元、智能仓储等自动化设备或系统，新产品、新技术主要体现在以下一些方面：

1. 缝纫机单机智能化

缝纫机单机智能化技术主要体现在具有针距、压脚压力、线张力自动调节和加工物料厚度自动感知方面，采用多电机驱动，配以全新开发的电控系统，实现缝纫过程的智能化控制。

杜克普 M-TYPE DELTAD 867 内置软件系统，具有直观的用户界面，方便缝纫参数设置，具有缝纫进度的图形可视化功能；集成式步进电机可对针距长度、交替压脚行程、压脚压力、压脚提升高度和面线张力进行编程设定；自动材料厚度检测功能，在缝纫过程中智能优化工艺参数；更大的臂下操作空间，加大旋梭，带来更大的梭芯容量；拥有强劲的送料机构，精度最高的线迹构成，精确的针孔对针孔倒回针；洁净起缝功能，带来完美的缝纫品质；梭芯直径28毫米或32毫米，获得高效率；跳针检测功能可有效降低废品率，电子手轮提供简单、精确的针尖定位功能；可用于沙发皮革加工领域（图1）。

标准菀坪开发的 GC3000 系列综合送料缝纫机（图2），创新设计出全新的送布、抬牙机构，满足了高端中厚料缝纫需求，可轻松实现大小交互量切换、大小针距切换；可配置"过坎"感应装置，提前预知缝料厚度变化，缝线张力恒定，自动更改相应的缝纫模式；采用全新的针距调节机构，配置步进电机单独控制，实现多轴联动，针距控制更精准；操作空间大，可选配触摸屏控制，可进行复杂的编程缝纫；可与手机 APP 物联网互联，实现数据共享、故障诊断、在线升级；可用于床垫、沙发蒙面的缝纫。

相关技术在普通平车、厚料平车、罗拉车上获得了推广应用，标准海菱、杜马、中捷、美机、汇宝等行业骨干企业，也开发出了相应的产品，产品分别是标准海菱 GC20688-1ZN 自动剪线综合送料单针智能平缝机、汇宝 G21 多轴联动智慧缝纫机、美机 Q7 系列智慧缝纫机、中捷智能平缝缝纫机和智能罗拉车、杜马的多轴联动电脑平缝机等。

日本企业如兄弟、重机，也开发出了采用多轴联动控制技术的平缝机产品，如兄弟的 S-7300A 平缝机、重机的 9000C 平缝机。

针对软体家具裁片组合中难度很高的皱拢缝合工序，汉羽在单针综合送料平缝机上增加了上下差动送料机构，由两个步进电机分别控制差动量，完美实现皱拢缝合工艺，保证了缝合的高品质。

2. 缝制机械的独立驱动技术

独立驱动技术是指缝纫机的针杆机构和旋梭的勾线机构分别采用不同的伺服电机驱动，高速缝纫时多轴电机协调稳定工作，针杆或机头与勾线机构沿将要缝纫的曲线形状同步旋转，实现缝纫线迹规整美观。

上工富怡的双针针距可调任意转全自动缝纫机（图3），采用独立驱动技术，机头可任意角度旋转，双针针距4～12mm可快速调节，实现双针双线缝纫，与勾线机构同步沿缝纫曲线形状运动并实现高品质的缝纫线迹；采用意大利2.6倍水平旋梭，生产效率高；机头气动升降，更换模板方便，可以更好地缝制较厚的材料；具有条形码花样识别功能，可用于软体家居蒙面皮革的装饰线缝纫，线迹规整美观。

重机开发的AMS-251采用机头回转机构，实现了全方位、高品质的缝制，满足了各类缝纫的需求，适合缝制沙发蒙面的装饰缝。

汉羽开发的HY-1543BVF-7直驱单针自动剪线单线链式线迹的综合送料缝纫机，实现综合送料机构与旋转钩针的勾线结构完美结合，运用在软体家居预缝走棉工序中，大幅提升生产效率，其切边功能有力保障了产品加工品质。

西安标准、名菱、精上、川田等公司也开发出了采用独立驱动技术的新产品。

3. 缝纫机模块化设计技术

模块化设计技术是将产品中具有独立功能的机构形成相对独立的不同模块，可根据用户要求，选择不同的模块进行装配，组成一台缝纫机整机的技术。有多个企业在展会上推出了采用模块化设计技

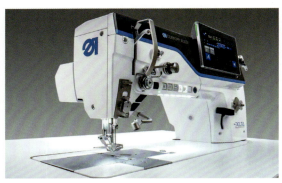

图1　杜克普M-TYPE双针平缝机

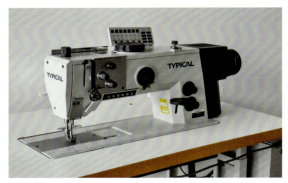

图2　标准菀坪GC3000系列综合送料缝纫机

图3　上工富怡的双针针距可调任意转全自动缝纫机

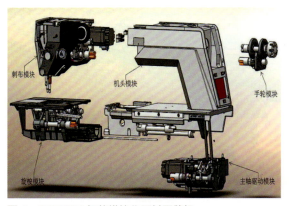

图4　GC5000智能模块化厚料平缝机

术的新产品。

西安标准欧洲公司研发的 GC5000 智能模块化厚料平缝机（图 4），采用了缝纫机模块化设计技术，按照功能将整机划分为几个模块，每个模块的设计考虑了互换性和通用性，机构调节依靠多轴数控系统分别控制步进电机实现。产品设计突破了传统的缝纫机技术，具有适应范围广，易于调节；线张力恒定、针距准确、倒顺缝针脚完全重合，线迹规整美观；振动噪声低等特点；主要适用于缝制软体家居沙发皮革等中厚料产品。

汉羽二代产品在同平台基础上开发不同的功能，实现多零件共用，利用已模块化的功能组件快速开发新的功能，快速响应市场需求，生产维修更方便。

4. 缝纫机立体缝纫技术

缝纫机立体缝纫技术是指通过工业机械手与缝纫机的有机集成而形成的立体缝纫设备，可进行缝料的空间曲线缝纫，实现了缝料静止、缝纫机运动，达到缝纫的目标，为缝纫设备的创新发展开创了新的空间。

上工申贝旗下的 KSL 公司研发的多款基于工业缝纫机械手的自动缝制单元（图 5），采用了缝纫机立体缝纫技术，把缝纫机机头安装到自由度较大的六轴工业机器手上，实现三维空间曲线的缝合；包括基础的 3D 机器人缝合单元、Kl500/ 线性轴 3D 机器人缝合单元等，可用于加工汽车内饰的复合纤维材料，比如汽车仪表盘装饰线迹缝纫等。此外，KSL 还能提供不同应用的功能缝合头，如封胶、焊接或切割等。

日本重机、兄弟、西安标准、乐江、中捷、威士等都开发出了采用工业机械手送料缝纫技术的产品，通过工业机械手上下送料及定位，实现缝料抓取、移动、定位、驱动缝纫、收料等环节自动化；广泛应用于模板机、花样机以及自动缝制单元的上下料及定位缝纫，逐步实现无人缝制，有助于建设无人自动缝制生产线。

5. 绗缝机创新技术

床垫加工一般采用电脑无梭滚筒送料多针绗缝机，用于制作绗缝高级床垫面料，采用全新的计算机控制系统，实时运转状态检测和提示，合理的机械结构，绗缝精度高，绗缝图案更完美。

上工富怡开发的大旋梭多针电脑绗缝机（图 6），采用大旋梭双排多针模式，工作速度高达 1500 转 / 分，大大提高了工作效率；可选绗缝跨步独立图案，花样更精确，无丢针，不起环；针排距可从 75～210mm 任意调节，实现特大花样绗缝；触摸屏操作，图形化界面，清晰直观；可直接连接梳棉机，流水线生产床垫。

上工富怡开发的无梭电脑绗缝机，采用日本松下伺服电机驱动，绗缝花样精准；拥有底 / 面线断线检测功能和红外线感应断线自停，自动提针，数控调速；绗缝独立图案时，采用气动松线和剪线新技术；具有强大的花模组合功能，花样种类繁多；加强型双摇臂传动系统，无须加油，加固耐用，转

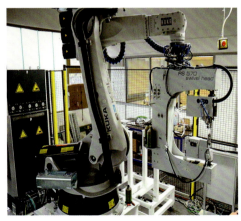

图 5　KSL 工业缝纫机械手

图 6　上工富怡开发的大旋梭多针电脑绗缝机

速快，振动小；绗缝机拥有完善的电脑控制系统，实现机器运行状态实时监控。

此外，家柏思、恒昌、恒业、源田、正步、艺博达等也生产床垫用大型滚筒式多针绗缝机。

6. 床垫围边机创新技术

床垫围边机用于完成床垫面料与墙布之间的边缘包缝工作，也适用于其他床褥、沙发软垫、睡袋的缝制（图7）。

南京四方专门研究开发FB5B自动翻转床垫缝纫围边机新产品，以适应席梦思产品向规模化、自动化、连续性生产方式的转变。该产品保留了传统产品的缝纫功能，如机头仰角调整、机头升降调整、缝纫速度调整等，改变了传统缝纫机的结构模式，具有以下创新点：

（1）该产品工作台采用皮带传输、机头固定的结构方式，缝纫速度即为输送带传输速度，操作者定点操作，床垫自动进入缝纫区及自动移出缝纫区，实现流水线加工方式。

（2）采用PLC程序控制，床垫在缝制中能自动移送、自动转角、自动翻转，提高了缝纫速度。

（3）机头在缝制转角处能自动升降、自动减速、自动复原，改善了缝纫质量，解决了四角缝边内翘问题。

（4）连续缝完床垫四边，自动移位至翻转位置而自动翻面，减轻了操作者的劳动强度。

（5）采用两组气缸（转角气缸、翻转气缸），操作简便。

此外，源田也开发出自动化程度较高的床垫围边机。

7. 床垫立围及绱拉链等缝制单元创新技术

自动缝制单元集机械、电控、光电磁检测、电磁铁和液压、气动驱动、工业机械手、机器视觉技术于一体，针对服装、软体家居、鞋帽、箱包等下游行业需求，整合加工工序，实现缝纫加工的自动化和智能化，提高了加工质量和劳动生产率。

床垫立围缝制单元主要用于围边面料的缝制和拷边，通常采用两个独立的拷边机头和两个独立的平缝机机头，双调频电动机控制机头的同步驱动，伺服电机驱动聚氨酯胶辊送料，其面料张紧装置及收卷机构可调，实现缝纫和包缝一次自动完成（图8）。

南京四方开发的床垫双头拷边缝制单元，主要用于床垫围边面料的缝纫拷边，斯奎尔床垫生产的双头锁边缝制单元采用两个独立拷边机头，变频控制机头的驱动，聚氨酯胶辊送料，同步收卷，自动裁剪拷边的多余布料。该床垫双头拷边缝制单元还装有真空废料收集器、断线保护和尾料停机装置。

图7　床垫围边机

图8　床垫立围缝制单元

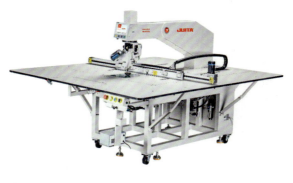

图9　川田大型全自动模板式智能缝制系统

标准菀坪开发出了 TW-003-080 全自动拉链缝制单元，采用高精度高扭矩直驱电机，停车精度高，穿刺力大；大旋梭增加了底线容量，激光定位，一键启动，自动缝纫，具有稳定的缝制质量和较高的生产效率；该缝制单元能够自动避开拉链头，缝纫闭环线迹，开槽缝纫一次完成，不需要后期补充工序。可用于软体家具产品的绱拉链加工。

此外在床垫、软坐垫和软靠垫的蒙面加工中，也用到了采用模板的缝制单元，也称之为模板机。川田开发出了大型全自动模板式智能缝制系统（图9），采用旋转机头机构，通过智能控制电控系统，通过自动识别模板花样，实时根据花样轨迹变更缝纫方向，完美缝制工艺中的直线、直角、圆、圆弧等各种缝纫线迹，提高了缝纫线迹的稳定性和美观度；提高了缝制产品质量，减少熟练工依赖，一人操作多机，大幅提升效率。

8. 智能裁剪、铺布和激光切割创新技术

拓卡奔马伺服铺布机采用 PLC 控制系统，适用于针织和梭织面料的高精度无张力铺布，多道展布装置保证铺布平整；松紧度调节采用伺服数字化控制，配合自动张力控制功能，能够精准调节铺布松紧度；具有切刀架自动上升和下降功能，以及自动铺布和磨刀功能；实现单拉、双拉和机器联网，能够将铺布机和裁床对接，采集各种数据，实时了解设备产能，提升生产效率。

拓卡奔马 PROCUT D9002S 高层裁床采用刀智能技术，刀驱动加装传感器，感应裁刀偏差信号，实时校正刀片角度，确保裁割精度；整体合金铸造结构裁头，降低振动引起的机械磨损，确保裁剪精度，延长使用寿命；采用双刀盘、自动供油润滑、自动清洁装置和恒温电控系统，支持专业的裁剪和为用户提供各种功能。

大族粤铭开发出了系列化的激光裁床，其针对印花面料而研发的大幅面摄像激光切割系统，可自动识别图形轮廓，并可实现变形材料自动校正后高精度切割，能有效解决高弹性印花面料和其他纺织面料变形后的裁剪问题。其双头异步激光切割机采用双头异步切割系统、大幅面视觉系统，具有投影功能和自动排版功能，提高了加工精度和生产效率。

此外，广东元一、力克、欧西玛、长园和鹰、格柏、富山等企业也开发出了相应的裁床和铺布机。

三、软体家具缝制机械未来发展趋势

我国软体家具市场已日渐成熟，居民家具消费需求成长迅速。一套舒适的沙发、床具将给生活带来无限的惬意和享受，满足人们对休息、睡眠质量提升的更高要求，当前软体家具行业有两个发展方向：一是迎合年轻化消费群体的时尚个性化产品成为主流；二是以功能为导向的智能化产品正在普及。

因此，软体家具产品缝制机械未来发展趋势在于生产企业布局智能化升级改造，通过智能工厂解决方案，快速提升生产线的柔性化，从而提高生产效率，满足大批量生产和小批量个性定制需求，使新的商业模式得以实现，主要涉及两个方面：一是制造端的智能化工厂建设，主要包括生产线缝制设备的自动化和智能化，缝制设备的互联互通、数据采集分析共享、生产线平衡预警；二是面向消费者的个性化定制平台建设，构建面向消费者的个性化需求网站。

1. 制造端的智能化工厂建设

床垫、沙发缝制生产线设备自动化智能化

通过采用智能化的绗缝机、裁布机、缝制单元、围边机、厚料平缝机和包缝机，借助工业机械手、传感器、计算机图像识别技术联合攻关相应的车缝辅助装置，创新开发全自动围边机；开发符合床垫实际生产环境的各种床垫上下面料柔性四边缝缝纫单元和床垫立围柔性自动化缝纫单元；探索基于工业机械手的立体缝纫技术在床垫加工上的应用；开发床垫智能仓储系统；打造绗缝、裁断、包边、围边、包装、仓储的自动化智能化生产线。

通过采用铺布机、裁剪机、缝制单元、模板机、吊挂系统及厚料平缝机、包缝机、长臂机，构建基于吊挂系统的缝纫生产流水线，促进软体家具蒙面产品的自动化智能化缝制，实现快速有效的缝纫加工。

设备的互联互通、数据采集分析共享和平衡生产

通过定制软体家居产品基于加工工艺的 MES 系统以及高级计划和排程系统 ASP，在车间形成数字化制造平台，支持智能排程，实现生产过程的可视化管理和智能化生产，改善加工管理和生产的各个环节。

"缝制设备 + 互联网",是实现智能缝制的重要基础。基于智能交互网络,实现缝制设备互联互通,并与 ERP、MES、ASP 系统高度集成;通过生产环节加工数据实时采集、信息数据共享、数据无缝对接,进行云计算与智能分析,实现了工厂设备管理、生产管理和智能决策(图 10)。

(1)生产智能管理模块,实现设备运行数据实时采集、生产状态实时监控、产能评估与优化、绩效评估等功能。

(2)设备智能管理模块,实现设备运行效率统计、故障种类分析等功能。

(3)智能仓储管理模块,实现原料、在制品、成品的数据管理、存储及输送等功能。

(4)安全管理模块,实现人员管理、工具实时监测等功能。

2. 面向消费者的个性化定制平台建设

在技术升级和需求升级的大背景下,软体家具产品生产企业需要打造更柔性化、快速反应的智能化工厂,满足消费者更个性化、定制化的品牌消费需求;在此基础上,构建面向消费者的个性化需求网站,通过信息化系统对客户需求数据的采集,驱动研发、设计、生产、物流、营销,推动企业智能转型,提升企业快速、低成本满足用户个性化需求的能力。

智能制造是基于新一代信息通信技术与先进制造技术深度融合,贯穿于设计、生产、管理、服务等制造活动的各个环节,具备自感知、自学习、自决策、自适应等功能的新型生产方式。

软体家具产品智能制造工厂和个性化定制平台在提高生产效率和加工质量的同时,满足人们个性化需求,大大缩短交货期,对市场做出快速的反应,将促进软体家居传统制造业的转型升级。

结束语

历经四十年的开拓创新,中国缝制机械行业的创新能力和水平有了很大的提高,缝制机械自动化、智能化和信息化快速融合发展,推出了一大批以自动化、智能化、信息化为主要特征的单机、缝制单元、裁剪机、铺布机等缝制机械创新产品;通过智能传感和智能交互网络技术,实现了缝制机械的互联互通,为服装、软体家具、汽车飞机内饰和鞋帽、箱包等下游产业链制造工厂提供了"智慧缝制工厂技术及解决方案",它的推广应用将有力推动软体家具行业整体在创新中进入全球价值中高端,引发软体家具产品缝制的革命,重构全球软体家具制造业的竞争格局。

图 10 缝制设备互联网云平台

2019 我国家纺软体家具面料发展现状与趋势

中国家用纺织品行业协会会长 杨兆华

布艺是家用纺织品行业的重要组成部分,我国布艺产业规模占到家纺行业的三分之一。布艺产品是广泛用于室内悬挂、墙面装饰、家具覆盖以及各种枕、垫和其它室内布艺装饰物的纺织制品。经过40年的发展,我国已经成为世界布艺生产大国和消费大国,布艺的产业、市场规模均位于世界前列。目前,我国布艺面料年产量达120亿米,内外销市场规模超过3000亿元,其中内销约占3/4,外销约占1/4,出口额为110亿美元。

软体家具面料是布艺产品的重要组成部分,具体包括沙发、软体家具、台布、茶几面料等,根据织造工艺不同可分为机织、针织类和非织造等大类品种。

一、我国软体家具面料产业的发展现状

在面料生产领域,软体家具面料被统称为沙发布,或称为沙发家具布。从20世纪70年代末开始,国内家纺布艺业开始兴起,业内出现一批专业生产装饰布的厂家和相应的产业基地。经过30多年的快速发展,软体家具面料从产品研发到生产加工都更加专业化,涌现出众多品牌企业。随着生产装备和工艺不断完善,软体家具面料产品质量不断提升,花色品种和功能性产品日益丰富,在终端发挥出提升沙发及软体家具的内在价值和整体美观的效果,越来越体现出"好布成就好沙发"的功能。随着行业研发投入的提高,企业服务意识和服务能力的增强,不仅明显提升了行业设计能力和水平,也加快推进了跨界合作,实现从"一块布"向"一个家",从"大家纺"到"大家居"的转变。

2019年,我国软体家具面料生产量达30多亿米,市场规模为737亿元,其中内销455亿元,占62%;外销282亿元,占38%。国内消费市场中,居家用软体家具面料年消耗量为10.55亿米,社会用消费为3.5亿米。社会消费广泛用于宾馆、酒楼、影院、交通工具、学校、医疗和社会服务、办公写楼及商业营业设施等,其中,宾馆住宿对软体家具的消费量排在国内社会消费方面的首位(表1)。

表1 国内软体家具面料使用量汇总表

项目	年消耗量(万米)
居家用	105500
宾馆住宿	9000
商业及办公楼	6800
餐饮、影院	7900
学校	5300
其他	6000
合计	140500

随着我国经济的发展,消费水平的提高,以及健康消费理念、制造水平与流通环节的改善,布艺在国内居家消费和社会消费的需求呈现稳定且增长的态势。2019年全国住宅销售面积171558万平方米,比上年增长1.5%,加上基数庞大的存量房更新,构成了国内居家消费的基础市场。2019年,全年国内游客60.1亿人次,比上年增长8.4%;国内旅游收入57251亿元,增长11.7%,旅游业的发展拉动了宾馆住宿业、交通等产业的发展,增加了对软体家具面料的消费需求。此外,我国学校、医疗、社会服务等都呈现出持续增长的发展态势,市场空间进一步扩大。

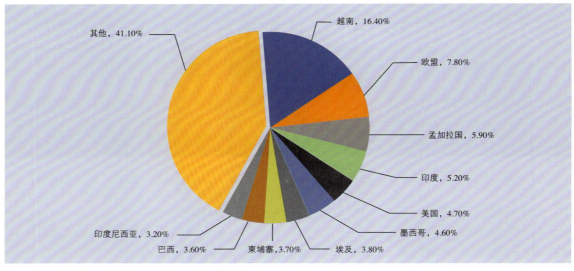

图1 我国软体家具面料对主要国家直接出口额占比

出口市场中,软体家具面料直接出口26亿美元,出口额排在前5位的国家为越南、欧盟、孟加拉国、印度和美国(图1);织物制品出口15亿元,其中对美国、欧盟、日本三大市场出口11亿美元,占比达到73.9%(表2)。

表2 2019年织物制品出口国家和地区金额汇总表

序号	国家/地区	金额(万美元)	占比(%)
1	美国	58690	39.35
2	欧盟	34805	23.33
3	日本	16731	11.22
4	东盟	6354	4.26
5	加拿大	3737	2.51
6	澳大利亚	3339	2.24
7	韩国	3141	2.11
8	越南	2160	1.45

二、我国布艺软体家具面料产业集群和品牌企业

我国布艺产业是在我国推进市场经济的环境下成长起来的,民营经济从一开始就是这个产业的主体,且产业布局相对集中,集群式生产特点尤为突出。浙江省是布艺产业规模发展最快、产业最为集中的地区,在杭州湾周边的一些区、县、镇形成了高集中度的产业群体。有5个地区被纺织工业联合会命名为产业特色名城(镇)(表3)。

表3 中国纺织工业联合会命名的布艺产业特色名城(镇)汇总表

序号	地区	产业集群称号
1	浙江省杭州市余杭区	中国布艺名城
2	浙江省海宁市许村镇	中国布艺名镇
3	浙江省桐乡市大麻镇	中国沙发布生产基地
4	浙江省绍兴市柯桥区杨汛桥镇	中国窗帘窗纱名镇
5	浙江省杭州市萧山义桥镇	中国床垫布名镇

软体家具面料在各集群生产量中占的比重也较大。如余杭软体家具面料占到总产量的80%,许村占比超过40%,大麻和义桥占到90%。同时,产业集群中涌现出一批软体家具面料生产的骨干企业,如众望布艺股份有限公司在前不久通过了证监会发行审核委员会审核,即将公开上市,成为软体家具面料产业首家上市的企业。

1. 杭州余杭——中国布艺名城

杭州市余杭区致力发展高档装饰布艺面料，形成了从研发设计到终端产品销售的全产业链，产品涵盖窗帘布艺、沙发布艺、床上用品、静电植绒、花式纱线等，其中中高档装饰布占全国生产和销售的比重较大。目前，余杭家纺产业集群有上千家家纺企业，从业人员 6 万余人，其中规模以上企业 153 家，产值超亿元企业 35 家，拥有各类织机 2 万余台，年产布艺面料超 10 亿米，其中沙发（家具）布 8 亿米。2018 年，余杭家纺 153 家规模以上纺织企业实现工业产值 125.86 亿元，主营业务收入 123.16 亿元，利润 4.24 亿元，纳税 3.33 亿元。形成了一批在行业内较有影响的骨干企业，并正努力加快外贸转型升级，从传统的家纺制造基地向家纺研发设计基地、品质品牌基地发展。

2. 海宁许村——中国布艺名镇

家纺产业是是海宁市三大传统产业之一。海宁许村家纺产业经过近 40 年的发展，构筑起了原料加工、生产织造、印染后整理和市场贸易一条龙的家纺装饰布生产销售体系，产业注册的"海宁家纺"已被认定为浙江省级区域名牌，海宁市许村镇已成为全国及全球重要的大提花面料生产基地，被中国纺织工业联合会命名为"中国布艺名镇"，同时与中纺联、中国家用纺织品行业协会共建世界级家纺产业集群。

许村镇高度集聚了家纺企业，相关企业 9300 家，从业人员超五万人。家纺营销队伍遍及全国各个城市，国内市场占有率高，产品远销东南亚、南非、中东及欧美等 40 多个国家和地区。拥有宽幅织机 1.3 万台，年产布艺面料折合标准幅宽为 17 亿米，其中沙发（家具）布 7 亿米。许村家纺布艺企业全口径统计，2019 年实现工业总产值 184.85 亿元，主营业务收入 179.94 亿元，利润总额 6.58 亿元。许村布艺产业在骨干企业的带动下，积极打造特色，呈现良好的发展势头。

3. 桐乡大麻——中国沙发布生产基地

经过 30 多年的蓬勃发展，大麻镇已成为国内布艺生产的重要乡镇，基本形成了以中小企业集群为基础、特色工业功能区为支撑、专业化市场为依托的原料供应、面料织造、成品加工、印染后整理和产品设计、质量检测、销售为一体的主导产业和区域特色品牌。截至 2018 年，全镇建有家纺布艺工业园区 3200 亩，园区拥有杭州湾轻纺城、大麻轻纺原料市场等家纺专业市场，家纺企业 3140 家（含个体户），规模以上企业 56 家，产值超亿元企业 8 家。多年来，大麻镇一直坚持培育龙头企业，特别是在土地、融资等资源要素上，优先安排，鼓励加大技改投入，突出主业，增强核心竞争力。延长产业链，鼓励企业向家纺产业上下游拓展，向"专、精、特、新"方向发展。推动企业技术改造，更新设备，实施机器换人，购置电子龙头等，提升生产效率。全镇拥有丝织机、剑杆机、经编机、纤经机等各类机器总量 8981 台，生产各类沙发布、窗帘布和真丝面，其中沙发布约占 90%，是全国最大的沙发布生产基地。产品销往北京、上海、广州、成都等国内城市以及东京、首尔、法兰克福和迪拜等国际大都市。家纺产值占占全镇工业总产值的 90% 以上，从业人员达 1.37 万人。家纺产业对整个镇域经济的拉动作用明显。大麻镇家纺企业全口径统计，2019 年实现工业总产值 152.6 亿元、主营业务收入 151.91 亿元、利润总额 5.7 亿元。

三、专业展会伴随着行业的发展与提升

我国家纺布艺产业是在我国改革开放时期开始起步的，现代家纺布艺的概念主要是从国外引进的，国外布艺窗帘、布艺沙发等产品已经有了几百年的发展历史。我国布艺产业发展初期，由于国内销量有限，当时布艺行业以出口市场为主，许多布艺企业是从外销开始做起的。国际性的专业展会对布艺企业的形成、发展与提升发挥了极其重要的作用，特别是在我国上海举办的中国国际家用纺织品及辅料博览会（以下简称上海家纺展），25 年来一直伴随着的企业成长与壮大。

以时尚大家居为主题的 2019 年上海家纺（秋冬）展，规模占据国家会展中心（上海）七大展馆，面积 17 万平方米，1147 家展商来自 27 个国家和地区，其中国内展商 843 家，海外展商 304 家。七大展馆分别为余杭布艺馆、海宁布艺馆、国际馆、魅力品牌馆、成品窗帘馆、家居面料馆、时尚家居馆。展会期间，吸引了来自 117 个国家和地区的近

图2　2019年上海家纺（秋冬）展组图

40000名专业观众到场观展采购（图2、图3）。

上海家纺展始终走在家纺行业的前沿，其倡导的终端创新、产品创新等理念引领着家纺企业前行，推动着展会成为了亚洲最大的家纺专业平台。进入21世纪，多元化发展成为全球趋势，上海家纺展紧随消费市场变化不断调整战略，提出的"大家纺"概念明确涵盖了各个品类，为展会的"大家纺"布局提供了战略引导和实践平台。同时，展会在提倡知识产权保护、发布中国家纺流行趋势、聚集产业集群联合参展、弘扬宣传非物质文化、倡导跨界合作等方面齐头并进，开启了家纺类展会的新风貌。2019年上海家纺（秋冬）展的活动更加丰富和细化，目的是帮助企业取得更好的参展效果，展现中国家纺及全球家纺的发展趋向。一是设计风向标，举办不同形式、不同主题的海内外设计师交流活动，促进设计师与企业开展对接，帮助参展企业及参展集群实现设计资源"引流"。二是渠道放大镜，展会邀请众多渠道商现场支招，为企业量身提供多种答案。三是技术最前线，通过数码印花论坛、数码印花微工厂、"绿色家纺"专题研讨会聚焦家纺业科技热点。四是赋能跨产业，开展了2019中国国际纤维艺术展、IP授权研讨会暨品牌授权对接会等活动，实现展会从"大家纺"向"大家居"的转变。

四、软体家具面料的产品研发与特色

软体家具面料不仅是具有功能性、实用性，也可以时尚化成为一件艺术品。日新月异的工艺技术智能制造、数码科技为软体家具面料带来了更加广阔的发展空间。现代的软体家具面料集功能与装饰为一体，外看风格，内重功能，体现出科技、时尚、绿色的发展理念。

一是纤维原料应用更加丰富和多样化。软体家具面料，特别是流行面料广泛选择各种棉、麻、毛、

图3　2019年上海家纺（秋冬）展组图

真丝、化纤、合成纤维等原材料，采用不同的混纺、交织等加工工艺，营造出各具特色的面料外观和内在风格。差异化、多样化、功能性的新型纤维纱线，以及含时尚元素的花式纱应用更加广泛。如阳离子染色纱、原液染色纱、彩点纱、段彩纱、金银丝纱、竹节纱、AB纱、色纺麻灰纱、雪尼尔纱、氨纶包覆纱、锦纶高弹丝、苎麻针织纱线、苎麻色纺纱线、原液染色纤维等，这些特色纤维、纱线促进了面料的品质提升和产品创新。

二是突出面料织纹结构的表现力。在面料的织造方式上，强调面料的手感、外观质地和亲肤感。根据不同风格装饰效果的需要，采用平纹、网纹、缎纹、蜂巢等不同组织结构，使面料外观表现出柔与挺的对比，光滑与粗糙的对比，亮光与哑光的对比，突出面料的肌理、立体感与凹凸感。另外，在面料的加工工艺上，绣花和印花工艺随着设备的不断更新，各种剪花、压花、雕花工艺被广泛应用，表现力越来越丰富，极大丰富了设计的表现力。

三是面料图案呈现"轻奢"的时尚风格。现代、轻奢、简约已成为布艺及软体家具面料的主流风格，因此当前面料设计摈弃了繁琐杂乱的装饰和多余的点缀，室内环境力求使人们能够获得内心的平静和精神的放松，享受家的安宁。因此用布艺及软体家具面料的图案设计也不再需要被当作一件独立存在的艺术品，而需要考虑与整个室内环境融为一体，达到恰到好处的装饰效果。近几年来，复杂、具象、写实的装饰图案设计渐渐淡出，简洁、抽象、具有节奏感的几何纹样成为了装饰图案设计的主流。各种自然的肌理纹和人造肌理纹越来越多地被运用到面料的设计中，成为当前的流行趋势。抽象的肌理和几何纹不仅能与整个室内环境相融合，还能使单调的室内空间显得活跃和增加动感，起到很好的调剂效果。

五、行业发展趋势

1. 加强研发，做优做强产品

加大产品研发投入，做优做强软体家具面料及布艺产成品，广泛应用和推广新型纤维，丰富产品品种、优化产品性能、强化产品特性，扩大应用范围。提高功能性原料及再生纤维用量，开发功能性和环保产品。不断开发具有透气、防水、防污、阻燃、抗菌、防绉、除甲醛、防臭、防静电、防辐射、防紫外线等个性化功能产品及特殊功能的面料产品，满足日益增长的个性需求。提升设计能力，从"一块布"向"一个家"的转变，增加了产品的附加值，提高了人们生活质量。

2. 加强技改，提高数字化转型

加强技术改造，加快数字化技术转型，不断深化两化融合，以信息化带动工业化发展，走新型工业化道路。不断推进数字化信息技术与家纺布艺企业在技术、产品、业务等方面的融合，促进互联网、大数据在产业中的应用与创新。建立现代化企业运营模式，实现从采购、生产、销售及物流等各个环节的相互联通，打造柔性供应链平台。着力推进先进技术装备在行业的应用，缩短工艺流程，提升生产效率，如先进的无梭喷气织机、喷水织机、剑杆织机、经编机，以及生产吊挂线、成品连续化自动生产线等，提高布艺行业的自动化、连续化、智能化生产水平。

3. 加强服务，加快渠道创新

一是向服务型企业转型，实施先进制造业与现代服务业深度融合，服务化转型是布艺及软体家具面料生产行业发展的重要方向，通过服务化转型推动企业拓展产品服务能力，提升客户价值，寻求产业发展新的增长点，提高市场竞争力。二是商业模式创新，加快产业向流通终端延伸，随着行业企业的不断发展与成熟，加快适应市场发展与变化，从单一的面料生产向"设计＋生产＋终端服务"方向发展，加大对设计研发、销售、售后服务等环节发力，大力推进产业的商业模式创新，通过整体软装定制等"产品＋服务"模式加强与消费者互动，不断拉近产业与消费者的距离。

4. 加强布局，推进国际化发展

着眼国际化布局，以国际化视野推进布艺企业在海外的布局与发展，充分利用好两个市场两种资源，加强国际产能合作。根据习主席最新指示，深化供给侧改革，依托巨大的国内市场和产业基础，重构国际国内双循环。通过对"一带一路"沿线国家和地区市场的深度开拓，实现出口新的增长。加强国际研发和渠道协作，向产业链高增值环节迈进，加大与欧美等发达地区研发设计人员及团队的合作，建立与国外品牌配套的快速生产反应体系。深入实施三品战略，提升我国家纺产业在国际分工中扮演的角色，提升核心竞争力，打造具有国际竞争力的大型跨国企业。同时，行业和企业要加大在国际市场上的宣传力度，积极参与相关国际性展览会、贸易对接会，开拓和发展多元国际市场。

在我国纺织行业中，家纺布艺产业可谓是新型时尚产业，充满了发展的活力，将沿着"科技、时尚、绿色"的发展路径加快转型与提升，为我国家纺行业高质量发展做出更大的贡献。

2019 家具涂料与涂装工艺发展现状及未来趋势

中国涂料工业协会理事长 孙莲英

一、2019 家具涂料行业发展现状

1. 市场规模

中国家具涂料行业当前总产量约 160 万吨，总产值约 280 亿。就品类需求结构来看，仍然以聚氨酯涂料（PU）为主，不饱和聚酯涂料（PE）、紫外光固化涂料（UV）、硝基涂料（NC）、水性涂料（W）次之。具体来说，PU 的主导地位正在不断降低；UV 及 W 两个品类正在快速发展，不断提升市场份额；PE 及 NC 的市场份额开始逐渐下降。总的来说，市场发展已经进入快速细分与集中竞争的存量转型阶段。

2. 行业企业

行业布局以珠三角为核心，向长三角、环渤海以及西南进行发散。规模型企业总数约 200 家，产值达到 10 亿左右的 4 家、5 亿以上的达到 8 家，年产量过万吨的企业超过 20 家（表1）。虽然领先企业与竞争格局已经非常明朗，但市场集中度仍然不高，CR8(指前 8 家企业的占有率) 未及 30%，目前还没有一家企业能够达到两位数的占有率。按照行业集中度的划分标准来看，仍处于低集中竞争阶段。

行业由民营企业主导，外资企业主要是通过行业并购。国内民营企业发展，如：十多年前威士伯并购华润、四年前立邦并购长润发，中国几乎没有直接进口家具涂料，外资企业在中国家具市场占有份额在 10% 左右。行业企业按业务战略定位可分为四类：一是专业或主要做家具涂料的企业，二是家具涂料明显并非主业的企业，三是家具涂料属于主要业务之一的企业，四是完全聚焦于某一细分家具市场或家具涂料品类的企业。

表1 行业重点企业 2019 市场销售额预估

序号	企业/品牌	产值（亿元）
1	展辰	16.0
2	宣伟/华润	12.0
3	嘉宝莉	10.0
4	大宝	9.0
5	立邦/长润发	8.0
6	君子兰	6.5
7	巴德士	6.0
8	名仕达	6.0
9	百川	4.5
10	漆宝	4.0
11	美涂士	2.0
12	晨阳	1.2
13	三棵树	1.0

3. 产业环境

竞争/进入者 竞争日益成熟化全球化，市场、创新、人才、资本、环保成为发展核心。在实体产品同质化进一步加剧的环境下，服务能力将成为产品和企业竞争力提升的一个主要方向。

上游 上游材料性能相对稳定，但价格波动将越来越大，材料的环保化需求越来越高，国产化成为一种趋势。

下游 将保持持续旺盛的需求，但个性化、定制化需求明显，产品性价比、物理性能与环保性能要求不断提高。环境压力越来越大，自动化机械涂装的程度越来越高。

趋势／替代者 行业持续技术创新能力有待提高，研发方向以高性能、高附加值、环保化为主，产品升级换代主要表现为净味、水性、UV、高固体分涂料等低VOC环境友好型涂料。

二、2019家具涂料及涂装工艺发展现状

受市场需求、政策要求、技术进步和劳动力成本上升等因素的综合影响，家具涂料及涂装工艺也正在发生着重要变化。

1. 技术进步

家具涂料及涂装工艺的技术进步正在发生着快速而复杂的变化，技术创新与集成已经成为整个涂装产业发展的主要驱动力。具有自主研发能力的头部家具涂料企业正在构建方案化涂装技术创新体系，并且已经拥有一批具有知识产权、能够推动行业持续发展的前沿研发与应用技术及经验。在净味技术逐渐为整个行业所普及的前提下，头部家具涂料企业在UV、水性甚至粉末等新型环保涂料的材料研究、产品研发与应用技术上，不断取得实质性的突破。在整个涂装产业的协同配合与共同努力下，这些头部企业在涉及涂料及涂装的一些关键设备、材料、工艺以及环保技术的研发与应用上，都积累了丰富的经验和成果，并不断地推动着整个家具涂料与下游家具行业进行产品结构与涂装工艺及方式的优化和升级。

2. 绿色发展

国家将环保、节能、安全等多方面整合为绿色发展理念，并已由各部委及地方分级落实。其中，环保问题成为影响涂料行业发展的最重要因素之一，尤其是VOC等问题更是成为其中的重点。《中华人民共和国大气污染防治法》规定：工业涂装企业应当使用低VOC含量的涂料。经过调研论证，采用低VOC含量的家具涂料成从源头控制家具涂装过程VOC排放的关键源头因素。由工信部、生态环境部、国家标委会共同指导，生态环境部环境规划院、中国涂料工业协会等作为编制单位的国家标准《低挥发性有机化合物含量涂料产品技术要求》全文发布，明确了水性、高固体分、粉末、UV等低VOC含量家具涂料的界定标准，较有利于推动涂料行业与家具行业绿色协同发展。

3. 涂装一体化

目前，大中型家具企业都已经通过设备升级和涂料换代采用了低VOC含量家具涂料，并进一步提高涂装效率，最后通过高效收集与环保处理达到环保排放。因此，涂料、涂装过程控制以及环保处理，共同组成了家具企业环保排放的三个要素，需要对三个方面统筹考虑，缺一不可。当前，低VOC含量UV及水性环保涂料加自动化机械涂装一体化方式，已经在规模化家具企业得到广泛的应用。家具企业选择涂料最重要的是看涂料应用的效率与效果，而涂装的效率与效果不仅取决于涂料的质量，涂装设备与工艺应用技术的影响也同样重要。涂料企业提供的产品不再局限于涂料本身，在不断提升涂料产品质量的同时，也需要考虑不断地改进涂装技术。

低VOC含量涂料结合自动化机械涂装一体化方式，不仅能够大幅降低涂装成本，提高效率，还能大幅提升产品质量，并且有效保证产品质量的稳定性以及实现环保涂装，从而顺利进行大批量、稳定的高效生产。家具涂装的环保化和自动化，迎合了市场需求，打破了非标准化涂装的发展壁垒，是行业发展的必然，对涂料、涂装及家具行业的转型升级都起到了非常重要的积极推动作用。

三、家具涂料行业未来发展趋势

1. 市场发展趋势

家具下游与材料 中国家具业主要以木制家具为主，人均消费远落后于发达国家，未来家具行业仍将保持稳定的持续增长，这对家具涂料行业的发展将起到重要拉动作用。另外家具材料的多元化，涂装方式的升级，也将进一步大大的拓展家具涂料的市场空间。

消费需求与意识 随着中国社会与经济的持续发展，消费需求逐渐由物质向精神过渡。家具涂料市场在保持持续稳定需求的前提下，必将朝低到高、数量到质量、注重环境、个性化等高品质、高价值方向进行转型升级，拉动家具涂料产品结构升级的速度越来越快，中高端市场需求占比将逐渐扩大，一、二级市场个性化、定制化以及重涂需求也将日

渐明显。尤其随着 UV 固化、水性干燥等技术的不断提高与推广应用，UV 及水性等环境友好型涂料和高端产品需求将持续保持快速增长。

宏观环境与政策 城镇化建设的持续推进，将推动家具涂料行业的持续发展。有关环境与行业政策法规的实施和完善，一方面将推动 UV 及水性等环保品类产品的飞速增长，另一方面将有助于行业企业的规范化运营和市场集中度的进一步提升。随着中国经济的发展和全球影响力的进一步提升，中国企业参与全球经济分工和进入全球市场的能力也将越来越强，尤其在经济发展程度相对比中国落后的市场。这对于家具涂料的发展来说，也将是巨大的发展机会。

2. 品类发展趋势

随着市场的发展，家具涂料的品类细分和结构都将发生重大变化，UV 及水性等环保产品的发展潜力巨大（表2）。

3. 行业发展挑战

从国内外宏观经济环境分析，家具及家具涂料行业经营难度加大，宏观政策、生产要素和市场环境整体趋紧，结构性产能过剩的矛盾并没有改变，迫使行业进行转型升级。为了更好的满足市场需求的发展变化，尽可能的贴近市场、贴近用户，在经营发展上如何实现全面的下沉和上下游及配套行业的协同创新，家具涂料企业所面临的机遇与挑战是并存的。

转型升级的挑战 一是从产品技术的角度来看，显然环保性并非最主要的特点，而是已经成为具有一票否决制的基本特点，并且不仅仅体现在产品实物上，而是体现在整个产品的制造、流通和使用过程之中。基于环保性这个基本前提，家具涂料的高性能与高效率、服务化与方案化的特点才是更为重要的。尤其在实体产品同质化进一步加剧的趋势下，应用服务能力将成为产品业务和企业竞争力提升的一个主要方向。家具涂料行业未来将不仅仅进行实物产品的销售，更重要的是将通过服务来输出价值，来创造客户。未来的产品形态必然会升级为产品加服务的解决方案。未来的市场必然会实现"从半成品到成品"的转变，解决方案式的量身定制服务产品一定会成为主流。

家具涂料行业要深刻认识到市场从环保到环境友好、从环境友好到环境健康的发展趋势，企业的发展必然要以"不伤害环境、改善环境、促进环境更健康"作为前提，其产品也将必然朝环境化、高固含、高性能、高附加值的方向进行发展。

二是从制造运营角度来看，必须快速地实现从制造到创造——标准定制、柔性制造、智能制造的方向发展。借环保到环境的东风，家具涂料行业正在由制造商向服务商和方案提供商进行升级，这意味着在制造过程中尽可能多的增加产品附加价值，满足市场的个性化需求，走软性制造加个性化定制的道路，也即全面推行信息化发展战略——从信息化和智能化制造向整体运营的信息化和智能化方向迈进。

家具家装行业本来就是用户意愿为主导的行业，未来的产品都会按照用户的需求进行改变和个性化定制。未来的消费者通过互联网用 O2O 的方式就可以使价格、工期、质量、环保、材料、颜色、效果等各种难以满足的愿望一一得以轻松实现。因此家具涂料这样的"半成品"产品，传统的经营与销售方式也必然发生改变。现在已经进入一个信息化时代，80 后、90 后的消费者已经成为消费的主流人群，他们的生活方式将引领市场发展的未来。

集中竞争的挑战 家具涂料及上下游的发展都已经进入快速细分与集中竞争的存量转型阶段，接下来行业的集中度将加速提升，企业之间的竞争将

表2 各涂料品类发展现状与趋势分析

类别	NC	AC	PU	PE	UV	WB	粉末
现状	9%	0.5%	68%	10%	8.5%	4%	微量
趋势	↓↓	↓	↓↓↓	↓↓	↑↑↑	↑↑	不明朗
周期	衰退中	衰退末	成熟末	衰退前	成长中	成长中	萌芽
未来	4%	微量	50%	5%	26%	15%	不明朗

越来越加剧，基于产品与服务的终极价值战、低级价格战与高级资本战都将同台竞技。行业一方面存在无序、低价以及恶性竞争的风险；另一方面已经进入更高级的资本竞争时代，企业之间的并购行为将逐渐变得越来越频繁，尤其本土民营企业将再次面临外资以及行业外企业以并购方式进入的挑战。这对于有资本并具有核心竞争能力的家具涂料企业而言，会是难得的发展机遇。但对于那些综合以及专业能力欠缺，或者缺乏明确定位以及还陷在价格战泥潭的企业而言，则会是巨大的风险和挑战。

家具涂料行业当前的综合型、主导型、专业型和小型的四类企业结构形态不可能会长期存在，这个结构形态将必然向主导型和专业型这两类靠拢，因此，本土企业对于推动行业发展的主导性地位将进一步增强。不过就竞争角度而言，虽然领先企业与竞争格局已经明朗，但是，一方面手段和方式将越来越丰富和多元，另一方面竞争的层级也将从价格上升到价值、从战术策略上升到整体战略、从智慧上升到资本以及从行业上升到产业。行业内的价格竞争必然长期存在，但包括价格在内的价值竞争才是主流和正道；市场战术与策略确实也非常重要，但它们都将必然服务于战略的需要，必然成为构成整个企业发展战略体系的一部分；就纯粹的商业竞争角度而言，智慧在资本面前仍然会显得苍白。行业内竞争的持续性、激烈性和风险性将长期存在。

技术创新的挑战 一是头部企业必须持续升级技术、创新思维，以用户为导向，加大自身技术创新力度，逐步建立和完善自主核心技术创新与知识产权体系，构建从单体、溶剂等基础材料到树脂、涂料以及制造工艺与涂料应用技术的全产业链创新体系，持续提升整个行业的市场竞争能力。

在具体实施上，第一需要采取"3紧（紧跟上游、紧绕产业、紧贴下游）、进出（走出去、请进来）、服从（国家政策、政府政策）、匹配（中国及全球涂料行业分工与布局趋势）、核心（关键技术、材料优势）"等技术创新策略。第二应重点对水性、UV、净味、高固体份等环境友好型木器涂料产品的高性能树脂、单体、关键颜填料、主要助剂等材料进行研发与配套制造。第三应持续加大技术研发投入，保证技术人才的优化配置，建立和形成强化技术人才的培养与激励机制。人才是行业持续发展的根本，特别加强UV及水性涂料的生产、施工、营销、技术等人员的培训和培养。四是有针对性地研究和应用环保治理新技术，开发无害化、全密闭的生产工艺，以及开发天然低毒和无毒原材料（包括环境可降解的原材料）。统筹原料、涂料、涂装三方面的实际情况，对VOC限排进行全面综合的治理。

二是联合上游设备到制造商和下游用户，强化一体化涂装集成技术的研究、梳理与推广。家具涂料行业提供的产品不再局限于涂料本身，企业在不断提升涂料产品质量的同时，也需要考虑不断改进和提高涂装工艺及技术。

因此，对于行业的发展来说，基于一定自主技术研发能力前提下的一体化涂装集成技术的整理、创新及应用，也将成为一个重要的技术创新方向与挑战。一体化涂装集成技术能力的形成，有可能成为涉及家具涂料行业未来如何重新定义，在整个产业链中居于怎样的地位以及能体现多大价值的大问题。因此，就技术创新而言，在保持传统的点思维的前提下，增加线和面的平台化思维（最终形成点线面相结合），传统的点思维需要进一步聚焦，而线和面的平台化技术思维对于行业的发展将逐渐变得越来越重要。

放眼全球的挑战 一是上下游产业的集中度加强，对于家具涂料行业在全球产业链中的地位和市场话语权影响将越来越大。

二是近年来全球经济形势发生了一些新的变化，全球贸易摩擦尤其中美之间"贸易战"的出现以及对各行各业发展的影响，应引起家具涂料行业乃至整个家具产业的高度重视。

三是随着中国对外开放及经济全球化的持续发展，外资企业已经在国内涂料市场跑马圈地。"一带一路"让越来越多的民族企业看到"立足国内，走向世界"的发展策略带来的诸多机遇。家具涂料行业应积极响应国家发展的政策引导，多与国际同行接触，以清晰地找准行业在全球的定位，同时取长补短，促使行业发展迈上新的台阶。

推动全装修成品房建设
实现房地产行业高质量发展

中国房地产业协会副会长　张力威
新浪地产总经理、优采执行总经理　唐茜

摘要：深入推进新型城镇化，坚持"房住不炒、因城施策"，促进房地产市场平稳健康发展依然是我国房地产行业发展的政策主基调。房地产行业正从高速增长转变为高质量增长，实现在建造方式上现代化、工业化，资源利用上集约化、环保化，而推动全装修成品房发展就是重要手段之一，当前全装修市场呈现健康化、装配化趋势，家具企业应该把握房地产产品升级的机遇以及工业4.0的发展浪潮，做大做强智能制造，提升服务水平，拥抱服务平台，与房地产企业一起实现消费者对美好居住生活的向往。

坚持"房住不炒"，调控"因城施策"，依然是我国房地产行业发展的政策主基调。2020年全国两会召开，政府工作报告中明确：深入推进新型城镇化，发挥中心城市和城市群综合带动作用，培育产业、增加就业；坚持房子是用来住的、不是用来炒的定位，因城施策，促进房地产市场平稳健康发展，完善便民设施，让城市更宜居宜业。可以看到，房地产行业是中国经济的压舱石，对稳定经济增长发挥着重要作用。

回顾2019年，根据国家统计局公开数据，房地产行业呈现"三增两降"。"三增"是：全国房地产开发投资132194亿元，比上年增长9.9%，房地产开发企业房屋施工面积893821万平方米，比上年增长8.7%；房地产开发企业到位资金178609亿元，比上年增长7.6%，"两降"则体现在：房地产开发企业土地购置面积25822万平方米，比上年下降11.4%，商品房销售面积171558万平方米，比上年下降0.1%。

总体来看，房地产市场政策环境整体偏紧，过去一年楼市在压力中韧性前行，中央聚焦房地产金融风险，行业资金定向监管保持从紧态势，2020年"稳字当头"的方向还将延续。而伴随城乡融合发展，未来十年国内城镇化的进程区域发展演变，城市更新升级、新的都市圈和城市群崛起、人口结构变化、住房改善需求等房地产行业发展基础和产业空间依然存在。

但值得注意的是，发展背后，增速放缓，行业生产方式也进入新常态。早在2017年党的十九次全国代表大会上就提出：我国经济由高速增长阶段转向高质量发展阶段。住房和城乡建设领域是推动高质量发展的重要载体和重要领域，而涉及到房地产行业的高质量发展不仅仅是产品质量、服务质量的提高，还包括市场环境、机制，达到供需平衡、杠杆合理、风险可控、可支配性强、功能结构合理。房地产开发企业应该坚持绿色、健康，住房全社会周期的使用，改善群众住房生活以及外延的生活服务，使消费者生活得更安全、更舒适、更方便。

一、政策推动全装修发展，地方监管细则从严

高质量发展在建设阶段的具体表现，主要是建造方式的现代化、工业化，资源利用的集约化、环保化。

回顾我国推动全装修发展历程，1994年，全装修的概念正式提出，1999年首次出台了相关政策；2016年以来，绿色化、住宅产业化政策形成共识，全国各地全装修政策密集出台。2017年4月，住建部印发《建筑业发展"十三五"规划》，要求到2020年新开工全装修成品住宅面积达到30%。各地方政府随即相继出台了相应的"全装修"地方细则，从最初的步履蹒跚到现在的势如破竹，全装修

市场2019年驶入了发展的快车道，迎来了政策利好和市场实践的爆发期，例如海南、湖北要求全省全面实行全装修，提前完成了这一目标。

2019年2月，住建部发布《住宅项目规范（征求意见稿）》又明确提出，城镇新建住宅建筑应全装修交付，即所有功能空间的固定面全部铺装或粉刷完成，给水排水、供暖、通风和空调、燃气、照明供电等系统基本安装到位，厨房和卫生间的基本设备全部安装完毕，达到基本使用标准。

这一指导文件的发布，更释放了政策推动的信号。尤其是西安、河南、广州、海南等16地相继出台或实施精装修住宅工程监管政策，加强分户验收管理。各地区针对市场上精装房存在的诸多乱象，对成品住宅交付和质量监管实施细则做了精细化调整。例如，明确要求装修商品房要明示装修价格，规定样板间与实际交付标准一致。

中国房地产业协会主办的优采平台，特别梳理了典型城市在2018年末乃至2019年全年相继颁布涉及全装修的9项代表政策，具体如下：

1.《西安市推进新建住宅全装修工作实施意见》

发布机构：西安市住房保障房屋管理局
发布时间：2018年12月29日
施行时间：2019年1月1日

政策要点：自2019年1月1日起，在全市行政区域内新建住宅推行全装修成品交房，实现住宅装修与土建安装一体化设计，促进个性化装修和产业化装修相统一；蓝田县、周至县根据实际确定实施全装修的新建住宅项目范围，但全装修总施行比例不低于新建设住宅总面积的50%。此后逐年递增，2021年后达到100%全装修建设。

具体细节：销售现场须公示及购房合同及附件中明确房屋装饰装修内容、标准及交付要求；每个户型提供3套（含）以上不同标准或风格的装饰装修设计方案，并提供可供选择的符合环保标准的材料设备菜单；住宅全装修工程建筑和装修部分分阶段设计时，可分别申报施工图审查，主体结构和装修部分分别申领施工许可证；样板房保留时间自该户型全装修住宅集中交付购房者之日起不少于6个月或者建设项目竣工验收合格之日起2年内；10层以上（含10层）的全装修住宅工程项目可允许主体结构分段验收，验收合格后进行装饰装修。

2. 山西：新批土地建设住宅全部实行全装修

发布时间：2019年1月15日
施行时间：2019年1月15日

政策要点：1月15日，山西省住房城乡建设工作会议召开，山西省住房和城乡建设厅党组书记、厅长王立业对2019年山西省全装修领域工作发表讲话。2019年，山西将着力提升住房品质，深入贯彻省政府《关于加快推进住宅全装修工作的实施意见》，2019年1月15日后，山西省各设区城市中心城区新批土地上建设的住宅，全部实行全装修。

3.《关于加强住宅全装修项目质量安全管理的通知》

发布机构：杭州市萧山区住房和城乡建设局
发布时间：2019年3月22日
施行时间：2019年4月26日

政策要点：开展全装修住宅保险试点，引导开发商自愿投保，鼓励开发商自愿引入保险公司聘请的第三方风险管理机构对住宅全装修进行全过程质量管控，创新快速理赔、先行赔付和应急处理联动响应机制，为购房者提供保险维保服务。要求首次申领预售证的楼盘，每个户型要有一套实体样板房，并且保留影像证据，每套样板房要做好安全参观通道，对外开放前应当经建设、设计、施工、监理等监管单位验收合格，并在购房者入住前不允许拆除、移位或者调换。

4.《关于推进成品住宅发展的实施意见》

发布机构：洛阳市人民政府
发布时间：2019年3月28日
施行时间：2019年3月28日

政策要点：全市新开工商品住宅和保障性住房全部按照成品住宅设计建设，实行土建、装修一体化设计与管理，可根据不同层次需求逐步开展"菜单式""订制式"的成品房交付模式；建立成品住宅土建和装修工程一体化建设管理机制；严格成品住宅质量监管；规范成品住宅销售管理；实施成品住宅建设信息公示制度。

5.《宁夏回族自治区商品住宅全装修项目评审办法》

发布机构：宁夏回族自治区住房和城乡建设厅、自治区财政厅

发布时间：2019年5月27日

施行时间：2019年6月1日至2022年12月31日

政策要点：充分发挥财政资金激励引导作用，积极推动我区全装修商品住房开发建设，进一步提升住宅质量品质，促进绿色建筑发展，经评审通过的商品住宅全装修项目，按照《自治区人民政府办公厅关于印发促进服务业发展若干政策措施的通知》有关规定，统筹相关专项资金，兑现奖励资金。

6.《全装修住宅室内装饰装修设计标准》

发布机构：广西壮族自治区住房和城乡建设厅

发布时间：2019年6月20日

施行时间：2019年9月1日

政策要点：广西推出工程建设地方标准，适用于新建住宅的全装修住宅室内装饰装修设计，既有住宅的室内装饰装修设计可参照本标准执行，本标准编制内容广泛，框架合理，具有可操作性，事无巨细，几乎涵盖室内装饰装修设计的方方面面。

7.《宁波市住房和城乡建设局关于进一步完善住宅全装修质量购房人监督机制的通知》

发布机构：宁波市住房和城乡建设局

发布时间：2019年8月22日

施行时间：2019年10月1日

政策要点：住宅全装修施工质量实施购房人监督机制，分为工地开放日检查活动和建立购房人质量监督小组两种方式，工地开放日检查活动原则上不得少于3次，购房人质量监督小组原则上每月组织检查1次；建设单位应提出不少于3家具有房屋建筑甲级专业资质的监理单位作为候选第三方单位，供购房人选择其中一家参与装饰装修工程验收；建设单位应与购房人签订《购房人质量监督协议》作为《商品房预售合同》的补充协议，协议应明确监督方式、监督内容、安全责任、纠纷处理方式等条款；对施工质量违反工程建设强制性标准的问题，可向属地建设行政主管部门投诉；对造成严重社会不良影响的，应予以信用等级降级处理，并可责令暂停该项目未售房源销售，或对该建设单位开发的其他项目暂缓发放商品房预售许可证和商品房现售备案书。

8.《武汉市商品房买卖合同（预售）（现售）》（征求意见稿）

发布机构：武汉市住房保障和房屋管理局

发布时间：2019年12月13日

施行时间：待定

政策要点：明确了全装修商品房总价款由毛坯部分和装修部分价款组成，增强了合同价款的透明度，购房人可按照全装修商品房总价款向金融机构申请贷款；未按约定增加的"精装"将视为赠送；不让验房的，业主可名正言顺拒绝收房；明确商品房设施设备交付条件，索赔有依据。

9.《商品装修房买卖合同装修质量纠纷案件审理指南》

发布机构：江苏省高级人民法院

发布时间：2019年12月16日

施行时间：2019年12月16日

政策要点：交付房屋装修质量应与样板房相同；明确何时以装修价格作为装修质量要求；给出因质量问题减少装修价款的计算公式；装修环保不达标可以解除合同。

此指南是国内首个有高级人民法院出台的专门针对精装房的规范指导意见，通过律师的视角，为精装房装修质量常见纠纷给出说法，装修环保不达标可以解除合同，也可以要求赔偿损失，买房人只要初步证明装修存在质量问题即可，卖房人则需要具体证明质量是否合格或符合约定。

以上地方政策是从全装修推进的"量"的要求向"质"的保障转变。提高管理要求，加强管理规范，避免全装修推进过程中，由于货不对板、虚假宣传、违规绑售、质量下降等带来的业主"群诉"事件，有效保护购房者利益。

二、全国重点70城市全装修项目大幅增长

在政策的积极推动下，房企日益重视全装修项目的建设已成为不可逆的趋势，多家企业也对外公

开表示提升精装交付比例。反映在工程市场上就是全装修建筑面积和户数均大幅增长。

根据优采大数据云平台的监测数据,2019年,全国重点70城新开盘建筑面积151339.50万平方米,全装修建筑面积56028.95万平方米,同比增加33.23%;全装修建筑户数910.40万套,同比增加10.18%;全装修建面比例为37.02%,同比增加5.27个百分点。全装修建筑面积和户数的规模增速相当可观。

1. 重点70城分布

2019年,全国重点70城全装修项目规划建面为56028.96万平方米,预证建面10509.74万平方米,占比18.76%;全装修规划户数为342.67万套,预证户数93.21万套,占比27.20%。其中,二线城市全装修预证建面为8747.41万平方米,占全装修预证总建面83.23%;全装修预证户数为75.95万套,占全装修预证总户数81.48%。说明超8成已拿证的全装修项目集中在重点二线城市(图1、表1)。

在全国重点70城全装修建面规模方面,2019年全装修建面TOP10城市合计为36003.62万平方米,同比增加63.49%;其中TOP10城市有9席是二线城市,排在前三位的城市分别是武汉7458.01万平方米、广州5217.45万平方米和郑州4049.86万平方米(图2、图3)。

对比全装修建面在各分级城市的分布来看,二线城市全装修建面为46399.50万平方米,以82.81%占比居首位;一线城市全装修建面为9233.20万平方米,占比为16.48%次之;三线城市全装修建面396.26万平方米,占比仅为0.71%最少。说明全装修项目的市场份额目前高度集中在重点二线城市(图4)。

2. 百强房企全装修集中度

2019年重点70城百强房企全装修项目规划建面为36997.15万平方米,预证建面7279.15万平方米,占比19.67%;全装修规划户数为226.61万

图1 2019年全国重点70城全装修建面比例变化趋势图

表1 2019年全国重点70城全装修建面/户数情况

分级城市	全装修建面(万平方米)	全装修预证建面(万平方米)	全装修户数(套)	全装修预证户数(套)
一线	9233.20	1740.32	711301	170738
二线	46399.50	8747.41	2687374	759493
三四线	396.26	22.01	28043	1880

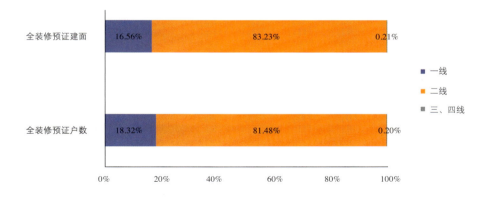

图2　2019年全国重点70城全装修预证建面/户数占比

图3　2019年全国重点70城全装修建面TOP10

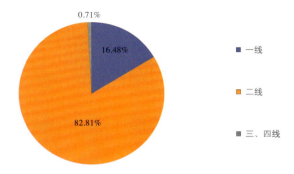

图4　2019年全国重点70城全装修建面城市分布情况

套,预证户数 64.39 万套,占比 28.41%。其中,TOP1～30 梯队房企全装修预证建面为 5238.51 万平方米,占全装修预证总建面 71.97%;全装修预证户数为 48.67 万套,占全装修预证总户数 75.58%。说明近 7 成已拿证的全装修项目集中在百强头部房企(表 2、图 5)。

在重点 70 城百强房企全装修建面方面,2019 年全装修建面前 10 房企合计为 18590.39 万平方

表 2 2019 年重点 70 城百强房企全装修建面/户数情况

梯队房企	全装修建面(万平方米)	全装修预证建面(万平方米)	全装修户数(套)	全装修预证户数(套)
TOP1～10	18001.61	3171.55	1076319	294962
TOP11～30	7858.18	2066.97	509589	191694
TOP31～50	4265.04	782.22	286275	69277
TOP51～100	6872.32	1258.41	393969	87951

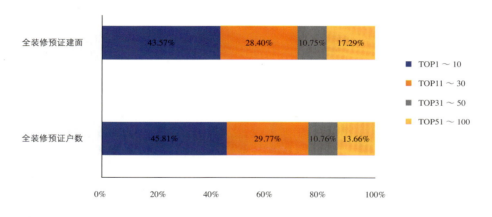

图 5 2019 年重点 70 城百强房企全装修预证建面/户数占比

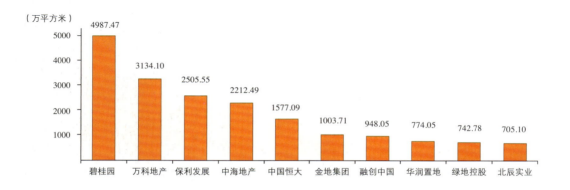

图 6 2019 年重点 70 城百强房企全装修建面 TOP10

米，同比增加 15.48%；其中前 10 房企有 7 家是 TOP1～10 梯队房企，排在前三位的房企分别是碧桂园 4987.47 万平方米、万科地产 3134.10 万平方米和保利发展 2505.55 万平方米（图 6）。

对比全装修建面百强房企集中度来看，TOP1～10 梯队房企全装修建面为 18001.61 万平方米，占比 48.66%；TOP11～30 梯队房企全装修建面为 7858.18 万平方米，占比 21.24%；TOP31～100 房企全装修建面为 11137.36 万平方米，占比 30.10%。这意味着，69.90% 的全装修建面集中在 TOP1-30 梯队房企，说明推动全装修项目发展的主力军仍是头部房企（图 7）。

三、全装修家居供应链受益，健康化、装配化成关键主题

全装修带动了装饰装修、地板、橱柜、衣柜、卫浴陶瓷等十余个配套行业的同步发展。产业链供应企业也高度重视，优质品牌企业跟进力度持续加码，全装修项目对部品部件的应用需求为产业链企业注入新的发展动力。配套上市公司的数据也为此佐证，2019 年定制家居 9 家公司营业收入合计 395.25 亿元，同比增加 13.72%。定制家居整体营收近 5 年持续增长，2019 年行业平均增速为 16.72%，其中工程市场的销售占比可观（表 3）。

图 7　2019 年重点 70 城百强房企全装修建面集中度

表 3　2019 年定制家居上市企业营收统计表

序号	公司简称	公司代码	营业收入（亿元）		同比增减（%）
			2019 年	2018 年	
1	欧派家居	603833.SH	135.33	115.09	17.59%
2	索菲亚	002572.SZ	76.86	73.11	5.13%
3	尚品宅配	300616.SZ	72.61	66.45	9.27%
4	志邦家居	603801.SH	29.62	24.33	21.74%
5	好莱客	603898.SH	22.25	21.33	4.31%
6	金牌厨柜	603180.SH	21.25	17.02	24.85%
7	皮阿诺	002853.SZ	14.71	11.10	32.52%
8	我乐家居	603326.SH	13.32	10.82	23.11%
9	顶固集创	300749.SZ	9.30	8.31	11.91%

数据来源：企业公告、易居中国房地产测评中心。

批量精装修的交付非常考验房企的整合服务能力，消费者在要求品质的同时，还有个性化需求，为了满足两者的平衡，近年来，"定制精装"的模式兴起，成为精装单位与开发商合作创新之举，主要包括两种类型，一是精装修以后的增值服务，如收纳系统的个性化定制，加载智能家居，健康舒适设备，甚至软装，二是针对毛坯房，以楼盘为入口，由装饰公司直接向消费者提供设计施工、供应链整合，实现前台多样化、后台标准化、双轨定制、柔性生产，由开发商统一交付。但是定制精装真正落地要面临非常大的挑战，需要解决个性化的需求、信息化的系统管理、供应链的管理以及供应商的资源整合，需要强大的数据后台作为依托。当前，定制精装的占比在装饰公司合作业务中占比不高。

而对于房地产企业而言，普遍设立精装修事业部，开展批量精装的具体管理工作，主要重视四个方面：精装修产品线和精装标准的确立、精装设计数字化、精装修工程管理以及精装修交付。在精装修的流程方面需要建立有逻辑的工序流程（图8）。

为了更好的控制成本，把控质量，其中精装修所涉及到的主要材料如橱柜、收纳、厨电、地板、涂料、卫浴设施等，开发商通过开展与供应商的战略合作，进行集中采购，形成规模效益。此外，精装修的现场管理也十分重要，特别在成品保护方面，品牌开发企业与供应商加强协作，不断完善内部的施工管理规范以及各个施工界面的配合。

房地产企业对关键供应商的选择标准不仅在其品牌的市场影响，还特别重视生产、供货、服务能力，部分供应商为工程市场开发了专属的信息化服务系统，从订单到施工、交付实现可视化。

值得一提的是，消费者对精装修质量细节越来越关注，据统计，目前精装修楼盘投诉量已占整个房屋投诉约30%，而投诉矛头几乎都集中在装修问题上，其中室内空气甲醛超标、有害物污染首当其中。精装修交付时，往往木作比例越高，空气质量问题越严重。这对家居家具配套企业提出了更高的要求，也给开发商提升产品标准、采购技术标准提出了要求。尤其是2020年突发的疫情，居家防疫成为常态，更凸显了消费者对现有家庭空间结构、功能升级的安全健康的诉求，也进一步推动着新一代健康建筑、健康装修体系的升级。

当前国内多家开发商推出了健康建筑体系，如金茂地产、朗诗地产、远洋地产等。以中南置地为例，其健康TED社区是基于套形设计、住区配套、智能管理等几大模块组成。中南健康住宅标准明确规范的评定有健康住宅的6大体系、39个二级指标、138项标准条文项；再比如绿地提出的健康家居产品，即四全家居（全屋净化、智能、安全、颐养），通过对全屋净化和健康户型的升级，打造全屋系统分别对空气、材料、水质、噪声全面净化，全面配备灵活可变家居空间系统、污净分离玄关系统、分门别类全收纳系统等；蓝光集团也推出"蓝

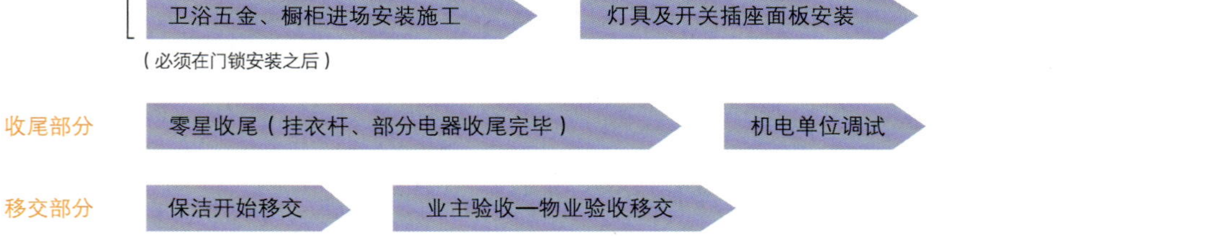

图8 精装修流程图

卫士"4大系统，从户型功能升级、智能居家体系提升、社区功能完善、物业服务智能升级几个层面，让社区和居住都变得更为安心和安全。以上这些以房地产企业为先导所尝试的解决方案，都需要供应链的密切配合。

无论健康建筑还是健康精装修，都是一个系统工程，提供单一产品并不意味着全屋健康。借鉴国际经验，相关标准还有待完善，提供全屋健康交付整体解决方案还需要更多的实验和实践。可喜的是，产业链企业所作出的创新研发，例如在家具领域开展无醛添加木制品的尝试，以及推出的粉末喷涂、覆膜技术等，都是非常有益的尝试，其效果有待市场检验。

另一方面，从批量精装的工艺工法上，作为装配式建筑的重要组成部分，装配式内装拥有广阔的发展空间。

自2016年，国家出台《关于大力发展装配式建筑的指导意见》，明确提出因地制宜发展装配式混凝土结构、钢结构和现代木结构等装配式建筑。其中特别提到了推进建筑全装修。实行装配式建筑装饰装修与主体结构、机电设备协同施工。

装配式装修具有五个方面优势：一是内装部品在工厂制作，现场采用干式作业，可以最大限度保证产品质量和性能；二是提高劳动生产率，节省大量人工和管理费用，大大缩短建设周期、综合效益明显，从而降低生产成本；三是节能环保，减少原材料的浪费，施工现场大部分为干式工法，减少噪声粉尘和建筑垃圾等污染；四是便于维护，降低了后期的运营维护难度，为内装部品更换创造了可能；五是工业化生产的方式有效解决了施工生产的尺寸误差和模数接口问题。尤其未来建筑业面临人力成本上升的压力，现代化、智能化生产方式趋势不可逆转。

这就要求配套产业应该积极推广标准化、集成化、模块化的装修配套，促进整体厨卫、轻质隔墙等材料、产品和设备管线集成化技术的应用，把结构装配化与消费者之间最后一公里的界面，通过装配式内装实现打通。北京市住房城乡建设委员会和北京市质量技术监督局早在2018年联合发布的第一份住宅装配式装修地方标准《居住建筑室内装配式装修工程技术规程》正式施行，并已经在全市新建的公租房中推行100%全装修成品交房。装配式装修在全国范围内大有遍地开花的趋势。

综上所述，家具企业如何在发展中把握机遇，总结来看有三点建议：第一，抓住房地产产品力升级高质量发展的新机遇。城镇化进程远没有结束，消费者对美好居住的向往是房地产行业发展的根基，无论是精装房还是存量改造的需求，随着生活方式升级，消费升级，对家居优质配套供应链产品的迭代的需求拥有巨大空间。值得一提的是，不少家居家具企业在与房地产合作过程中也不断创新，例如在项目销售中推广收纳软装加载包，产生了较大收益。第二，抓住工业4.0的发展浪潮。"新基建"驱动下，信息技术与智能制造迎来空间机遇，企业柔性生产的能力、规模定制的能力也将进一步提高，设计突出并质优价美的产品并不遥远。第三，拥抱平台，联合发展。近年来，房地产市场集中度不断提高，百强地产市场占有率已经接近60%，房企通过集中采购、联合采购、技术创新降本增效，在提升产品力的同时，也特别重视成本力，如何降低信息不对称带来的交易成本，供需双方可以实现精准对接。中国房地产业协会2012年组建了中国房地产采购平台（优采）就试图解决上述问题，如今已经成为国内颇有影响力的产业数据研究、信息发布、新技术推广、人才交流的综合服务平台，希望未来更多的企业可以在两家协会的指导下，在平台上产生紧密合作。

本文关于重点70城全装修项目统计数据说明：
1. 时间：2019年1月1日—12月31日
2. 项目：已有公开销售项目
3. 新增土地建面：仅含招拍挂方式
4. 项目开工建面：包括普通住宅、公寓、别墅，其他业态未计入在内
5. 区域：全国重点70城
① 一线城市：北京、上海、广州、深圳（4个）
② 二线城市：重庆、郑州、徐州、昆明、武汉、南通、西安、成都、青岛、常州、天津、南昌、杭州、温州、宁波、佛山、济南、南宁、长沙、合肥、南京、长春、金华、无锡、苏州、大连、沈阳、珠海、中山、东莞、嘉兴、福州、厦门、海口、烟台（35个）
③ 三、四线城市：肇庆、镇江、湖州、慈溪、芜湖、台州、太仓、常熟、常德、泰州、洛阳、蚌埠、包头、保定、沧州、桂林、呼和浩特、吉林、昆山、廊坊、连云港、阜阳、许昌、漳州、新乡、唐山、石家庄、株洲、扬州、上饶、赣州（31个）

中国家具五金行业现状及未来趋势

中国五金制品协会名誉理事长　石增兰
中国五金制品协会家居五金专业委员会秘书长　薛蓉

一、家居五金行业基本概况

家居五金是近几年的一个新的名词，它是在五金配件的基础上发展而来，指与人们生活息息相关的门窗五金、家具五金、厨房五金、卫浴五金、阳台五金、装饰五金等与之相连产品，是支撑和承上启下，连接成品的核心部件。家具五金按使用功能分类主要包含以下类别的产品：基础连接件、导轨、铰链、合页、滑轮、拉篮、拉手、支架、升降/移动等特殊功能连接件。

近年来，随着中国经济的发展和人民生活品质的提升，也催生了家居概念的诞生，与之配套的五金配件也得到了长足的发展。据中国五金制品协会家居五金专业委员会的不完全统计，目前行业总产值约 3000 亿元人民币，占全球市场 60% 左右，规模以上企业数超万家。产区主要分布在珠三角和长三角经济发达地区，广东地区主要分布在佛山、肇庆、揭阳、广州等地，浙江以宁波、永康为主，山东、四川正在起步兴起阶段。重点企业有：广东东泰五金集团、中山市欧派克五金制品有限公司、广东汇泰龙科技股份有限公司、佛山市顺德区悍高五金制品有限公司、广东炬森五金精密制造有限公司、广东星徽精密制造股份有限公司、肇庆市欣嘉五金有限公司、广州市诺米家居五金有限公司。

二、五金产品在家具方面的应用

家具五金指支撑家具产品或者辅助部件，是家具使用中必须用到的五金产品。主要包括滑轨、铰链、沙发脚、升降器、靠背架、滑轮、弹簧、枪钉、脚轮、收纳柜、活动紧固件、装饰五金等（表1）。20 世纪 60 年代最早主要是办公家具中最简单的合页、锁、扣、插销及拉手等。20 世 80 年代中后期，随着家具产品的变化，板式家具的盛行，沙发、床体等的创新发展，五金产品在家具中已经是必不可少的组成，大致可分为基础五金、功能五金（含收纳、智能五金）、装饰五金等。计划经济年代，山东海洋五金厂作为专业的家具五金配件厂，是当时轻工业部定点立项单位。

家具五金主要特征：由于家具五金在家居各分类板块中占比较低，但较为多元，产品应用广泛，属性之间存在较大差异，因此，家具五金标准化程度偏低，制造企业比较分散，集中度不高；在家具产品方面应用较为分散，同一类五金产品常用在不同属性的家具产品上。

多品种、小批量是这个行业的特性，由于加工设备专用化和模具制造的复杂性，使这个行业小、多、弱、散现象严重。另外，由于配套在家具方面的利润率很低，因此按销售额平均下来占比较小，近几年快速发展的整体厨房以及定制家具占据主要市场份额，沙发、实木体系占比较小，古典类产品以装饰五金为多。据不完全统计，家具五金产品占家居五金总体的 35% 左右，约 1000 亿元人民币。其中，导轨约 130 亿元；铰链约 120 亿元（其中贱金属制铰链 2019 全年出口额 16.87 亿美元，同比增加 2.2%；全年进口额 3.11 亿美元，同比增加 4.7%）；收纳、基础五金及滑轮等约 400 亿元；酒店类出口等约 30 亿元；其他类五金需求量约 200 亿元（图1）。

表1 五金产品家具方面的应用细分

应用领域	基础材料	基础五金	功能五金	装饰五金
玄关	锌合金	铰链、滑轨	移门滑轮系统	金属装饰线条
榻榻米	铝合金	三合一、二合一链接件	橱柜收纳系统（拉篮、水槽、垃圾桶、平移、升降系统等）	挂件
衣柜	不锈钢	上翻系统、下翻系统	衣柜收纳系统（收纳篮、烫衣板、穿衣镜、裤架、鞋架、私密柜、挂衣杆、平移升降系统等）	拉手
书柜	碳素钢	隐形链接件	晾衣架	拉手
厅柜	塑胶（尼龙、ABS、PVC、POM）等	层板托	升降、平移系统	金属脚
餐边柜	铜合金	茶几支腿	消毒系统	其他
酒柜	其他	金属桌椅腿	隐形床五金系统	—
橱柜	—	沙发框架	多功能茶几	—
床（壁床）	—	椅子框架	其他	—
茶几	—	金属门框架	—	—
沙发	—	其他	—	—

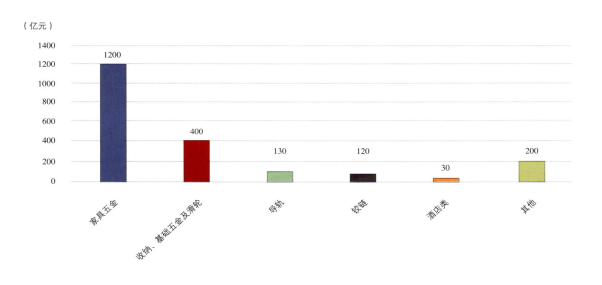

图1 2019年全国家具五金销售金额

国外品牌情况：据不完全统计，在中国市场占比较大的国外品牌主要有海蒂诗、海福乐、百隆等，品种比较齐全，占据高端市场。百隆以基础五金为主，销售额约为18.9亿欧元；海福乐以家具五金系列、建筑五金和电子门禁系统为主，销售额约为15亿欧元；海蒂诗以抽屉系统、滑轮系统、铰链移门和折叠门系统为主，销售额约为10亿欧元。

三、新技术、新材料在家具五金方面的应用

1. 新材料方面

不锈钢、锌合金和铝合金代替普通钢材。早期，家具五金的使用材料都是铁质或锌铁合金，这种材质耐腐蚀性差，尤其在沿海地区、热带地区等高盐高温高湿地区，非常容易生锈，严重影响各类产品的使用寿命和使用效果。随着市场开拓和企业的技术研发，研制出铝质和不锈钢材质为主的产品，铝制产品的优点是适合对强度要求不是特别高的产品，不易生锈。

涂塑、尼龙代替部分零部件。为了减轻产品的重量，降低成本，行业五金产品中一部分辅助性零部件的材料由铁质改为PVC或尼龙，取得了明显效果。

2. 新功能方面

功能五金：是终端产品的支撑点，是造型变化的关键核心部件，它的作用是提升家具产品品质，也是增加变化、增多使用功能的关键。近几年，随着智能技术的发展，在阻尼技术的基础上，智能化的应用带动了产品的提升。为使消费者使用方便，家具五金实现由机械向自动，由手动向遥控、语音控制发展，让柜体、抽屉、床体等实现自动翻转、升降、平移，步入式衣帽间的柜体中隔板亦可上下左右移动等功能。

智能五金：随着生活水平进一步提升及智能技术的日渐成熟，人们对使用功能的要求越来越多，语音来控制家具产品的使用，并且能实现人机交互功能，智能五金带来的多变空间便应运而生。

收纳五金：经济发展与城市化使得居住空间越来越小，而家庭中食品、衣服、鞋子、书籍等各种物品却越来越多，居家生活品质的高低很大程度上由收纳决定，于是各种收纳的柜子和方式不断涌现，与之配套的收纳五金也发展较快，解决消费者的收纳需求。

3. 智能技术应用方面

家具五金产业正全面导入智能技术，五金与智能的对接融合，越来越多的五金产品增加智能模块，具备接入智能系统的能力，智能五金赋能智能家居，并通过智能家居系统链接。目前市场已经推出许多智能单品，全屋智能家居也逐渐走向成熟。智能家居关键在五金，案例如下（图2～图5）：

铰链的技术特点：采用高档材质不锈钢，利用液压缓冲技术生产的固定式阻尼铰链，静音，三维调节能力，安装简易，易调节。家具阻尼滑轮系列，提供全空间移动系统滑轮及系统解决方案。

对于不同种类的衣物，如：被子、外衣、内衣、围巾、皮带、领带、裙子、裤子、鞋子、首饰、包、饰品、小型杂物等，采用不同的收纳工具进行排列组合，合理规划，以收纳组件的方式发挥功能，既最大限度地利用每一寸空间，又做到各种物品舒适整洁，一目了然，拿取方便。主要五金件：收纳篮（盒）、裤架、鞋架、私密柜、缓冲升降挂衣杆、衣架、导轨、滑轮、铰链、挂衣杆、照明装置、灭菌消毒装置、烘干抽湿装置等。主要材料：高等级钢材、铝合金、塑料等。技术指标：外观、使用寿命、收纳容量、使用方便、承重等。

功能五金的出现让狭小的空间得到了更高效应用，让空间动起来，把家具连起来。通过收起、推上归位，能将床与地面垂直竖立的隐藏起来，床底朝外，节省出的空间可以用来办公、娱乐，从而实现卧室与书房、卧室与客厅等多功能场景轻松秒变，最大限度地节省空间。该产品不仅广泛应用于居家住宅、公寓、酒店等场所，还适用于办公场所供工作人员午休。主要五金件：气撑杆、床架、缓冲器、支撑脚、限位件等。主要材料：高强度或加厚碳钢材料。技术指标：稳定性、承载能力、使用寿命、操作便利、安装方便及安全性，如：床架承重500千克，气撑杆使用寿命10万次。

此外，家居五金相关团体标准将按照全装修和精装修的要求增加优选规格、质量分级、产品安装基本要求等内容，并重点关注环保、安全、使用寿命、防锈等技术性能指标。

图 2　衣柜收纳系统

图 3　衣柜折叠门

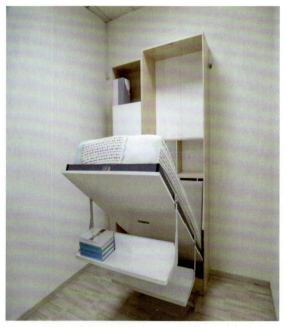

图4 壁床（隐形床）

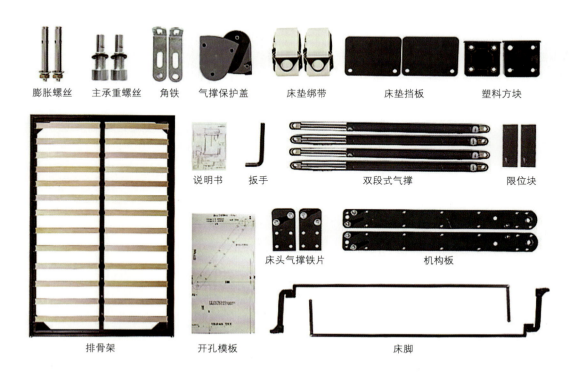

图5 壁床主要五金件

四、行业未来发展趋势

方便、实用、时尚将是人们对未来生活的追求，也是生活品质提升的体现，因此与家具配套的五金产品的生产企业也有了新的理念，形成的理念和做法如下：

第一，制造业理念的提升是创新发展的基础，广大企业都认识到，要得到市场认可和消费者青睐，必须把产品做好，做好产品的前提是理念要创新。制造业现阶段粗放型发展已到尽头，必须向集约型转变；劳动密集型必须向技术密集型转变；量的扩张必须向质的提升转变；低成本、低价格必须向高附加值、高利润率提升；以出口OEM为主转向自主品牌为主。

第二，在产品方面，全面加速由机械、电动向智能转变，由传统制造、安装模式向模块化、快装化发展，由只注重功能向舒适、安全、好用、耐用、节省空间等人性化、高生活品质方向发展，由单品向解决方案变革，五金产品也从五金单品发展成为全品类五金单品，通过技术链接，实现空间单品解决方案；空间单品解决方案植入智能家居系统，通过系统链接，从而能实现一套完整的智能空间场景解决方案、全屋五金解决方案，未来融入智能家居、智慧家庭及智慧社区系统。

第三，在品牌方面，变为品质品牌并重，由专注国外市场转变为国外国内市场并重。

第四，在客户方面，近年来行业变革日新月异，家具五金的最大客户群体也不断在发生改变，十年前，我们最大的客户群是家具企业；五年前，改变为定制家居企业；然而未来，最大客户群迅速变为地产精装和设计师，我们的产品要求、服务、营销方式等都将发生革命性的变化。

第五，在营销方面，由线下向线上联动变革，五金品类繁多，教会用户、设计师如何使用，是行业存在的痛点。由单个企业向产品链生态发展，由单打独斗向联合全产业链发展转变，由遍地撒网向精准营销转变，由生产销售向服务转变，在这方面，行业垂直平台具有天然优势，将发挥越来越大的作用。

总体上，随着市场需求量的不断扩大与消费升级，优质五金部件已逐渐成为提升消费者生活品质的关键，因此可以说家具的灵魂是五金。安全、舒适、耐用的五金部件既是家具产品的核心部件，也是为智能家具提供技术解决方案，倒推家具产品的创新与变革。在此背景下，品质、品牌与服务成为家具五金行业转型升级的三大主题。

注：此材料得到了广东东泰五金集团佛山市顺德区悍高五金制品有限公司、中山市欧派克五金制品有限公司等有关企业的大力支持；数据由中国五金制品协会家居五金专委会统计整理。

2019 我国木材与人造板行业现状及发展趋势

中国林产工业协会副会长　钱小瑜

我国是世界最大的木材与木制品加工、贸易和消费国,年商品木材贸易量达 2 亿立方米,木材消费量近 6 亿立方米。2019 年,我国木业加工产值超过 2.2 万亿元,进出口贸易总额 561.72 亿美元。木材与木制品行业为我国经济社会发展,尤其是满足人民美好生活需要做出了重要贡献。

一、木材进出口贸易

2019 年,我国木材加工行业经济运行保持平稳,木材及木制品生产保持小幅增长,全年木材进口 1.14 亿立方米,同比增长 1.72%。

受中美贸易摩擦影响,2019 年我国木材及其制品国际贸易遇到较大困难。受出口量减少和国内房地产降温影响,木质家具产量下降,对木材和人造板的使用量减少,加上我国征收从美国进口阔叶木材关税等因素,木材及人造板进口亦受到影响。同时,国际林产品市场萎缩、贸易竞争加剧,我国人造板和木质家具等木材加工产品出口受阻。2019 年我国木材与木制品国际贸易总金额为 561.72 亿美元,比前一年下降 12.11%;其中,进口金额 229.83 亿美元,同比下降 12.06%;出口金额 331.89 亿美元,同比下降 12.14%。

1. 原木进口

由于我国已经停止天然林采伐,加上城市化进程不断加快,大量人口脱贫及新增就业人口等因素,国内对木材消费需求量增加。2019 年进口原木 5980.69 万立方米,同比增长 0.1%,虽然总量与上年基本持平,但增幅收窄了 7 个百分点(图 1)。

图 1　2002—2019 年中国原木进口量

从 2019 年 6 月 1 日起，我国对从美国进口阔叶木材加征关税后，下半年减少从美国进口木材 255 万立方米，全年从美国进口原木 369.36 万立方米，同比上年减少了 41%。美国由原来列我国原木进口数量第三位退到前五位之后。2019 年我国原木进口数量前五位的国家分别是：新西兰、德国、俄罗斯、澳大利亚和捷克。

2. 锯材进口

2019 年我国锯材进口 3808.36 万立方米，同比增长 3.58%（图 2）。列锯材进口量前 5 位国家分别是：俄罗斯、加拿大、泰国、美国和芬兰。

2019 年下半年从美国进口阔叶木材加征 25% 的关税、15% 的锯材增值税后，从美国进口锯材也大幅减少，全年进口 176.58 万立方米，同比减少进口 113.03 万立方米，下降 39.03%。由于美国木材是我国优质木材的重要来源，对我国木质家具和实木家具生产影响较大。

3. 进口价格

2019 年阔叶材原木和锯材进口量减少，价格也大幅下降；针叶材原木和锯材进口量增长，价格平稳。

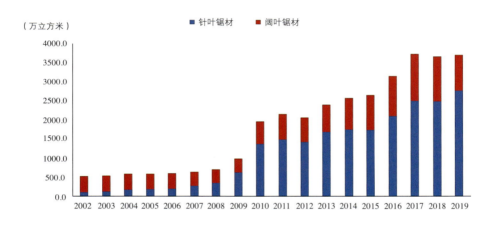

图 2　2002—2019 年中国锯材进口量

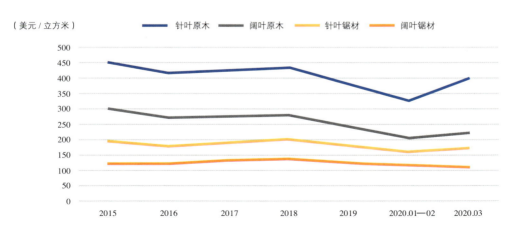

图 3　2015—2020 年中国进口木材平均价格

二、人造板行业现状

人造板主要包括胶合板、纤维板以及刨花板三大板种，主要应用于家具制造、装饰贴面板生产、木结构建筑板材、建筑模板以及车厢、船舶、包装箱、集装箱用板材等下游领域，因其原材料利用率高、物理性质稳定，生产原料来源广泛，使用效果好等优点，在家居、装饰、建筑、交通等领域得到广泛运用。

从产量来看，2013—2019年，我国人造板产量总体呈上升趋势，尽管2019年受中美贸易摩擦影响，但由于国内市场需求量较大，初步估计当年我国人造板产量仍然保持上升势头，产量将超过3亿立方米（图4）。

从价格上看，中国木材价格指数网显示，近两年人造板国内市场价格基本稳定，但受疫情影响，2020年一季度大幅下降（图5）。

从产品结构看，我国人造板制造行业主要以胶合板为主，2019年胶合板产量占比达到60%；其次为纤维板，占比为21%；刨花板（包括定向刨花板）在三大人造板板种占比为9%（图6）。

从国际贸易看，我国人造板在全球市场占有重要地位。据海关数据显示，2013—2019年，我国人造板产品进出口总额总体呈波动下降趋势。2019年，我国人造板进出口总额为66.47亿美元，同比下降9.12%（图7），其中进口金额6.02亿美元，同比增长11.63%，出口金额60.45亿美元，同比下降10.78%。2019年，我国人造板出口金额大幅下降，其中纤维板下降15.81%，胶合板下降9.75%，全年进出口总额出现历史新低。

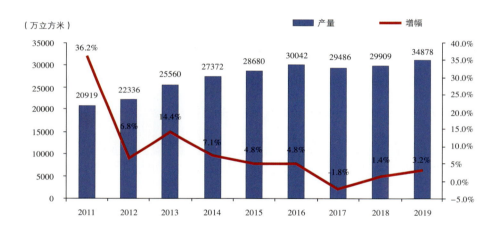

图4　2011—2019年中国人造板产量及增幅

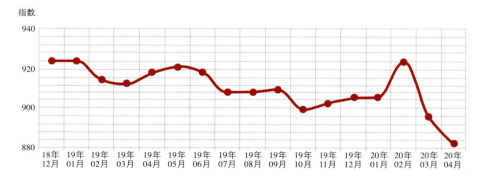

图5　2018—2020年中国人造板价格月指数

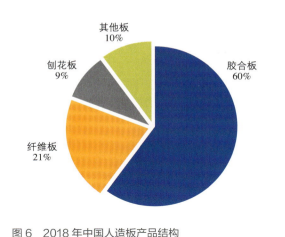

图6 2018年中国人造板产品结构

1. 胶合板

胶合板是我国人造板的主导产品，超过总量的一半。2019年底，全国共有胶合板类生产企业7000余家，分布在31个省份；总生产能力约1.92亿立方米/年，同比增长16.4%；企业平均生产能力约2.7万立方米/年，呈现企业数量和总生产能力双增长、企业平均生产能力下降态势。

2019年，全国新建胶合板类产品生产企业2600余家，同期减少同类生产企业900余家，加上部分现有生产企业通过升级改造扩大生产规模，全年合计净增生产企业1700余家，净增生产能力约2700万立方米。2020年初，全国在建胶合板类产品生产企业1800余家，合计生产能力约3000万立方米/年，除北京、上海、天津、黑龙江、吉林、宁夏和西藏外，其余24个省份均有在建胶合板生产企业，预计2020年底全国胶合板类产品总生产能力接近2.1亿立方米/年。

2019年，我国进口胶合板20.24万立方米，比上年增长24.15%。胶合板进口前五位的国家为：越南、俄罗斯、泰国、马来西亚和坦桑尼亚。由于2019年美国对我国实木复合地板的反倾销税率高达13.74%，同比提高了9.03个百分点，导致我国胶合板和实木复合地板出口美国大量减少，美国也从我国胶合板出口第一位退到第五位。同年胶合板出口1005.5万立方米，同比下降11.33%。排名前五位的出口目的国家为：菲律宾、越南、日本、阿联酋和美国。

从2019年二季度起，胶合板国内市场价格基本平稳（图8），每立方米平均售价2000元左右。

2. 纤维板

近五年，全国关闭、拆除或停产纤维板生产线累计663条，淘汰落后生产能力2528万立方米/年，行业呈现生产线数量下降、企业数量及总生产能力和平均单线生产能力增长的态势。

截至2019年年底，全国464家纤维板生产企业，共有生产线554条，分布在26个省份。当年新增产能265万立方米/年，合计生产能力5246万立

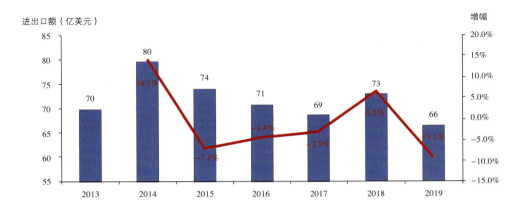

图7 2013—2019中国人造板进出口额及增幅

图 8　2018—2020 年胶合板价格月指数

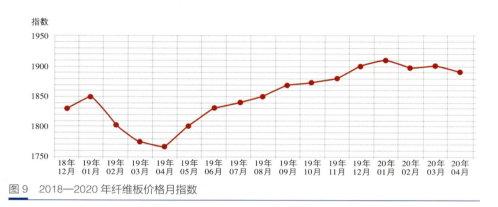

图 9　2018—2020 年纤维板价格月指数

方米 / 年，同比增长 5.3%，创历史新高。全国现有 135 条连续平压纤维板生产线，分布在 21 个省份，平均单线产能 9.5 万立方米，合计生产能力 2376 万立方米 / 年，占全国纤维板总生产能力的 45.3%。2020 年初，全国除西南地区外，华东、华南、华中、西北、华北和东北地区共在建纤维板生产线 28 条，合计生产能力为 519 万立方米 / 年，其中连续平压生产线 24 条、生产能力 488 万立方米 / 年，占在建纤维板生产能力约 94%，该批生产线将陆续在 2020 年至 2021 年投入运行，2020 年度全国纤维板总生产能力将达到 5600 万立方米 / 年。

2019 年，我国纤维板进口 25.79 万立方米，比上年下降 5.15%，排名前五位的国家是：德国、新西兰、澳大利亚、瑞士和印度尼西亚。在我国的强化地板被美国认定为"有毒地板"后，近几年我国的纤维板和强化地板的国际贸易受到严重影响。2019 年纤维板出口量大幅减少到 233.69 万立方米，同比下降 8.34%。纤维板出口目的国前五位是：尼日利亚、美国、越南、加拿大和阿联酋。

纤维板国内市场价格 2019 年一季度大幅下降后，从二季度开始回升，持续稳步上涨到年底（图 9），2020 年一季度价格平稳，每立方米平均售价 1650 元左右。

3. 刨花板

为适应市场需求，近几年，我国在先后关闭、拆除或停产刨花板生产线累计 1031 条、淘汰落后生产能力 2192 万立方米 / 年，同时，出现了刨花板行业企业数量、生产线数量和平均单线生产能力全面增长态势，总生产能力连续四年快速增长。截至 2019 年底，分布在全国 24 个省份的 403 家刨花板生产企业共有生产线 438 条。其中 17 个省份 2019 年新增生产能力 476 万立方米 / 年，合计生产能力达到 3825 万立方米 / 年，同比增长 14.2%，平均单线生产能力达到 8.7 万立方米 / 年。400 多条生产线中有 64 条连续平压生产线，合计生产能力 1503

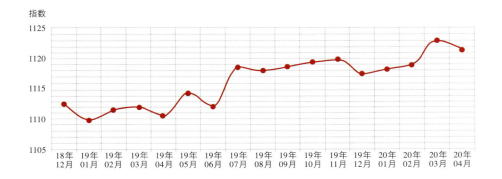

图 10　2018—2020 年刨花板价格月指数

万立方米/年，占全国刨花板总生产能力的 39.3%。2020 年初，全国在建刨花板生产线 26 条，合计生产能力为 657 万立方米/年，其中连续平压生产线 18 条，合计生产能力 559 万立方米/年，占在建刨花板生产能力的 85.1%。在建刨花板生产线中，定向刨花板（含可饰面定向刨花板）生产线 8 条，合计生产能力 266 万立方米/年，至此，我国定向刨花板生产能力已超过 600 万立方米/年，在现有基础上增长了 71%。在建刨花板生产线将陆续在 2020 年至 2021 年投入运行，预计 2020 年年底全国刨花板总生产能力将突破 4200 万立方米/年。

由于 2019 年我国木制家具产量下降，刨花板需求量减少，全年只进口了刨花板 96.21 万立方米，同比下降 2.72%，进口前五位的国家是：罗马尼亚、泰国、马来西亚、巴西和加拿大。同年刨花板出口量 31.64 万立方米，比上年下降 4.36%，前五名出口目的国家和地区为：蒙古、中国台湾、阿联酋、韩国和沙特阿拉伯。

近两年来，国内刨花板市场价格平稳上升（图 10），2020 年一季度每立方米平均售价 1400 元左右。

三、产业集群分布

我国人造板企业分布较广，除青海、宁夏、北京、天津、上海 5 省份外，其余 26 个省份均有人造板生产企业，其中 7 省份年产量超千万立方米，华东地区产量远超其他区域。由于我国东部地区气候、交通、地利条件优越，靠近林木（内蒙古、东北三省）和粮食主要产区，可用作人造板生产的木材、林业生产废弃物和农作物秸秆资源较为丰富，加之东部沿海地区本身需求较大和进出口便利，我国人造板生产企业主要集中在经济发达的华东和华南地区（图 11）。

近两年，由于京津冀区域空气扩散通道的"26+2"城市继续大力推进环境治理，区域内的山东、河北、河南等省全面推进人造板生产尾气治理等环保设施改造，加快淘汰落后产能，人造板产量连续下降；同时浙江、广东等经济发达地区人造板行业持续向环境承载力更高的地区转移，产量也下降明显。目前，广西以其丰富的速生桉树资源以及较高的环境承载能力，成为我国人造板发展的投资热点地区，近年来人造板企业和生产规模增长迅猛。

从各省市区产量分布来看，山东省人造板产量在全国遥遥领先。据《中国林业和草原统计年鉴》，

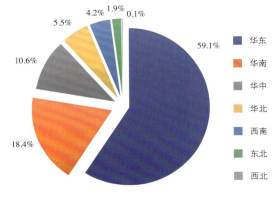

图 11　中国人造板产量区域分布

图 12　中国人造板产量 TOP10 省市区

2018 年我国人造板产值 TOP10 省份分别为山东、江苏、广西、安徽等，2019 年排位基本保持不变（图 12）。前十位的生产量占中国人造板总产量的 90.2%，同比增加 1.8 个百分点，生产企业进一步集中趋势明显。

我国现有获国家林业和草原局区域命名的木材加工产业园区 13 个，分别位于山东临沂、曹县，江苏丰县、邳州，河南清丰、兰考，四川成都，湖北武汉，安徽叶集，江西南康，广西崇左、窑县、贵港，其中临沂、曹县和南康的产业园区，木材加工年产值均超过 1000 亿人民币。

四、木材和人造板行业发展趋势

2019 年，我国 GDP 达到 99.09 万亿元人民币后，城市化进程加快，脱贫人口和新增就业人口大量增加，国内对木材和木质家具等木制品需求量显著增长，为木材及人造板生产提供了极大的发展空间。但由于中美贸易摩擦和全球新冠疫情的影响，我国木材和人造板及其下游产业同时遭遇到前所未有的困难。

在全国人民同舟共济、众志成城，同疫情开展顽强斗争之下，中国新冠疫情防控形势持续向好，复工复产稳定有序开展，我国木材加工行业景气逐步回升。由于我国经济稳中向好、长期向好的基本趋势不会改变，后疫情时代中国是世界木材与木制品大国的地位也不会动摇：一是中国消费市场庞大，中产阶级群体不断扩张，目前我国存量住宅 4 亿多套，存在大量装修翻新的需求；二是中国拥有完备的木材加工产业链以及先进的木材加工技术，木业企业向智能化工厂转型，从沿海东部、中部到西部地区，很多独具特色的木业工业园区形成产业集群，发展势头强劲；三是中国木业人勇于创新的精神和勤劳奋进的态度，积极推动行业实现高质量发展。

中国人造板生产、消费和国际贸易量连续十多年稳居世界首位，每年在山东临沂召开的世界人造板大会在全球人造板发展中具有较大影响力。

1. 开发人造板下游市场，拓展人造板应用领域

人造板产品用途不断扩展，将为人造板产业带来新的发展机遇。未来几年，会推动人造板在木结构、车船、室外、医院、养老产业等领域的应用；重视结构用胶合板（单板层积材、集装箱底板用胶合板等）和 OSB 等高强度人造板市场，开发重组装饰材、重组木/竹、层状压缩木材和微波膨化木材的应用；通过金属薄膜饰面、布艺饰面、皮革饰面和特殊造型等来推动人造板在背景板中的应用市场；开发预油漆装饰单板，加大装饰单板饰面刨花板、纤维板市场份额，推进人造板在工艺品、文化用品领域和包装行业中的应用；加大 PMDI 胶、双组份水性聚氨酯胶、大豆胶等无醛胶黏剂制作人造板的生产规模，拓展大豆胶制作的纤维板、胶合板和刨花板在食品包装中的应用。

2. 调整产品规格，满足市场新需求

企业将根据终端消费需求、产业业态变化以及提高出材率等因素调整产品厚度规格和幅面尺寸，规模定制幅面尺寸提高出材率，降低资源消耗，并根据木门、橱柜、衣柜、墙板、地板等终端产品的不同要求，优化设计生产方案。人造板产品定位向中高端发展，做到按照下游产品使用场所或功能性需要，定制化柔性生产。

3. 不断技术创新，提高人造板的功能性

加大技术创新力度，开发隔音/吸声人造板、抗静电和电磁屏蔽人造板、释香型人造板、阻燃人造板、防霉人造板、防潮型人造板、抗菌人造板、电热型人造板等功能型人造板，研发与其他原材料组合的复合人造板，以适应消费者日益丰富的家装需求和发展智能家居的市场需求。

4. 重视标准化工作，建立健全企业自身标准体系

进一步完善我国人造板标准化体系，提高我国人造板标准水平。行业将适时开展家具、家装材料等大宗产品的"部件"标准超前研究，提高产品总装效率、减少集成过程的资源消耗。全行业高度重视产品标准工作，关注标准动态，重视企业标准制修订工作，对已有国标或行标的产品，鼓励企业制订严于国标或行标的企业产品标准，推动产品质量的进一步提升；对开发的新产品且尚未制订国标或行标，要及时制订企业产品标准，并积极推动制订团体、国家或行业标准，做到企业产品标准与国际标准或发达国家标准接轨。

5. 关注产品质量总体水平和产品微观质量

提升人造板产品质量的是行业转型升级、结构优化的关键。在人造板行业向高质量发展的背景下，要全方位的关注产品质量，除了要严格控制消费者普遍关注的产品环保质量（甲醛、TVOC 释放量）及气味问题，还需要重点关注人造板表面质量对饰面加工的影响，重视产品自身微观质量，提高基材质量，减少生产过程中的刨花板板边刨花脱落、剖面密度不均、封边质量欠佳等问题。

结束语

面对复杂多变的国际贸易形势以及国内社会主要矛盾变化带来的消费需求的转变，尤其是新冠疫情带来的消费影响，中国木材加工行业必将深入贯彻新发展理念，落实高质量发展要求，以供给侧结构性改革为主线，着力深化创新驱动，有效应对国内外市场需求的不断变化，加快转型升级的步伐，实现由大到强、由高速增长向高质量发展、由规模驱动向创新驱动的转变。未来中国木业行业将呈现以下发展趋势：一是木业行业仍然是长青产业，发展空间及市场潜力很大；二是我国木材还将以进口为主，带动世界林业的增长，木材进口结构逐步优化，木制品出口保持稳定增长；三是木业产业集中度进一步提升，全国品牌、区域品牌逐渐显现；四是消费升级步伐加快，向定制化、个性化、多样化需求发展，流通渠道和销售平台将产生极大变革。

注：文章中所有数据来源于国家林业和草原局、海关总署、中国木材价格指数网和前瞻产业研究院公开发表文章。

-06-
地方产业
Local Industry

编者按：2019 年，家具行业继续保持发展态势，商品零售总额稳定增长，出口规模再创新高。在产品产量缩减情况下，营业收入实现正增长，利润涨幅提高，行业运行质量提升。2019 年，全国规上企业家具产量前十的地区依次是浙江、广东、福建、江西、江苏、山东、河南、四川、河北、辽宁，上述地区家具产量占全国家具总产量的 90% 以上。从区域分布来看，东部地区家具产量最大，累计完成 7.12 亿件，占全国家具产量的 79.32%，同比下降 4.52%；中部累计完成 1.11 亿件，占比 12.38%，同比增长 20.87%；西部累计 0.49 亿件，占比 5.51%，同比增长 4.85%；东北部累计 0.25 亿件，占比 2.79%，同比下降 0.71%。本篇收录了全国 25 个重点省份 2019 年的行业发展情况介绍，主要记录各地区行业概况、行业大事记、流通卖场发展情况、特色产业发展情况、品牌发展及重点企业情况等方面内容，供读者参考。

北京市

一、行业概况

2019年，北京市实施了"疏解整治促提升"政策，北京家具行业平稳发展有序过渡，整体呈现出稳中放缓，缓中有变的基本特点。随着环保措施进一步落实到位，企业智能制造绿色供应链形成共识，技术创新呈现新态势，社会责任感日益增强，同时资本运作逐步渗透、上下游跨界联合进入常态，企业正由单一运作模式转变为多渠道运营模式。

二、行业大事记

1. 技术创新态势正盛

在2019北京民营企业科技创新百强榜中，首次出现家具制造企业，曲美家居排名第94位；曲美家居产业结构升级智能制造创新项目入选北京市"智造100"工程，并完成验收；曲美家居、黎明文仪入选"2019年北京市绿色制造示范企业"中的"智能工厂"及"绿色供应链"示范企业，彰显了家具行业向"高精尖"产业发展的决心和信心。

2. 合作姿态更加开放

博洛尼同世界时装界大师桑德拉·罗德斯一起投身纺织品设计中，出品丰富的家居生活产品，让艺术实践更加贴近普通大众的生活；锐驰家具邀请世界建筑大师阿尔瓦罗·西扎打造家具概念馆，以艺术展览馆的形式展现于顾客面前，彻底打破了常规家具陈列的模式等，从行业广度、深度及高度不断拓展，更加开放的新格局正在形成。

3. 社会责任感日益增强

在2019北京民营企业社会责任百强榜中，集美控股和曲美家居榜上有名，分别为第74位和第92位，用强有力的民族责任感和社会担当为企业做出了榜样。

4. 积极参与国家、行业及团体标准制定

主持制订的国家标准《清洁生产评价指标体系

2015—2019年北京市家具行业发展情况汇总表

主要指标	2019年	2018年	2017年	2016年	2015年
企业数量（个）	450	880	900	1000	1020
工业总产值（亿元）	300	320	385	390	420
规模以上企业数（个）	50	50	59	66	66
规模以上企业工业总产值（亿元）	163.7	185.2	200.3	210	210.76
出口值（万美元）	19170.7	21836.9	21200.5	28488.4	23265.9
内销额（万元）	2800000	3058060	3724900	3871511	4048772
家具产量（万件）	1948.3	2403.7	2500.3	2680.6	2750.4

数据来源：北京市海关、北京家具行业协会。

木家具制造业》及团体标准《家具表面木蜡油涂饰理化性能要求》发布并实施，为促进家具行业的规范健康发展提供技术支撑，填补了市场空白。

5. 完成北京家具产业存量企业发展调研

受北京市经济和信息化局委托，协会过对近百家企业的实地调研、资料收集、数据分析、专家评审，形成了《京津冀协同发展背景下北京家具产业存量企业发展调研报告》，为北京家具存量企业提供更好的发展空间，给政府制定相关政策、战略规划提供了准确的参考依据。

三、流通卖场发展情况

家具卖场已经由单一的家具建材卖场升级为多业态融合的商业综合体，全方位多渠道市场布局、联姻电商巨头、打造购物节、智能生活体验、引入金融资本、携手海外品牌等，真正地从"大家居"迈向"大消费"。

1. 居然之家

居然之家坚持以实体店连锁为核心，加快推进"大家居"与"大消费"融合、线上线下融合以及产业链上下游协同融合的"1+3"发展策略，致力打造家庭消费生态圈，完成大消费业态的全覆盖；并于12月26日在A股重组上市（股票代码：000785），正式踏入资本市场。北京共有8家门店，总面积达51.74万平方米。

2. 集美家居

集美家居从单一建材、家具，逐步外延涵盖了家居体验、千人影院、教育培训、时尚美食、健身娱乐、博物馆、儿童乐园等业态，从住、食、行三大纬度，打造"智慧家庭＋品质健康＋成长陪伴＋交流共享＝智慧生活体验中心"的综合体。北京有4家商场，经营面积近40万平方米。

3. 红星美凯龙

北京红星美凯龙隶属于中国家居零售行业A+H第一股美凯龙，其不断从科技、设计、规模、环保、采购五大板块促进行业升级，尤其在数字营销层面，精准运用IMP全球家居智慧营销平台，不断迭代更新，赋能商场、品牌、经销商，不断为合作伙伴创造共赢的良好生态。北京共有5家门店，面积约47.75万平方米。

4. 蓝景丽家

蓝景丽家新外景以"建设城市客厅"为设计理念，增加夜景景观照明，呈现出现代感十足的企业形象，同时整合筹建"Smart Home 蓝景智慧屋"，实现家居产品与物联网技术的全面对接，成为"以家居设计园区为主体的新型商业体验中心"。北京独立卖场面积近10万平方米。

5. 城外诚家居

城外诚加大营销力度和密度，卖场区域活动频

居然之家上市

频，联盟品牌联手出击，有效稳定了卖场客流，延续了市场热度。同时，转型升级扎实推进，酒店用品城也已面世，软装窗帘区再扩规模，引入换装照相馆、蹦床公园等新业态。北京独立卖场面积达35万平方米，家具、建材、家装、家饰一站购齐。

6. 家和家美

北京家和家美家居市场有限公司旗下有家具、红木、酒店用品、餐饮娱乐于一体的北京商业老牌企业，其与京东达成战略合作，携手打造的全国首家红木京东合作伙伴店，通过红木家具企业与品质电商平台的线上线下一体化对接，共同推动红木产业升级。北京门店5家，总面积总计15万平方米。

四、重点企业情况

1. 金隅天坛

北京金隅天坛家具股份有限公司创建于1956年，是金隅集团旗下的核心公司之一，也是目前北京市家具行业唯一一家规模以上国有企业。天坛家具以北京为营销研发中心，同时拥有河北大厂、唐山曹妃甸、广东佛山、吉林桦甸等几大生产制造基地，占地面积共计116余万平方米。2019年10月1日，天坛家具作为保障国庆庆祝活动的公司之一，在很短时间内保质保量完成1100把"7469"折叠椅生产并按时运达，光荣服务中华人民共和国成立70周年庆祝活动。12月20日，天坛公司旗下天坛木业公司年产25万立方米高品质刨花板生产线全线联动，所有设备运转正常，带料试车一次成功，当日11时30分顺利实现首板下线。天坛家具凭借着自身实力在2019年屡获殊荣。获得"2019年全国建材企业文化建设示范基地""2019年度全国政府采购家具十大领军品牌""天坛环渤海地区建材行业知名品牌""'一带一路'绿色领跑者""北京最具影响力十大品牌"等荣誉。未来，天坛家具将继续顺应时代，发展成为以技术（设计）为引领的科技型家居产业集团。

2. 曲美家居

曲美家居创办于1993年4月，是国内领先的集设计、生产、销售于一体的大型家居集团。2019年3月，曲美家居凭借在新零售模式的大胆探索和创新精神，在中国家居创新会上荣获由组委会颁发的中国家具业TOP50创新力品牌"十佳模式创新奖"；5月，Ekornes-IMG立陶宛新工厂盛大启幕，成为立陶宛第一家取得A+级能耗证明的家具企业；6月，第七季"以旧换新"活动全新启程；7月，北

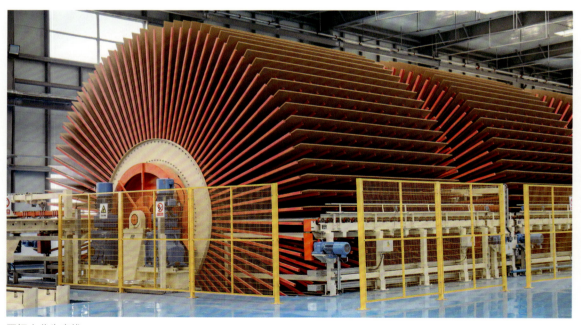

天坛木业生产线

京经信局开展的 2019 北京市绿色制造示范名单中，曲美家居入选"绿色工厂"企业，是北京市唯一入选的家具制造企业；9 月，曲美家居宣布重回时尚赛道，确立"时尚家居"的品牌定位，品牌焕新计划开启新纪元；在中国家具协会成立三十周年庆典活动上，被评为"中国家具行业杰出贡献"和"中国家具行业领军企业"；10 月，曲美家居主导的民宿改造项目"布依风雅颂"在 WAN 世界建筑新闻网大奖评选中斩获"Adaptive Reuse Category"银奖；11 月，又在 2019 Shanghai Design Awards 评选中一举摘得金奖，充分肯定了其人文价值和公益价值；在《投资时报》与标点财经研究院联合举办的"金禧奖年度颁奖盛典"上，曲美家居摘得"2019 最具影响力公司"奖。年底，曲美家居工厂荣膺北京经信局权威认证的"2019 北京市智能制造标杆企业"荣誉称号，充分肯定了曲美家居在智能制造技术改造和数字化、智能化转型上的出色表现，有力地推动了行业转型升级和提质增效。

3. 黎明国际

黎明国际从 1993 年到 2020 年扎根北京已经 27 年，服务的客户主要有中共中央办公厅、北京城市副中心、北京市人民政府等党政机关，为中国移动、中信中国尊、华夏银行等大型企业提供了各类家具及配套服务，并且连续十四年获得政府采购排名第一。在环保改造方面，公司积极响应国家政策要求，率先实施煤改气，利用天然气、电、太阳能等清洁能源；生产工艺方面，购置四条全自动水性涂装生产线，全面实现了水性涂饰；首批获得国家级和北京市"绿色工厂""绿色供应链""智能制造标杆企业"等称号，成为家具行业办公领域的领军企业。截至到 2019 年 12 月底，黎明国际已在全国 12 家省会城市开设分公司；河北深州 600 亩生产基地正在加紧建设；黎明国际拉开了全国发展的战略布局。

五、行业重大活动

1. 开展家居品质消费月活动，促进惠民消费

为促进京城消费、繁荣市场，受北京市商务局委托，北京家具行业协会组织了"品质家居，智享生活"——2019 北京家居品质消费月系列活动。活动汇聚全市 8 大主力卖场，200 余家高品质家居品牌，举办了多场主题活动，实现预定目标。据不完全统计，消费月期间，活动传播覆盖人群达 1800 多万人次，参与品牌实现销售额 30.6 亿元，同比增长 19.8%，这一成果促使消费月成长为"有助于市场、普惠于消费者"的标杆性家居消费类品牌活动。

2. 举办设计赋能系列活动，提升创新水平

适时举办"创新引领·设计赋能"——2019 北京家协设计专委会交流活动，聘请行业专家、高校教授、原创设计师、品牌企业等代表组成专委会专家团队，就当下行业热点话题进行深入探讨，专委会利用产学研优势、人才优势，融合线上线下资源，结合品质消费等落地活动，为企业搭建平台，为品牌建设营造环境。

3. 举行职业技能比赛，弘扬工匠精神

在北京市工业（国防）工会、家具工会联合会领导下，北京家具行业协会联合北京市职工技术协会连续举办了"职工技协杯"职业技能竞赛，其中的第一名选手被推荐为"北京市劳动模范"及"北京大工匠"。

4. 发挥产学研优势，服务行业和社会

北京家具行业协会与北京林业大学材料学院、中关村人居环境研究院、金隅天坛及桂馨慈善联合举办 2019 "乡村悦读空间"公益设计大赛，为中国乡村小学设计最美阅读空间，并于 11 月 29 日正式开馆；同年，以"老年家居产品设计研究及实践"为主题，协会联合北京林业大学材料学院家具系共同发起第四届家具设计营，邀请了来自斯洛伐克、英国、丹麦等国家的五位高校导师开展专题讲座，召集家具设计专业学生、企业设计师参与其中。最终，设计营产品方案将联合家具企业进行深化合作，共同研究推向市场的可能，将方案真正落地，实现产学研合作价值。

5. 创办青年委员会，聚合新生力量

12 月 27 日，召集北京家具领域的有志青年成立了北京家具行业协会青年委员会，希望通过这个平台，使青年一代能够继承前辈志向，聚力繁荣家居产业，在学习中博采众长，优势互补，实现共同发展。

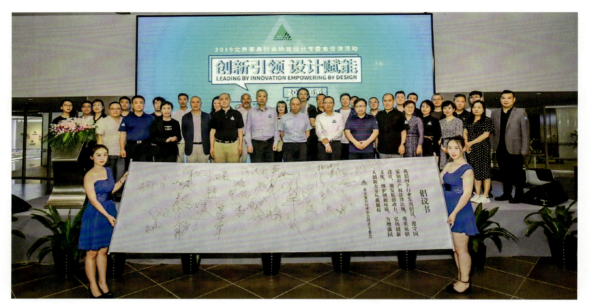

设计专委会活动

青委会 - 创承社

上海市

一、行业概况

1. 中美贸易影响

受中美贸易摩擦影响,家具出口企业几乎到了"戛然而止"状态,以上海昆山白玉兰橱柜(全出口美国)为例,2018全年出口3亿,却在2019年下半年因税率增加几百倍而被迫停产,虽企业采取自救但很难弥补。

2. 流通卖场转型

上海是各大头部家具流通卖场品牌的中心并辐射全国,随着房地产市场的逐年降温,上海各大家具卖场品牌均走向了转型或转行,红星投身展览业、月星早已涉足百货、吉盛伟邦家具村转卖给绿地,成为2019年上海家具行业的重大新闻。

3. 品牌经济崛起

上海定位"品牌之都",发展品牌经济是上海企业的最佳出路,2019年,8家企业获得"上海市品牌培育示范企业"称号,占全市成功申报总数的1/4;9家企业亮相"第五届中国品牌经济(上海)论坛",聆听全球顶级品牌专家的真知灼见;4家企业与工信部品牌专家组签订全年"品牌咨询服务项目",获得每月一次面对面的专业指导,品牌价值充分体现,品牌经济已经崛起。

二、家具流通卖场发展情况

1. 上海博华国际展览有限公司

2019年,站在25周年的新起点上,面临新挑战和新机遇,中国国际家具展重新确定了16字方针的内容和内涵——出口导向、高端原创、线上线下、革新零售。在保持"出口导向、高端原创"核心竞争力的同时,探索"线上线下,革新零售"的新未来。"出口导向"这4个字不变,但其内涵已从中国制造扩大到全球制造。全球30多个国家和地区的300多家企业,已经开始利用浦东上海家具展的出口平台,行销160多个国家和地区的全球市场。

与此同时,2019年4月,博华首个展会电商业务"家具在线采购通"正式上线。这是与中国国际家具展有机结合、业内首创的B2B+B2P(Professional)展会电商平台,亦是博华2019年

2015—2019年上海市家具行业发展情况汇总表

主要指标	2019年	2018年	2017年	2016年	2015年
规模以上企业工业总产值(万元)	2973800	3272300	3220400	3028000	2844000
出口值(万元)	509300	585100	670200	702500	735400
销售产值(万元)	3038600	3303900	3231400	3039600	2820900
利润总额(万元)	354800	398000	376000	—	—
税金总额(万元)	64900	85100	114000	—	—

数据来源:上海市经信委、上海市家具行业协会。

最重要的创新成果之一。"家具在线采购通"已签约300家优质家具供应商，包括素殻家居、艾宝家具、喜临门、顾家家居等知名家具品牌。现有上线产品超过50000件，涵盖客厅、餐厅、卧房、书房、户外家具，定制商用、家居装饰和材料配件八大类别。同时，与顺丰达成深度合作，以解决家具物流及安装服务问题。

2. 上海红星美凯龙装饰家具有限公司

2019年天猫双11，是红星美凯龙与阿里巴巴牵手后的双11首战。最终红星美凯龙的新零售门店6城24店，以总销售额近25亿元，交出靓丽成绩单。新零售为家居行业带来了线上引流＋线下体验、成交的新模式。阿里巴巴的引流是空军式的支持，能够让线下商场运营效率实现成倍的增长。2019年9月，红星美凯龙大家居生态链平台业务首次重磅发布，平台首个项目"拎包入住"迅速落地并陆续在全国范围推广复制，真正实现营销整合、流量整合、产品整合、技术整合、运营整合、服务整合以及标准整合，资源集约化、成本最优化，将便捷、实惠带给消费者，共同撬动万亿级消费市场。

三、品牌发展及重点企业情况

1. 上海亚振家具有限公司

2019年，亚振家居率先布局，从硬件到软件已形成了一体化系统。亚振定制拥有一支行业高水平的信息化系统研发管理团队，在2019年形成以ERP资源计划系统、CRM客户管理系统、R＋终端零售管理系统、海客云终端客户管理系统、红圈通终端销售管理系统、海派云3D实景设计平台、WCC生产管理系统、ThinkDesign超现代设计加工系统、APP终端移动销售系统、匠心云网络云端学习培训系统等为核心的从生产—销售—培训—服务一体的大智慧生产营销系统，保证了所有业务的无缝快速衔接。亚振定制商业生态的构建核心为建立开放式平台，以自身产品属性为衍生核心，垂直深度打通家居业上下游链条，横向延伸全业态产品无缝粘合连接客户，实现"品类互补＋技术协作＋资源共享＋协同服务"，围绕"顶层合作＋专线开发＋输出孵化"做产品周边设计内核，以"定制＋成品＋全业态产品服务＋无界营销"构建商业模式，实现提供个性化定制需求为核心的整体家居解决方案。

2019年上海市主要家居流通卖场调研结果汇总表

商场名称	面积（平方米）	品牌数量（个）	2019年销售（万元）	同比去年增长
红星全球家居一号店	243353.44	982	7718	8%
红星上海汶水商场	173966.29	681	6881	9%
红星上海浦东沪南商场	190421.3	583	7078	7.5%
红星上海吴中路商场	59761.65	201	2240	5.6%
红星上海金桥商场	108868.18	394	3636	7.2%
红星上海浦江商场	64664.85	225	1111	3.5%
红星上海金山商场	62679.16	215	759	3.3%
好饰家	7000（家具广场部分）	59家	3194	-25%
上海曹家渡家具商城	13138	83	—	—
剪刀石头布	27600	51		
上海盛源大地家居城	38000	115	13400	-0.99%
上海东明家具广场	7000	220	25000	-15%
上海吉盛伟邦进口家俬馆	30000	95个	4696	-40%
莘潮国际家居	100000	300	60000	-10%

数据来源：上海市家具行业协会。

2. 慕仰寝具（上海）有限公司

2019年，慕思品牌率先在上海市青浦区推出第一家睡眠酒店旗舰店。酒店的特色是为客人安排专属睡眠管家服务，从接、迎、住、食、眠、送等各方面为客人定制一整套体验流程。慕思将旗下不同风格系列品质的寝具以及高科技的睡眠检测设备全面带给住宿消费者。根据每个客人的肩宽、颈宽、颈高、睡姿、床的软硬度五个维度的数据，并结合大数据为每位客人提供独一无二的最适合的枕头。这也标志着慕思集团正式向住宿行业推进。

3. 上海白玉兰家具有限公司

2019年，中美贸易摩擦逐步升级，为保护白玉兰已在美国市场取得的市场份额，进一步拓展国际业务，白玉兰开启海外投资设厂新征途。白玉兰的泰国新工厂位于曼谷西南侧的碧武里府考优县，临近曼谷和港口，物流便利，劳工充沛。在考察了数个月之后，最终在2019年年底，白玉兰斥资7亿泰铢收购并改造了当地现有的家具企业。从2019年6月初启动，到2020年1月中，完成正式交割。白玉兰家具(泰国)有限公司目前已投入运营，完全建成后可年产厨房家具80万件，预计达38亿泰铢的出口额，提供超过1200个就业机会。这一举措，优化了资金使用，增强了盈利能力，也促进了公司的国际化进程，扩大了国际业务发展空间。

4. 上海新冠美家具有限公司

公司品牌培育项目自2019年2月份启动以来，一直作为公司全年的重点推进项目在展开。专家老师在项目初期对企业各部门运作状况做了深入的摸底考察，对企业组织架构内的8个重要职能部门制定了9大明确的品牌培育项目专项课题。从人事行政体系到生产运营体系，从产品研发体系到市场销售体系，全方位多维度地对企业在目前整体运作过程中存在的重点和难点问题做了剖析，获得了非常有效的管理体制和工作品质的全面提升。

5. 上海文信家具有限公司

公司成立于1995年，现有员工600人，是一家专业生产系统办公家具、商业空间家具、橱衣柜部件家具的综合型家具制造厂商，是上海市家具行业制造领先企业、环保标杆企业，2019年实现销售收入3.2亿。文信公司2019年全线导入品牌体系管理机制，通过品牌体系导入和深化，文信与各类合作伙伴增加互通，相互赋能。

6. 诺梵（上海）家具科技股份有限公司

诺梵的中国区总部在上海，并在北京、南京、济南、深圳等城市设立直属分公司，在各大中心城市设立服务机构，网络遍布全国，已服务多家国际知名企业的全球化布局项目。经过2019年一年的品牌培育专项课程规划和辅导，公司建立了完善的品牌管理体系，同时通过组织架构的调整完善，成立机构管理服务中心、战略市场研究中心、品牌运营中心、产品研发中心、运营制造中心、营销中心、财务中心、信息中心八大中心，最终在2019年9月荣获"上海市品牌培育示范企业单位"殊荣。

7. 上海澳瑞家具装饰有限公司

2019年，澳瑞家居在品牌专家的指导下，品牌管理体系得以建全并平稳落地运营，品牌效力已初见成效。公司持续加大对水性漆技术的创新与投入，2019年，澳瑞品牌被上海市环保局及上海市环境监测科学研究院认定为上海市重点行业低VOCS环保替代项目的唯一家具生产型示范企业，获"上海市品牌培育示范企业"称号。

8. 设计师品牌 Ziinlife 吱音

Ziinlife 吱音是一个创意驱动的原创设计家居品牌，通过发现寻常生活之美，与大众分享设计的价值。吱音每一个设计的出发点都是用创意而有趣的方式解决日常居住生活中遇到的问题，为产品和空间赋予巧妙的变化和功能价值。吱音设计团队从创立至今获得了行业内的多方认可，连续两年荣获金点奖最佳设计团队奖、2018EDIDA中国区年度设计新锐奖等。

四、行业活动

1. 品牌赋能，打造上海家具品牌新高地

8家企业获上海市品牌示范企业称号

在2018年上海市家具行业协会（下称"上海家协"）组织50多家企业开展品牌培育培训课的基

REd 再展上海设计展作品获得金点奖金奖

础上,经过层层赛选,其中 9 家企业于 2019 年年初申报了"上海市品牌示范企业",并有 8 家企业通过评审,获得"上海市品牌培育示范企业"称号。占全市成功申报总数的 1/4,成为全市占比最多的行业。

4 家企业参与品牌咨询服务项目

在 2018 年发起并依托工信部品牌专家资源实施的品牌之旅活动基础上,新冠美、文信、诺梵、澳瑞四家企业与工信部品牌专家组签订了品牌咨询服务项目,邀请工信部品牌专家深入企业,从专业角度进行一对一的品牌体系解读、导入和手把手的为企业梳理、辅导、修正各项内部管理的制度、执行、战略等各个重要环节,为每家企业提供了量身定制的改善方案和战略建议。

9 家企业亮相第五届中国品牌经济(上海)论坛

在 2019 年 510 品牌日活动之际,亚振、红星、澳瑞、白玉兰、文信、诺梵、新冠美、艺尊轩、南方寝饰集体亮相"第五届中国品牌经济(上海)论坛",澳瑞经典而时尚的座椅成为"第五届中国品牌经济(上海)论坛的指定用椅,成为全场亮点。现场品牌展示板中,诺梵获得了"创意设计大奖"、亚振等 5 家企业获得"创意优胜奖",上海家协也因此获得唯一的"最佳合作协会",澳瑞则成为"最佳合作品牌"。

与樟树市家具产业集群互动

在工信部品牌专家周宏宁老师的协调下,江西省经信委、宜春市工信局、樟树市品牌建设领导小组携樟树市金属家具产业集群重点企业一行 19 人于 2019 年 3 月 14 日对新冠美、亚振进行了调研、考察和交流,充分展示了上海家具企业在品牌战略、品牌文化、品牌体系建设方面的亮点和优势,尤其是颇受国际关注的中国著名设计师张周捷的"数字化金属家具"分享,让来宾们脑洞大开,纷纷表示受益和震撼。

2. 设计引领,促进传承创新

举办 REd 再展上海设计展

由上海家协主办的第二届 REd 再展上海设计展,在首届定位红木的基础上,于 2019 年 3 月份定位板材领域，又经过3个月设计师团队对候选企业的走访、考察、交流与确认，最后选定亚振、文信、白玉兰、澳瑞、阿旺特5家企业与12位80后设计师组成参展团队，于7月份在800秀召开发布会并抽签成对，5组成员在新材料、新工艺研发上进行了深入探索，共打磨出32件参展作品，在2019年9月第25届中国国际家具展览会上精彩绽放，REd再展上海设计展获得了业内外人士的高度认可，并蝉联中国家具设计金点奖金奖。

参加纽约设计周

2019年5月，上海家协设专委在上海市创意城市推进办的支持下，携企业及设计师前往纽约参加设计周活动，并将2018年Red红设计展部分作品带到纽约设计周展出，作为首届Red红设计展的延展，让中国原创作品走上了国际舞台，展现了海派风采，获得了国际好评。

3. 撰写《上海家具产业发展调研报告》

2019年，上海市家具行业协会受上海市经信委的委托，撰写《上海家具产业发展调研报告》。在彭亮教授主持下，调研小组经过预备会、框架会的讨论，形成了调研预案；在亚振1865园区、多少品牌展厅分别召开了"以生产企业为主"和"以设计师、流通领域为主"的企业家调研座谈会。报告为企业梳理了现状，为行业积累了素材，给政府提供了参考。

上海家协品牌咨询服务项目签约仪式

"中国心·世界匠"活动

天津市

一、行业概况

2019年天津市家具行业发展相对平缓，受环保政策持续影响，家具企业的发展都受到了不同程度的影响，企业面临转型升级，机遇与挑战并存。

二、行业纪事

1. 中国国际实木家具展

第六届中国国际实木家具展于2019年5月28日至31日在天津梅江会展中心盛大开幕。展览面积超5万平方米，分为现代实木、津派实木、欧美实木、红木家具、原辅材料、木工机械，从不同的侧面反映出实木家具的风采；同期召开了第二届智能制造mini工厂在线展示、津门定制家居展、多场大型论坛等。300余家参展商来自北京、天津、河北、山东、河南、辽宁、吉林、黑龙江、江苏、浙江、广东、四川、福建、云南、安徽等地区，超过12万专业观众亲临现场。为庆祝中华人民共和国成立70周年，展会同期还举办"我和我的祖国共成长——共和国红色后人走进天津展""匠人文化节""第二届大学生家具设计大赛"等活动。

2. 信阳国际家居博览会

2019年4月12日至15日由天津市家具行业协会主办的第二届信阳国际家居博览会在河南省信阳市百花会展中心举办，展览面积约40000平方米，100多家参展商，展会旨在促进信阳国际家居特色小镇的发展，带动信阳及周边地区的居民消费，助力革命老区的经济发展。

3. 智能制造专委会与设计专委会成立

为更好的服务家具企业，推动行业健康发展，2019年，天津市家具行业协会相继成立了智能制造

2015—2019年天津市家具行业发展情况汇总表

主要指标	2019年	2018年	2017年	2016年	2015年
企业数量（个）	3000	3000	3500	3800	3800
工业总产值（万元）	4000000	4000000	5000000	5700000	5400000
主营业务收入（万元）	3200000	3200000	4000000	4600000	4300000
规模以上企业数（个）	350	350	370	360	350
规模以上企业工业总产值（万元）	450000	450000	500000	480000	470000
规模以上企业主营业务收入（万元）	390000	390000	440000	420000	410000
出口值（万美元）	71000	70000	75000	73000	72000
内销额（万元）	3350000	3350000	4000000	4500000	4300000

数据来源：天津市家具行业协会。

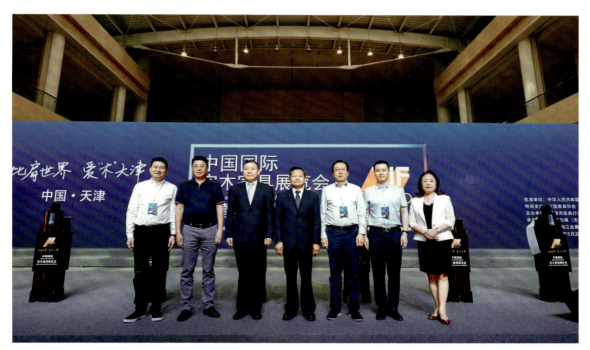

第六届中国国际实木家具展开幕

第二届信阳国际家居博览会开幕

专业委员会和设计专业委员会。智能制造专业委员会的成立将架起传统家具企业走向智能化、数字化的桥梁，以科技进步推动企业长青，为"中国制造2025"贡献力量；设计专业委员会的成立将推动天津市申报联合国"设计之都"的进程，同时大力宣传保护家具行业知识产权，优化原创设计工作氛围，促进家具行业的发展，提升国际竞争力。

三、家具流通卖场发展情况

目前，天津市共有家具卖场 90 家，其中红星美凯龙 6 家、居然之家 4 家、月星家居 1 家、其他家居卖场 79 家，家具卖场之间的竞争十分激烈，卖场的客流量相对减少，卖场空租率升高，家具卖场同样面临转型升级。

四、品牌发展及重点企业情况

1. 美克国际家私（天津）制造有限公司

多年来，美克集团坚持走世界优质企业道路，持续优化产业结构，提升企业核心竞争能力。美克家具主要生产实木客厅、餐厅、卧房、家庭办公等全套民用家具，是国内乃至亚洲知名的家具制造企业之一；零售业"美克美家"逐渐成为高品质生活的代名词，成为广受赞誉的知名家居品牌；美克集团以"专业打造生活品质，创新引领美好未来"为使命，秉承"组织的目标是要使平凡的人做不平凡的事"的绩效精神，高效整合产业资源，不断创新商业模式，以全球化的眼光实现企业的跨越式发展。

2. 天津市南洋胡氏家具制造有限公司

天津市南洋胡氏家具制造有限公司，秉承"品质生活方式供应商"的品牌远景，严选优质原材料，创新设计研发，把品牌文化融入到产品制造中，为消费者打造健康环保的生活方式和家居解决方案。企业独创 6 大胡氏榫卯结构：胡氏匹框工艺、胡氏复合直拼工艺、胡氏直拼匹框工艺、胡氏螺旋双榫工艺、胡氏核心榫接工艺、胡氏直角符合榫接工艺，确保产品质量稳定和超长使用寿命。从最初的单件产品到十大系列再到高端实木全屋定制，南洋胡氏从未止步，将健康家居理念传递到世界各个角落。

3. 天津市兴叶家具有限公司

该公司占地 80000 平方米，建筑面积 50000 平方米，员工近千人，集研发、生产、销售于一体，产品已经由单一系列，发展到现在涵盖实木、软体等六大系列产品。公司一直专注实木家具领域，不断改进产品创新设计，提高产品生产品质。

4. 天津市东方弘叶木业制品有限责任公司

该公司是一家集研发、设计、生产、定制、销售于一体的大型专业实木家具现代化企业。品牌最早起源于 1991 年山西大同，创始人叶元温 2006 年 4 月在天津注册登记成立"东方弘叶"，公司斥资 5 亿元在天津滨海新区临津产业园建设新型环保家具生产基地，占地 150 余亩，建筑面积 15 万平方米，公司职员 1200 余人。引进行业先进的生产加工设备，打造科技化、智能化、现代化家具企业。

5. 天津红木家具企业蓬勃发展

红木家具作为中国传统家具的精髓，一直备受追捧，天津近年来涌现出一批优秀的红木家具企业，如：天津市龙谦阁红木文化艺术馆、天津泰合红木家具有限公司、天津元和轩家具有限公司等，为传统红木家具注入了新的活力，推动了红木家具行业的发展。

重庆市

一、行业概况

2019年以来，重庆市家具行业积极开展各项活动，大力挖掘潜力，积极谋求转型升级，狠抓技术创新，内销增速延续，根据对我市部分单位抽查数据显示，部分会员单位2019年销售收入及利润均实现了同步增长，预计比2019年增长15%左右，个别企业将超过28%。

二、行业纪事

为了推动重庆家居行业实现高质量发展，2019年7月，在重庆市经济和信息化委员会、重庆市商务委员会、重庆市知识产权局等政府部门指导下，重庆开展"渝派家居·精工智造"活动。组委会历时3个多月深入工厂调研并广泛宣传，对重庆家居行业优秀企业家和企业进行了评选，并开展了2019年重庆家居行业高质量发展高层峰会等系列活动。

10月27日，"渝派家居·精工智造"2019年重庆家居行业年度盛典暨2019年重庆家居行业高质量发展高层峰会在悦来国博中心召开，评比产生了具有代表性的重庆家具生产企业，朗萨家私、重庆佳梦等企业都荣获了殊荣。

三、品牌发展及重点企业情况

1. 重庆市朗萨家私（集团）有限公司

公司创建于2000年，是一家集板式家具、板木家具、实木家具、软体家具等为一体的民营企业。现拥有15万平方米的标准化厂房，1万平方米的家具展示厅，3万平方米的综合办公和生活区，员工1700余人。集团以4种业态（家具制造业、屋顶覆土农业、家居文旅业、工厂直销商业）、5个新（新能源、新设备、新产品、新管理、新销售模式）作为未来发展规划。2019年朗萨家私营收总额23255万元，缴税总额344万元，获得"重庆市优秀民营

2015—2019年重庆市家具行业发展情况汇总表

主要指标	2019年	2018年	2017年	2016年	2015年
企业数量（个）	6516	9305	17805	17500	17000
工业总产值（万元）	998754	996370	995780	934128	813157
规模以上企业数量（个）	279	258	235	203	179
规模以上企业工业总产值（万元）	1524369.14	1487635.26	1468969.97	1352642.7	1025872.8
出口值（万美元）	4725.28	4538.69	4163.56	3528.442	2482.1044
内销额（万元）	2167942.35	2089647.26	1950236.74	1652743	1023390
家具产量（万件）	8764183.47	8537461.82	8273642.79	6952641	5811750

数据来源：重庆家具行业协会。

企业""渝北区重点工业企业"等荣誉。公司拥有全套欧洲原装进口的先进机械设备，拥有 3 个子公司，4 个营销分公司，50 多个自营专卖店和 400 多家代理商分布全国，部分产品远销国外。

2. 重庆玮兰床垫家具有限公司

公司成立于 1995 年，建有国际标准的园林化厂房，现已发展成为国内规模与实力兼备的健康睡眠家居企业。旗下床垫、软床、家纺、桑蚕丝绒被等健康睡眠产品畅销全国，床垫产销量更是连年位居同行前列。在全国拥有 100 多个城区直营店、近 200 个加盟专卖店、1000 多家经销商。公司囊括一流的睡眠科学专家团队，立足西南，放眼全球。近年来，玮兰与德国科德宝、美国杜邦、美国礼恩派、瑞典宜家、美克美家、新加坡敏华集团等全球知名企业开展深度合作，在新产品开发中始终坚持走科技创新之路，获得多项国家专利。2019 年累计完成工业总产值 45757 万元，实现利润 1770 万元，其中床垫销售 17.6 万张。

3. 重庆佳梦家具有限公司

公司是重庆乃至西南地区最早生产弹簧软床垫的专业厂家，是一家规模与实力兼备的家居企业，公司拥有 20 余项实用新型和外观专利。2019 年，在生产工艺流程上采用 6S 标准，用全自动化流水线逐步淘汰手工部分，还与比利时贝卡特公司展开深度合作，全面升级软体家具的品质；同时，新的营销体系在线上线下同步建设，物流远程配送，满足高性价比和高体验感的消费需求。佳梦品牌连续多年被评为"重庆名牌"产品、"重庆市著名商标"，多次获得"重合同守信用企业"称号。公司调整战略，增加办公家具和教学家具的研发与生产，并与其他家具公司联合成立渝盟美家家具园区，成为全重庆最大的家具生产基地。2019 年实现销售收入 5125 万元，产值 5800 万元，较上年增长 11.7%。

4. 教学教具

随着国民经济的不断发展，教学教具产品慢慢成为家长们关注的重要对象。重庆的教学教具企业，早已洞悉了市场的发展，从一开始就严于律己，各类生产指标不仅达标，很多还高于国家标准。重庆的教学教具四大品牌（聚宝、澜林、民意、宏宇）更是走在市场的前列，其名牌的影响力和知名度已经走在了全国市场的前列。

5. 人体工学椅

重庆高田工贸有限公司，作为一家专做出口的人体工学椅企业，其获得的各类国内国际专利，结合其人体工学椅利用同步倾仰机关，使椅背与椅座做相对运动，自动配合人体的移动，松弛身心，减轻身体的疲劳的超体验感，成为了国外各类高端消费者的首选座椅。

河北省

一、行业概况

在市场销售不旺的情况下,河北省政府、省工信厅持续推进家具等六大特色产业高质量发展,为全省家具产业营造了良好的政策环境、提供了很多具体支持,全省家具行业继续保持平稳发展。

香河、涞水、霸州胜芳、正定等家具产业聚集区,采取多种措施、开展多种活动主动出击,扩大区域品牌效应,吸引各地客商汇集采购,推动产业升级。几个家具主产区当年举办的采购节、展销会、文化节等活动,均取得了很大成功。

一些有规模有实力的生产企业,整合各方面资源进军全屋整装市场;皮革、竹、玻璃、金属等材料以及智能电子产品在家具产品中得到更为广泛、合理的应用,家具的美观性、功能性、智能化进一步提升,产业供应链更加丰富和完整;大型家具卖场不断适应市场形势,进一步加速转型,引进健身、教育、百货、餐饮等生活业态。

在中国家具协会成立30周年之际,一批长期在行业中发挥龙头骨干作用的优秀企业和个人受到表彰:蓝鸟家具董事长贾然荣获"中国家具行业卓越贡献"荣誉称号;中国特色定制家具产业基地(胜芳)、中国北方家具商贸之都(香河)荣获"中国家具行业突出贡献单位"荣誉称号;东明家居董事长孙双岐、华日家具董事长周旭恩荣获"中国家具行业杰出贡献"荣誉称号;蓝鸟家具公司、华日家具公司荣获"中国家具行业领军企业"荣誉称号;河北三江家具集团荣获"中国家具行业优秀企业"荣誉称号。国庆节前夕,省委副书记、省长许勤专程到蓝鸟公司慰问了优秀党务工作者贾然董事长,成为行业中的一大喜事。

一些企业在生产经营中取得了不俗的成绩:蓝鸟公司被工信部评为国家级"绿色工厂";沧州力军力家具公司"力军力"商标被评为中国驰名商标,与依丽兰家具一起成为进军全屋整装市场的先驱;华日家居、顺达墨瑟门窗、双李家具三家企业个性

2015—2019年河北省家具行业发展情况汇总表

主要指标	2019年	2018年	2017年	2016年	2015年
企业数量(个)	5400	5400	5200	5200	5200
工业总产值(万元)	8150000	7667000	7152000	6473000	6061000
规模以上企业数(个)	136	136	136	136	135
规模以上企业工业总产值(万元)	3440280	3236300	2999352	2712000	3522559.33
出口值(亿元)(石家庄海关数据)	71.2	62.2	61.2	47.48	45.96
内销(万元)	6889300	6480920	6040000	5470000	5400000
家具产量(万件)	1363.37	1283.92	1187.71	1071.63	1058.19

数据来源:河北省家具协会、石家庄海关。

化定制项目在获得政府资金补贴；居然之家、红星美凯龙的连锁发展步伐没有停歇，新店频开，并持续向三、四级市场延伸；喜德来公司在成功转型定制家居后，进一步整合销售渠道，多家500～2000平方米大型形象店横空出世，同时技术力量、设计能力实现新的跃升；欧派嘉等定制企业新产品频频亮相，在市场上的表现堪称惊艳，在定制家居领域树立起响当当的品牌形象。作为家居流通龙头企业的东明家居，于红木坊之外再次跨入新的生产领域，与南方企业合作生产的红木轻奢高端产品"三福封面"备受市场好评。

二、行业纪事

1. 全力协助省工信厅推进特色产业发展

2018年，省政府将家具产业列为全省特色产业，并发布《关于印发促进我省特色产品高质量发展工作方案的通知》(冀制强省办〔2018〕2号)。经省工信厅评定、省协会积极参与，蓝鸟家具、华日家居、平安家具、喜临门北方家具公司、霸州宏江家具被评为行业龙头型领军企业，富都华创家具被评为创新引领型领军企业，双李家具、大城县红日古典家具被评为高成长型领军企业；霸州市三强家具获得龙头企业"走出去"对接洽谈补助资金；华日家具、顺达墨瑟门窗、双李家具获得工业个性化定制试点项目补助资金。

2. 推荐业内资深人士进入政府采购专家库

9月，河北省家具协会推荐专业人员进入政府采购专家库。经过广泛通知、征集，10月，省家协完成了推荐工作。12月11日，通过考试的人员被录入省政府采购专家库。

3. 推动产业聚集区和商贸流通基地建设

2019年，河北省家具协会继续主办中国香河国际家具展览会暨国际家居文化节、三才正定家具市场家具及灯饰博览会（春秋两季）、涞水京作红木家具文化节暨文玩核桃博览会等大型商贸活动，并大力支持霸州胜芳举办特色定制家具博览会暨家具原辅材料展（春秋两季），持续推动上述四地家具产业和流通业高质量发展。在市场低迷的不利形势下，几个展会均取得了很大成功。

4. 举办北方全屋定制及木工机械博览会，建好供应及产销平台

自2011年起，河北省家具协会连续举办家具

2019中国北方全屋定制博览会

和木工机械展，2019年8月举办的展会有河北省优秀定制家居品牌、国内一流的家具材料和木工机械品牌参加展示，总面积4万平方米，参展品牌400多个。木工机械智能化，家具材料环保化，定制家居产品质量高、设计感强成为本届展会的亮点。展会吸引河北、山西、内蒙古、宁夏、陕西、河南、山东、京津等地大批家具经销商前来观展采购，对推动河北家具行业转型升级、高质量发展发挥了重要作用。

5. 举办职业技能竞赛，培养技术人才

8月，涞水主办了第二届全国家具雕刻职业技能竞赛河北分赛区的比赛活动。分赛区名列前茅的选手，被省人社厅授予"河北省技术能手"或"高级技师"称号。在10月举办的全国总决赛上，涞水选手获得了多项荣誉。

6. 组织出国考察，全方位学习国外先进经验

4月中下旬，河北省家具协会组织考察团赴欧洲参观学习，10多家企业负责人参加。考察团参观了享誉世界的米兰家具展览会，到米兰理工大学、意大利色彩协会学习交流，并到知名家具企业Medea集团参观考察独特的生产工艺，期间还考察了多家家具卖场。

7. 提升设计水平，组织参加省工信厅举办的工业设计培训

9月，全省50多家家具企业参加省工信厅举办的工业设计培训。此次培训，对促进企业了解工业设计流行趋势、提高产品研发水平发挥了积极作用。

8. 促进产业升级，组织企业考察"无人工厂"智能生产线

6月下旬，50多人的考察团赴北金数控江苏徐州生产基地进行了参观考察，考察重点是"无人工厂"智能加工设备。

9. 组织企业开展电子商务，11家企业入驻京东商城

2019年京东商城联合衡水市人民政府在衡水市高新技术开发区设立了京东衡水数字经济产业园，是河北省首个也是唯一一个京东电商产业基地。6月，40多家企业参加了该园区举办的招商推介会，其中家树家具、凯茹家具、曲富木业等11家企业现场与园区签约，在京东商城开展网上销售活动。

10. 继续开展知识产权维权援助工作，增强企业维权能力

在北方全屋定制及木工机械博览会、三才正定家具市场春秋两届家具灯饰博览会现场，河北省知识产权维权援助中心工作人员进驻展会，免费开展知识产权维权援助活动，回答厂商关心的知识产权问题，维护企业合法权益。

11. 积极参与扶贫攻坚，组织开展扶贫慰问活动

在冬季到来之前，开展了"扶贫助困·与爱同行"慰问活动，将棉被、大米、面粉、挂面、食用油等越冬物资送到了海拔1000多米的平山县塔上村20多户村民家中，受到了村民、村镇干部和扶贫工作组的热烈欢迎。参加活动的爱心企业有东明家居、怀特家居、欧派嘉、森宝、六郎、诚德、星榜、博西尼、乐品百慕、尚品金马、柏兰卡等。

三、特色产业发展情况

1. 北方家具商贸中心——香河

2019年，香河家具城打造经济发展平台，激发市场潜能，刀刃向内进行各种改革调整，进一步增强家具城的影响力和辐射力。2019年，香河成立家具质量监管办公室；不断提升优质服务建设水平；健全诚信体系，规范市场秩序；成功举办第三届"中国香河国际家具展览会"暨国际家居文化节；启动金秋采购季活动。

2. 涞水京作古典家具产业基地

涞水是中国家具协会命名的"中国京作古典家具发祥地"，同时是中国家具协会与涞水县人民政府共建的"中国京作古典家具产业基地"。目前，涞水京作红木家具制销企业400余家，熟练技师近千人，从业人员2万余人。2019年产值达14亿元，销售收入达17亿元，被河北省工信厅确定为特色产业集群，是北京周边的主要产区之一。

3. 正定板材家具特色产业集群

正定县板材家具产业从 20 世纪 90 年代进入快速发展时期，初步形成了北早现、曲阳桥等家具产业专业乡镇和专业村。现有河北省名牌产品 13 个、河北省著名商标 6 个、河北省中小企业名牌产品 16 个。以家具企业为龙头，有效带动了正定县上下游产业的全面发展。一是带动了一批家具原辅材料企业发展；二是先后形成了恒山市场、三才家具市场、金河家居基地、高远红木博览城等高标准专业市场。2019 年，在正定县所有产业中，家具和板材产业脱颖而出，被评为省级特色产业集群。

四、家具流通卖场发展情况

改革开放以来，河北省家具流通卖场得到了高速发展，各地大型家具市场层出不穷，诞生了河北东明国际家居博览有限公司、邢台新凯龙家居商贸有限公司、秦皇岛旭日家居广场、邯郸亚森家具集团、保定七一路家具商场等大型销售商场。特别是香河家具城，由香河县政府成立管委会进行统一集中管理，金钥匙、鑫亿隆等 30 多家大型家具商场星罗棋布，"买家具到香河"被京津冀众多消费者广为认可和接受，香河家具城也被中国家具协会命名为"北方家具商贸之都"。在霸州胜芳、正定县等家具产业聚集区，胜芳国际家具博览城、三才正定家具市场等大型销售市场也成长壮大为远近闻名的家具批发零售中心，在北方地区有着很大的市场辐射能力。近年来，随着国家经济进入新常态，河北省各地家具市场呈现出过度饱和的情况，扩张遭遇极大地阻力，但居然之家、红星美凯龙、月星家居等全国连锁性企业持续下沉市场，在设区市、县（含县级市）的城市开设了很多分店。特别是居然之家河北分公司，2017 年以来频开分店，已经开业及完成签约即将开业的店面总数接近 40 家。

五、品牌发展及重点企业情况

1. 河北蓝鸟家具股份有限公司

2019 年，蓝鸟公司被工信部授予国家级绿色工厂。在蓝鸟创立 66 周年之际，中国家具协会授予蓝鸟公司中国家具行业领军企业，董事长贾然被授予中国家具行业卓越贡献奖，全体蓝鸟人受到了极大地鼓舞。

2019 年，蓝鸟在信息化建设上再发力，按照"智慧蓝鸟"工程，深化建设客户终端服务平台，经销商 CRM 系统已测试上线运行，针对直接消费者的 CRM 系统正在加快上线步伐。2019 年，蓝鸟取得软件著作权 6 项、发明专利 3 项、实用新型专利 12 项、版权著作 8 项、外观专利 75 项。公司产品先后参加深圳、郑州、成都、北京等较具影响力的展会，品牌知名度扩大，市场影响力提升。全年完成销售收入 4.5 亿元，实现利税 5100 万元。2019 年，蓝鸟投入 1200 万元引进意大利赛福徕具备自动化、数字化、智能化功能的生产线，精准计算部件油漆用量，用设备代替人工，技术驱动生产，提高生产效率，推动高质量发展。

2. 廊坊华日家具股份有限公司

公司位于廊坊经济技术开发区芙蓉道 10 号。成立于 1992 年 12 月，以生产民用、办公等系列的实木家具为主，辅以沙发、床垫及其他配套产品。公司注册资本 11000 万元，总资产为 21 亿元，注册员工数 2300 人，销售网点 1200 余家。企业先后荣获中国驰名商标、中国名牌产品、国家企业技术中心、国家技术创新示范企业、河北省政府质量奖、中国轻工百强企业、全国质量先进工作单位、高新技术企业等殊荣。

2019 年 1 月，华日家居荣获居然之家杯"中国家居产业大国工匠奖""中国家居产业百强品牌奖""大雁奖"，并再次获得"河北省政府质量奖"。2 月，荣获"河北省工业设计中心"称号。3 月 31 日和 7 月 20 日陆续组织开展了华日家居 331 厂购会、华日家居 720 厂购会，邀请了张信哲、唐朝等明星助阵演出。公司在 2019 年迎来一个新的发展阶段，重在质的提高，以原创设计和优质原材料制胜。

3. 河北东明国际家居博览有限公司

2019 年，公司通过大刀阔斧的深化改革和市场拓展，在家具连锁卖场、红木家具生产、家居物流园区、家居地产四大板块均取得了长足发展。东明公司旗下 12 大连锁卖场，年销售近 16 亿元，同比增长 3.6%。在市场疲软的环境下，东明各大卖场通过多渠道营销拓展，赢得了广大商户的信赖和支持，保持了92%以上的出租业绩，稳居省会石家庄家具卖场龙头之位。

旗下古典家具生产企业——东明红木坊新增两条生产线，进一步扩大了生产规模，年产值达2600多万元，年销售达3800万元以上，成为省会石家庄高端消费群体购买红木家具的首选品牌。首期占地1280平方米的东明家居智慧物流园区，完成年投资1.2亿元，建设智慧仓储6座，首批入驻知名物流公司3家，年创收1000多万元。东明公司控股的邢台东牛角地产，创新性地将家具与地产整合发售，取得了骄人业绩，当年完成800多户的交付入驻，年创收5000多万元。

在石家庄斥巨资打造了两座新的家居商业体——东明·家生活，取得了巨大成功。以"邻里幸福中心"为经营理念，容纳时尚家具、生活超市、餐饮美食、生活百货、培训教育、休闲娱乐等六大板块。相继开业的两大卖场，更是吸引了麦当劳、好利来、吉野家、呷哺呷哺、德克士等餐饮品牌抢先入驻。

4. 河北喜德来家具实业有限公司

公司始建于1988年，成立于1995年，总部位于河北省巨鹿经济开发区，研发中心设立在石家庄。厂区占地面积350余亩，建筑面积15万平方米，企业固定资产1.56亿元，员工700余人，产品包括板式家具、软体家具、办公家具三大系列，年生产能力120万件（套），已成为长江以北最大的板式家具生产基地之一。2019年，公司总产值20932万元，主营业务收入18611万元，出口401万美元，国内销售15917万元。家具产能到达42万件/年。年底承办了河北省家具协会2019年会，全省各地家具企业家在年会期间参观学习了喜德来转型全屋定制的成功经验。

2019年，公司不断更新技术产品，利用科技创新提升公司的整体实力和竞争力，研发上增加软床、床垫、沙发成品配套品类，弥补三、四线的市场需求；开发深耕现代、北欧风格产品，增加现代门板工艺两种（UV、PET），花色增加6款，北欧风格增加门型3款，中式门板增加1款；将圆方软件优化升级，将衣柜和橱柜独立管理；完成橱柜软件的制作；单元柜结构升级，包含花色、工艺、尺寸三个维度；新增加免拉手柜体结构，与市场不脱轨，品质感提升；橱柜铰链标配进口百隆铰链，提升了销售卖点；对标准化模块进行优化整理和扩充，标准柜达到75个，对定制柜开设区间，一些特殊结构的设定尺寸，方便批量化生产。生产上改造电子锯，加工数据通过网络传到设备上，现场打印标签，降低了SCM电子锯的差错，同时实现SCM电子锯的后上料功能；定制线上扫码检测工序—修边—分包—打包使用加高滚筒，加高滚筒的投产减轻了修边人员的劳动强度；公司利用圆方软件改造五面钻，拉直器在设备上铣型，提高加工效率。

5. 三才正定家具市场

公司隶属于河北三江家具集团，自2001年创建以来已经走过了19个春秋，现已成为华北地区极具代表性的综合性家具商场。自2003年举办家具展销会以来，已经成功举办了34届盛会，始终占据着华北地区家具行业的领先地位。市场现拥有员工500余人，入驻商户2200家，全国有合作的经销商达40000余家。2019年在家具行业整体低迷的情况下，销售额实现20亿，同比上年增长15%。

2019年成功举办春、秋两届展会，展销全国各地上千个家具品牌。2019年，三才市场斥重资连接一、二号厅走廊，建设直达5楼的便捷电梯，使两个商场合二为一，为广大经营者提供更加广阔的经营场所。斥重资对市场内外进行装修改造，升级亮化，美化商场环境，加大市场内外宣传力度，制作大型户外LED屏，进一步提升三才家具市场的外在形象和市场内部经营环境的一流品味。

6. 唐山汇丰实业集团有限公司

公司位于唐山市丰润区沙流河镇，主要生产中高档实木家具。公司创建于1986年，注册资金2088万元，企业占地面积4万平方米，现有员工800余人，生产设备190余台，生产实现全部自动化，年产各类家具30万件（套），产品研发和生产能力均达到国内先进水平。汇丰家具多次获得"河北省名牌产品""河北省著名商标"等荣誉，2014年被国家工商总局认定为"中国驰名商标"。

汇丰家具品牌现共有办公、民用家具及门类产品三大类型，品种款式达1000余种。其办公系列产品，适用于各级党政机关以及大型企事业单位。民用产品系列有"海棠臻品、御品乌金、无极精品"。汇丰家具现有国内销售网点多个，覆盖 20 多个省份，2019 年产值 2 亿元，销售额 1.8 亿元。同时研发民用家具 2 个系列，全屋定制 3 个系列，均采用全新自主开发的烘干、制造及油漆工艺。启动"汇丰研发中心"建设项目，预计投资四千万元，打造国内外一流的实木产品设计及制造技术研发基地。预计三年内将公司专利数量翻倍。

7. 唐山市宝珠家具有限公司

公司位于唐山市路南区吉祥工业园区内，始建于 20 世纪 70 年代，是具有较大规模的科技型专业家具企业，占地面积 13180 平方米。是"河北省著名商标""河北省中小企业名牌产品"。公司具有国际先进水平的实木、板式、喷涂流水生产线。主要产品有办公家具、教学家具、民用家具、宾馆家具、餐饮家具、沙发、实木门、橱柜、全屋定制等九大系列，是北京市政府、中央直属机关和中央国家机关办公家具定点采购单位，产品畅销京、津、冀及华北地区；远销美国、加拿大、欧盟、东南亚等国家，深受各国用户的赞誉。2019 年，公司加大了技术改造力度。一是积极探索异型贴皮和异型封边工艺，二是积极探索传统油漆门环保生产工艺。2019 年，企业获得"国家级科技型中小企业""河北省专精特新中小企业""全国产品和服务质量诚信示范企业""河北省工业企业研发机构（自建 A 级）"等称号。

8. 河北新凯龙家居商贸有限公司

公司是一家立足于河北邢台地区，面向全国招商运营的家居流通企业，1998 年创办，已发展成为河北品牌家具终端销售领军企业。公司目前拥有家居品牌 500 余个，市区拥有新凯龙家居达活泉店、军分区店、新世纪店 3 家家居门店，沙河地区拥有人民大街店、机场路店 2 家家居门店，经营面积达 13 万平方米，经营范围涉及家具、建材、家居饰品、软装、家电等领域。并在此基础上成立了新凯龙文化传媒公司、山东欧凯家具公司、新凯龙资产管理公司、新凯龙商务楼管理中心等多业态下属单位，形成了以家居文化传播、家居店面管理、家具生产、资产管理、商业店铺和写字楼出租的集团化经营模式。

2019 年，新凯龙家居公司从运营、招商、营销等方面大力着手，多种举措，促进企业的稳定发展，紧抓培训，规范运营制度。公司不断调整各店的定位，增加卖场间的区分，以市中心的新世纪店为尝试，首创家居工厂直营店，增加商场与厂家的合作，为巩固厂商关系，增加商场发展的稳定性打下良好的基础。

9. 河北双李家具股份有限公司

公司始建于 1984 年，是一家专业从事木制家具设计、制造与销售的生产企业，历经 37 年的发展，现有厂房 20 万平方米，员工 600 多人，2019 年销售额 4.2 亿元，产值 3.5 亿元，利税 3800 多万元。目前已发展成为河北省家居行业最具影响力品牌企业，是现代中高档木制家具专业制造商。主要产品涵盖办公家具、酒店家具、民用家具、全屋定制家具、实木门等。产品出口与内销并重，出口美国、新加坡、日本、中东地区等地。

公司按照环保要求，于 2019 年 6 月，对各喷涂车间废气进行挥发性有机物深度治理升级改造为催化燃烧，同时对两台燃气锅炉进行低氮燃烧改造，有效提高了该地区的环境空气质量。公司获得中国著名品牌、中国放心购标志企业、省级重合同守信用企业、河北省家具二十强企业、河北省家具行业 AAA 级信用企业、河北省名牌产品、河北省著名商标等荣誉。

山西省

一、行业概况

2019年对于山西家具行业来说，又是艰难的一年。卖场过剩，家具供大于求，营销成为主要决定因素。在太原的居然之家、红星美凯龙、黎氏阁三大家具建材卖场中，进场的山西企业比例不足5%。2019年，山西省家具产业全省规模以上家具企业5家，2019年实现工业总产值5.5亿元，同比增长7.2%；实现工业销售产值3.9亿元，同比增长4.5%；主营业务收入4亿元。

二、品牌发展及重点企业情况

2019年，山西省家具行业在满足消费需求、提升生活品质、充分吸纳就业、推动区域经济、构建和谐社会等方面起到重要作用。山西省家具协会调研了满堂红红木、猫王、荣泰真红木、闫和李家具、森雅轩家具为代表的企业，企业在稳步发展、市场拓展、产品开发等都有较好的业绩。森雅轩红木、满堂红红木拥有一批技艺精湛的传统工艺人才，将传统的榫卯工艺、雕刻工艺与明清家具经典款式相结合，设计制作出独具特色的红木家具系列产品，在同行业内独树一帜。更以精湛的工艺、丰富的品种、合理的价格，赢得了消费者的信赖和各界人士的喜爱。

2019年，居然之家和红星美凯龙占据了山西大部分的市场份额，其中，居然之家略强。本地市场黎氏阁在太原东部商圈又增添服装城商场店；红星美凯龙的太原南中环店也在紧锣密鼓地运作中。市场越来越多、同质化严重，商场之间、商户之间竞争也越发激烈。山西的本土企业多是思想与观念较为传统，注重销售环节，忽略了品牌营销。恰恰就是认识的局限性，错过了优质产品的全过程营销环节，包括产品的生产、销售、售后和回访过程。

三、行业分析及发展措施

随着经济增速趋缓以及房地产调控政策的影

2015—2019年山西省家具企业发展情况概略汇总表

主要指标	2019年	2018年	2017年	2016年	2015年
企业数量（个）	25	25	25	26	26
工业总产值（亿元）	5.5	5.13	5	5.3	5
主营业务收入（亿元）	4	4.3	4.5	4	5
规模以上企业数（个）	5	5	5	6	6
规模以上企业工业总产值（亿元）	3.5	3.13	3	3.3	3
规模以上企业主营业务收入（亿元）	3.5	3.3	3.5	3	4

数据来源：山西省家具行业协会。

响，家具行业中一些实力不强的中小企业和经销商势必面临减产、倒闭、被整合的趋势。但从深层次来说，目前这种趋势属于家具行业自我调节的过程，家具行业在挤掉泡沫和不合理成分，在激烈的竞争中逐步淘汰同质化严重的品牌、淘汰质次价高的品牌、淘汰不符合大众消费的品牌，留下优质的家具品牌继续健康发展。另外，通过不断扩大生产规模的粗放发展模式已经不适应激烈的市场竞争，具有设计优势、采用新技术和新工艺、升级机器设备、加大科技创新投入的集约型企业将在行业洗牌中占据更多优势。服务形式也由线下服务发展为"线上+线下"综合服务。

困难对于家具行业来说，是一场持久战，必须进行模式升级，改进用户体验，提高运营效率：一是从观念的角度，研究核心用户诉求，展开针对性运营，做好间接服务；二是从组织的角度，关注创新和创意，真正应对市场的调整和挑战；三是从投入的角度，创新和改革需要技术投入，打造业务中台、搭建用户场景管理体系；四是从运营的角度，主战场从线下为主转型为线上线下协同作业，打造从经销商到导购服务的串联式作业，将品牌影响力和作用力下达一线人员。

内蒙古自治区

一、行业概况

2019年，内蒙古自治区家具行业坚持认真落实新发展理念，积极开拓多元化市场，培育外贸综合服务平台，保持对外贸易稳定增长。深度融入共建"一带一路"，积极参与中蒙俄经济走廊建设，随着内蒙古自治区家具行业积极参与建设泛口岸经济，发挥口岸和国际通道的辐射带动作用，加快重点开发开放试验区等平台建设。加强口岸与腹地之间、航空口岸与陆路口岸之间的协作，促进大宗进出口产品落地加工，把通道经济变为落地经济。特别是二连浩特市口岸和满洲里市口岸还承担着欧洲国家木材进口的重任，二连浩特市和满洲里市口岸木材初加工产业格局已基本形成。同时配合内蒙古自治区人民政府向国家申报设立中国（内蒙古）自由贸易试验区的建设。

内蒙古自治区家具行业还进一步配合相关部门密切与港澳地区经贸合作，深化与国家部委、其他省区市和高等院校、科研院所、金融机构、中央企业的合作，跟踪落实战略协议。深入落实新时代西部大开发、东北振兴等政策措施，把政策优势转化为发展优势。

2019年，全自治区行业发展"稳的格局"没有发生改变，继续保持稳中求进的态势。特别是随着内蒙古自治区交通业的不断发展和经济环境的不断优化，一些家具企业看好内蒙古自治区投资环境，来内蒙古自治区进行投资建厂，带动了当地的经济发展。

二、消费群体分析

目前，内蒙古自治区家具消费需求分成三个消费群体：一是工薪阶层利用休息日到北京市和河北省香河县看家具，购买人数增加，北京到呼和浩特的高铁开通后仅需2个小时，更加方便快捷。二是部分20~30岁的年轻消费者不愿意逛家具市场，直接从网上购买家具，更新速度快，加之网购家具质量、售后服务都还可以，价格比市场便宜。三是依旧从当地家具商场购买家具的消费者，先多家了解，最后选择合适的商场购买家具，导致家具市场竞争激烈，吸引顾客。

三、行业发展措施

2019年，在全国家具市场普遍平稳的背景下，各大卖场"变"字当先，开始了多方面的调整与整顿。以前市场定位不明晰，品牌发展路线模糊，营销手段匮乏，管理松散，卖场产品同质化严重等，这些问题往往都被隐藏在辉煌的销售业绩之下；而现在的市场，使这些问题浮出水面，因此，各家具企业不得不作出调整，比如对一些卖场进行了线上和线下布局，利用快手直播等进行网络直销，有的进行量尺设计、全屋定制的直销。

一些卖场对布局结构进行了调整，重新装修，对硬件设施予以升级，使卖场环境更舒适、更具亲和力；加强产品转换升级，降低成本，多方面寻找家具营销渠道。家具卖场对所经营的品牌进行了调整，在产品风格款式上有意识地避免同质化。此外，卖场还完善了管理，加强与经销商的沟通协调，使家具城的运营更顺畅。

2019年，企业管理理念也进行了调整。首先，卖场要求销售业绩不良、品牌档次偏低的店面进行升级，更换代理品牌或引进更具个性、更有创意的新品；其次，卖场采取"名牌带动"的营销策略，通过举行各种较新颖的促销活动来带动销售；此外，卖场以服务消费者为核心，对服务和管理进行了改善，使卖场经营更规范，更好地保障了消费者的权益；还有一些卖场正在与房地产公司合作，调整出未来智能家具的卖场，以提前适应家具市场的变化。

随着新材料、新技术、新工艺的广泛应用，电子商务等销售渠道的日益短平化，家具的个性化制作成本和流通成本不断降低，满足客户定制家具的需求成为许多传统家具企业转型的重要突破点。针对这些因素，内蒙古家具行业协会非常重视，赵云理事长、温保平和陈跃中常务副理事长经常走访各盟市企业，积极调研市场，尽可能想办法解决问题，还经常收集最新家具营销管理信息发给相关企业；加强营销活动的关注，帮助企业做有效的市场建设和营销推广。内蒙古自治区的家具市场发展前景良好，产业发展潜力巨大，能否把内蒙古自治区家具行业做大做强，打造成为中国家具业的又一个新兴产业集群区域，将是政府与企业共同的责任。

四、重点企业介绍

1. 内蒙古金锐家具汇展有限公司

公司成立于1997年，是一家专业化、规模化、品牌化的家具大型营销企业。公司在内蒙古自治区呼和浩特市、包头市下设多家大型家具名品商场。经营着各式民用家具、酒店家具、办公家具、地毯、窗帘布艺等十几大类400多个品种，汇集了众多的国内外知名品牌。公司2019年转型创新措施：一是重点在营销上创新，以员工走进新小区、社区，利用微信一对一吸纳顾客进群；二是对员工加强了服务意识的培训；三是探索线上线下营销、全屋定制个性化的家具设计营销，快手直播等营销，加强售后服务，能充分满足加盟商、经销商以及终端客户的需求。

2. 包头市深港家具有限责任公司

公司成立于2000年，是内蒙古自治区本土最具发展潜力、销售能力最强的专业家具营销卖场。2019年，深港家具共策划活动10余次，客流3.2万人次，紧密结合小区、异业合作、联动商户共同开展各项精准营销活动。整体活动以外联为主，驻场表演，品牌联盟合作，带动商场人气，持续旺场。

3. 内蒙古华锐肯特家具有限公司

公司成立于2003年，是内蒙古自治区最大的集研制、开发、生产、销售、售后服务为一体的家居产业集团。拥有总资产1900932.46元，年销售额3亿多元，旗下有华锐肯特家具公司、华锐床垫公司、华锐装饰公司、华锐包头分公司、华锐经营公司、华锐培红家具公司、华锐文宝轩办公家具公司、华锐文宝轩家具公司、华锐小额贷款公司及华锐香河红木家具体验馆等多个子公司，并投资蒙银银行，占投资总额的10%，涉及家具生产销售、装饰装潢、银行贷款、金融投资及公益事务多个领域。

4. 内蒙古润佳家具有限责任公司

公司成立于2009年11月，注册资本4000万元，主营民用家具，2012年末投产，年生产能力为实木家具5万套、实木套装门5万套，产值可达1.5亿元，每年可实现利税3000万元。目前公司建立50多个电子商铺、3个淘宝商城、建行和农行的电子商务购物平台，已经获得3项实用新型专利证书，正向高端家具产品进行研发创新，努力营造自有产品品牌。

5. 内蒙古美林实业集团

集团注册于2012年，注册资本达5000万元，总资产近5亿元，现有员工390余人，是目前内蒙古地区最大的集装饰、家具为一体的大型集团化企业。集团下设美林家居购物中心、通辽市美林林产品有限公司、通辽市美林装饰工程有限公司、通辽市美林家具有限公司。公司注册了自主品牌"祺林"办公家具及"红猴"民用家具；所建工业园是集家具研发、设计、生产、4S家具定制、体验式销售为一体的工业园项目，注册资金1000万元，预计总投资2.8亿元，占地面积200余亩。一期建设的研发中心、生产车间已全部完工并投入使用。

6. 赤峰白领家私有限责任公司

公司成立于2001年10月，白领丽家家居商场

2004年底建成，是内蒙古自治区家具行业的知名品牌。目前白领丽家的两大卖场总营业面积3万多平方米，拥有员工200多人，是内蒙古自治区东部地区规模较大的专业化家具经营商场。

7. 森诺集团

森诺集团在华南、华东、华北、东北、西南地区设有六大定制生产基地，森诺集团内蒙古自治区乌兰察布生产基地占地面积203644平方米，年加工木材能力约50万立方米，基地拥有厂房、职工和高管宿舍、办公楼等基础配套设施。乌兰察布生产基地在实际工作中采用ERP系统，实现了企业高效的信息化管理，形成集家居材料、家居构件、成品家具、全屋定制等产品的生产经营及木材贸易于一体的产业链基地。

辽宁省

一、行业概况

2019年，辽宁省家具制造业经济运行质量稳步提高，重点企业继续保持主要经济指标稳步增长局面，家具流通领域品牌项目增多，布局日臻完善，整个行业步入了健康有序的发展轨道。

据省统计局对47户重点家具企业统计数据显示，2019年实现工业总产值65.2亿元，同比增长1.8%；营业收入68.5亿元，同比下降1.4%；出口交货值6.45亿美元，同比下降7.7%；利润总额1.7亿元，同比增长70%。据辽宁省家具行业统计：2019年全省共有家具生产企业近2200家，实现工业总产值610.8亿元，同比增长1.8%。

据统计，2019年辽宁省家居建材商场（市场）555家，经营面积近780.2万平方米，类型为家居商场、家居市场、家居连锁店、家居专卖店等，主要家居卖场平均业绩比2018年增长2.5%。

二、行业技术创新发展成果

1. 推进行业标准化体系建设，提升企业标准化水平

2019年，辽宁省家具协会把积极推进行业标准化体系建设作为一项主要工作，先后编制出台了辽宁省家具协会团体标准《多功能翻转公寓床》《全铝家具通用技术条件》。其中《全铝家具通用技术条件》具有技术指标先进、操作性强、安全性高的特点，部分指标高于国家强制性标准，填补了国内空白，对规范全铝家具产业发展具有普遍指导意义。人民网、中国质量报、中国消费网、辽宁日报等权威媒体纷纷给予报道。

2. 不断创新发展，创响"辽宁家具"的品牌

结合国家"增品种、提品质、创品牌"三品战略，辽宁省家具协会积极沟通协调，推动产学研工

2015—2019年辽宁省家具行业发展情况汇总表

主要指标	2019年	2018年	2017年	2016年	2015年
企业数量（个）	2200	2200	2200	2200	2200
工业总产值（万元）	6108000	6000000	5500000	5000000	7000000
规模以上企业数量（个）	47	46	46	101	153
规模以上企业工业总产值（万元）	652538	641000	607000	902000	1966000
出口值（万美元）	64520	69668	61712	54958	55346
家具产量（万件）	2232.4	2212.6	2394.6	1931.77	2158.4

数据来源：辽宁省家具协会。

《全铝家具通用技术条件》团体标准揭牌表彰仪式

作开展。2019年，组织企业与鲁迅美术学院、沈阳大学、沈阳工业大学、鞍山林业职业学院等对接合作，邀请专家、设计师为企业讲学。三次组织家具大讲堂，从原创设计入手，推动企业的新产品研发，打造自主品牌，提升企业的创新发展能力。协会还组织企业到国内发达地区和欧美等发达国家参观家具展会、考察市场，吸取先进经验以提升辽宁家具制造水平，创响辽宁家具品牌。

2019年，辽宁企业的实木家具、沙发家具、居室木门产品等形成了自己的特色；辽宁的定制家居、养老助残智能家具、全铝家具等新兴产业，在业内和社会上得到好评，涌现出"百人百企"辽宁家具行业标兵。

三、特色产业发展情况

2019年，辽宁家具行业产业集群综合实力进一步增强，截至目前，全省拥有7个家具及相关产业集聚区：大连（庄河）中国实木家具基地、彰武新兴家具产业园、沈阳东北家具集散中心、大连金普木业产业园、抚顺救兵木业集散区、朝阳建平家具产业园、铁岭木业园区。

1. 中国（庄河）实木家具产业基地

庄河市家具产业作为辽宁省重点发展的产业集群，其领军作用日益突出。庄河于2006年荣获"中国实木家具生产基地"的称号，是全国10个"中国进口木材资源加工、储备、交易基地"和8个"木材检疫熏蒸区"之一。抓住辽宁实木家具产业的制造优势、区位优势和产业园区的空间优势，进一步整合资源，将存量企业向产业园区转移、集聚，促进中国实木家具品牌向高端化、国际化的目标迈进。

2. 中国北方彰武新兴家具产业园区

阜新彰武"中国北方新兴家具产业园"是"十二五"期间发展起来的国家级家具产业集群，园区企业产品涵盖实木家具、板式家具、木门、板材、地板、胶漆等20余类千余品种，产品远销日本、韩国、美国等国家。以板材加工、家具制造、地板生产、包装配套、商贸物流等产业为一体的家居产业集群不断发展。

3. 沈阳东北家具集散中心

借助国家振兴东北老工业基地的强劲春风，沈阳东北家具集散中心在沈阳西部工业地带正式驶上了快车道，大批中外企业入驻园区。东北家具集散中心凭借着环保先行、规范发展、监督到位、形成规模，产生了强劲的磁力效应，影响、助推整个东北家具行业发展。

4. 大连金普木业产业园

金普新区木业产业园选址三十里堡临港工业区五十里河南侧，总规划面积 2.7 平方千米（全部为国有可建设用地），园区分为仓储物流、加工研发、展示交易、配套服务四大功能区，将建设成为集电商物流、贸易、加工、研发检测、产品订制为一体的全产业链木业产业园区，并配套公共锅炉、干燥窑、熏蒸区等基础设施，以及海关报关、检验检疫等便利化服务功能；主要引进从事木材贸易、木材加工、地板、木门及家具生产企业，以及物流配套、展示销售类企业入驻园区。

5. 抚顺救兵木业集散区

救兵镇曾获"中国地板第一乡"的美誉。市场经济初期，全镇 300 余家家庭作坊式地板加工厂以量取胜成为全国实木地板的集散地。随着市场经济的不断成熟，救兵镇启动了木业综合开发项目，具体分为东北亚木业交易中心、商贸服务中心等项目，扩大产业规模，升级加工工艺，实现产品多元化，助推木制品行业再次腾飞。

6. 朝阳建平家具产业园

建平家具产业园位于朝阳建平经济开发区，2017 年启动建设标准化厂房 60 万平方米，投资 15 亿元。建平县充分发挥香河家具产业园全力推进、辽冀内蒙古交界交通便利、森林植被繁茂等优势，吸引北京市木业商会、北京木交所、中腾时代集团等实力企业前来投资，并形成战略合作关系。园区辐射东北地区的家具产业基地和家具展销物流中心，实现年生产总值 20 亿元、利税 3 亿元，拉动 5000 人就业。

7. 铁岭木业园区

铁岭木业园区占地 7 平方千米，2019 年入驻木业企业达 60 户。其中，辽宁丹宝集团确立人造板项目，投资 3.7 亿元，占地面积 234 亩，总建筑面积 13 万平方米，2020 年 11 月份投入生产，年产值可达 3.6 亿元，年纳税可达 2500 万元。

四、品牌及重点企业情况

1. 辽宁忠旺全铝智能家具科技有限公司

公司总部设于辽宁省辽阳市，拥有从事家具研发设计、生产、销售、客服及售后等诸多岗位的优质人才 1000 余人，全铝家具生产基地占地面积 48.9 万平方米。公司全面推行质量为先的各项管理体系，全面保障了全铝家具产品的安全生产、优质生产、绿色生产及完善的售后服务。公司引进国际先进的现代化生产加工设备，推进生产技术升级；注重全铝家具产品研发设计，将技术优势与国际化的原创设计相结合，公司全年获得了外观设计专利、实用新型专利、自主研发专利 20 余项；注重标准化引导检测，编写并备案成功的企业标准共计 30 份，涵盖了办公家具和民用家具等数十种基本品类。

2. 大连金凌床具有限公司

公司始建于 1985 年，是生产床垫和沙发的专业公司，是重点出口创汇企业。公司占地面积 8 万平方米，建筑面积 5 万平方米，400 多名员工，拥有立式床垫生产线和卧式沙发生产线，国内外设备共计 180 多台，制造工艺水平达到国际先进水平，床垫年生产能力达到 50 万张，85% 以上产品销往日本、美国、澳大利亚、法国、英国等 34 个国家和地区。金凌在日、韩、美 3 国注册了"金凌"商标，是国内首个制订出《防火床垫管理细则》的家具企业。多年来，金凌相继荣获国家、省、市质检部门评定的"A"级产品、中国名牌商品、国家商业部"金桥奖"、辽宁家具 20 强企业、中国十省市环保知名品牌，以及辽宁省及大连市著名商标等多项荣誉称号。

3. 大连光明日发集团有限公司

由集团公司投资并进行管理的企业共占地 14

万平方米，厂房 12 万平方米，拥有资产 27300 万元，员工人数 800 余人，实现年产值 21000 万元。企业引进德、意多条现代化生产线，拥有各种先进机械设备千余台（套）；引进日本家具及家居产品环境检验设备，组建检测实验室一处，填补东北地区此项空白，产品质量环保标准均达到世界领先水平；"日发光明"家具已经有 6 个智能产品获得国家设计专利，"音乐画框""智能咖啡桌"等已获得良好的销售业绩。

4. 沈阳市东兴木业有限公司

公司是美国欧林斯家具中国生产基地，是多元化、国际化企业。公司在产品工艺上，对旗下产品进行与时俱进地整合与创新，升级油漆工艺，增强产品稳定性和硬度，提升产品美观度等 300 多项工艺的改进，打造绿色健康环保型美式高端家具品牌，生产出的产品满足了更多家居爱好者对于高品位美式生活体验的需求。

5. 沈阳市舒丽雅家居制造有限公司

公司始建于 1984 年，拥有三个大型生产基地，引进多条先进的德、意专业自动生产线，是现代化大型家具企业。产品涵盖沙发、软床、床垫和实木、板式家具等多个系列，万余种款式。2019 年实现销售额 2700 万元、工业总产值 2900 万元。舒丽雅品牌先后荣获中国驰名商标、全国用户满意产品。为与世界先进的设计理念接轨，聘请了意大利著名设计师为顾问，组建专业设计团队，逐步形成独具魅力的舒丽雅风格。公司拥有二十多个直销商场和百余家代理商，产品畅销国内外市场。

6. 辽宁格瑞特家私制造有限公司

公司是一家致力于优质商用家具开发、设计、生产、销售和工程实施为一体的大型商用家具制造企业，总投资 1 亿元，厂房及办公面积 40000 平方米，多功能展厅 3000 平方米，职工近 300 人，2019 年产值近亿元。主要产品包括板式、屏风隔断、油漆实木、沙发转椅、金属等五大系列上百个品种。具有为国内外大中型企业、政府机关、写字楼、宾馆、学校、医疗卫生等单位配套高品质商用家具的丰富经验和综合实力。

召开辽宁省家居装饰消费市场调研走访座谈会

7. 沈阳宏发企业集团家具有限公司

公司创建于 1981 年，隶属于沈阳宏发企业集团。公司总投资规模为 2.3 亿元，拥有完善齐全的设计能力，可根据客户的要求及现场尺寸设计出平面布置图和立体效果图，让客户提前欣赏到宏发家具所带来的风格独特、构思新颖的办公或居家环境。

五、行业活动

1. 开展自律大会，规范引领行业发展

辽宁省家具协会组织纪念 3.15 行业自律大会，联合省市场监督管理局、省消费者协会开展家具市场、家装公司体验店、零售家具展会的调研走访活动，助推市场规范发展。开展地板铺装收费明码实价，维护消费者权益，打造良好营商环境。

2. 做大做强沈阳家博会，春秋双展再创新高

2019 年沈阳家博会春秋双展总规模达到 21 万平方米，有 1500 家展商参展，展会接待来自国内外专业人士达到 20 万人次。不仅在参展品牌、展厅面积、设计服务上不断提升，更在会展的内涵、品质上不断完善。成为中国北方最具规模、最有发展前景、最具影响力的家居全产业盛会。中国轻工业联合会会长张崇和，辽宁省政协副主席、省工商业联合会主席赵延庆，中国家具协会理事长徐祥楠等领导亲临大会考察指导，给予高度评价。在中国家具协会成立 30 周年的庆典表彰大会上，沈阳家博会被授予"中国家具行业品牌展会"荣誉称号。

3. 加强国际交流，拓展市场

2019年，先后组织企业去意大利米兰展，美国高点展、日本东京展、法国巴黎展、德国科隆展参观学习，考察当地家具业。辽宁省家具协会与美国驻沈农业处、美国阔叶木外销委员会、日本家具协会交流合作又有新进展，在木材采购、设计交流、开拓市场、提升辽宁家具的品牌结构、促进企业创品牌、走向国际市场起到积极作用。

4. 倡导慈善公益事业，承担社会责任

2019年，辽宁省家具协会两次带领会员企业到沈阳康平贫困地区，向当地学校捐献330套学生桌椅及书包等文具用品。

5. 成功组织辽宁省家具协会换届、评估和成立20周年总结表彰工作

2019年是辽宁省家具协会成立20周年之际，协会开展了一系列工作：11月，隆重召开辽宁省家具协会第五届会员代表大会，成功完成改选换届工作；12月，第三次蝉联"辽宁省5A级社会组织"；12月9日，举行辽宁省家具协会成立20周年总结表彰大会，来自全省的会员单位及行业相关企业代表近千人参加活动。同期举办了协会成立20周年成果展，激励全行业不忘初心和使命，奋勇向前。

辽宁省家具协会成立20周年大合影

哈尔滨市

一、行业概况

哈尔滨市家具及木材加工企业约 1000 家，其中规模以上企业 63 家，超亿元企业 33 家，年实现产值 170 多亿元，占哈尔滨市消费品工业总产值的 49.3%。家具行业规模以上企业实现营业收入 22.8 亿元，同比下降 3%；表明哈尔滨市 2019 年家具制造企业在市场销售不景气的大环境下，企业产值也呈现下滑态势。

二、行业纪事

1. 第十六届（哈尔滨）国际家具暨木工机械展览会

2019 年哈尔滨国际暨木工机械展览会是东北地区最具影响力和代表性的家具展览盛会之一，本届展会展览面积 78000 平方米，比去年增长 5.4%；参展企业 550 家比去年增长 10%；展出家具新品 10000 多种，首次发布家具新产品和参展样品均比去年提高 8% 左右，现场签约金额 11.8 亿人民币，同比增长 7%，展览面积、产品展示与贸易互利为历史之最。

2. 展现工匠精神和传承古典文化

设计大赛是推动哈尔滨市产业发展的新鲜血液，2019 年，哈尔滨市家具行业协会与东北林业大学共同打造的中国传统文化展区，在哈尔滨国际家具展上得以充分展现。不仅展示了上万年的乌木制作的家具，更有许多榫卯结构的中式古典家具。大赛"以木为载体，以技艺为传承"，对榫卯结构的研究与创新，为 2020 年中国传统工艺振兴计划助力。设计汇展现了黑龙江省优秀大学生的最新设计成果，为黑龙江省家具制造业的蓬勃发展注入新的设计理念，同时为大学生创新创业提供了展示平台。

3. 哈尔滨市家具行业协会成立 30 周年

哈尔滨市家具行业协会成立于 1989 年，是哈尔滨市最早成立的行业协会之一。多年来协会大力推动行业技术创新和产业发展，积极组织市场开拓，及时发布市场信息，认真开展行业培训，举办大型家具展览，并多次被评为全国轻工业先进集体、中国家具行业优秀协会、全国先进社会组织，是哈尔滨市 5A 级社会组织。

4. 与市场监督管理局签订《家具行业质量提升合作备忘录》

2019 年 9 月，哈尔滨市家具行业协会与哈尔滨市市场监督管理局签订《质量提升合作备忘录》，对促进哈尔滨市家具行业质量提升工作、产品质量认证、企业计量检定起到积极的促进作用。

三、家具流通卖场发展情况

哈尔滨规模以上家居流通卖场迅速扩张，由 21 世纪初的 9 家迅速增长到现在 24 家，遍布全市各个区域。各大卖场家居品类齐全，产业链完整，全市家具综合卖场总面积约达 232 万平方米，满足了哈尔滨市及周边市县的各类消费人群的购买需求。特别是像居然之家、月星家居、红星美凯龙等国内知名连锁品牌进驻哈尔滨市，提升了哈尔滨市家具卖场的经营理念，同时又为消费者提供了名优产品，实现了企业销售额、营业额增加，形成互利共赢的局面。

2019年，由于消费市场萎缩，家具卖场经营不景气，销售额下滑严重，本地的小型家具卖场转型已达到25家左右，大型连锁家居卖场也出现部分空场的现象。

四、行业发展情况

1. 品牌建设初具规模

在市有关部门的重视和帮助下，哈尔滨近几年将品牌建设作为家具行业的重点工作。一是加强宣传引导工作，与电视、广播等多种媒体合作，开设品牌介绍专刊、专栏，介绍产品特点和优势，逐步得到消费者认可；二是提升品牌意识，组织企业到发达地区参观交流，学习创立品牌的成功经验和做法，企业树立品牌的意识逐步得到增强；三是企业在生产经营管理中引进先进经验和做法，严管理，重质量，在全市逐渐形成了一批像卧虎、一鸣特、飞云、利鑫达、北方威特等知名品牌，产品得到了消费者认可，并在全国家具行业有一定知名度。

2. 软体家具自成体系

哈尔滨软体（沙发、软床、床垫等）家具企业约300家，在生产经营管理中，以市场为导向，大胆改革和创新，沙发、软床采用皮和布结合的设计理念，家具产品令人耳目一新，满足消费者的个性需求。经过多年培育和发展，形成了北方软体家具专属体系和风格。

3. 实木家具跨越发展

哈尔滨实木家具在20世纪80—90年代，依托原材料优势，在北方盛行一时，随着国家天然林保护及禁伐政策的实施，哈尔滨市实木家具企业步入低谷。近年来，国家提出"一带一路"建设，家具企业依托地缘优势，从俄罗斯大量进口木材，实木家具又一次迎来了发展机遇，一批像恒友家具、三兄弟家具、利鑫达木业、新明木业等实木家具企业发展迅速，市场占有率逐年提升，实现了销售数量和企业效益的双增长。

4. 定制家具异军突起

哈尔滨市定制家具虽然起步较晚，但发展势头良好，呈现异军突起态势。随着人们生活水平的提高和消费需求的增长，市场销量逐年提升，一批小的家具企业，也在向工厂化、机械化、自动化方向转变。

江苏省

一、行业概况

2019 年以来，江苏省家具行业整体发展稳定，家具经济发展进入新常态，在产品结构、生产制造、创新服务等方面不断提升。据调研，全省木家具制造企业中 40% 以上开展了定制家具业务，部分红木家具生产企业也推开定制家具和整装的布局，为企业经济带来了活力，占营业收入的 30%～50% 份额，木门业中定制份额更大，达到 70% 以上。实现总体平稳，稳中有进，稳中提质的良好发展态势。

据江苏省商务厅统计数据显示：2019 年，江苏省家具进出口总额为 49.12 亿美元，同比增长 4%，其中出口 47.78 亿美元，同比增长 5.1%，进口 1.34 亿美元，同比下降 25.4%。

二、行业纪事

1. 深入调查研究，反映企业诉求

江苏省家具行业协会对接省商务厅对外投资和经济合作处，通报江苏省家具进出口情况，交流中美经贸摩擦中的有关家具贸易方面的问题。参加省生态环境厅关于江苏省生态环境保护、服务企业高质量发展论坛，就本省家具企业现有环保方面的问题提出合理化的建议，得到上级认可并答复了整改意见。

2. 搭建沟通的平台，增进企业间联系

支持和鼓励各专业委员会积极开展活动，充分发挥大企业在行业内的优势，带动中小企业共同发展。组织江苏省办公家具企业赴南京海太欧林集团有限公司考察调研，参观展厅及板式、实木、钢制三大生产车间，学习先进制造和管理经验。组织红木、流通等企业在泰州市召开家具行业创新发展工作研讨会，讨论行业发展情况。参观考察睢宁县沙集镇电商家具产业，了解当地电商家具发展状况，参观国家木质家具及人造板质量监督检验中心（徐州）沙集实验室。

3. 协办家具展会，扩大营销领域，促进效益提升

组织企业赴东莞、广州、深圳和上海浦东、虹桥等地考察国内有代表性的家具展览会，鼓励企业

2015—2019 年江苏省家具行业发展情况汇总表

主要指标	2019 年	2018 年	2017 年	2016 年	2015 年
企业数量（个）	7000	7500	8000	8000	6500
工业总产值（亿元）	1569.65	1505.66	1450.19	1374.52	1318.99
规模以上企业数量（个）	700	700	700	700	600
出口值（亿美元）	47.78	45.44	40.2	36.2	36.32
家具产量（万件）	17141.16	16600.04	16130.01	15472.43	14985.4

数据来源：江苏省家具行业协会。

参展，拓宽营销渠道，了解行业发展趋势，在参观家具展览会同时，考察当地家具产业的发展状况。动员企业参加 2020 年中国南京移门和全屋定制博览会，是家具行业向固装和全屋定制方向发展的一个优秀的学习交流和业务拓展平台。

4. 重视行业标准化建设，促进技术质量水平提高

江苏省市场监督管理局在睢宁县召开儿童家具产品质量分析会。会上，通报了 2018 年第四季度徐州、宿迁两地儿童家具产品质量监督抽查情况。

5. 加强人才引进和培养，建立高素质的员工队伍

加强和深化校企合作，建立产学研合作平台和人才培养机制，南京林业大学与科派股份有限公司建立产学研基地，提高企业自主创新能力和竞争力。江苏省家具行业协会参与主办了"东方红木杯"2019 年中国技能大赛——第二届全国家具雕刻职业技能竞赛江苏选拔赛，来自全省各地 45 名选手同场竞技。大赛评选出特等奖 3 名，授予"江苏省技术能手"和"江苏省五一创新能手"称号，评选出一等奖 6 名，二等奖 10 名，三等奖 15 名等。江苏赛区前 6 名选手在全国总决赛中取得了优异的成绩。选手周根来获得工匠之星·金奖，推荐授予"全国技术能手"称号；葛乃中获工匠之星·铜奖。在常熟高新园中等专业学校挂牌成立"江苏省家居职业技术学院""江苏省家具行业培训基地"。为江苏省家具制造企业不断地输送和储备人才，鼓励更多的年轻人投入家具技艺人才行列。

6. 完善自身建设，强化服务职能

在常熟召开了江苏省家具行业协会 2019 年常务理事会议，12 月在海安召开了协会 2019 年年会，全省家具业界精英聚集一堂，共商行业发展大计。

三、特色产业发展情况

2019 年，中国东部家具产业基地围绕高质量发展要求，不断加快项目招引和市场建设。目前建成开业及在建的市场总面积已超过 100 万平方米。在市场龙头日趋庞大的同时，海安加大招引规模企业的力度，全年共计新建各类厂房 120 多万平方米，招引企业 106 家。海安及其周边已经集聚了近千家优质型家具生产企业，"研发有机构、生产有基地、物流有平台、销售有市场、服务有配套"的全产业链发展格局已初步形成。基地先后被评为"省级生产性服务业集聚示范区""江苏省放心消费品牌集聚区"，取得了令人骄傲的成绩。

江苏省常熟、苏州光福、常州马杭、如皋、海门、宜兴红木家具产业基地、常州横林金属家具产业基地、徐州贾湾松木家具产业基地，徐州沙集和宿迁耿车家具电商基地等在各地方政府的关心和支持下不断发展壮大。

四、家具流通卖场发展情况

2019 年，江苏省各大家具商场积极拓展江苏市场，加速从"大家居"向"大消费"转型。经调研：全省大型家具商场营业收入基本完成全年指标，部分非主流品牌的家具商场出现空置率上升和部分关停并转现象。

五、重点企业情况

1. 海太欧林集团

2019 年，集团荣获"中国轻工业家具行业十强企业""中国十八省市家具行业 2019 年诚信企业""中国十省市 2019 年'环保'家具知名品牌"，11 月，集团被江苏省工信厅等六部门认定为省级企业技术中心；公司由使用油性漆转变为使用水性漆，使用行业内涂装方面较环保的静电粉末涂装线，升级了污水循环处理站，在环保和节约用水方面有了很大的改善。

2. 梦百合家居科技股份有限公司

面对美国对床垫行业反倾销、加征关税、公司主要原材料价格大幅波动等多重不利因素的叠加影响，公司坚持自主创新不动摇，持续加大技改投入，注重全球化战略布局。公司已在塞尔维亚、美国、泰国等地拥有 3 个生产基地，在欧美、日韩等地区有 3000 家销售终端，在国内已有千家销售终端，且拥有约 20 万间零压房。

3. 江苏斯可馨家具股份有限公司

2019年1月,斯可馨桃花源&姑苏名家作为苏作家具的代表,入驻人民健康网,成为2019全国两会高端访谈指定品牌;7月,斯可馨北方(宁津)基地开工建设,总占地500多亩,将是斯可馨华东(海安)基地后的又一主要生产基地;8月,公司联合泛家居数据研究院、国富纵横发布《中国布艺沙发消费指数报告》,公司信息化升级,荣获省级工业和信息化5A上云示范企业;11月,公司荣获江苏省工业互联网示范工程—五星上云企业,是唯一一家苏州市家具行业质量奖获奖企业,构建高质量发展新优势。

2019年中国技能大赛——第二届全国家具雕刻职业技能竞赛江苏选拔赛

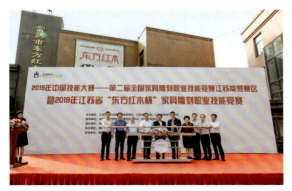

2019年中国技能大赛——第二届全国家具雕刻职业技能竞赛启动仪式

江苏省家具行业协会2019年会

浙江省

一、行业概况

2019年,浙江省家具产业结构不断优化,充分利用长江三角洲家具产业区的中心地带优势,在良好的地理环境和物质基础上,不断在技术、产品、设计等方面创新。从总体来看,浙江省家具行业发展总体平稳、稳中有进、稳中有升,长期向好的基本面在延续;拥有6个家具产业集群,产业链配套齐全、人才相对集中;企业提质增效,不断探索新零售销售模式,打造强大品牌,且在绿色环保与转型升级方面有着不错的表现,实现了高质量发展。

据浙江省经信厅和省统计局统计,全省规模以上家具企业963家,2019年实现工业总产值973.56亿元,同比下降0.55%;实现工业销售产值945.86亿元,同比下降0.61%;实现出口交货值523.46亿人民币,折合74.80亿美元,同比下降2.10%;其中,主营业务收入969.07亿元,下降1.8%,实现利税91.82亿元,增长18.7%;实现利润53.90亿元,增长48.8%;税金47.53亿元,增长1.0%,完成新产品产值444.72亿元,增长8.86%;产销率为97.16%,下降0.06%;完成累计产量2.40亿件,下降8.8%。据浙江省家具行业协会测算,全行业4000家企业2019年全年工业总产值2535亿元,同比增长4.9%,出口135.03亿美元,同比增长1.8%。

二、行业纪事

1. 内外销并举,稳中有进

2019年,浙江省家具企业在巩固外销市场份额方面,顾家、喜临门、永艺、恒林、大康、强龙、盛信、乐歌等一大批优秀的企业面对中美贸易

2015—2019年浙江省家具行业发展情况汇总表

主要指标	2019年	2018年	2017年	2016年	2015年
企业数量(个)	4000	4000	4500	4500	4500
工业总产值(亿元)	2535	2416	2256	2000	1800
主营业务收入(亿元)	2291	2183	2039	1851	1669
规模以上企业数(个)	963	870	812	762	739
规模以上企业工业总产值(亿元)	973.56	963.71	1037.56	963.51	874.78
规模以上企业主营业务收入(亿元)	969.07	952.48	976.96	886.59	811.05
出口值(亿美元)	135.03	132.64	118.2	103.81	104.41
内销额(亿元)	1632.9	1539.25	1473.51	1286.02	1142.2
家具产量(亿件)	2.40	2.13	2.16	2.17	2.11

数据来源:浙江省家具行业协会。

摩擦，积极主动作为；在内销市场方面，圣奥、顾家、喜临门、梦神、冠臣、莫霞、丽博等取得喜人的成绩；圣奥、年年红、丽博、兔宝宝、图森、昌丽、科尔卡诺、莫霞、乔金斯、千年舟、莫干山等企业在国内B端市场和C端市场上齐头并进，销售业绩持续增长。

2. 设计驱动，质量为先

近年来，浙江省家具企业坚持设计驱动，加快产品的更新迭代，产品种类更加细分，办公家具、民用家具、儿童家具、家具板材等各系列产品愈加完善。圣奥、顾家、喜临门、梦神、金鹭、城市之窗、利米缇思、永艺、恒林、花为媒、艾力斯特、大康、卡森、富得宝、诺贝、国森、星威、欧宜风、梦莹、莫霞、丽博、护童、美格登、富邦、顶丰、森川、恒丰、冠臣、科尔卡诺等企业以市场需求为导向进行产品的设计创新与研发，通过对主流消费市场喜好以及主流房型的研究，指导新产品的开发。圣奥的哈勃和阿维萨入围"2019年美国IDEA奖"，飒姆系列荣获了"2019年德国IF设计大奖"，圣奥旗下产品I-tech升降桌、云格智能座椅、飒姆沙发亮相世界互联网大会，获央视专题报道；柏厨橱柜荣获了"2018—2019年成功设计奖"；圣奥、丽博、柏厨、中信的产品均荣获"2019年度浙江省优秀工业产品"；年年红作为实木家具制造领域的唯一代表获得"建国70周年70中国品牌"荣誉。

3. 科技创新，智能制造

顾家家居、永艺股份的工业设计中心分别通过国家级工业设计中心标准验收。通过坚持加大设计研发的力度，浙江省家具企业正在实现由低成本优势向创新优势的转换，推动行业高质量发展。浙江省科学技术厅、浙江省发展和改革委员会、浙江省经济和信息化厅公布的2019年新认定省级企业研究院名单，浙江省德意智慧云厨房研究院、浙江省乐歌健康办公研究院、浙江省博泰智能健康坐具研究院、浙江省富和办公坐具智能制造研究院、浙江省嘉瑞福高端功能座具及智能制造技术研究院、浙江省盛信智能按摩家居研究院、浙江省川洋生态材料研究院、浙江省慕容智能时尚家居研究院8所研究院位列其中。2019年度浙江省创新型领军企业培育名单中，火星人厨具股份有限公司、浙江亿田智能厨电股份有限公司上榜。

4. 新营销，品牌升级

顾家家居在"37周年聚惠季"期间，以西安、武汉、郑州、长沙、杭州等主要城市的地标性建筑为载体，上演盛大的灯光秀节目；为抢占流量C位，顾家再度冠名2019天猫双11狂欢夜；杭州护童科技有限公司受邀入驻阿里巴巴国际站并入选天猫无忧购认证首批五星体验店铺。3月，"安吉椅业号"高铁专列上海首发，本次活动由安吉县政府组织，联动当地永艺、恒林、大康、博泰、大东方等9家椅业头条骨干企业共同参与，为浙江安吉椅业加速进军国内市场。

顾家、喜临门、永艺、恒林、富邦、城市之窗、年年红、好人家、利豪、耐力、新诺贝、阿尔特、梦神、博泰、星威、欧宜风、艾力克、莫霞、

麒盛科技（603610）在上交所成功上市

明堂红木家具设计制作第八次中日韩领导人会议会议桌

顾家家居"37周年聚惠季"灯光秀

澳利达、盛信、中源等企业积极参加上海、广州、深圳、东莞、苏州等地举办的家具展览，展现了"好家具，浙江造"的整体形象。星威国际家居股份有限公司携手著名设计师斯蒂芬诺·乔凡诺尼先生合作的 Qeeboo 品牌系列产品惊艳亮相意大利米兰家具展。浙江好人家家具有限公司携优秀产品参加德国科隆国际家具展览会，给经销商展示了好人家家具的质量、工艺、造型和公司的实力，进一步开拓国外新市场。浙江家具企业针对越来越年轻的消费群体，不断探索市场动向，及时捕捉市场变化趋势，将品牌文化与营销内容紧密联动、多渠道引流，为浙江省众多企业的品牌建设工作带来新启示。

12月24日，第八次中日韩领导人会议成功举行，在三国启动合作20周年的背景下受到国际社会广泛关注，会议现场，由明堂红木家具有限公司设计制作的会议桌再次成功吸睛；富邦美品成为电视剧《浙江的真朋友》指定家具合作品牌。售后服务是企业赢得市场好口碑的关键，是品牌建设中的重要一环。凭借专业化的售后服务，浙江省家具企业赢得了市场的广泛认可。其中，圣奥家具荣获"全国十佳呼叫中心""全国售后服务特殊贡献单位"；奥士家具、火星人荣获"全国售后服务十佳单位"；圣奥家具、昌丽家居、红星美凯龙荣获"全国售后服务行业十佳单位"。通过拓展销售渠道，重视品牌建设，浙江省家具企业的综合实力得到了提升，圣奥、方太、德意、卓木王等5家企业荣获"中国轻工业百强企业"称号；圣奥、喜临门荣获"中国家具行业十强企业"称号。

5. 资本涌入，行业关注度提升

2019年10月29日，麒盛科技在上交所主板上市，股票代码"603610"。至此，浙江省已有喜临门、永艺、顾家、卡森、富邦、格莱特、永强、帝龙、大丰、恒林、中源、乐歌、恒源等14家公司分别在上海、深圳、香港、法国证交所上市。

2019年，浙江省家具上市企业动作频繁。顾家家居取得杭州钱塘新区逾10万平方米土地，用于投资建设定制智能家居制造项目；恒林股份收购瑞士办公家具制造商 Lista Office，拓展欧洲市场；兔宝宝拟收购五月花木业、美洲狮木业、青岛裕丰汉唐，用于拓展北美与东南亚市场以及加强全装修工程领域的业务拓展能力。随着资本的不断涌入，家具行业的马太效应愈发凸显，浙江省龙头企业在家具市场上的集中度将进一步提升。

6. 不忘初心，践行企业社会责任

一直以来，浙江省家具企业把积极承担企业社会责任作为日常经营中不可分割的一部分，始终热心公益事业。2019年，金鹭、兔宝宝分别开展"爱心助学"结对活动，资助贫困学生完成学业；卡森集团组织三场无偿献血活动，用爱心为生命接力；柏厨推出的"柏爱无疆"系列公益活动先后开展了植树、国学传播等公益活动。浙江省家具行业协会理事长、圣奥集团董事长倪良正先生荣登第十六届（2019）中国慈善榜和2019年胡润慈善榜，荣获第六届浙江慈善奖——个人捐赠奖以及"2019年度中国公益人物"称号。圣奥于2011年成立了慈善基金会。八年来，圣奥慈善基金会在帮困救灾、敬老助学、光彩事业、精准扶贫等方面共实施慈善公益项目240多个，累计捐赠逾1.7亿元，受益人数超过15万人。

三、特色产业发展情况

至2019年年底，浙江省拥有6张家具产业集群"金字招牌"。各地区发展情况如下：

1. 杭州市——中国办公家具产业基地

根据杭州市统计局和海关统计，全市90家规模以上家具企业，1—12月实现工业总产值130.72亿元，同比下降8.2%；工业利税总额16.12亿元，同比增长25.7%；工业利润总额11.24亿元，同比增长96.3%。完成新产品产值为70.38亿元，同比下降9%。杭州市家具制造业出口交货值54.13亿元，去年1—12月出口交货值为65.6亿元，同比下降17.5%。

2. 海宁市——中国出口沙发产业基地

海宁市家具行业共有生产企业100余家，从业人员约3万人。根据海宁市统计局对45家行业内规上企业的统计资料汇总，2019年海宁市家具行业累计实现规上工业总产值78.57亿元，同比下降5.6%，利税7.92亿元，同比增长17.7%，全行业利润3.89亿元，同比增长38.4%。根据海关统计数据显示，海宁市家具及制品累计出口49.79亿元，同比下降21.5%。其中，布沙发出口27亿元，同比下降24.6%；皮沙发出口15.65亿元，同比下降26.2%；布沙发套出口8.25亿元，同比增长19.4%；皮沙发套出口4.11亿元，同比下降2.34%。

3. 安吉县——中国椅业之乡

"中国椅业之乡"安吉，是全球最大的办公椅生产基地。2019年，安吉椅业拥有191家规上企业，亿元以上企业59家，其中在上海证券交易所主板上市企业3家；2019年，安吉椅业销售收入达到405亿元，规上企业销售收入229.6亿元，同比增长2.1%，占全县规上企业销售收入总额的38.5%，利税贡献值在全县主要行业中排名第一。全县家具累计出口190.36亿元，同比增长7.2%，占全县出口总额的70.9%。2019年，安吉椅业板块稳定快速发展：5月，行业首家"椅业消费教育基地"在永艺正式揭牌；6月，中国安吉椅业博物馆（工业博物馆）揭牌仪式在大康控股集团有限公司举行，标志着全国首个椅业工业博物馆在安吉启动建设。

4. 玉环市——中国欧式古典家具生产基地

玉环的新古典家具和欧式家具在产品质量和工艺水平上处于全国领先地位。现有家具企业285家，规模以上企业33家，家具产量达93万件，工业总产值44.6亿元，出口值1.51亿美元，内销34.1亿元。2019年大风范公司与南京林业大学家居与工业设计学院共建"欧式家具研究院"；玉环国际精品家具城历经5年的建设，已于2019年12月开业；新诺贝为主制订《布艺沙发》"浙江制造"的团体标准，家具企业产品结构优化，2020将继续发挥玉环精品家具集群的集聚、展贸效应，打造玉环家具市场的升级版。

5. 中国红木（雕刻）家具之都——东阳市

经过多年发展，东阳木雕红木家具产业已形成了东阳经济开发区、横店镇和南马镇等三大产业基

地，东阳中国木雕城、东阳红木家具市场和南马花园红木家具市场等三大交易市场。目前，东阳市现有木雕红木家具企业 1336 家，规上企业 55 家，全年产值超过 200 亿元，从业人员 10 余万人。东阳形成了集市场管理、技术研发、质量控制三位一体的"一局一院一中心"的机构设置，即木雕红木家居产业发展局、中国东阳家具研究院、国家木雕及红木制品质量监督检验中心。除此之外，东阳市还建成了中国木雕博物馆、国际会展中心、木材交易中心、木文化创意设计中心、国家（东阳木雕）知识产权快速维权援助中心等平台。为了打造区域品牌，提升东阳影响力，2019年"红博会""东博会"从区域性的展会升级为国家级展会——中国红木家具展览会、中国木雕竹编工艺美术博览会。此外，"东阳木雕"还被核准注册为地理标志证明商标；"东"字标成功注册为集体商标。

四、家具流通卖场发展情况

1. 杭州大都会家居博览园

杭州大都会家居博览园是第六空间家居发展有限公司旗下一家经营世界顶尖家居产品的专业市场，拥有员工近 800 人，正处于稳健快速发展时期。市场总营业面积近 20 余万平方米。大都会由六馆一街七大专业主题商场组成，系高端国际家居卖场第六空间旗下的全国十三大商场体量之首。园区继承第六空间的"国际基因"，与众多进口顶级家居品牌达成了地区代理或战略合作关系；2008 年至今，宁波、苏州、合肥、无锡、绍兴、台州、重庆、西安、湖州第六空间商场相继开业汇集了全球顶尖行业翘楚，集购物、体验、休闲、互动于一体，将家居采购、行业交流、消费体验与艺术生活的完美结合，创新中国家居专业市场 MALL 化之路。

2. 锦绣国际家居

锦绣国际家居位居浙江金华，市场创建于 1995 年，旗下拥有回溪街江北店、婺州街江南店 1 号馆、江南店 2 号馆、金华商城店四大连锁卖场，16 万平方米营业面积，拥有浙江省首批"省四星级文明规范市场""全国巾帼文明岗""全国文明诚信经营示范市场"等多项殊荣。锦绣国际家居江北店是浙江中西部地区档次最高的现代国际家居馆，囊括了众多风格的高端家居品牌；锦绣国际家居江南店 1 号馆与 2 号馆合力打造高端家居商圈并与江南建材市场共同形成集家具、建材为一体的 20 万平方米家居购物中心；锦绣国际家居商城店位于金华商城 F 区，市场定位更年轻化，贴近大众消费，汇聚了一大批消费者耳熟能详的家具品牌。

3. 浙江广汇家居市场

公司主要从事市场开发、经营及管理服务，涵盖家具、陶瓷制品、装饰制品、装饰材料、床上用品、家居饰品、木材等各种生态的经营。目前运营的有衢州市广汇名品家具广场、衢州市广汇百姓建材家具广场二大主题商场，已全面打通低中高端家具、建材、装饰行业上下游产业链，实现了一站式购物体验。2018 年入驻的家居风格都是以北欧、中式为主，2019 年入驻的家居风格都是以轻奢、极简为主。两年期间新入驻的品牌有：意迪森、席梦思床垫、大自然床垫、非然家居、世作古典红木。据统计，浙江广汇家居商场五一节重装开业或新装开业的店面有近 20 个，这是近两年以来衢州大规模的家居环境升级场面，也是为衢州市民创造一个全新的家居购物环境。

2019 年度浙江出口名牌名单

序号	企业名称（中文）	申报品牌名称	申报类别	新增/复核
1	浙江美生橱柜有限公司	PORIC	建材冶金	新增
2	大康控股集团有限公司	大康	轻工工艺	复核
3	安吉县盛信办公家具有限公司	盛信	轻工工艺	复核
4	浙江强盛家具有限公司	强盛	轻工工艺	复核
5	麒盛科技股份有限公司	Ergomotion	轻工工艺	新增

4. 东阳红木家具市场

东阳红木家具市场成立于 2008 年，总营业面积 12 万平方米；红木品牌 100 多家，东阳市十大精品生产企业、红木家具行业知名企业年年红、大清翰林、明堂红木、中信红木等国内知名品牌悉数入驻市场。精品、名企精粹，为打造"高、精、专"市场品牌形象奠定基础，是东阳最早成立的红木家具专业市场。近年来，东阳红木家具市场对传统中式红木家具消费板块进行整合提升，将四楼原有现代家居重新定位新中式，先后入驻了地天泰·国风、杭生红木·观象新中式、佛山大招新中式、原点点、映江南、南洋迪克、瑭融等多家知名新中式品牌。市场每年商户入驻率达 95% 以上，销售额 15 亿以上。

五、品牌发展及重点企业情况

2019 年，全省有美生橱柜的"PORIC"和麒盛科技的"Ergomotion"被新增为浙江出口名牌，"大康""盛信""强盛"被复核为浙江出口名牌。

1. 圣奥集团

圣奥集团以办公家具为主营业务，是国内办公家具品牌综合实力领军企业，同时经营置业、投资等，是中国家具协会副理事长单位、浙江省家具行业协会理事长单位。公司拥有多层情景体验的健康办公体验馆及近 36 万平方米的绿色生产基地。位于钱塘新区的智能工厂已正式投产；具有地标意义的创业创新基地——圣奥健康办公生态园初步建成。2019 年，集团销售 38.76 亿元，其中家具销售 30.37 亿元，实现 35% 的增长；纳税 1.7 亿元，同比增长 6%，取得经济效益和社会效益的双丰收。公司作为行业内首家省级专利示范企业，投入巨资成立中央研究院致力于产品研发，拥有 CNAS 认证的实验室，在德国柏林设立圣奥欧洲研发中心，并携手浙江大学成立智能家具研究中心，积极引进、培养国际设计人才。目前，公司累计申请专利 1000 余项，并荣获"国家级工业设计中心""省级企业技术中心""省级工程技术研究中心"等称号；国内办公家具营销网点达 212 个，产品远销世界 113 个国家和地区，服务了 162 家世界 500 强企业、260 家中国 500 强企业，包括中国石油、中国石化、阿里巴巴、腾讯、中央电视台、中国工商银行、可口可乐、法拉利等。

2. 顾家家居股份有限公司

公司主要从事客厅及卧室家具产品的研究、开发、生产与销售。目前，顾家家居远销 120 余个国家和地区，拥有 4500 多家专卖店。旗下拥有"顾家工艺沙发""睡眠中心""顾家床垫""顾家布艺""顾家功能""全屋定制"六大产品系列，组成了不同消费群体需求的产品矩阵。2019 年，荣获工信部颁发的"国家级工业设计中心（2020—2023）"称号。顾家家居坚持以用户为中心，创立行业首个家居服务品牌"顾家关爱"，为用户提供一站式全生命周期服务。

3. 喜临门家具股份有限公司

公司于 2012 年成功上市，成为"中国床垫第一股"。在随后的七年里，营收持续速增，经营业绩及企业实力受到了资本市场的认可，目前拥有浙江绍兴、河北香河、四川成都、广东佛山、河南兰考、绍兴袍江、泰国春武里七大生产基地，越南生产基地已启动，喜临门正在迈入全球化布局，全国有 2100 多家门店遍布 700 多个城市。自 2013 年起，喜临门每年携手权威机构发布《中国睡眠指数报告》，为提高国人整体睡眠质量提供解决方案。2019 年，喜临门开启"保护脊椎计划"，点亮深圳、武汉、西安、成都、长春、福州、郑州、济南、上海、南京、合肥、杭州等 12 个城市护脊地图，让更多的消费者关注到脊椎健康对于睡眠的重要性。

4. 永艺家具股份有限公司

公司是一家专业研发、生产和销售健康坐具的国家高新技术企业，产品主要涉及办公椅、按摩椅、沙发及功能座椅配件，是目前国内最大的坐具提供商之一。目前公司拥有员工 4000 余名和三大生产基地，是国家办公椅行业标准的起草单位之一、业内首批国家高新技术企业之一，是国家知识产权示范企业、中国质量诚信企业、中国家具行业科技创新先进单位、服务 G20 杭州峰会先进企业、国家"绿色工厂"、省级绿色企业、浙江省家具行业领军企业；公司的健康坐具研究院是行业内唯一的省级研究院。同时，公司拥有国家级工业设计中心、省级高新技术企业研究开发中心、省级企业技术中心等众多荣誉。

5. 浙江大丰实业股份有限公司

浙江大丰实业股份有限公司（股票代码603081）主营业务为文体设施的系统集成，目前共形成了舞台机械、灯光、音视频、电气智能、座椅看台、装饰幕墙、智能天窗等多个门类、多个系列、多种规格的产品体系，产品广泛应用于文化中心、剧（院）场、演艺秀场、主题乐（公）园、体育场馆、电视台、多功能厅、会展中心、文化群艺馆、图博馆、学校等文、广、体、娱等场所。2019年，公司整体经营业绩稳中有升，优势业务继续保持行业领先，荣获了首批"国家文化和科技融合示范基地"，并成功发行可转债，募集资金6.3亿，为公司2020年业绩增长和创新变革打下了坚实基础。

6. 恒林家居股份有限公司

公司是一家集办公椅、沙发、按摩椅、系统办公环境整装、美学整装全屋定制家居及配件的国家高新技术企业，是国内领先的健康坐具开发商和目前国内最大的办公椅制造商及出口商之一。公司通过了欧洲、美国和日本等国家和地区知名采购商的严格认证，与全球知名企业IKEA（宜家）、NITORI（尼达利）、Office Depot（欧迪办公）、Staples（史泰博）、Source By Net、Home Retai（家悦采购集团）等建立了长期稳定的合作关系。

7. 中源家居股份有限公司

公司成立于2001年，主要从事竹制品的研发销售，2008年中源家居开启战略转型之路，专业从事功能性沙发的设计、生产和销售，市场遍及全球，为全球数百万家庭提供优质的产品和服务。先后获得"国家绿色工厂""国家知识产权优势企业""长三角G60科创走廊工业互联网标杆工厂""浙江省著名商标""浙江省第一批上云标杆企业""浙江名牌产品"等荣誉称号。公司始终坚持"专业沙发制造商"定位不动摇，在做精主业的基础上，向板式家具、寝具、智能家居等业务板块辐射，拓展内销市场。推进新零售战略，加强自有品牌和渠道建设；实施数字化转型战略，加快智能制造步伐。展望未来，中源家居围绕2025年100亿目标，加快从OEM贴牌生产到ODM自主设计生产再到OBM自主品牌生产转变，向价值链的中高端攀升。

六、行业重大活动

1. 2019年中国技能大赛——全国家具制作职业技能竞赛浙江东阳赛区选拔赛

由浙江省家具行业协会、东阳市人民政府共同主办的"2019年全国家具雕刻职业技能竞赛浙江东阳赛区选拔赛"于9月25—27日在东阳中国木雕城国际会展中心成功举办，来自全省各地160位木雕好手报名参赛，其中职工组101位，院校组59位。通过此次赛事挑选出的选手于10月底参加了全国总决赛，职工组前40名获奖选手中，浙江省占据10席，院校组前6名中，东阳年轻选手占据5席。省家具行业的职业技能大赛已成功举办3年，大大提升了家具职工的劳动技能和专业素质。

2. 第二届东作红木文化艺术节

2019年9月29日，由浙江省家具行业协会主办的第二届东作红木文化艺术节在东阳红木家具市场开幕，邀请了来自行业协会、书画、专业市场、工艺美术等领域的专家，就当前传统家具行业面临的发展瓶颈献计献策，探讨产业融合、文化赋能、转型升级等内容。东阳红木家具市场以本次艺术节为契机，打造一场中国传统文化的盛宴，向各地消费者宣传展示东阳红木行业的发展实力，提高东阳红木的知名度和美誉度。本届艺术节持续至11月19日。

3. 浙江省家具行业协会2019年会暨第六届四次会员代表大会

2019年12月12日，浙江省家具行业协会2019年会暨第六届四次会员代表大会在杭州太虚湖酒店成功举办。家具行业各重要领导，上海展、广州展、东莞展、苏州展等展会的负责人、连锁卖场的负责人及全省600多位企业代表参加本次会议。会议上审议并通过成立分支机构——浙江省家具行业协会办公家具产业分会、浙江省家具行业协会定制家居产业分会。

浙江省家具行业协会 2019 年会暨第六届四次会员代表大会

江西省

一、行业概况

近年来,江西深入实施工业强省战略,大力推进"2+6+N"产业高质量跨越式发展行动,全省工业经济保持平稳增长。现代家具产业作为江西目前梳理出来的十四项重点产业发展项目之一,确立了"一位省领导、一个牵头部门(责任人)、一个工作方案、一套支持政策"的工作模式,针对产业发展现状和特点,全面梳理供应链关键流程、关键环节,精准打通供应链堵点、断点,畅通产业循环、市场循环,推动大中小企业、内外贸配套协作各环节协同发展,协力推进江西家具产业的发展。

二、特色产业发展情况

随着江西全屋定制市场的迅猛发展和家装产业转型升级的不断深化,江西一大批全屋定制工厂(门店)应运而生。历时7个多月的筹备工作,2019年6月22日,江西省家具协会全屋定制联合工作委员会在南昌召开成立大会。工作委员会将组织会员单位开展多次产业交流、调研活动,致力于搭建江西全屋定制产业领域科学研究、成果孵化、产业集群培育、人才培养的高端平台,促进产业转型升级,让江西知名全屋定制家具品牌走向全国;促进会员企业"商务联盟资源整合",建立"共享平台",加快江西全屋定制产业的健康发展。

位于江西北部、九江西郊的瑞昌,是长江经济带上重要的港口工业城市。近年来,瑞昌市将木业家具产业列入"2+2"产业体系,作为百亿、千亿级产业来打造,投资建设中部红木产业园项目,总投资36亿元,包括木材交易区、仓储物流区、研发办公区、制造加工区等。项目总占地面积133公顷,规划标准厂房80万平方米,全部建成后年产值可超过百亿元。

中国林业集团华中国际木业家居产业园积极实施"园区+"的发展战略,围绕把产业园建设成为"中国一流、华中地区最大的木材木制品家居产业基地和物流中心"的目标,以国际贸易、木材加工、智能家居制造、产品研发、仓储物流、产业链服务为主攻方向,加快构建"一园一港一站"的现代化产业园,主动融入长江经济带,打造具有区域影响力的百亿木业家居产业园。

2019年底,位于瑞昌市的九江进境木材监管区正式通关运行。这是全省第二个进境木材国检监管区,项目一期已经投入使用,运行达标后年查验木材能力达到300万立方米,年熏蒸处理木材能力达到30万立方米,依托长江辐射华中地区400千米以内的木材消费市场,实现物流、人流、资金流、信息流、技术流的大集聚。不仅让本地木材企业享受到低成本优势,也促使瑞昌开启了从内陆走向沿海、从码头迈向口岸的新时代。

三、家具流通卖场面临问题

2019年,对于家具行业来说并不乐观,来自房产调控的压力不断增强,市场需求不断萎缩,卖场作为家居流通业的终端平台收到影响。各大卖场之间的竞争也日趋激烈。

一是消费者对家具卖场认知不明确,在线上线下调查的数据显示,高达60%的消费者在选择卖场时没有明确目标,呈现纠结状态,而只有30%的消费者明确知道去哪个卖场选购哪些家居产品,新兴卖场获得消费者的认知不够；二是产品同质化严重，各大卖场品牌结构类似，产品设计雷同；三是消费者认为当前家居卖场的营业时间偏短，家居卖场一般营业时间是 10:00 到 19:00，长一些的可以到 20:00，而消费者普遍的下班时间为 17:30。对于大多数消费者来说，下班后赶到卖场的时候，卖场即将关门；四是配套设施严重不足，调查显示，消费者最关心的配套设施一个是停车位，一个是配套餐饮，而这两项都是以往卖场建设中关注较少的。这四点虽然说是当前卖场存在的几大问题，但是同时也孕育着商机。谁先解决消费者最关心的问题，谁就占据了市场先机。

四、品牌发展及重点企业情况

1. 中林华中国际木业

"中林大家居"是瑞昌市华中国际木业有限公司打造的家具自主品牌，主要产品为木材、木制品、家居设计 3 大类，是家居一站式新零售平台，以新零售模式引领企业发展。中林大家居规划展厅总面积 30 万平方米，已建成近 7 万平方米，展销家具涵盖办公家具、户外家具、民用家具，拥有新中式、欧式、美式、现代、田园、轻奢等风格，依托完整的大型物流系统为消费者解决国内外各项运输服务需求，为消费者提供新模式的购物体验。

2. 江西得逸家居有限公司

公司致力于研发一系列高科技智能床垫，有逸仙、逸福等 10 多个床垫品牌。是目前我国为数不多的一家专业从事智能睡眠科技产品研发和生产的厂家，产品涵盖远程智能监测床垫、智能睡枕、智能音波助眠产品以及智慧养老大健康数据平台。其中远程智能监测床垫的技术创新性在行业里领先，达到国内先进。公司研发的该项产品将窄带蜂窝物联网（NB-IoT）、蓝牙及 WiFi 技术技术应用于智能床垫行业，国内先进。

3. 江西好日子橱柜有限公司

公司创建于 1998 年，工厂面积超 10000 平方米，从橱柜生产企业转型成为集设计、生产、销售于一体的全屋定制家居企业，是江西定制行业的标杆企业。公司积极对接国家一带一路政策，参与了巴布亚新几内亚国际会议中心中国援助建设项目的室内装饰项目，并获工程项目优质奖。

五、行业活动

2 月 23 日，"新形势，新使命，新作为"江西省家具协会第六届会员代表大会在南康顺利召开。400 余人参加会议，选举产生了以刘伟为会长、谢斌为秘书长的新一届班子成员。

11 月 21 日，2019 年中国南城校具（教育装备）生产设备展示会在南城县开幕。来自全国各地的 20 多家智能化设备制造商集结南城，充分展示设备智能化、工艺标准化的良性转变。

5 月 28 日，中国（赣州）第六届家具产业博览会在南康家居小镇隆重开幕。以"新设计+新品牌+新模式"为主题，通过"主会场+分会场"的方式，全方位展示南康家居全产业链。展览面积超 260 万平方米。

6 月 22—24 日，江西省家具协会与地方政府合作在南昌绿地国际博览中心举办"2019 中部（南昌）家具全屋定制暨建材新产品博览会"。

中国林业集团华中木业产业园

山东省

一、行业概况

2019年，山东省家具行业贯彻《山东省家具行业"十三五"发展规划》《山东家具行业转型升级实施方案》及省家具行业质量提升报告总体要求，补齐产业短板，探寻发展思路，实现提质增效。2019年山东家具生产企业4000余家，实现主营业务收入约1932亿元，同比增长约5.3%。山东以实木（定制）家具、人造板加工、木工机械最具行业优势。

受国际经济不景气、国内经济下行的影响，2019年山东家具行业增速继续放缓，增长率持续降低；同时国家环保政策的持续影响，小微企业及产业集聚区域（如：宁津、邹平、周村、高密）的企业受较大影响，企业停产整改，面临搬迁及环保设备的升级改造。2019年行业运行情况概况如下：

受电商、网络直播等平台影响，建材家居商城客流量开始减少，2019年成为商城实体店面出现客流减少的拐点。行业融合速度继续加快，整装公司、定制公司、设计公司不断分流客户。以"十一黄金周"为例，尽管企业、商家做足了优惠活动、抽奖赠送等准备，但是到店的客流量比平时没有太多增加，出乎大家的预料。

整装公司、定制企业仍然保持较稳定的增长。以整装、定制橱柜、衣柜、衣帽间、隔断、护墙板等为特点的一站式解决方案，适合当前大众需求，可以产生更多跟单，因此该类型企业增长率仍然有较高的增长率。很多企业也由标准化产品向整装定制化方向转变。

新材料、新技术、新工艺、新模式在快速涌现。以三维家、酷家乐等管理软件为代表的企业，深耕用户需求，软件系统不断升级。以金田豪迈、威力、巴吉数控为代表的国外生产设备和以南兴装备、弘亚机械为代表的国内木工机械，因家居企业处于转型升级的关键时期，实木家具、板式家具成套生产线、CNC加工中心等助推技术升级，嘉宝莉、大宝、展辰、博硕涂装等涂料（涂装设备）企业代表，助推涂装行业的技术升级。

企业的产品质量、服务体系不断升级。在产业提质增效、高质量发展的大背景下，加上激烈的市场竞争环境，企业必须站在更高的高度审视行业。产品质量、成本控制、管理系统、数据化、信息化能力、服务体系等，都是企业关注的重点。

产业链更加完善，企业开始呈现出强者越强、弱者出局的两极化格局，优胜劣汰成为必然。

市场转型，企业压力与动力并存。顾客的个性化需求倒逼企业提升产品设计能力。新消费时代，随着消费层级的升级，消费者不再仅仅满足于品牌，满足于低价，更看重产品的个性化特性。这既是机遇，更是挑战。

二、行业纪事

1. 3.15行业品牌推荐活动

2019年"3.15国际消费者权益日"主题为"信用让消费更放心"，鼓励引导消费者依法主张自身权益，积极行使监督权，加快消费领域信用体系建设。继续开展"环保家具知名品牌""家具行业诚信企业及示范商场"推荐活动，通过对达标企业的综合评定，26家企业荣获"环保"家具知名品牌；16家企业荣获家具行业"诚信"企业及"示范"商场。

2. 第 16 届青岛国际家具展

2019 年 5 月 16—19 日，第 16 届青岛国际家具及木工机械展在红岛新展馆举办，本届展会总规模达 21 万平方米，参展商 1342 家，开展首日观众达 12.6 万人次。展会在规模、品牌、品质上再次升级提升，打造出诸多亮点：实木家具馆，汇集近 500 家实木品牌同台竞技，大放异彩；软体家具馆，以时尚设计为引领，推出众多国际范、科技感、多功能差异化产品，引发软体家具"颜""质"革命；全屋定制馆，包含多品类产品和多元化模式，进一步向横向大家居一体化拓展；木工机械馆，扩充至 5 万平方米，数字化、信息化、智能化设备引领家具科技最前沿；实木半成品家具馆，品类繁多的实木半成品家具专为助力家具产业转型升级而来。本届展会以推动行业高质量发展为使命，围绕设计、技术等内容创新打造了多个特色亮点展区，包括设计互动广场、智能制造联合展区、设计帆·家具行业优秀设计机构联展、原创家具星光展等，带来最新的设计理念和技术，从不同维度推动行业高质量发展。

3. 第四届家具产业供给侧创新与发展峰会

2019 年 7 月 19 日，由山东省家具协会主办、山东万家园木业有限公司协办的第四届家具产业供给侧创新与发展峰会在淄博召开，本届峰会以"智能制造赋能升级"为主题。邀请国际国内知名数控机械、涂装设备、定制砂光、功能五金、信息科技等领军企业的技术专家进行前沿技术的讲解。同时，对上游供应环节板材、电动工具、胶黏剂、节能设备等新产品进行展示。意大利宝利诺巴吉木工机械有限公司中国区总经理何战对家具行业的 CNC 数控设备和机械人自动化现状与未来发展情况进行解读；广东汇龙涂料有限公司家具漆事业部副总经理尹志明就"家具、整木涂装的未来在哪里"这一行业核心问题进行阐述；青岛建诚伟业机械制造有限公司总经理邱建做了定制砂光机技术方案解析；杭州群核信息技术有限公司 / 酷家乐全屋定制运营总监司卫就"拎包入住 4.0 时代，家居业的数字化竞争力"主题进行演讲；海蒂诗五金配件（上海）有限公司技术总监 / 博士赵小矛就德国科隆展家具趋势与五金配件解决方案进行分享。会后参观了山东万家园木业有限公司信息化管理＋智能制造生产线、环保涂装生产线以及展厅。

4. 第七届会员代表大会暨"应对新挑战 擘画新未来"行业发展高峰论坛

2019 年 11 月 20 日，山东省家具协会第七届会员代表大会暨"应对新挑战 擘画新未来"行业发展高峰论坛在济南召开，会议选举产生了新一届理事会成员，选举山东银座家居有限公司等 6 家企业为轮值会长单位，山东凤阳家具有限公司等 33 家企业为副会长单位，选举山东巧夺天工家具有限公司等 153 家企业为常务理事单位，济南远航家具有限公司等 292 家企业为理事单位。高峰论坛分别从企业变革、新零售、新业态、战略定位和管理升级等方面，通过论坛交流和主题对话的形式进行了详细解读。南京林业大学教授许柏鸣作了《家具企业需要怎样的变革才能活着走向未来》专题演讲；路由平方（北京）科技有限公司创始人兼 CEO 周彬作了《家居新零售魅力及方案实施》专题演讲；济南德瑞嘉展览公司副总经理黄斌作了《新形势下，济青双城同展的行业使命与价值》专题演讲；山东大学教授王德胜作了《家具企业管理升级的方向与路径》专题演讲。主题对话环节六位对话嘉宾分别从拎包入住、定制家居、新零售、实木定制整装、智能制造和大家居模式等方面进行了深入探讨。

5. 首届色彩风格解析与家居陈列软装培训班

2019 年 9 月 24 日，由山东省家具协会、苏州匠心软装培训机构联合举办了首届色彩风格解析与家居陈列软装培训课程。知名软装设计师张晓倩以《色彩风格解析》为主题，分别从软装和软装设计思维的深度解析、空间色彩引诱、色彩基础原理认知、软装的八大格调、家具主流风格流行趋势深度解析等方面进行了详细的讲解；知名软装设计师沁洳（Sunday）讲解了《家居陈列摆场》的课程，分别从"陈列的技法""终端卖场软装成立系统"两个主题进行了授课，并带领学员在济南红星美凯龙进行现场教学。

6. 成立山东省家具协会跨境家居专委会

2019 年 7 月 19 日，山东省家具协会跨境家居专业委员会在淄博成立，旨在更好汇聚跨境家居产业链资源，服务山东省家居产业链进出口企业。9

月初，与马来西亚驻中国大使馆投资处联合主办的马来西亚投资对接会在青岛举行；9月27日，与巴基斯坦家具协会共同主办的"2019巴基斯坦与山东家具企业供需视频对接会"，通过网络远程视频举行，取得了良好成效。

三、产业集群情况及相关活动

2019年，为促进区域产业集群的进一步发展，发挥集群产业链配套优势，邹平好生街道、费县探沂镇、曹县庄寨镇三个区域产业特色鲜明，且具备良好的发展前景，省轻工联社组织专家组现场审核，决定授予邹平好生街道"山东铝制家居产业基地"、费县探沂镇"山东省木业产业基地"，曹县庄寨镇"山东省木制品产业基地"称号。

1. 第四届中国软体家具创新发展论坛，推进周村产业升级

2019年3月25日，由山东省家具协会主办、周村区家具产业联合会联合承办的第四届中国软体家具创新发展论坛在"中国软体家具产业基地——周村"成功举办。论坛演讲环节邀请淄博职业学院艺术设计系教授刘力、山东格名威培训策划公司董事长王希民，从色彩搭配、设计创新、营销战略、团队打造等方面对家具行业发展态势进行深入解读；主题对话环节邀请淄博宝恩集团、淄博恒富制品、白金管家、康林家居、梦舒然寝具、湖南爱晚集团等企业代表就产品研发、产业链上下游融合、未来发展等话题进行了交流分享。

"梦舒然杯"首届大学生家居创意设计大奖赛共收到来自17个大专院校的近400份参展作品。经评审，共选出优秀作品20个、铜奖作品5个、银奖作品3个、家居室内设计类金奖作品和原创家具设计类金奖作品各1个。并对获奖作品作者、优秀指导老师、优秀组织院校等进行了现场表彰和颁奖。

2. 中国（临沂）全国家具采购节，带动区域化发展

2019年3月23日，第12届全国家具采购节在临沂兰华国际家具城开幕。开幕首日，采购商人数突破新高达到12000千余人，线上观看浏览量突破20万。自2018年9月兰华国际品牌家具博览中心实现转型升级以来，形成了以兰华产业园为基地的产品孵化中心；以兰华国际家居为核心的家具商贸展示中心；每年运营两届全国家具采购节的会展营销中心；向全国家具卖场输出品牌的"品牌家具输出中心"，打造了具有兰华特色的家具营销平台，为生产企业和品牌工厂提供展示宣传，为入驻企业拓展渠道，为专业经销商带来优质工厂资源和全方位合作。

3. 首届中国板材与家居产业融合发展峰会

2019年9月19日，2019首届中国板材与家居产业融合发展峰会在菏泽召开。峰会邀请中国林业科学研究院木材工业研究所研究员彭立民就《家居用木质材料的发展现状与趋势》山东大唐宅配家居有限公司技术总监王鲁蒙就《定制家居下半场》南京林业大学家具与工业设计学院教授李军就《如何轻松快捷实现板式和实木家具的智能制造》作主题演讲。主题对话环节围绕板材与定制产业融合主

山东省家具协会第七届会员代表大会

第四届中国软体家具创新发展论坛

题，就产业趋势、技术实现、智能制造、园区建设、产业链配套、新零售、渠道开拓等要素开展对话与碰撞。

4. 山东成武家具产业园与知名商城对接交流会

作为北京、天津家具企业外迁地，菏泽成武家具产业园区已具备了一定的基础与规模，目前已聚集了近 40 余家生产制造企业，形成了新兴家具产业园区。2019 年 9 月 20 日，山东成武家具产业园与知名商城对接交流会在山东朗曼家具制造公司召开，进一步加深了生产企业与流通市场之间的直接沟通与交流，加速了山东家具企业的品牌推广和市场升级的步伐。

四、品牌发展及重点企业情况

1. 山东万家园木业有限公司

公司以生产全线实木定制类产品为主，为用户个性化需求提供整体解决方案。2019 年实现主营业务收入 3.2 亿元，同比增长约 5%。2019 年推出了实木涂泥线条，并申请了专利；优化升级 ERP 系统；将单组分水性涂料升级成双组分。

2. 山东鑫迪家居装饰有限公司

2019 年，公司木门、整体衣柜及家居配饰实现收入 7.97 亿元。以省级企业技术中心为平台，与中国林业科学研究院、北京林业大学建立长期合作关系；2019 年公司投资的"鑫迪家居工业 4.0 智能制造产业园项目"已经开工建设，一、二号车间已经封顶，正在进行配套设施的安装。

3. 山东裕丰汉唐木业有限公司

公司主营全屋木作类定制家具，2019 年公司实现销售收入近 10 亿元，上缴税费 4700 余万元，借助与上市公司兔宝宝的并购重组，公司开始向行业细分领域龙头企业迈进。2019 年公司编制《优菲家居企业技术标准》《室内门工艺技术标准》；深化 SAP 系统与生产需求的对接，实现数字化管理。

4. 山东恒久家具有限公司

公司主营实木家具及实木整装定制类系列产品，2019 年公司实现主营业务收入 2.8 亿元，同比增长 23%。2019 年，公司引进法国研发的全屋定制服务软件；建立恒久标准化定制服务系统，提升服务能力与服务水准。

5. 山东俏家木业公司

公司成立于 2014 年，占地 450 亩，员工 200 余人，拥有年产 15 万立方米超强刨花板生产线 1 条、年产 5 万立方米 LSB 超能家居板（轻质高强 OSB）生产线 1 条。2019 年公司实现销售额 1.28 亿元；与科研院校合作，打造重点实验室；提升精细化管理，开源节流，稳步增效。

6. 山东华汇家居科技有限公司

公司主营软体床垫、实木家具系列产品，注册商标"AiAOHOME 爱奥""华汇 huahui"。2019 年，公司实现销售收入 19912 万元，实现利税 4884 万元；完成"基于多传感信息的家庭式云睡眠监控床垫的研发"项目，主要针对新产品"睡眠监控智能床垫"开发；涂料改为水性漆，环保标准提高。

河南省

一、行业概况

2019 年，中美贸易摩擦与地缘政治冲突交织，国内经济转型阵痛加剧，市场需求长期低迷，工业品价格持续走弱，投资边际收益低位徘徊，全省工业经济承压运行，全省工业主要经济指标好于预期、高于全国，呈现出"总体平稳、稳中有进"的态势。

2019 年，河南省工业生产总体平稳。工业经济总体上实现了"高基数上的快增长"，规上工业增加值同比增长 7.8%。消费市场保持平稳。社会消费品零售总额 22733.0 亿元，增长 10.4%。河南省家具行业产品产量累计 3495.09 万件，比去年同期增长 43.3%。家具行业工业增加值增长速度为 16.2%。

二、产业发展概况

1. 产业集群

河南具有一定规模和影响力的产业集群有兰考、清丰、羊山、尉氏、原阳、庞村、平舆七家，其中兰考、原阳主要产品是橱衣柜、木门、地板、护墙板等定制家居；信阳羊山主要产品是沙发等软体家具；尉氏、清丰主要生产实木套房家具和实木定制家具；庞村主要生产钢制办公家具；平舆主要生产户外家具。国内最有影响力的家具和定制家居企业集中在兰考恒大家居产业园。以上绝大部分产业集聚区是通过当地政府积极承接发达地区产业向中西部转移、疏解非首都功能、抢抓京津冀产业外迁的机遇建成的家具或"泛家居"产业园区。仅有洛阳庞村是改革开放初期，自发形成的钢制办公家具产业园区。以上产业集聚区产品分类清晰，产业链不断完善，未来 5 年中将发挥极其重要的作用。

2. 实木家具

近 5 年来，通过不断参加深圳、东莞等全国和地方家具展会，河南实木持续稳定发展，涌现出许多优秀企业。尉氏的亿佳尚品、三佳欧上、邦瑞、北京华丰、盛邦华悦、华亿木歌、润亚亿森，郑州的质尊、雅宝，开封的木之秀、木韵，清丰的余木匠、世纪佳美、皇甫世家、东方冠雅、谊木印象、江南神龙、语木皇家、千家万家、美松爱家等。以上企业树立高质量发展的先进理念，崇尚原创设计，坚守河南制造，对工艺技术精益求精，彻底改变河南不能生产高端品牌的历史。据统计，河南具有一定影响力的实木套房和实木定制企业 350 余家。

深圳、东莞等全国和地方展览会促进河南实木家具的快速发展，深圳等地区的产品设计普遍受到河南企业追捧，高质量发展在河南家具行业已经形成氛围。大企业每年需要研发一款新产品，优化一款老产品，确保市场销售的产品符合当前流行趋势，产品品质满足中高端消费需求，主要市场在本省+周边多省，以及北方地区。

3. 软体家具

5 年来，河南斯谛依诺、鑫优迪、迪高乐、巴黎之春、品尚、今得宝等软体家具从县乡低端批发向中端零售转变，突破新产品研发、专卖店设计和生产工艺瓶颈。通过在福蒙特 A 馆开店和一年两届的展会，把产品销往河南和周边各省。这一模式在沙发、床垫、软床中产生虹吸效应，每年一批又一批软体和两厅家具企业放弃低端批发，满足中端消费。

4. 定制家居

以兰考恒大产业联盟（曲美、索菲亚、喜临门、江山欧派、大自然、皮阿诺）+TT 木门 + 原阳大信等为代表的河南定制家具龙头企业，形成兰考、原阳定制家居产业集群，结合全省近千家木门、地板、橱衣柜等定制家居中小企业，已奠定河南定制大省地位。

5. 金属家具

洛阳庞村是传统的河南钢制办公基地，近年来，钢制办公家具加快转型升级步伐，向绿色环保、个性化、智能化发展。涌现出一大批具有先进代表性的企业。其中莱特、花都等企业产品主要销往美国等发达国家；科飞亚公司的多款定制版家居产品成为网红爆款，网络销售持续火爆；三威公司、星高门业、通心公司等企业为中央国家机关定点采购单位、国家档案装具定点生产企业，中国防盗门标准制订单位；鑫星文保设备有限公司的特殊定制产品强势进入北京故宫博物院。

6. 户外家具

近年来，河南省平舆县把户外休闲产业作为全县主导产业进行培育。从 2016 年第一家企业入驻，至今集聚了 39 家户外休闲企业，已有河南基业、华东户外、中冠户外、中鑫家具等企业落户，成为中部地区最大的户外休闲用品产业基地，形成了完整的产业链条，入选河南省 10 家外贸产业基地。

三、行业活动

1. 清丰实木家具博览会

由清丰县人民政府、河南省家具协会共同举办的河南（清丰）实木家具博览会，是具有"清丰特色"的高中端实木家居博览会，该展会促进了河南实木家具高质量持续稳定增长。

2. 第九届郑州家具展会

2019 年 5 月 18—20 日，第九届郑州家具展会在郑州国际会展中心盛大开幕。展出了高端实木、品牌板木、青少年实木、智能制造等多个板块，同期举行中国软体家具展览会，通过聚合多方资源，携手行业企业，构建更加多元、高效的中西部家具业一站式展贸平台。

四、面临问题

河南是人口大省和消费大省，是典型的大行业、小企业，经济实力和企业规模不够大，人才匮乏，自主创新研发能力不够强，企业核心竞争力有待于进一步提升。

五、家具流通卖场发展情况

1. 河南欧凯龙家居集团有限公司

公司始创于 1997 年，是以中高端建材、家具连锁商场运营为一体的大型家居连锁企业，拥有 5 家精品家具连锁商场。自成立以来，以准确的市场定位和品牌化的连锁运作战略，与中外知名建材家居厂商紧密携手，凭借完善的科学管理、品牌连锁的推广优势，形成具有欧凯龙特色的中高端建材家具连锁营销网络，将专业营销模式带给中原消费者。已经逐步成为一个专业化、国际化的大型精品建材家具连锁企业。

2. 河南中博家具中心

该中心始建于 1992 年，是中部地区起步早、规模大、货品全的一站式家居营销、展示与配送基地，现已成为占地 300 亩、营业面积 30 万平方米、经营商家 2000 多户的大型家具营销商业中心。近年来，河南中博家具中心主动适应市场形势，积极推出工厂店直营、线下体验店、全屋定制等新型经营模式，给传统家具卖场注入了新的生机和活力；中心积极关注社会公益事业，设立专项慈善基金，资助贫困学子完成学业。

3. 福蒙特家居中心

该中心是中部大型家具工厂直销基地，2019 年是提升品牌形象的一年。通过加强企业管理、强化市场营销、推进文化建设等一系列举措，使福蒙特家居中心的发展进入到了更加标准化、品牌化、专业化运营的快车道。福蒙特 A、B、C 三大场馆，提供各类家具产品十万余种，带动 10 多亿元的下游产业产值，提供就业岗位 30000 多个，以春秋两季展会带动商家发展。

湖北省

一、行业概况

2019年,湖北家具行业经历了国外风险挑战明显上升、国内家具市场不确定性、消费升级、产业融合加大、市场竞争激烈等问题。为适应新的变化,坚持行业转型升级、企业改革创新、产品升级换代,在前进中克服了诸多困难,迎来了新的发展。

二、行业纪事

1. 市场开拓

为扩大省内企业销售市场,金马凯旋家居年内组织春、秋两季批发采购会,武汉和平大世界分别于3月、7月成功举办中部六省家具商贸洽谈会,为省内生产企业与经销商牵线搭桥。企业主动到省外参展,开拓市场。武汉超凡家具有限公司参加深圳实木家具展,湖北保丽家具有限公司为参加上海家具展,湖北菲凡家具有限公司参加东莞春、秋两季展。

2. 产业园建设

产业聚集是推动家具产业发展的重要途径,产业园区是家具产业聚集成长的平台。6月,中南家居产业园项目座谈会暨招商项目集中签约仪式在红色热土、革命老区大悟圆满举行,目前项目正在按规划推进;12月19日,监利县香港家居产业园举行了红木园12家企业集中开工仪式暨新一批入园企业签约仪式,红木产业园通过家居产业链配置,提高市场竞争力,打造长江中游红木家居产业集群;荆门市东宝区利用板材工业优势、制定优惠政策承接广东定制家具产业转移,诗尼曼等十余家定制家具落户并投产,打造定制家具生产基地。

3. 交流学习

2019年,组织召开企业转型升级咨询会,重点探讨行业发展转型升级出现的新问题,学习先进地区,典型企业的经验,邀请专家讲解,有针对性地拿出解决方案,取得了实效。

4. 参观学习

2019年,是组织企业负责人到省外参观学习组团批次和人员数量最多的一年。9月,组织百余人到上海参观木工机械和家具展;组织软体业到深圳参观软装展,了解行业跨业发展趋势;组织企业到河南清丰参加实木家具博览会,参观学习后,都有不同程度的收获。

2015—2019年湖北省家具行业发展情况汇总表

主要指标	2019年	2018年	2017年	2016年	2015年
主营业务收入(亿元)	450	430	428	360	300
规模以上企业数量(个)	200	198	198	175	163
规模以上企业主营业务收入(亿元)	260	248	236	193.5	187.7

数据来源:湖北省家具协会。

武汉市

一、家具流通卖场发展情况

1. 欧亚达家居年销售额破 500 亿元

2019 年，欧亚达家居实现了全国重点 100 城市布局 130 家商场的跨越式发展。截至目前，欧亚达家居经营总面积达 500 万平方米，年销售额超 500 亿元，自有物业面积超 100 万平方米；组织员工积极参加 2019 武汉马拉松赛和武汉国际渡江节；9 月，欧亚达家居荣获中国家具协会"中国家具行业领军企业"，徐良喜董事长荣获"中国家具行业杰出贡献"称号。

2. 金马凯旋家具入围武汉民营企业 100 强

武汉市 2019 民营企业 100 强入围门槛（营收总额）为 12.78 亿元，比 2018 年净增 3.27 亿元。武汉市金马凯旋家具投资有限公司排位第九，与上一年持平。9 月，肖凯旋董事长获中国家具协会"中国家具行业杰出贡献"称号，金马凯旋集团获中国家具协会"中国家具行业领军企业"称号。

4 月，公司举办第 8 届家博会暨春季批发采购会，参展商 180 家，参展面积 25000 平方米，采购商人数 4000 人，销售额约 5000 万；8 月，第 9 届家博会暨秋季批发采购会，参展商 212 家，参展面积 32000 平方米，采购商人数 5000 人；销售额约 6000 万；11 月，第 10 届汉口北交易会暨金马凯旋家具年货节，批发销售额 600 万，零售 300 万。

3. 和平人不忘初心，砥砺前行

和平大世界经营 25 年来，赢得行业内外众多口碑。入驻商户千余家，经营产品涵盖民用、办公、酒店宾馆、休闲娱乐等范畴，汇集高中档家具品牌千余种，销售网络辐射全国二十余个省市区。

4. 红旗建材家居改传统模式实现增长

2019 年，公司加大营销变革，着力线上线下两手抓，一方面优化小区地推、商业爆破、月度促

2015—2019 年武汉家具行业发展情况汇总表

主要指标	2019 年	2018 年	2017 年	2016 年	2015 年
企业数量（个）	900	900	960	1080	1150
工业总产值（亿元）	67	70	78	80	85
主营业务收入（亿元）	56	60	65	65	
规上企业数量（个）	20	20	20	20	30
规上企业工业总产（亿元）	15	16	18	20	25
规上企业主营业务收入（亿元）	9.5	10	15	15	25
内销额（亿元）	70	70	80	85	90

数据来源：武汉市家具行业协会。

销等传统营销方式；另一方面，在武汉本土家居企业中，率先启用微信小程序商城等在线销售，形成了一套独具红旗特色的线上线下合力引流的营销模式，成功完成11场营销活动。引进一线家居品牌：顾家家居、喜临门床垫、香港雅兰床垫、法恩莎卫浴、兔宝宝等；主流品牌：索菲亚旗舰店、芝华仕旗舰店、格调旗舰店等新装扩店，营业收入同比增长10%。

5. 金鑫·瑞德广场开业

由武汉市金鑫集团有限公司投资建设的金鑫·瑞德广场于2019年6月开业，和先期投入营业的金鑫未来港·国际家居商场是吉安市政府双重点工程，具有时尚苑、娱乐城、儿童梦、运动吧、美食乡、生活汇、科技社等多功能商业业态。

二、品牌发展及重点企业情况

1. 联乐家居、京东物流、腾讯新闻全面合作

2019年初，联乐家居与京东物流华中区、腾讯新闻在京东物流华中总部签署全面合作协议，在品牌宣传、营销推广、智能体验全面布局，打造华中家居市场创新标杆；7月，联乐集团用友财务供应链项目系统升级正式启动；9月，联乐家居睡眠体征监测新型系统项目参加科技成果转化签约仪式；被授予中国家具行业优秀企业。

2. 超凡印象北美·莫兰迪惊艳亮相

2019年3月，超凡家具携新系列——"印象北美·莫兰迪"美式家具在第34届深圳国际家具展上惊艳亮相，促转型升级；6月29日，"2019超凡工厂行"大型厂购会在超凡家具工厂总部盛大开幕，全国各地的众多客户不远千里来到活动现场。

3. 武汉锦天逆势突围

2019年，武汉锦天家具有限责任公司在逆境中异军突起，充分发挥自身优势，实现自身的发展。公司主营学校、医院用家具；严把环保关，全部使用水性漆涂饰。

4. 和年美家网络直播保持稳定销售

和年美家家居是现代化家具企业。现有标准化仓库10000余平方米，拥有百余项国家外观专利。和年美家通过线上云办公，网络直播销售，多仓发货等方式，保持了稳定的生产销售。专注于"全实木，水性漆"的环保家具产品，是湖北省水性漆推广示范基地单位。

三、行业活动

2019年1月10日，武汉市家具行业协会召开年会，来自家居品牌企业、家居卖场、供应链企业的代表和新闻媒体记者等500多位来宾汇聚一堂，分享家具行业过去一年追梦历程，讨论华中家居产业思变与革新之道。

联乐家居与京东物流华中区、腾讯新闻签约

睡眠生理体征检测系统签约现场

湖南省

1. 长沙建材家具博览会引爆星城

2019年3月22—24日,2019第11届中部(长沙)建材新产品招商暨全屋定制博览会和2019中部(长沙)家具博览会在长沙国际会展中心盛大开展。本届展会汇集了全国各地参展企业1600多家,近2000个品牌参展,展会规模扩大到近10万平方米,观众达25万人次以上。来自湖南、湖北、江西、贵州、广西、安徽、四川、云南、重庆、广东等地的三级建材、家居、家具、家纺、厨卫家电市场的相关经销代理商、加盟商和生产企业合作单位前来参展、参会,展会成交额已达50亿。

为了协助广大企业开拓国际东盟国家市场,组委会特别邀请了泰国等东南亚国家的客户参展、参观考察,并于2019年11月25—27日在泰国曼谷举办了长沙建博会的姊妹展——首届2019泰中(东盟)家具、建材、五金与酒店用品博览会,湖南家具企业晚安家居、舒康美家具、福湘木门参展。

2. 湖南省家具行业协会第二届就职庆典圆满完成

2019年3月22日,湖南省家具行业协会就职庆典在长沙举行,协会新一届领导班子亮相并提出未来五年规划,对上一届做出卓越贡献的企业和个人进行了表彰;同时,《湖南家协第二届理事会特

2019第11届中部(长沙)建材新产品招商暨全屋定制博览会

2015—2019年湖南省家具行业发展情况汇总表

主要指标	2019年	2018年	2017年	2016年	2015年
工业总产值(亿元)	400	530	550	502	465
主营业务收入(亿元)	420	550	570	540	500
规上企业数量(个)	108	115	120	115	100
规上企业工业总产值(亿元)	272	280	310	290	268
规上企业主营业务收入(亿元)	306	320	330	320	296

数据来源:湖南省家具行业协会。

刊》付梓发行，记录了协会成立五年来的行业历程，全面整合行业资源，凝聚行业力量，极具纪念意义和实用价值。

3.2019 中泰（长沙）经贸合作论坛召开

2019年9月21日，2019中泰（长沙）经贸合作论坛在长沙召开。论坛设置主题论坛、实地考察、项目对接、交流互动等九个工作环节，来自中泰两国政府代表、友好协会代表及企业代表1000余人参会。中泰双方围绕东部经济走廊对接"一带一路"建设下的经贸合作，深入开展全方位、多领域的探讨交流，致力推动湖南装备制造"走出去"发展，为促进中泰文化交流和经济协同发展做贡献。

中国装备制造、建筑材料等产业对泰国等东盟国家有着明显的出口便利和优势。比如：中国生产的建筑陶瓷、门窗、地面材料、卫生洁具和建筑电工、照明灯具、家具等物资不断进入东盟市场。泰国、越南、柬埔寨、老挝等东盟国家基础设施和民用住宅也在近几年出现了新一轮中国材料热潮。预计在未来几年时间里，东盟地区在基础设施的恢复、酒店业的兴建和民用房屋的重建等方面采用的中国材料，将创下罕见的规模。

湖南省家具行业协会换届

2019中泰（长沙）经贸合作论坛

广东省

一、行业概况

2019年，广东省家具行业经济基本面向好，在国家全面供给侧改革的形势下，继续实施"增品种、提品质、创品牌"的三品战略及绿色发展理念，呈现出以下特点：全面继续低速发展，中美贸易摩擦出口美国受阻，规模企业平均单价高于全国，从供给侧和需求侧两端发力，上市公司引领定制家具新发展，创新驱动促进品牌建设新台阶，经济会议指导行业健康新发展，设计引领外观设计专利新高度，会展经济开拓国内国际新市场，环保升级促进绿色发展新阶段，各种荣誉促进行业健康新发展。

据不完全估计，2019年全省家具销售总值4480亿元（下同），比上年4350亿元增加3%，净增长130亿元。扩大内销成效显著，内销额3140亿元，比上年增加5.5%，净增长165亿元。

1. 家具出口减少对美国市场依赖

据海关统计，2019年全省家具出口1340.6亿元，比上年同期1374.1亿元减少2.43%，净减少33.5亿元。约占全国家具出口的30.1%，与全国相比出口产品单价逐步提升。

家具被美国列入征税名单。受中美贸易摩擦影响，2019年1月1日起美国对家具等2000亿美元的中国出口产品从加征关税10%提高到25%，加上已经加征了十几年的木质卧房家具反倾销税、部分企业向东南亚转移的影响，2019年广东省家具出口美国358.43亿元，同期减少24.4%，占比从34.5%下降到26.7%，呈下降趋势。广东省家具出口企业积极应对出口低迷被动形势，通过调整布局，内外并举、线上线下开拓市场，设计创新、优质优价提高单价等策略，千方百计寻找新的市场，加强对"一带一路"沿线国家和地区的出口，尤其是对香港、新加坡、马来西亚等地出口取得较好业绩，直接对冲因中美贸易摩擦对广东省家具出口的影响。

木材被我国列入征税名单。受中美贸易摩擦影响，2019年1月1日起中国对从美国进口的木材报复性加征5%～25%关税，不同材种不同税率。美国是我国木质家具使用优质木材的重要来源，受家具出口美国受阻和对美国进口锯材加征关税的双重影响，2019年我国从美国进口锯材数量只有176.6万立方米，同比下降39%，净减少113万立方米。

美国对从中国进口床垫反倾销案作出终裁。2019年10月23日，美国商务部对原产于中国的进口床垫反倾销案作出终裁，裁定涉案企业倾销幅度57.03%～1731.75%。其中，包括广东省惠州

2019年广东省家具行业主要经济指标一览表

	2019年	2018年	同比增减（%）	净增减	占比（%）
总产值（亿元）	4480	4350	3.0	130	100
出口额（亿元）	1340.6	1374.1	-2.4	-33.4	30
内销额（亿元）	3140	2975	5.5	165	70

数据来源：广东省家具协会。

乐美家家居用品公司、佛山市智联家具公司、佛山市梦偌家居用品公司在内的20家企业被裁定平均倾销幅度162.76%；其他中国企业被裁定倾销幅度高达1731.75%。12月16日，美国商务部正式对华床垫发布反倾销征税令。

2. 规模企业，做出产业支柱新贡献

2019年，全省家具行业规模企业约1454家，占全国6410家的22.7%，企业平均主营业务收入15031万元/家。2019年全省家具行业规模企业主营业务收入2185.6亿元，比上年2141.7亿元增长2.1%，净增加43.9亿元，约占全国7117.16亿元的30.7%，占据全行业的半壁江山，继续发挥行业发展的中坚力量。2019年，全省家具行业规模企业总产量18451.93万件，比上年同期19842.11万件减少7.0%，净减少1390.18万件，占全国89698.45万件的20.1%。企业平均产量12.69万件/家。木质家具、金属家具大幅减产，其他家具基本持平。

3. 优质优价，平均单价高于全国

全省家具行业规模企业平均单价1184元/件，比上年1079元/件上涨9.7%。其中，木质家具、金属家具、其他家具平均单价分别为2068元/件、387元/件、1623元/件，分别比上年1731元/件上涨19.7%、371元/件上涨4.3%、1617元/件上涨0.4%。平均单价比全国793元/件高了49.3%，产品结构性调整仍在继续，逐渐淘汰低值产品，"优质优价"趋势明显。

二、行业纪事

1. 市场导向，从供给侧和需求侧两端发力

实施增品种、提品质、创品牌战略。发挥企业主体创新、市场需求导向、设计引导消费的作用，着力改善营商环境，适应和引领消费升级趋势，提高家具的有效供给能力和水平。通过加强家具新材料、新构建、新装置、新功能的开发和应用，加强家具产品开发、外观设计、产品包装、市场营销等方面的创新，开展个性化定制、柔性化生产，在单身公寓、健康养老、生态民宿、环保办公、医院升级等领域有新突破，绿色家具、新中式家具、多功能家具、定制家具、智能家居取得新成效，更好满足人民群众消费升级的需要。

新零售模式初见成效。在加大三、四级市场的开拓力度、扩大内需的同时，强化互联网、大数据等技术的运用，建立全方位的泛家居服务体系，在实体店、体验店、网店的互动支持下，发挥线上线下协同效应，利用网络布局优势及企业品牌影响力，

2019年广东省家具行业规模企业主营业务收入一览表

	2019年	2018年	同比增减（%）	净增减	占比（%）
总产值（亿元）	2185.6	2141.7	2.1	43.9	100
木质家具（亿元）	1274.8	1221.2	4.4	53.6	58.3
金属家具（亿元）	340.1	342.3	-0.3	-2.2	15.6
其他家具（亿元）	570.7	578.3	-1.3	-7.6	26.1

数据来源：广东省家具协会。

2019年广东省家具行业规模企业总产量一览表

	2019年	2018年	同比增减（%）	净增减	占比%
总产量（万件）	18451.93	19842.11	-7.0	-1390.18	100
木质家具（万件）	6163.72	7054.58	-12.6	-890.86	33.4
金属家具（万件）	8772.35	9211.64	-4.8	-439.29	47.5
其他家具（万件）	3515.86	3575.89	-1.7	-60.03	19.1

数据来源：广东省家具协会。

为消费者提供设计、配套、安装、售后等"一站式"优质服务，实现家具行业更加稳定、更有效益、更可持续的发展。

2. 上市公司，引领定制家具新发展

上市公司稳居全国定制家具前三位。定制家具行业迎来渠道变革、行业整合、客流迁移等多种挑战，上市企业顺应市场变化，通过加大新技术投入和新产品研发、推出新一代全屋定制新模式，提升自营城市市场份额、扩张加盟渠道业务、推进整装业务，带来经营业绩的快速增长，呈现与其他上市公司之间的差距逐渐拉大、巨头竞争日益白热化、营收增速大大放缓等特点。前三位定制上市公司全年营业收入合计 284.62 亿元，归属于上市公司股东的净利润（简称：净利润）合计 34.44 亿元，平均净利润率 12.1%，实现速度与效益同步，继续引领行业发展。其中，欧派家居（603833）营业收入 135.33 亿元，同比增长 17.58%；净利润 18.39 亿元，同比增长 17%。索菲亚（002572）营业收入 76.86 亿元，同比增长 5.1%；净利润 10.77 亿元，同比增长 12.34%。尚品宅配（300616）营业收入 72.61 亿元，同比增长 9.26%，净利润 5.28 亿元，同比增长 10.76%。

3. 创新驱动，促进品牌建设新台阶

江门健威家具公司、广东耀东华装饰公司入选国家林业和草原局"国家林业重点龙头企业"。深圳长江家具公司、中山市中泰龙公司、中山市国景家具公司、中山市派格家具公司被广东省林业局认定为广东省林业龙头企业。

深圳长江家具公司被中国轻工业联合会认定为中国轻工业工程技术中心，被广东省工信厅确定为省级工业设计中心。佛山丽江椅业公司被广东省工信厅、财政厅等认定为省级企业技术中心。广东联邦家私集团公司参与的 GB/T 10357.1～8《家具力学性能试验》等 8 项（系列）国家标准项目获中国轻工业联合会科学技术进步奖二等奖。

"中国红木家具生产专业镇"中山市大涌镇通过专家组复评；广东·中山（东升）第二届办公家具文化节在东升镇举行，推动区域整体品牌发展，更好地宣传"中国办公家具重镇"；中国龙江家居设计峰会在顺德龙江举办，会议展望在经济全球化的趋势下家具设计的未来发展之路，为实现家具行业的共同发展发挥了积极作用；广州市罗浮宫家居艺术中心开业，成为人们提升家居艺术品味和艺术修养的好去处；中山市华盛家具制造公司举行了智能制造技术成果行业分享会暨"中山市智能制造试点示范（创建）项目"揭牌仪式。

4. 经济会议，指导行业健康新发展

第十七届广东省家具行业经济工作会议是以"绿色创新，着力促进广东家具行业高质量发展"为主题，全面、及时、客观地分析广东省家具行业经济形势，准确把握我国经济运行特点和趋势，积极应对国内外错综复杂的经济新环境、新变化。会议提出 2019 年十项工作任务，全面实施"增品种、提品质、创品牌"的三品战略，继续掀起"绿色家具、创新发展、提升品质、引导消费"的绿色家具浪潮，形成广东省家具行业绿色创新发展的新优势。

第十八届广东省家具行业经济工作会议是以"创新驱动，促进粤港澳大湾区设计融合发展"为主题，在创意经济时代背景下，分析了行业经济运行情况，为推动家具行业设计创新对粤港澳大湾区文化软实力的增强作用，形成协同创新发展合力，促进家具行业高质量发展。会议提出了未来五年广东省家具设计工作的"创新驱动、设计服务、跨界融合、引导消费"的指导思想，明确了基本目标和主要任务。

5. 设计引领，外观设计专利新高度

广东省家具行业新授权外观设计专利达到新高度。广东省家具骨干企业在加大设计创新人力投入、产品设计研发资金投入、知识产权申请与保护工作成效显著，通过提高产品设计附加值，体现广东家具设计引领潮流，为实现行业"优质优价"策略提供有力保障。据广东省知识产权保护中心统计，2019 年广东省家具行业新授权外观设计专利 19889 件，同比增长 40%，占全国的 29%。2015—2019 年以 40%～100% 的速度增长，分别达到 2907 件、4378 件、7101 件、14222 件、19889 件，五年累计 48498 件，同比分别增长 40%、100%、62.2%、50.1%，十分喜人。

第 11 届广州家居设计展以"中华寻"为主题，邀请国内 50 所设计院校参展，寻找文化源泉，打造

中国家具展会设计院校第一展,并展出第九届"省长杯"优秀作品及"华笔奖"系列设计大赛获奖作品。展会以设计创新、成果转化为抓手,让获奖选手、获奖作品与企业对接,培育更多市场价值的商品。展会增设国际竹居创意生活名家邀请展,体现新时代、新设计、新生活的设计思想,推动新材料在家居行业的应用。举行家具行业设计年会、华笔奖系列设计大赛颁奖、家居设计流行趋势发布、高校联盟圆桌会议、绿色家具产业联盟绿色创新发展论坛、中国竹居生活设计青年论坛等活动,致力推动产、研、学的深度融合,推动中国家居行业设计发展。

系列家具设计大赛方面,百利杯·全国大学生办公家具、宜华杯健康养老家具、中泰龙杯办公家具、健威杯板式家具、红古轩杯新中式家具、荷花杯酒店家具等系列设计大赛,吸引来自全国相关设计院校师生、家具设计机构和企业的设计师踊跃参加,参赛作品水平不断提高,为推动行业设计创新、吸引人才、培养人才、发现人才发挥重要作用。

第18期广东省家具行业设计人员培训班有来自全省家具企业及设计机构、大专院校的53人参加培训,6人取得了优秀学员证书,部分学员顺利取得家具设计师专业技术职称。

广东省家具行业摄影大赛面向广东省家具行业青年摄影爱好者公开征集作品,以"青春·家具·人生"为主题,收到121人投稿摄影作品223组,创历史新高。获奖的摄影作品充分展现了家具行业青年的职业风采、成长足迹和团队精神。

6. 会展经济,开拓国内国际新市场

第43届中国(广州)国际家具博览会总面积达76万平方米,全球超过4300家优质展商和来自200多个国家和地区超过19万名专业观众相聚,共赴一场主题为"新品首发、商贸首选"的家居盛宴。一期"大家居展"、二期"办公环境展"、"木工机械及家具配料展"三大版块齐头并进,精准对接国际国内两大市场,成为品类最多、规模最大的综合性国际商贸平台。

第44届中国(上海)国际家具博览会以"全球家居,生活典范"为主题,汇聚了1500多家国内外家居品牌,展览规模40万平方米,15万名专业观众再创新高,见证大家居行业的"全球家居生活典范"。从高质量发展、绿色发展,知识产权保护等多个维度引领家居展会行业的创新发展。

第34届深圳国际家具展览会打造集设计、潮流、品质、科技、教育等于一体;第41、42届国际名家具(东莞)展览会开启成品与高端定制融合、与全屋整装融合的展览新业态;第37、38届国际龙家具展览会推进环保为展的理念落实,提升展会各阶段的环保要求;第27、28届亚洲国际家具材料博览会(AIFME)推动外贸订单增长,提升市场国际化水平;第14届中国(乐从)红木家具艺术博览会以"永恒与无界"为主题,展现出中式意境与现代时尚的无界融合;第三届中国(中山)新中式红木家具展以"国潮中式 优选生活"为主题,提出"与经销商一起批发价买红木"新主张。

7. 环保升级,促进绿色发展新阶段

倡导家具产业链绿色创新发展论坛从不同的角度交流探讨绿色家居行业在环境改善、设计创新、技术突破、产品认证、消费升级、合作共赢等方面面临的形势任务和机遇挑战。

推进广东省家具行业排污许可制度改革。生态环境部发布《排污许可证申请与核发技术规范 家具制造工业》(HJ 1027—2019),国家排污许可证管理信息平台申报工作开启,广东省规模以上企业基本完成排污许可工作。

8. 雕刻大赛,弘扬家具工匠新精神

第二届全国家具雕刻职业技能竞赛在广东南海、中山、新会的分赛区赛事由地方政府和广东省家具协会主办,共评出职工组金奖3名、银奖6名、铜奖19名,28名获得广东省家具协会授予"广东省家具行业技术能手"称号。赛后举行了广东赛区成果展,选拔的21名职工组选手在全国总决赛中,获得银奖2名,铜奖5名,优秀奖12名,工匠之星奖2名。

9. 荣誉称号,促进行业健康新发展

台山伍氏兴隆明式家具艺术有限公司伍炳亮被全国总工会、中国轻工业联合会授予第一届中国轻工"大国工匠"荣誉;新会区名嘉坊古典家具厂洪国强被国家人力资源和社会保障部授予"全国技术能手"称号;新会区琪琳红木家具厂徐力频、江门

源天福红木家具公司黄铁山、新会区古业明清古典家具厂李皋生、深圳市福缘艺家红木家具公司彭进义、深圳祥利工艺傢俬公司熊志峰等被广东省人社厅授予"广东省技术能手"称号；广州尚品宅配集团李连柱、广东维尚家具制造公司黎干获得第五届"广东省非公有制经济人士优秀中国特色社会主义事业建设者"称号。

广东省家具协会王克当选广东省十三届人大社会建设委员会委员；广东省家具协会被广东省工业和信息化厅授予第九届省长杯工业设计大赛"先进集体"，张承志、辛宝珊荣获"先进个人"荣誉。

在中国家具协会成立三十周年中国家具行业表彰活动中，广东省家具协会等荣获"突出贡献单位"，谭广照等荣获"卓越贡献"，王克等荣获"杰出贡献"，广东联邦集团等荣获"领军企业"，广州斯凯公司等荣获"优秀企业"，中国（广州）国际家具博览会等荣获"品牌展会"荣誉。

广州市

一、行业概况

过去的2019年,对于广州家具业来说,有挑战,也有机遇,还有远未结束的变。定制下滑、整装变阵、电商凶猛、新店不少是2019年广州家具业的四大关键词。

二、家具卖场发展情况

广州本地家居流通市场具有卖场多、消费层次丰富、本土与外来品牌融合发展的特点,全方位满足本地及周边地区消费者消费需求。据不完全统计,广州全市范围内家居建材卖场总体面积接近200万平方米。现有吉盛伟邦、高德美居中心、维家思广场、马会家居、金海马家居、博皇家具博览中心、香江家居、红树湾家具博览中心、万户来家居、丽栢家具广场、黄石家私广场、大石家私城、美泰家居广场、好运来国际家居广场、欧亚达家居、百安居、安华汇等十多家专业家居建材卖场,还有近年来在广州东部黄埔大道布局的罗浮宫、宜家家居、居然之家等。

广州黄埔大道的车流量在广州主干道排行榜上数一数二,从东往西,一系列特色家居和建筑卖场映入眼帘。黄埔大道科韵路口附近有开业多年的东方建材市场和百安居,保利金融大都汇即在路对面,广州罗浮宫家居艺术中心已于2019年9月30日亮相。除了广州罗浮宫艺术中心以外,宜家家居、居然之家紧锣密鼓准备进场。据公开资料显示,后者将是居然之家集团公司斥巨资在广东地区开办的第一家直营家居生活体验MALL。再往东行3千米左右,就抵达红树湾家具博览中心。加上在珠江新城的维家思广场,这段直线距离长达10千米的黄埔大道段,聚集一大批大型家居商场,覆盖各类消费人群,俨然成为广州人气最旺的家居大道。

广州东站宜家广场已经于2019年8月24日正式结束营业,新的宜家商场位于广州市天河区黄埔大道东663号,于2019年8月28日开业。新商场更宽敞,建筑面积约21000平方米(比东站商场多5000平方米),展间数量45个。发售宜家全线系列近万种产品(较原商场增加2000~3000种商品),餐厅将扩容至500多个座位(比东站商场多362个),并首次在广州市场引入宜家咖啡馆的概念。

2019年9月30日开业的广州罗浮宫家居艺术中心由国际著名建筑师操刀,采取别具风格的塔式五层布局,通过架空全景长廊连接A、B、C三座独立展馆,总规划面积达15万平方米,设有十五大家居主题体验区、创意设计中心、软装陈设中心和国际高端整装定制中心。不仅汇聚了众多国内一线经典家具品牌、世界知名的建材卫浴品牌、高端全屋定制品牌等,更首次为广州地区引进了Fendi Casa、Armani Casa、Bentley Home等欧洲顶级进口家居品牌,为消费者带来全球最前沿的家居生活方式和创意灵感。

作为居然之家集团公司斥巨资在广东地区开办的第一家直营家居生活体验店,建筑面积15万平方米的居然之家广州购物中心目前是粤港澳大湾区最具特色的"一站式"购物中心。居然之家广州购物中心引入全新概念,从以产品分类为标准向以空间分类为标准转变,打造智慧门店,领跑家居新零售。不仅汇集了数百个国内外一线家居建材知名品牌,还将引进影院、生鲜超市、韩国超人气网红运动乐园Sports Monster、大健康、儿童游乐、教育培训、餐饮美食、零售百货等。

此外，欧派家居与红星美凯龙强强联手，在广州琶洲打造的欧派总部大楼也吸引业界关注，势必会进一步加快广州家居卖场的洗牌步伐。

三、品牌发展及重点企业情况

1. 广州市番禺思联现代画饰有限公司

思联画饰是一家主营原创设计和原版装饰画的艺术企业，成立于1997年。长期以来，思联与国际艺术为伍，汇聚了全球各地的签约艺术家，拥有专业的原创团队和精湛的设计工艺，坚持原创精神，以最新鲜的流行趋势引导产品，秉承新颖而独特的设计理念。公司长期承接国内外酒店项目、软装工程，20年来，公司已先后在英国、美国、香港、广州等地开设了工厂和分公司。

2. 广州绣品工艺厂有限公司

广州绣品工艺厂有限公司是一间以广绣绣画为主导产品的专业性生产企业，是省市级老字号企业，拥有中国刺绣艺术大师、省市工艺美术大师、国家级及省市级非物质文化遗产项目粤绣（广绣）的代表性传承人、高级技师、技师等一批从事设计、研究、创作、刺绣的专业人才。1955年5月创建以来，公司新老艺人继承和发展了广绣这一民间传统工艺，学习、借鉴现代刺绣针法，以人物、山水、花卉、动物等为图案，创作出不少富有传统艺术特色和鲜明时代气息的优秀的广绣绣画，深受社会各界喜爱，公司制作的巨幅绣画《夏日海风》和《红棉白孔雀》《澳门晨曦》分别收藏并陈设于全国人大常委会会议厅和人民大会堂广东厅、澳门厅。作为一种纯手工刺绣的民间艺术工艺品，广绣绣画适宜家庭收藏摆设，以及酒店、宾馆、会堂和办公室等装饰使用，具有较高的艺术欣赏和收藏价值。

四川省

一、行业概况

2019年，中国家居行业依然处于转型升级的变革期。在环保要求严格管控、原材料和经营管理成本不断上升、上游房地产市场有序降温等因素的共同作用下，家具产业发展维持整体平稳、局面震荡的大格局。与此同时，从全屋整装到拎包入住，从实体店流量跌落到主播疯狂带货，从设计师品牌到家装设计工作室，从科技赋能到消费场景变革……家具行业作为传统的实体制造业，面临着严峻的困难和挑战。

四川家具产业的转型变革相对较慢，发展速度等方面与前沿企业存在一定差距。但2019年是四川家具市场快速转型的一年。在消费前移、市场变化、产业升级的严峻挑战下，2019年全省家具产业总值保持在千亿元左右，其中规模以上企业的工业总产值占比有所提升；市场的震荡和升级要求自然筛除掉了少部分综合实力不足的企业，却也在一定程度上促进了产业集中化的提升。

二、行业纪事

1. 产品创新与渠道创新双管齐下

在过去三十余年的发展历程中，四川板式家具产业兴盛。近些年来，随着消费升级以及新一代购买人群的审美变化，四川板式家具的风光已经不复从前。也正是因为意识到这一点，一大批四川家具企业适应变化、勇于创新，从产品材质、功能、智能化等多方位不断创新变革，四川家具正在以更好、更强的面貌不断刷新市场的认知。

与此同时，四川家具发挥全国各地市场"实体店、体验店"的作用，发挥线上线下互动的协同效应，探索发展"新零售"模式等，力争为消费者提供设计、配套安装、售后等一站式服务，拓展传统渠道和互联网零售业务。

2. 环保成为行业发展的标配

家具的环保问题早已是消费者关注的焦点。消费者在选购家具产品时，越来越重视产品的环保安全，从而倒逼了整个行业围绕环保的加速变革。经过几年的努力，四川家具企业的环保意识普遍加强，环保设备的配置到位，基本做到科学有序地运转，环保已经成为行业发展的标配。

3. 整装定制风头正盛

2019年，整装定制和拎包入住的风头在四川家具行业内盛行。行业内一部分实力型企业先后涉足整装，相当大一部分企业陆续增设定制服务，同时也在加快与碧桂园、恒大、万科等地产公司的合作步伐。

4. 品牌建设，促进行业稳步发展

在外部条件严峻性加剧、内部转型升级要求迫切，市场竞争激烈的总体形势下，注重品牌建设是企业的当务之急。近年来，四川家具产业集中度提升的过程，也正是品牌建设逐步夯实的过程。短期看，这一过程淘汰了部分竞争力差的企业，长期看，却是促进行业稳步发展的必经阶段。

5. 会展经济，促进开拓国内外市场

2019年6月1—4日，第二十届成都国际家具工业展览会在成都世纪城新国际会展中心和中国西

部国际博览城同时举行,并首次启用西博城室外展区,展览总规模 34 万平方米,参展企业 3000 余家。其中,中国西部国际博览城展区展览规模 24 万平方米,展示成品家具全产业链,世纪城新国际会展中心展区展览规模 10 万平方米,展示中西部第一、全国一流的定制智能家居全产业链。该届成都家具展以"中国平台·全球共享"为主题,不仅集交易功能、融合功能、创意设计功能等一体,同时更加注重家居设计、潮流和跨界,让众多客商眼前一亮的同时也戏谑"患上了选择困难症"。

四川省家具行业商会、成都八益家具城继续举办"四川家具 2019 春季订货会",并与第二十届成都国际家具展同期举办"四川家具 2019 夏季订货会",共同展销四川家具品牌形象,为推动四川家具产业发展发挥重要作用。

三、家具流通卖场发展情况

成都八益家具城作为中国西部家具商贸之都主体市场和最具影响力的家具批发市场之一,2019 年通过持续改善硬件设施,优化提升服务水平等措施,保障了商场的稳步、有序经营。同时,继续成功举办了主要面向全国经销商的订货会,面向终端消费者不间断的举办各种促销活动,均取得了较好的成效。

同属于西部家具商贸之都区域的成都太平园家居博览城,2019 年同样通过举办春、夏、秋博览会,以及各种优惠促销活动,促进了商场的稳步经营和发展。

5 月 31 日,富森美拎包入住生活馆正式揭幕。成都富森美家居股份有限公司董事长刘兵表示,这是一个顺应现代商业消费升级与新青年消费需求变化的战略布局,为更多年轻人提供更省时、省力、省心的一体化服务。

四、品牌发展及重点企业情况

2019 年,全友家私有限公司依托三十多年积累的品牌价值和市场营销,围绕"坚持用户思维·驱动能力建设"的经营主题,以运营能力、服务质量等工作为切入点,聚焦用户需求,持续提升终端运营能力,达成营销目标,推动全友绿色事业再上新台阶。

9 月份,工信部公布了第四批绿色制造公示名单,全友家私有限公司荣列 50 家绿色供应链管理示范企业榜单中,是唯一一家四川家具企业;全友凭借稳健的发展以及业绩上的突出表现,9 月 26 日,荣获成都企业家协会等颁发的"2019 成都百强企业""2019 成都民营百强企业""2019 成都制造业百强企业"三项殊荣;12 月 27 日,荣获四川省家具行业商会颁发的"美居中国·四川家具 2019 整装定制优势品牌"荣誉称号。

贵州省

一、行业概况

2019年，中国家具行业市场多元化布局突围困境，众多企业发力整装市场寻找新突破口，贵州企业也进行了诸多尝试和努力。然而，面对瞬息万变的市场环境，贵州家具企业与全国先进的家具企业相比，任处于产业链的中低端，在团队文化、企业创新、品牌建设等方面都距离全国知名家具品牌还有较大的差距。为此，贵州省家具产业要做大做强，就要对企业发展正确定位、整合资源、快速有效地组建高效团队，深度参与中国复兴的行业分工，打响贵州家具品牌。

近五年以来，贵州家具行业经历了一个高速的发展期。随着产业化和园区化的建设，全省出现了一批具有先进水平的家具明星企业和家具配套产业。根据工商和家具行业统计，全省现有注册家具生产企业5590余家，其中初具规模1200余家，2019年全省家具行业工业总产值达到223亿元，其中规模以上企业80余家，工业总产值实现64.8亿元，2019年全省家具行业增长率10.86%。贵州家具行业呈现出高速增长的态势。

二、行业纪事

1. 举办第四届贵州家具展

贵州省家具协会继续举办第四届贵州家具展，同期举办2019贵州定制家居展，以"设计驱动，定制未来"为主题。本次展会得到了贵阳市文化旅游局非物质文化保护中心、贵州省室内装饰协会、贵州省工艺美术协会、贵州省照明商会的鼎力支持，还有来自广东、广西、成都、山东、福建、北京等地的企业积极参与，使得本届展会顺利开展。

2. 家居卖场与生产企业良好对接

贵州省家具协会积极对接家居卖场资源，为贵州企业拓展销售渠道。协助企业编织一张完整的经销商网络，与贵州西南国际家具装饰博览城、红星美凯龙、居然之家、港艺家具广场等优势卖场，保持良好的互动。2019年，红星美凯龙贵州分公司开启"0580"计划，即5年之内在贵州开店80家计划，基本覆盖贵州全省所有市县。

2015—2019年贵州省家具行业发展情况汇总表

主要指标	2019年	2018年	2017年	2016年	2015年
初具规模企业数量（个）	1200	1186	1180	1180	1160
工业总产值（亿元）	223	184	138	115	95
规模以上企业工业总产值（亿元）	64.8	58.3	53.6	49.33	43.83
家具产量（万件）	410	395	388	373	309

数据来源：贵州省家具协会。

3. 贵州家具行业数据库建立

从 2016 年开始，贵州省家具协会行业数据库成为重点工作，数据来自贵州 88 县 9 个地州的建材市场，以及贵州家具展和相关活动，截至 2019 年底，贵州省家具协会已经拥有全省 97000 余条数据、6500 余条省外企业数据，未来，这些数据能在企业渠道拓展方面，发挥良好作用。

4. 家居品牌整合服务商"小马大定制"开始运营

2019 年 10 月，由贵州科美瑞家居制品有限公司发起，贵州天峰板业、贵州摩尔敦家居、贵州好糊床垫等 50 余家家居品牌企业，成立"小马大定制"营销平台，其新营销模式的创新探索，为贵州家居行业塑造了新的典范。

5. 标准制定，积极推进标准化工作

家具标准的制定，对家具产业的质量提升起到巨大的促进作用。2019 年，贵州省家具协会同贵州产品质量监督检验院发起了贵州首个定制家具团体标准《定制木质家具验收及售后服务规范》的编制工作，积极推进贵州省家具标准化建设，目前该标准已通过审定。

6. 第二届贵州家居设计大赛举办，鼓励原创产品

2019 年 8 月，第二届贵州家居设计大赛在贵州西南国际家居装饰博览城的大力支持下顺利举办，总共收到来自全国各地的设计师 900 多幅投稿作品。经过初评和复评，最终选出一等奖 1 名、二等奖 2 名、三等奖 3 名和优秀奖 20 名，在一定程度上推动贵州家具原创的兴起。

7. 举办行业发展论坛

2019 年 8 月 16 日，由贵州省家具协会同三维家共同主办的 2019 贵州家居行业发展论坛暨"印迹中国·寻找家居新势力巡回分享会"在贵阳国际会议展览中心三号馆举行。会议邀请行业专家和行业人士到会分享，共同讨论家居产业信息化、品牌效应、智能制造、设计生产一体化等热点议题，共同谋划家居产业大未来。

8. 组织企业交流活动

随着社会的不断发展，传统的企业管理模式已经无法满足企业的快速成长，学习尤其重要，2019 年，贵州省家具企业先后到深圳、佛山、江西、福建、四川、重庆等地，拜访当地家具协会以及优秀企业，并座谈交流。同时以贵州家具网和贵州省家具协会官方微信平台为中心，不定期的举办贵州家具行业网络论坛、家居大咖说、邀请中欧贸易协会参观考察贵州知名企业，协助震旦（中国）在贵阳举办以人为本的办公空间 SPACE+ 设计分享沙龙等一系列活动，来加强了贵州本土企业间的走访和交流学习活动。

这一年来，贵州省家具协会成立了贵州省家具协会红木专业委员会；积极开展公益工作，为山区儿童送健康；积极联系银行等金融机构，帮助企业解决临时困难；建立法律顾问咨询机制，为企业提供法律援助等。

陕西省

一、行业概况

当前，陕西省家具行业同全国大部分家具行业一样，在环保、区域性产业结构调整等宏观调控及环保"高压"政策措施下，出现了一些困难和问题，2019年，陕西省家具行业长期向好的趋势没有变，全省规模以上家具制造企业同比2018年增速放缓。

二、行业纪事

1. 家具行业大流通，举办第十八届西安国际家具博览会

2019年8月28日—31日，为期四天的第十八届西安国际家具博览会在曲江国际会展中心圆满落幕。近50000平方米的展厅里，展出相关品牌400多个，共计迎来参观观众60655人次。家具展大规格、高平台、全产业的精彩发酵效应仍在持续显现。家具展还吸引了四川省家具行业商会、赣州市南康区家具协会、明珠国际集团·中国原点新城、苏宁易购、西安市住宅装饰协会、京东物流等战略合作伙伴，共同探讨借新丝绸之路经济带加强交流与合作，带动国内的家具行业转型升级。综合不完全统计，现场签订合同1021个，合同总金额达6.9亿元人民币；其中渠道代理合同577个，合同总金额4.75亿元人民币，普通零售合同432个，合同总金额约1.95亿元人民币，其他合同12个，合同总金额200万元。

2. 稳中求发展，积极推动家具行业产业链创新融合

近几年整屋定制家具的迅速发展，促使陕西省家具行业要全方位、多面化进行资源整合、融合、创新。陕西省家具协会与京东集团西北公司于2019年4月双方达成战略合作，有力的推动陕西省家具企业在宣传推广、整合营销、物流配送等领域的提升，促进全省家具企业产业链的丰富化和创新发展，融合家具行业上下游合作渠道，达成多方共赢。

3. 进中求合作，搭建企业与地产商精装对接平台

2019年初，随着国家对房地产销售精装房政策的出台，西安楼市精装公寓的持续开盘，对下游的家具业产生了一定的影响。为此，协会对西安的房地产行业进行调研，并多次与房地产开发商、物业进行沟通和争取，最终与龙湖地产、西安城建集团达成战略合作协议，并执行落地活动两次。

4. 提升家具品牌文化，增设禅家具专业委员会

随着实木家具成为目前消费主流趋势，各大实木品牌企业在设计创新的同时，更注重品牌自身的文化内涵的挖掘和宣传。2019年11月，陕西省家具协会增设禅家具专业委员会，西安源木家具为第一任主任单位。

5. 践行协会交流职能，组团参观交流学习

为积极推进行业协会间互动交流学习，了解全国家具行业最新发展趋势，2019年10月16日，应河南省家具协会邀请，陕西省家具企业100余人参观考察了第二届中国清丰实木家具博览会和清丰实木家居产业集群。本次活动历时三天，得到了西安大明宫建材家居、原点明珠家居的积极配合和支持，参会

厂商选到自己心仪的产品并现场签约，收获颇丰。

6. 推动大家居合作，联合培训专业人才促效能

家具市场竞争激烈，但竞争的落脚点是人才竞争。经过对西安雨丰设计学院的前期沟通，到实地考察，再到联合培训的落地，2019年8月到11月，两期联合培训班经过考核，结业学员81名，均已输送到西安各大家居商场和家具企业，并获得一致认可和好评。

7. 扩大会员宣传推广，升级建设协会官网新平台

2019年底，陕西省家具协会官网新平台经重新改版后完成试运行，改版后的网站内容丰富，更新及时，积极为会员企业做好宣传推广服务工作。

三、品牌发展及重点企业情况

1. 西安福乐家居有限公司

"福乐"企业创立于1965年，家居始于1985年。"福乐"崇尚绿色与环保，是历史名城西安的家居图腾。福乐家居是中国西北地区家具行业中规模最大的集科研、生产、经营于一体的综合性企业之一，是国家二级企业、中国家具协会副理事长单位、弹簧软床垫行业标准的制订单位之一，公司拥有出类拔萃的专业人才及多条国际最先进的家具生产线，采用先进的技术工艺，每道工序都严格把关和质量追溯，产品涵盖各类高中档床垫和其他家具，"福乐"商标是中国驰名商标。2019年，公司新建办公楼投入使用，提升了企业对外形象。在中国家具协会成立30周年之际，集团总裁靳喜凤获"中国家具行业卓越贡献奖"；福乐家居获"中国家具行业优秀企业"。

2. 西安大明宫实业集团

集团创立于1993年，是一家以地产开发和商业运营为主，为建材、家居、百货等流通行业提供经营平台的民营企业。目前运营42个专业商场和市场，总营业面积560万平方米，容纳商户近万家，经营20余个大类，百万种商品。2003年12月28日，大明宫建材家居·北二环店开业，成为当时西部地区单体面积最大，档次最高，品种最全的建材家居专业商场。20多年来，企业始终保持健康发展。集团注资成立的"大明宫关爱儿童慈善基金会"，通过开展公益慈善活动，关注和帮扶弱势群体儿童，累计已为社会公益慈善事业捐款超过3亿元。集团董事长席有良是西北地区商业房地产与建材家居流通行业的领军人物。2005年席有良董事长荣获"全国劳动模范"光荣称号；2012年，集团荣获中华全国总工会授予的"全国五一劳动奖状"。

3. 西安源木艺术家居有限公司

公司成立于2004年，旗下品牌源木禅家具专注于宁静家的设计、研发、生产与应用，受到了国学、禅修、艺术爱好者的青睐；成为了国学大师南

福乐集团总裁靳喜凤获"中国家具行业卓越贡献奖"

源木与阿里巴巴国际贸易平台签约

西安大明宫实业集团

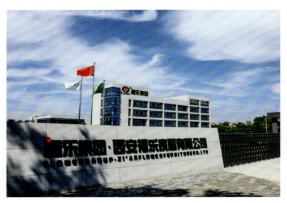
福乐办公楼外景

怀瑾先生创办的太湖大学堂、老古书屋等国学机构指定的家具品牌；也为大兴善寺、法门寺、青龙寺等清修净地提供家具、装饰；在宁静、雅致、传承等方面受到社会各界的一致认可。

2019年，源木成为陕西省家具协会禅家具专业委员会主任单位，并组织了6场禅修宁静活动。2019年，源木与阿里巴巴国际贸易平台签署了合作协议，正式走上了国际舞台；荣获2019第六届法国双面神"GPDP AWARD"国际设计大赛年度TOP10最具国际影响力设计机构奖。源木禅家具联合西北农林科技大学，成功举办了"源木杯·实木文创大赛"，为学子们提供了助学基金和实现梦想的平台，丰富了大学生的学习实践生活。

西安市

一、行业概况

2019年，西安家具行业既面临国际化大都市建设的有利环境，又面临房地产持续调控带来的不利影响，同时还面临卖场迅猛扩张、外埠家具品牌大量涌入的压力。本地企业的发展陷入了徘徊和回落，生产型企业数量有所缩减；大明宫集团、明珠集团、南洋迪克、范玺等本地流通和生产企业在结构调整、升级改造中取得了良好效果，业绩逆势增长。当前全市有各类型企业六百余家，大中型卖场二十余家，年批发、零售、产销额达三十多亿元，行业整体表现出了平稳态势。

二、家具流通卖场发展情况

西安传统家具卖场经历了十多年的高速发展，基本形成了家具、建材、家电等家居用品的综合平台，遍布全市东西南北中。

西安大明宫实业集团：是致力于家具、建材销售的大型本地企业，在西安市拥有涵盖家具销售的大型卖场7家，营业面积120万平方米，先后荣获"中国绿色家居建材城""国家优秀家居示范卖场""陕西省优秀民营企业""中国西安最具公信力建材家居卖场"等多项殊荣。

原点新城：明珠集团旗下大型家居综合卖场，相继投入运营的商场有9座，综合运营面积达100万平方米，其中家具经营规模大、品种全，并涵盖了批发集散基地。2018年以来，明珠集团与居然之家在卖场品牌升级和经营管理上深度合作，共同推动了西安家具流通业迈入新的发展时期。

居然之家西安店：居然之家在西安运营的各类型卖场7家，综合营业面积60万平方米，范围涵盖室内设计和装修、家具建材销售等，采取统一市场准入标准、统一售后服务，实现了从传统家居市场向现代零售商业的蜕变。

红星美凯龙西安店：红星美凯龙在西安运营的卖场3家，综合营业面积30多万平方米，其全球名牌捆绑式经营和商场现代化管理的经营模式、持名品进名店的原则，推动了西安高端品牌家具的销售。

西安三森家居建材城：是本地专业经营家具建材的大型卖场，营业面积10多万平方米，汇聚了国内外名优家具品牌，曾被授予"诚信单位""消费者喜爱的建材家居城"等称号。

西安西部家具城：是本地平价家具卖场，营业

2015—2019年西安家具行业发展情况汇总表

主要指标	2019年	2018年	2017年	2016年	2015年
企业数量（个）	660	690	690	710	710
主营业务收入（万元）	200000	205000	202000	197700	186600
规模以上企业数量（个）	58	58	58	58	58
规模以上企业主营业务收入（万元）	140000	141000	137000	130800	121200

数据来源：西安市家具协会。

面积 8 万多平方米，创立以来精心服务广大消费者，推出了家具保养、家具维修等服务，不断完善的措施保障了消费者权益，深受本地老百姓的喜爱。

和记万佳国际家居城：营业面积近 10 万平方米，是涵盖了家具、建材、家用电器等品类的综合卖场。商城成立至今，先后被评为"消费者最喜爱家居卖场""最佳服务卖场"等荣誉，为广大消费者提供了高性价比家具产品。

第六空间·阿姆瑞特家居中心：是高端家居品牌第六空间与西安本地家居企业阿姆瑞特联手协作的卖场，综合营业面积 10 万平方米，以全新的定位和规划，成为西安高新区具影响力的家具卖场。

三、品牌发展及重点企业情况

1. 陕西中瑞家具有限公司

范玺家具系统工程公司和陕西方向艺术家具公司（熊一办公家具）是陕西中瑞家具适应新时代的升级重构，2017 年涅槃蜕变，发展成为新的高端家具整装和国际化办公家具新品牌。公司占地面积 300 余亩，拥有一系列德国、意大利进口设备，是目前西北地区规模最大的家具企业之一。公司专注设计开发，连续多年获得中国广州国际家具博览会"最佳外观设计奖""最佳制造工艺奖""外观设计奖组合产品金奖""外观设计奖独立产品金奖""功能创新奖"等重大奖项。

2. 南洋迪克家具制造有限公司

该公司是实木家具设计制造的大型企业，2019 年与阿里巴巴国际站签署全球推广合作协议，将通过跨境贸易电商开启南洋迪克迈入全球化的新篇章。阿里巴巴国际将为南洋迪克整合优质资源，提供通关、退税、外汇、物流、运营等一站式外贸综合服务，提供数字化定向流量引入、海外精准流量匹配，助力南洋迪克家具布局海外市场。

3. 西安源木艺术家居有限公司

该公司是一家专注原创设计的实木家具企业，一直坚持传统工艺制作，将榫卯技术和非物质文化遗产中的刮磨技艺运用在产品的制造上，形成了独特的产品品牌。2019 年荣获第六届法国双面神"GPDP AWARD"国际设计大赛年度 TOP10 最具国际影响力设计机构奖。

甘肃省

一、特色产业发展情况

科迪智能家具产业园项目，一期计划投资5亿元，用地215亩（二期预留地220亩），总建筑面积108104平方米，隶属于甘肃科迪智能家具有限公司。该公司注册资金5633万元，是由原甘肃省16个股东企业组成，属兰州新区招商引资入园企业。主要生产销售民用、办公钢制、木制、板式智能家具，校用、酒店类用具等。产业园现入场16家股东企业，有7家施工单位同时施工，年底前完成园区办公楼全部基础工程。2020年6月底，70%股东企业实际投产运行。

二、家具流通卖场发展情况

兰州市内有红星美凯龙、居然之家、月星家居、雁滩家具城、三森美居、三森建材市场、兰州西部建材家具批发商场、兰州富星家居广场、大西北板材市场、兰州北龙口建材市场、雁滩商贸城、兰海商贸城、兰州家盛酒店用品批发市场、兰州毅德商贸城等多家大型卖场；天水市内有桥南家具建材城、居然之家；张掖市内有居然之家、红星美凯龙、国际汇展中心；武威市内有新圣园家居汇展中心、月星家居；酒泉市有富康家具城等大型卖场。从家具流通卖场情况来看，品牌知名度高、有影响力的卖场销售较好。

三、品牌发展及重点企业情况

1. 甘肃龙润德实业公司

该公司为甘肃省家具行业协会常务副会长单位，具有较完善的管理体系，生产的教学家具在甘肃省家具行业中具有核心竞争力、整体水平居甘肃领先地位。2019年，龙润德被中国质量检验协会评为"全国质量信得过产品""全国质量诚信先进企业""全国质量信用优秀企业""全国家具行业质

2015—2019年甘肃省家具行业发展情况汇总表

主要指标	2019年	2018年	2017年	2016年	2015年
企业数量（个）	6750	6601	6915	5826	5658
工业总产值（万元）	126000	120000	128056	118621	105856
主营业务收入（万元）	1050000	1000000	1080000	1019000	965800
规模以上企业数（个）	5	3	4	4	3
规模以上企业工业总产值（万元）	15540	14800	15000	10600	7304
规模以上企业主营业务收入（万元）	15855	15100	16600	10820	6212.3
家具产量（万件）	72551	69097	73519	69858	62562

数据来源：甘肃省家具行业协会。

量领先品牌""全国家具行业质量领先企业";9月,龙润德通过三体系认证,龙润德环评得到批复。

2. 兰州江华家具有限责任公司

该公司是一家现代化办公家具经营企业,位于兰州市和平高新技术开发区,厂房面积20000多平方米,现有员工160人,其中中级以上的设计和管理人员65人。该公司产品种类齐全,综合配套能力较强,售后服务体系完善,年产值达5000万元。公司在兰州市设立了2000平方米的营销中心,在西藏、青海、宁夏等地区也都设立了销售网点,使甘、青、藏、宁等西部地区方便使用兰州江华产品。

3. 甘肃德亿轩红木家具生产基地

该公司位于兰州市定远镇,成立于2016年。目前,主要从事红木家具的生产、加工、销售,公司员工30多名,年生产家具200多套,产品主要销往甘肃、四川、青海、宁夏、新疆等地。2000多平方米的德亿轩红木家具馆,展出有海南黄花梨、金丝楠木、大小叶紫檀等100多套红木家具。

四、行业纪事

2019年4月,甘肃龙润德实业有限公司总经理王刚获得"改革开放四十周年甘肃民营经济新锐人物"称号;6月,第二届一带一路中国西部(兰州)教育装备及幼教展览会在兰州国际会展中心开幕,甘肃龙润德实业有限公司参展;9月,甘肃龙润德实业有限公司被中国家具协会授予"中国家具行业优秀企业"荣誉称号;10月,组织企业参加河南省清丰县第二届中国·清丰实木家具博览会;10月,组织企业参加在青岛举办的第77届中国教育装备展;12月,召开甘肃省家具行业协会2019年年会,表彰了一批"2019年优秀会员企业"和"2019年度产品质量抽检合格企业",并颁发奖牌。

福建省

一、行业概况

2019年，对于整个家具行业而言，是充斥压力与变数的一年：市场逐渐饱和化、国际贸易摩擦及技术壁垒冲击、原材料成本提高、环保压力增大等因素，导致大批家具企业业绩下滑，部分中小企业甚至破产倒闭。福建省家具产业发展也深受影响，多数企业增速滑落，部分企业出现负增长，整体走势仍呈现低迷。

同时，受市场环境变化和外部因素影响，福建省家具行业竞争格局也悄然变化，以"薄利多销"为代表的传统模式已不适应目前变革时代的发展，企业需打破原有思维，发展新业务、开拓新渠道，寻找新的利润增长点。2019年福建省家具行业实现总产值1120亿元，同比增长1.8%，其中规模以上企业365家，工业总产值630亿元，同比增长9.2%；利润总额达39.56亿元，同比增长8.9%；税金总额13.71亿元，同比增6.8%。2019年我省家具出口310.42亿元，同比增长16.32%；进口13.73亿元，同比增长-5.1%；完成产量约15177万件，同比增长3.7%。企业数约5300家，从业人员近40万人。

二、行业纪事

1. 加强服务平台建设，引导行业技术水平进一步提高

福建省家具协会联合高校、检测机构等单位分别组建了"海西家具技术研发服务平台"和"福建省家具产品质量检验检测服务平台"，至今已为多数会员企业提供检测需求和解决生产技术难题；成立的"福建省海西家具产业发展研究院"，依托强大的人才资源、研发技术优势，为企业提供全面服务，在2019年协助完成国际（永安）竹居博览会的策

2015—2019年福建省家具行业发展情况汇总表

主要指标	2019年	2018年	2017年	2016年	2015年
企业数量（个）	5300	5500	5500	5500	5300
工业总产值（万元）	1120	1100	1050	950	880
主营业务收入（万元）	1080	1060	1030	940	865
规模以上企业数（个）	365	356	341	330	331
规模以上企业工业总产值（万元）	630	577	546	465	433
规模以上企业主营业务收入（万元）	638	554	524.7	460	426
出口值（万美元）	45.05	46.5	42.5	34.66	37.98
家具产量（万件）	15177	12961	14796	15123	13500

数据来源：福建省家具协会。

618海西竹业工业设计成果对接会

划、参展组织工作和国际（永安）竹居空间设计大赛的策划、组织、评审等工作；2019年成立福建家居设计与智能制造产学研联盟，为家居设计与智能制造行业的企业牵线搭桥，使得成果共享等；建立六个"学会服务工作站"，通过完善的合作机制，围绕企业科技需求，发挥学（协）会科技工作者优势，2019年已开展了3项技术服务项目。

2. 举办设计及技能大赛，提升行业创新水平

2019年10月，由仙游县人民政府、福建省家具协会、福建省古典工艺家具协会主办的第二届全国家具雕刻职业技能竞赛福建仙游赛区选拔赛在仙游举办，大赛评出金奖1名、银奖3名、铜奖5名。2019年6月，由国际（永安）竹居设计大赛组委会、中国竹产业协会竹产业分会、福建省家具协会等单位主办的6·18海西竹业工业设计成果对接会暨竹产业高质量发展论坛在福州召开，到场设计师、企业代表共同交流竹设计推动中国、福建竹产业发展的观点。福建农林大学举办2019届"艺见闽台毕业设计作品联展"、2019届毕业产品设计展，企业参加毕业生人才对接会，解决企业人才需求问题。

3. 注重行业标准化工作，促进企业品牌建设

由福建省家具协会质量标准化技术委员会组织专家小组，制定计划、开展调研、组织座谈，经过近一年时间，完成福建省家具协会团体标准《竹家居制品通用技术条件》送审稿的编写工作，2019年2月召开标准审定会；4月1日正式发布实施；5月13日召开该标准宣贯会。《竹家居制品通用技术条件》发布实施将有助于引领和推动福建竹家居行业的发展，此次标准发布也拉开了福建省家具协会团体标准工作的序幕，填补了福建家具行业团体标准的空白。

三、特色产业发展情况

1. 仙游

素有"文献名邦""海滨邹鲁"之美誉的仙游，以其红木雕刻工艺精湛，先后被授予"仙作红木家具产业基地""中国古典家具收藏文化名城""中国古典工艺家具之都"等称号。2019年仙游县政府出台相关政策，扶持企业转型升级发展。建立县领导挂钩和"直通车"服务机制，组建一批龙头企业，打造仙作供应链专业化平台；全力抓好京东·仙游数字经济产业园建设，推动产业向数字化、智慧化、信息化转型，打造全国"工艺美术产业+互联网"产业集群；组织企业参加各类展会，拓市场，去库存；着力解决招商、融资、电商等难题，建立行业监管体制，抓好品牌建设；为提升"仙作"产品质量及知名度，开展"仙作"品牌企业认证和产品抽

检，已完成 16 家企业 53 张证书认证；2019 年全县工艺美术产业实现产值 440 多亿元。

2. 漳州

漳州地处海峡两岸重要区域，家具行业作为后起之秀，充分发挥地域优势，融入海西发展。目前家具产业已形成木制家具和金属家具为主的系列，并带动木料加工、贴面、装饰、包装、运输等行业的发展。近几年来，在漳州市相关政府部门、行业协会的支持帮助下，家具行业发展平稳。产业体系日臻完善，集群效益显现，区域优势明显。2019 年受国内外环境的不利影响，家具总产值 131.21 亿，下降 1.8%。

3. 安溪、闽侯

历经 40 多年的创新发展，安溪县家居工艺文化产业走过一条"竹编—藤编—藤铁工艺—家居工艺"的蜕变创新之路，成为继茶产业后第二大特色支柱产业，产品畅销 60 多个国家和地区，是全国重要的藤铁工艺品生产基地。先后获评"中国藤铁工艺之乡"、"中国家居工艺产业基地"、"世界藤铁工艺之都"等称号。2019 年安溪县家居工艺产业发展总体平稳，全产业链产值 175 亿元，比增 1.67%。家居装饰工艺品产业为闽侯县经济六大支柱产业之一，闽侯家居装饰工艺品行业从原来单一的竹编，拓展到竹、木、草、藤、铁等八大类，基本形成以白沙、鸿尾、荆溪等乡镇为集聚地，以铁件、皮件、竹草编和木制品为主导产品。各国际贸易摩擦等外部因素影响，2019 年家居产业产值约 8 亿美元，同比下降 11%。

4. 三明、南平

福建省竹类资源丰富，具有发展竹产业的良好基础和条件。多年来，福建省通过科技创新、政策推动、加大投入等措施，积极推动现代林业建设，竹产业发展呈现了良好的势头。目前，福建现有竹林面积达 100 万平方米，竹产业产值突破 600 亿元，主要分布在三明、南平等地。而竹产业较为突出的永安市，作为"中国竹笋之乡""中国竹子之乡"和"全国林业改革与发展示范区"，竹资源十分丰富（全市拥有竹林面积 102 万亩），2019 年总产值 86 亿，比增 13.9%。

四、家具流通卖场发展情况

2019 年，福建家具流通卖场处于微盈利状态，增长较乏力，主要原因有：①卖场客流量下降；②卖场空租率上升；③商户租金、促销等综合成本上升；④卖场数量过于饱和，竞争激烈。福建省家具卖场呈多元化发展，有以红星美凯龙、居然之家、喜盈门、百安居为首的连锁型卖场，主打中高端产品；有以中亭美居、左海家具广场、国际家具城、各类建材商城等为首的本土卖场，主打中低端产品。

1. 红星美凯龙

2019 年是红星美凯龙入闽的第十年，不仅升级了星承诺心服务，还推出家居维保服务，全年为福建 11340 户家庭送去了免费家居保养服务。红星美凯龙福建省营发中心在服务口碑、信用建设、维权服务、公益行动等方向先后荣获 6 项省级荣誉、11 项市级荣誉、12 项县区级荣誉，全年销售金额达 23.54 亿元，商场总经营面积达 817083 平方米，比 2018 年面积增长 12%。

2. 居然之家

2019 年是居然之家福建分公司快速发展的一年，在连锁拓展、新零售转型方面都取得了突破性发展。全年新签 8 个分店，新开业 3 个分店，分店数量达 17 个，连锁范围全面辐射福建省各地市。同时凭借阿里巴巴战略合作给予的流量和技术支持，福建分公司率先开启了大消费、大家居融合，全年实现销售 15 个亿，同比增长 45%，实现了逆市增长。

3. 喜盈门

喜盈门国际建材家具 [福建] 总部店，深耕福州市场 16 年，2019 年是取得突破性进展的一年，全新升级成福建最高端一站式体验家居 SHOPPING MALL，500 个品牌重装升级，上万新品集中发布。Hastens、Ligne Roset、Molteni&C、Karimoku、Nicoletti、Andrew Martin 等近百家进口一线家居大牌为喜盈门商场独有，全面引领福州家居业全新未来。

五、品牌发展及重点企业情况

1. 福州新兴家居用品有限公司

公司是一家以经营竹制品为主的民营独资企业。成立于 2006 年，位于连江县琯头投资区，建筑面积 3 万平方米，引进国内、台湾先进的生产设备。公司非常注重科技创新。由福建农林大学材料学院的专家与公司技术人员组成团队，建立"专家工作站"（福州市政府命名），通过中国科协的认证，为企业的发展提供良好的技术服务支持。2019 年 3 月参与编写了《竹家居技术条件》团体标准，以及高校十三五规划教材《竹制家具的设计与制造》，由中国农业出版社出版。机器取代人工是时代的必然。2019 年公司共引进数控六排钻、真空喷涂机、精密电脑雕刻、自动吸塑包装机等木工机械。2019 年销售额约 6.5 亿元。

2. 福建味家集团

公司是一家以竹品家居为主导，集竹子培育、技术研发、生产销售、文化创意、工艺设计于一体的全产业链竹品家居制造商。2009 年作为政府引进项目落户邵武市经济开发区，至今已拥有员工 500 余人，研发团队 48 人，万余亩毛竹基地，旗下 6 家子公司。2019 年，集团先后获得了福建省工业企业质量标杆、福建省最具成长性文化企业、国家高新技术企业等殊荣；新申请发明专利 3 项、实用新型专利 45 项、（橙客优购）软件著作权 1 项；公司投入资金 200 余万，引进数夫 ERP 软件，以优化工厂底层资源、改善数据采集质量、提高生产透明度与效益。"味家"竹语厨房品牌、"橙舍"原创设计师小家具品牌、"末家"新零售家居品牌三大事业版图齐头并进；2019 年"末家"家居场景式生活馆在邵武和河南新乡开业。公司 2019 年销售额约 6.7 亿元，比增 24%。

3. 福建大方睡眠科技股份有限公司

公司成立于 2010 年，是新型床上用品和海绵及海绵制品高新技术企业，是福建省第一批专精特新企业、科技小巨人。2019 年，公司荣获第四届南安市市长质量奖荣誉称号，全年公司销售额突破 2 亿元。通过与国内知名科研院所联合，公司科研能力实现质的飞跃。目前已取得 2 项发明专利、38 项实用新型专利、46 项外观专利。发明专利"一种促进血液循环的环保床垫及其制备方法"获得"南安市科学技术奖专利奖优秀奖"及"福建省专利三等奖"。

4. 森源家具

公司为永安林业全资子公司，是全球五星级酒店家具、精装豪宅定制家具业的领军企业，公司位于广东省东莞市大岭山镇 32 万平方米现代化森源产业园内，2500 多名员工，300 余项国家专利技术，1 万平超规模家具展厅及工艺研发中心。2019 年，森源家具承接超过 230 个高尖项目，完成与柏悦、万豪、洲际等顶尖酒店品牌合作，同年交付完成日本京都柏悦酒店、深圳平安柏悦酒店、新西兰奥克兰柏悦酒店三大柏悦品牌酒店。2019 年，森源家具在环保品质生产层面实现进一步升级，在严苛的日本市场项目达 10 个，2019 年销售额约 6 亿元。

六、行业重大活动

2019 年 3 月，组团赴深圳参观"2019 深圳国际家纺布艺暨家居装饰展览会 & 深圳创意设计周"，考察当地家具企业的生产线及展厅如深圳七彩人生家具公司、深圳英利家具公司及惠州惠阳区华叶家博园。

2019 年 5 月，配合省商务厅举办美国木柜和浴室柜双反调查应诉工作会，共组织几十家企业参加应诉工作会，听取专家顾问的政策解读及案件指导。

2019 年 6 月，福建省家具协会等单位主办的 6·18 海西竹业工业设计成果对接会暨竹产业高质量发展论坛在福州召开。

2019 年 10 月，由仙游县人民政府、福建省家具协会、福建省古典工艺家具协会主办的第二届全国家具雕刻职业技能竞赛福建仙游赛区选拔赛在仙游举办，大赛评出金奖 1 名、银奖 3 名、铜奖 5 名。

2019 年 11 月，由福建省家具协会等单位联合组织的"第六届国际（永安）竹天下论坛暨 6.18 竹产业协同创新专场对接会"在永安举办。

2019 年 11 月，福建省家具协会、福建省家具及装饰品出口基地商会联合 SGS 举办了 2019 福州家具研讨会。会议介绍了国内外家具市场变化以及面临的挑战，解析了近期国内外的家具召回案例，现场进行了互动讨论。

2019 国际（永安）竹居博览会

第六届国际（永安）竹天下论坛

2019年11月，以"竹家居·竹生活·竹永安"为主题的2019国际（永安）竹居博览会在永安隆重举办，汇集了各专业院校专家学者、竹艺大师、竹家居生产商、设计师团队、行业品牌联盟机构代表等。在学术交流、经贸合作等方面，均取得了一定成效。

2019年12月，"创新思维 应对挑战"论坛在福州召开，会上，福建省海西家具产业发展研究院院长江敬艳博士作了《基于家具行业目前情势的创新思路与应对挑战》的主题演讲，谷歌总部代表分享了新形势下跨境电商发展趋势，大会还开展了以危机和机遇为主题的访谈活动。

-07-
产业集群
Industry Cluster

编者按：产业集群是家具行业的基石。2019年，在中国轻工业联合会的指导下，中国家具协会对河北胜芳"中国金属玻璃产业基地"、广东大涌"中国红木家具生产专业镇"进行了复评，将"中国金属玻璃家具产业基地"升级为"中国特色定制家具产业基地"称号。截至2019年年底，中国家具产业集群共计51个，其中新兴产业园区13个。本篇收录了我国家具行业28个产业集群2019年的发展情况。同时将所有产业集群分为七大类：传统家具产区、木制家具产区、办公家具产区、贸易之都、出口基地、新兴家具产业园及其他产区。通过归类比较，便于读者更好地掌握每类集群的发展情况，做出综合判断。

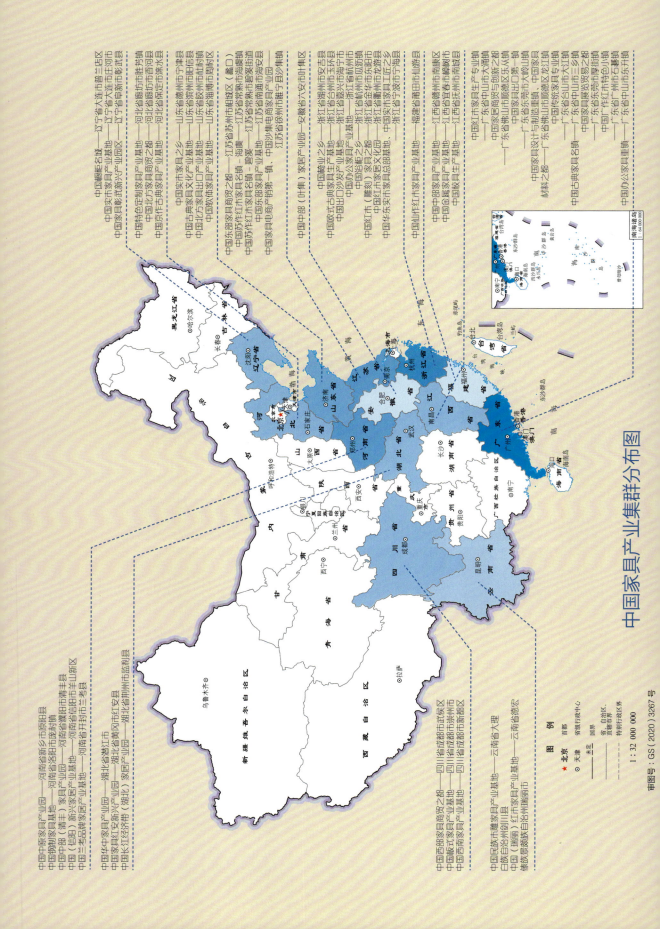

中国家具产业集群分布汇总表

序号	时间	名称	所在地
1	2003年3月	中国红木家具生产专业镇	广东省中山市大涌镇
2	2003年8月	中国椅业之乡	浙江省湖州市安吉县
3	2004年3月	中国家居商贸与创新之都	广东省佛山市顺德乐从镇
4	2004年8月	中国实木家具之乡	山东省德州市宁津县
5	2004年9月	中国家具出口第一镇	广东省东莞市大岭山镇
6	2005年7月	中国西部家具商贸之都	四川省成都市武侯区
7	2005年8月	中国家具设计与制造重镇、中国家具材料之都	广东省顺德龙江镇
8	2005年9月	中国特色定制家具产业基地	河北省廊坊市胜芳镇
9	2006年12月	中国实木家具产业基地	辽宁省庄河市
10	2007年3月	中国北方家具商贸之都	河北省廊坊市香河县
11	2007年5月	中国欧式古典家具生产基地	浙江省玉环县
12	2008年1月	中国传统家具专业镇	广东省台山市大江镇
13	2008年5月	中国古典家具名镇	广东省中山市三乡镇
14	2009年6月	中国东部家具商贸之都	江苏省苏州相成区（蠡口）
15	2009年12月	中国民族木雕家具产业基地	云南省大理市剑川县
16	2010年4月	中国板式家具产业基地	四川省崇州市
17	2011年4月	中国出口沙发产业基地	浙江省海宁市
18	2011年6月	中国中部家具产业基地	江西省南康市
19	2011年7月	中国古典家具文化产业基地	山东省滨州市阳信县
20	2011年7月	中国北方家具出口产业基地	山东省胶西镇
21	2011年7月	中国华中家具产业园	湖北省潜江市
22	2011年7月	中国家具彰武新兴产业园区	辽宁省阜新市彰武县
23	2012年4月	中国办公家具产业基地	浙江省杭州市
24	2012年4月	中国金属家具产业基地	江西省樟树市
25	2012年10月	中国浴柜之乡	浙江省杭州市瓜沥镇
26	2012年11月	中国苏作红木家具名镇-海虞	江苏省常熟市海虞镇
27	2012年11月	中国苏作红木家具名镇-碧溪	江苏省常熟市碧溪街道
28	2012年12月	中国家具红安新兴产业园	湖北省黄冈市红安县
29	2012年12月	中国西南家具产业基地	四川省成都市新都区
30	2013年4月	中国（瑞丽）红木家具产业基地	云南省瑞丽市
31	2013年4月	中国仙作红木家具产业基地	福建省莆田市仙游县
32	2013年8月	中国红木（雕刻）家具之都	浙江省东阳市
33	2013年8月	中国东部家具产业基地	江苏省南通市海安县
34	2014年3月	中国中原家具产业园	河南省新乡市原阳县
35	2014年9月	中国京作古典家具产业基地	河北省涞水县
36	2014年11月	中国钢制家具基地	河南省洛阳市庞村镇
37	2014年12月	中国红木家居文化园	浙江省衢州市龙游县
38	2015年4月	中国家具电商产销第一镇	江苏省睢宁县沙集镇
39	2015年5月	中国长江经济带（湖北）家居产业园	湖北省荆州市监利县
40	2015年5月	中国校具生产基地	江西省抚州市南城县
41	2015年5月	中国中部（清丰）家具产业基地	河南省濮阳市清丰县
42	2015年10月	中国软体家具产业基地	山东省淄博市周村区
43	2015年11月	中国（信阳）新兴家居产业基地	河南省信阳市羊山新区
44	2015年11月	中国中部（叶集）家居产业园	安徽省六安市叶集实验区
45	2015年11月	中国家具展览贸易之都	广东省东莞市厚街镇
46	2016年7月	中国华东实木家具总部基地、中国实木家具工匠之乡	浙江省宁波市宁海县
47	2017年4月	中国广作红木特色小镇	广东省广州市石碁镇
48	2017年7月	中国兰考品牌家居产业基地	河南省开封市兰考县
49	2017年8月	中国办公家具重镇	广东省中山市东升镇
50	2018年1月	中国沙集电商家具产业园	江苏省徐州市睢宁县
51	2018年6月	中国橱柜名城	辽宁省大连市普兰店区

2019 中国家具产业集群发展分析

2019 年，随着国家经济形势的深刻变化和国际复杂环境的影响，工业经济传统的竞争优势不断弱化，长期积累的结构性、素质性矛盾日益突出，强大的经济下行压力严峻的考验着全国各地家具市场的承受力，家具行业经济运行稳中有变，变中有忧，经济效益下行风险增加。中国家具产业集群与家具行业整体发展走势一致，部分集群盈利水平下降。导致部分传统的家具产业集群市场持续低迷，面对大市场环境下行的趋势；一些优势集群以消费升级为导向，以创新为驱动，发展效益表现良好，两化融合程度不断提升，智能制造发展速度加快，新技术、新材料等在集群区域落地，新产品、新业态等不断涌现，这部分集群统筹产业区域优化，打破产业链上下游壁垒，整和厂家优势，提升企业营销体系和品牌附加值，家具行业主营业务收入产生突破，品牌建设成效显著，固定资产投资持续增长，成为家具产业集群发展的标杆。

一、集群概况

根据《中国轻工业特色区域和产业集群共建管理办法》，中国家具协会在中国轻工业联合会的指导下，在行业内积极稳妥地开展产业集群建设。家具行业按原材料种类、原材料性能、使用场所、生产营销模式等分类，品种繁多，互有交叉。因此，根据各个集散地的不同产品和特色，中国家具产业集群的命名类型多样。这些产区基本涵盖了我国家具及上下游产业的大部分产品及业务类型，家具产业集群的形成，推动了我国家具产业形成分工细化、专业生产的发展模式。

至 2019 年年底，中国家具产业集群共计 51 个，其中新兴产业园区 13 个，与 2018 年持平。中国轻工业联合会与中国家具协会于 3 月对河北廊坊霸州市胜芳镇进行了复评工作，根据胜芳的产业发展情况、发展政策和专家的建议，复评组同意将"中国金属玻璃家具产业基地"的称号更名为"中国特色定制家具产业基地"；12 月初对大涌镇进行了"中国红木家具生产专业镇"的复评工作，获得通过。

受地理区位、产业资源、历史文化、市场需求和政策支持等因素的影响，中国家具产业集群主要分布在东部沿海地区，并逐渐向中西部拓展。其中

中国家具产业集群统计表

产区类型	数量	产区名称
传统家具	12	大涌、大江、三乡、剑川、阳信、海虞、碧溪、瑞丽、仙游、东阳、涞水、石碁
木制家具	6	宁津、庄河、玉环、崇州、南康、普兰店
金属家具	2	樟树、庞村
办公校具	2	杭州、东升
商贸基地	3	乐从、武侯、香河、蠡口、厚街
出口基地	4	安吉、大岭山、海宁、胶西
新兴产业园区	13	潜江、彰武、红安、海安、原阳、龙游、监利、清丰、信阳、叶集、宁海、兰考、睢宁
其他	7	胜芳（小件家具）、新都（本土制造及产业园兼备）、周村（软体家具）、沙集（电商基地）、南城（校用家具）、龙江（家具制造及家具材料兼备）、瓜沥（浴柜家具）

注：以上集群为中国家具协会参与命名或共建的家具产业集群。

辽宁、河北、山东作为老牌的工业基地，分别有3、3、4个家具产业集群；江苏、浙江是繁荣的经济重地，分别有6、8个产业集群；广东是家具产销最发达的省份，建设9个产业集群；福建有1个产业集群；河南、安徽、湖北、江西等是中部崛起的重要力量，分别有5、1、3、3个产业集群；四川是川派家具的重要基地，具有3个产业集群；云南有丰富的木材资源，有2个产业集群。

除中国家具协会命名与共建的产业集群外，各省市积极培育具有地方特色的家具产业集聚区，除上述13个家具主要生产省份外，广西壮族自治区的家具板材产业也极具特色。

1. 中国香杉家居板材之乡·融水

融水苗族自治县位于广西壮族自治区柳州市北部，森林覆盖率79.6%，是南方集体林区重点县之一，广西木材第一大县，全国杉木产出第二大县，杉木活立木蓄积量居广西之首。融水香杉家居板材是融水细木工板的升级，精选融水大苗山区域优质杉木为原材料，因其富含"可驱风湿、防虫蚁、芳香怡人"的油脂而得名—融水香杉。融水县借助生态旅游发展的契机，打造融水家居板材品牌。

目前，融水的杉木工业原料林基地建设初见成效，本县年产出杉木原木30万立方米以上，加上周边区域资源流入，形成了超过100万立方米的杉木原木供应规模，有效支撑县内香杉家居板材生产加工。近年来，融水县在木材加工技术创新方面取得较好业绩，涌现了广西融水阳光木业有限公司、广西融水华林木业有限公司、融水瑞森木业有限公司、广西融水新林木业有限公司等一批规上木材加工明星企业。至2019年6月，全县共有竹木经营加工企业356家，从业人员近3万人。2018年度，全县香杉家居板材生产企业已有25家，均为规上企业，产出家居板3000万张，产值54.43亿元，占全县工业产值83.43亿元的65%。

2. 中国弯曲胶合板（弯板）之都·融水

容县位于广西壮族自治区玉林市，森林覆盖名列广西前茅，是广西的林业大县之一。容县异型胶合板是根据制品的要求，在曲面形状的模具内将板坯直接胶合制成曲面形状的胶合板，尺寸稳定、不翘曲、不变形，幅面大、便于施工，大大提高了木材利用率，又称"弯板"。容县林丰胶合板厂经过多年研发，独创了一款人造异型胶合板专业环保胶水，通过使用这款环保胶水，其生产的产品甲醛释放量大大低于国家标准，产品质量得到了欧美市场认可，一举打破国外同类产品的垄断，为我县林产木制品走向国际市场奠定了基石。

容县异型胶合板行业现有生产企业约80多家，形成固定资产约20多亿元，其中规模以上企业年产量可达300多万立方米，产值可达100多亿元。2018年，企业生产异型胶合板完成工业总产值约51.72亿元，上缴国家税金约6000多万元，直接出口245.49万美元，间接出口创汇1500万美元。

二、发展特点

2019年，中国家具产业集群积极响应国家政策，从环保提升、标准建设、规划制定、区域品牌等多方面开展产业集群转型升级工作，取得了十足进展。

1. 引领企业向高质量发展

促进先进制造业和现代服务业融合发展，将互联网、大数据等技术逐步应用于家具行业，推动传统产业改造提升。广泛推进数字化车间的建设，加快智能化装备的推广应用，引导企业采用国内一流、国际领先的生产设备；鼓励企业通过"机器换人"，增强创新能力，实现高水平、高质量、高效率、可持续的发展，推动产业转型升级。

2. 完善产业链，建立创新发展模式

在产业转型升级的高质量发展形势下，以设计创新为驱动产业升级的核心动力，借助集群优势，积极推动原创设计、推动品牌战略，全力打造区域品牌；发挥展会和文化活动对经济的拉动作用及资源聚集效应，以创新为核心、以产业为基石，建立市场准入制度，优化商业环境，迎合消费升级的需求，建立创新发展模式。

3. 积极开展转型升级

产业园统一规划，建设规范统一的厂房及配套设施；加大产品的设计研发；建设环保平台，如公共喷涂车间，降低生产过程中挥发性有机化合物的无组织排放，减少对环境的影响；建设电商平台，

积极拓展网上销售渠道，形成线上线下联动的销售格局；建设家具产学研基地，为行业培养专业人才；引入检验检测中心，监督产品质量，方便企业和消费者就近检测；制定集群的地方标准和团体标准，以提升品质来带动产业发展。

三、面临问题

产业集群经过多年的积累，具有深厚的产业基础，产生了良好的集聚效应，是助推地方经济发展的重要动能和支撑。近年来，受内外部因素的影响，家具产业集群的传统优势降低，持续创新的能力还未形成，出现发展后劲不足，发展受到制约等问题。主要表现在：

1. 集群创新能力不足

创新是传统产业改造提升的重要手段，是新兴产业加快发展的关键途径，是制造业转型升级的有效动能。家具行业是传统制造业，我国家具产业集群，尤其是部分长时间积累自发形成的产业集群，由于企业规模小，满足当前状况，对未来目标不明确，导致创新能力不足。集群内企业设计研发的投入，新模式的落地，新技术的推广等不够深入。

2. 企业管理能力有待提升

现代化的企业管理有助于增强企业的健康运转能力，形成明确的发展方向，树立良好的品牌形象，激发员工的主人翁意识和工作潜能。集群内部分龙头企业已经建立了现代化的管理体系和环保体系，而大部分小微型企业多属于家族企业，缺乏长远规划和动力，还需要形成科学的管理意识，构建规范的产销模式，树立良好的品牌形象。

3. 集群内人才短缺

人才是发展的核心要素，是制约行业发展的关键因素之一，同时也是企业最重要的软实力。多年来，集群内许多小微企业满足自己现状，缺乏与时俱进的意识，忽视了技术人才、管理人才、研发人才、销售人才的培养与引进，企业缺乏现代化管理、新产品研发和互联网营销的核心类人才；较多家族式企业的青年"创二代"短期内难当重任，还需要时间磨合，或者轻视家具行业，不愿接班父业；导致了在同行业竞争中企业自主创新能力弱、产品开发效率低，技术创新速度慢，成为企业发展的掣肘。

4. 环保建设能力有待提升

2019年，环保部《家具制造行业排污许可证申请与核发技术规范》行业标准颁布实施，虽然目前各地的排污管控指标有松有紧，但是未来的趋势必然是统一的。环保达标成为家具产业集群发展的基本要求，绿色发展已成为国家重大的发展战略。家具生产过程中的排污管控，对企业来说是新的问题，在工艺改造和治理监测上需要投入更多的财力、物力、人力，部分地区的环保解读能力较低，企业对此轻视甚至淡漠，将会引起严重的不良反应，要引起足够的重视。

5. 市场竞争依旧严峻

我国家具行业是传统行业，企业数量多，范围分布广，行业集中度低。作为对美国最大的家具出口国，2019年因中美贸易摩擦，导致出口企业外贸订单急剧下降；同时国内经济下滑，使传统的线下渠道销售停滞；银行放贷缩紧，企业的现金流压力巨大，一旦资金周转困难，将加大倒闭的风险；同类产品、同类企业之间互相打价格战，甚至不惜以偷工减料为代价来获取订单，陷入恶性循环，最后造成三败俱伤。

四、发展方向

1. 高质量发展

党的十九大报告提出"促进我国产业迈向全球价值链中高端，培育若干世界级先进制造业集群"。家具产业集群要提升产业的整体水平，要创新发展模式，以商贸带动制造，以制造助推商贸，生产链、供应链、销售链紧密结合发展，实施品牌计划，引导企业采用新材料、新技术、新工艺，强化品牌意识和创新研发工作，引领市场潮流，扩大产业集群知名度。

2. 共享化发展

共享经济是近年来兴起的一种新兴经济形态。党中央、国务院高度重视共享经济发展，明确提出要在共享经济等领域培育新增长点、形成新动能。

2019年10月22日，工信部出台了《关于加快培育共享制造新模式新业态促进制造业高质量发展的指导意见》，提出三大方向：一是制造能力共享，主要包括生产设备、专用工具、生产线等制造资源的共享；二是创新能力共享，主要包括产品设计与开发能力等智力资源共享，以及科研仪器设备与实验能力共享等；三是服务能力共享，主要围绕物流仓储、产品检测、设备维护、验货验厂、供应链管理、数据存储与分析等企业普遍存在的共性服务需求的共享。家具产业的共享制造，是以家具产业集群的地缘优势和集聚优势为基础，围绕生产制造各环节，运用共享理念将分散、闲置生产资源集聚起来，弹性匹配。例如：在集群内建设家具零部件标准化、模块化生产标准，实现家具基础零部件共享；建立voc集中治理平台，降低企业绿色生产改造成本；建立大数据共享中心，降低企业精准获客成本。

3. 专业化发展

以市场为导向，以科技创新促产业升级，大力推进企业从加工型向科技型转变；坚持走专业化、特色化、品牌化的绿色产品发展路线；鼓励同一地区内生产相同产品的企业兼并重组，提升企业综合实力，从而带动集群优化升级；打造高端化、时尚化、专业化、品牌化的产业集群，形成产业集聚、经济提升、市场扩大的发展格局。

4. 开放发展

政府工作报告中多次强调扩大对外开放，国家着力建设"一带一路"，打造开放型世界经济。家具产业集群要引领企业深挖国际市场，抓住"一带一路"的历史机遇，进一步开拓欧洲等新兴市场；深耕国内市场，根据消费者多元化需求，在品质、风格、服务上打造鲜明特色。全国各地家具产业集群宜协作共赢，打破地域和行业间的壁垒，积极实现优势互补，资源共享，加快平台建设，提升区域影响。

五、中国家具协会能提供的集群服务

家具产业集群是行业发展的重要力量，积聚了中国家具行业的主要力量。产业集群工作是中国家具协会推动行业发展，提升服务能力的抓手。中国家具协会将继续利用自身的资源、信息、平台等，与中国轻工业联合会等上级指导单位、行业专家、产业集群当地政府、协会等，共同开展产业集群服务，提升产业集群发展质量。

1. 制定完善的产业发展规划

完善的发展规划是集群健康发展的基础，中国家具协会将在集群布局规划、平台建设、产业链建设等方面提供规划服务。帮助产业集群建设集政策、生产、研发、检测、金融等平台，成为集原材料、加工、营销、物流、销售等于一体的科学集群。

2. 政策宣贯，团体标准制定

国家引导制造业高质量发展，推动家具制造业在内的传统产业转型升级。中国家具协会参与工信部《产业转移指导目录》的修订、主导总理基金项目《建材领域大气污染治理及调控政策研究》中的子课题《家具行业大气污染特征与减排技术研究》参与环保部2019年《重污染天气重点行业应急减排措施指定技术指南》修订等，还制定了《中式家具用材》等5项中国家具协会团体标准。协会将利用自身的资源和信息，为产业集群提供政策引导、团标宣贯等服务。

3. 招商引资

新兴家具产业园符合国家的发展政策和趋势，发展势头良好。但产业园要做好长远定位，注重资源积累和能力建设。其中招商引资是推动集群内科学布局和产业链建设的重要一环。中国家具协会具有广泛的会员基础，部分会员在扩大产能的过程中需要建设新的产业基地，协会通过不同形式为产业集群和企业提供平台，对接企业与产业集群的需求，推动实现共赢发展。

4. 品牌推广

品牌推广有利于提高品牌知名度、扩大品牌影响力、提升品牌价值、企业竞争力和生命力。中国家具协会在服务产业发展的过程中建立了官网、微信等平台，举办展会和多项行业大会，出版《中国家具年鉴》《中国家具行业发展报告》等刊物；通过视频、平面、网络、展会、会议等模式，积极推动新产品、新技术、新模式等落地。

中国家具产业集群
——传统家具产区

近年来,红木价格暴涨,传统文化复兴,明清款式家具的价格水涨船高,我国传统家具也成为社会关注的焦点。在传承古典文化、弘扬工匠精神、满足人民美好生活愿望等方面,实现了大踏步发展,成为推动家具行业发展的新生力量。目前,全行业有红木家具生产企业 2 万多家,形成了广东大涌、广东大江、广东三乡、云南剑川、山东阳信、江苏海虞、江苏碧溪、云南瑞丽、福建仙游、浙江东阳、河北涞水和广东石碁等传统家具产业集群,为满足人民日益增长的美好家居生活需求做出了积极贡献。

2019 年,行业依然面临原材料短缺和制造升级的压力,各产业集群从高质量发展、文化传承和设计创新等方面寻求突破,探索新的发展之路。主要表现在:①大涌、瑞丽、仙游、东阳、涞水等地举办文化节、博览会,弘扬传统文化,打造区域品牌;②东阳、大涌积极制定红木家具相关的标准,引领产业升级,推动高质量发展;③大涌、东阳、涞水、仙游等地通过举办 2019 年全国家具雕刻职业技能竞赛分赛区选拔赛、培训班等,培养选拔专业技能人才,满足行业发展需求;④随着新技术的广泛应用,传统红木家具产业也开始利用互联网等现代技术,发展数字经济。

福建 / 仙游

2019 年,在严峻的经济环境背景下,仙游古典工艺家具行业不断转型升级,积极新营销模式,实现产值 420 亿元。2019发布《仙作古典家具分类编码》,制订《作"集体商标使用管理规则》,促进行业康发展;举办"2019 年第七届中国(仙游红木艺雕精品博览会"等活动。

广东 / 大涌

2019 年,大涌镇规模以上红木家具企业20 个,工业总产值达 5.5 亿元。制定发了《中式硬木工艺家具产品质量明示卡编规范》等四项团体标准,并完成"中国红家具生产专业镇"复评工作;举办了 201中国(中山)红木家具文化博览会等活动。

江苏 / 海虞

海虞镇拥有红木家具生产企业及作坊 15家,从业人员 6000 多人,以金蝙蝠、艺、汇生等为龙头企业。2019 年,全镇作红木家具规上企业 25 家。完成工业总产值 15.74 亿元,完成出口额 1036 万美元与上一年持平。

浙江 / 东阳

2019年，东阳成立木雕红木家居产业发展局，统筹协调木雕红木家具产业发展相关工作。东阳市现有木雕红木家具企业1336家，其中销售额超2000万元以上的企业200多家；全年产值200亿元。发布实施"浙江制造"团体标准《深色名贵硬木家具》；举办"首届中国红木家具展览会"等活动。

云南 / 瑞丽

瑞丽地处云南省西南部，拥有两个国家级口岸，经过几十年的沉淀已完成了由名贵木材中转站向红木家具制造的角色转换。现有红木园区共占地150亩，很多企业吸纳缅甸籍人员来瑞丽务工。2019年举办了"2019中国（瑞丽）翡翠神工奖大赛"和"2019年红木家具优秀作品展"。

广东 / 石碁

石碁镇是广作红木家具制作技艺传承的重要发源地之一，涌现了番禺永华、家宝红木、番禺华兴等红木界优秀典范。截至2019年底，石基红木小镇一期的市莲路两侧已形成以永华红木、家宝红木、金舫红木为龙头的近60家红木企业集聚带，拥有红木产业从业人员近万人，年产值达到30多亿元。

河北 / 涞水

涞水古典红木家具已有300多年的历史，现有制销企业400余家，熟练技师近千人，从业人员2万余人。2019年产值达14亿元，销售收入达17亿元，被河北省工信厅确定为特色产业集群；举办了第六届涞水京作红木文化节等活动。

中国红木家具生产专业镇——大涌

一、基本概况

1. 地区基本情况

大涌镇位于中山市西南部，面积 40.6 平方千米，常住人口 7.54 万人，海外侨胞有 3 万多人。先后荣膺中国红木雕刻艺术之乡、中国红木家具生产专业镇、中国牛仔服装名镇、国家卫生镇、中国千强镇、全国环境优美乡镇、中国家具优秀产业集群、中国红木特色小镇等称号。

2. 行业发展情况

20 世纪 70 年代末，大涌人凭借积极务实和敢为人先的创业精神，汇聚全国的能工巧匠，开启了一段红木产业传奇，先后摘得了"中国红木雕刻艺术之乡""中国红木家具生产专业镇""中国红木产业之都""中国产业集群名镇""中国红木特色小镇"等多块"国字号"牌匾。

3. 公共平台建设情况

近年，先后建立了中山市红木家具工程技术研发中心、中山市大涌镇木材干燥中心、中山市红木家具研究开发院、中山市大涌镇生产力促进中心、中山市中广测协同创新中心、中山市红木家具知识产权快速维权中心、红木家居学院众创空间、科技创新服务中心、木材物流中心。

二、产业发展及重点产业情况

大涌镇有针对性地对质量好、品牌发展有冲劲的企业进行帮扶工作，全力以赴打造红木家具龙头骨干企业。支持东成、红古轩、鸿发、地天泰、太兴、合兴等大涌红木家具龙头企业走自营品牌道路，通过不断提高产品质量，持续加大品牌积累，实现品牌提升拉动市场营销和产品价格的良性发展，构筑大涌红木家具区域品牌整体形象，通过统一宣传、统一参展，点面结合，全面提升大涌红木家具区域品牌的影响力和美誉度。一直以来，政府整合红木家具企业资源，挖掘产业亮点，通过三方面推动大涌区域品牌群体发展：

一是以规上企业作为大涌红木家具产业发展的主心骨。2019 年，年产值达到 2000 万元以上的大涌红木家具企业达 20 家，包括：东成、红古轩、伍氏大观园、忆古轩、长丰、永华、太兴、地天泰、名一扬、博大、浩泓轩、宏辉、今典居、晋祥、岭南泰森、隆丰轩、顺贤轩、永恒居、御鼎轩、紫来居。

2017—2019 年大涌家具行业发展情况汇总表

项目	2017 年	2018 年	2019 年
全镇特色产业总产值（亿元）	6.77	5.8	5.5
特色产品销售额（亿元）	8.4	5.22	5.01
特色产品出口额（万美元）	421.5	469.3	438.7
生产企业数量（家）	1029	909	879
固定资产投资（亿元）	14.22	14.94	14.83
其中：技术改造投资（亿元）	7.47	1.04	0.95
从业人员（万人）	3.47	3.30	3.25
年销售额 2000 万元以上企业（个）	10	11	20
专业市场数量（个）	3	3	3
省市以上知名品牌数量（个）	22	29	29

二是新老结合,着力打造大涌红木家具的百年品牌。保护和支持鸿发、祥兴、和业居、红古轩、永华、太兴等一批具有重要影响力的大涌红木家具元老企业,结合一批后起之秀,组合成大涌红木家具区域品牌形象,借助红博城及红木展销十里长廊,打造红木家具精品展示营销地。

三是扶持倡导新中式的骨干企业,推动区域品牌群体的不断创新。有关企业包括:地天泰、东成、和业居、红古轩、鸿发、太兴、伍氏大观园、祥兴、忆古轩、永华、长丰等企业。在举办中国(中山)红木家具文化博览会的基础上,从2017年至今,按照"一年双展"的办展格局,在秋季增加新中式家具展,积极为新中式骨干企业搭建展销交流平台。

三、2019年发展大事件

1. 召开标准审定会

2019年6月2日,中山市红木家具行业协会团体标准技术委员会就《中式硬木工艺家具产品质量明示卡编制规范》《中式硬木工艺家具产品合格证编制规范》《中式硬木工艺家具产品使用说明书编制规范》《中式硬木工艺家具商品标价签编制规范》四项标准召开审定会,并于6月28日举办了标准宣贯会,同年10月份发布。

2. 产业集群复评

2019年12月5日,由中国轻工业联合会和中国家具协会组织的专家考核验收组来到大涌镇,就中国红木生产专业镇进行复审考评。通过听汇报、实地考察、专家提问答疑和互动交流等形式对大涌镇进行全面综合考核验收,考评组一致同意通过复评,建议中国轻工业联合会和中国家具协会继续授予大涌镇"中国红木家具生产专业镇"称号。

3. 奖项荣誉

2019年12月27日,在第十届中国红木家具品牌峰会上,大涌企业斩获十大影响力品牌、十大受欢迎品牌、十大匠心口碑品牌、十大新中式品牌等"红品奖",大涌红博城也被评为2019红木家具特具影响力专业市场。

"中国红木家具生产专业镇"复评会

中山市红木家具行业协会团体标准技术委员会工作会议

四、2019年活动汇总

1. 技能大赛

2019年10月14日,2019中国技能大赛——第二届全国家具雕刻职业技能竞赛暨"工商银行杯"中山赛区选拔赛在大涌镇红博城举行。竞赛的举办,为区域红木家具行业选拔优秀技能人才,传承红木文化,弘扬工匠精神,凝聚行业力量,打造学比赶超的行业氛围,提供了良好的平台。

2. 红博会

2019年10月16日,2019中国(中山)红木家具文化博览会(以下简称红博会)在中山市大涌镇红木文化博览城启幕。展览面积逾1万平方米,吸引了中山上百家红木家具品牌参展,现场展出产品达数千件。本届中山红博会与时俱进,以"湾区红木 国潮中式"为主题,荟萃了众多红木知名品牌,是一场红木家具展览的盛宴。

五、面临问题

一是大涌红木家具企业家经营管理理念普遍保守、安于现状,产业整体创新发展存在较大难度。二是大涌"红创二代"培养有待加强,新一代企业主大部分由外地来大涌工作的师傅成长起来,且随着业务的发展,将企业外迁的可能性较大,人才和资金的支撑不够稳定。三是红木家具产业的扶持,主要依赖于市级及以上的财政支持,对于本镇产业具体发展契合度不高,亟待强化有关扶持奖励机制,进一步强化政府导向,激励企业做大做强。四是土地资源不足,限制了红木产业大型项目投资和落地。五是镇级财政力度比较薄弱,宣传力度没有优势。

六、发展规划

1. 创新红木产品款型,培育红木研发设计产业链

通过与华南农业大学、中南林业科技大学、南京林业大学及广州美术学院等学术机构开展"产学研"合作,强化红木家具工业设计的技术力量,大力发展红木产品研发;加强与国内外知名设计机构合作,引入国内知名设计高校、设计企业,引进省级、国家级工艺美术大师落户大涌,提升大涌红木产品的设计能力及创新水平。

技能大赛合影

传统家具产区

2. 展示红木文化神韵，完善红木商贸服务产业链

以红博城为核心，依托岐涌路、兴涌路、葵朗路现有的红木家具卖场，建设全国规模最大的红木专业市场集群。一是建立红木展销平台，打造实力红木商贸街。吸引外部名企入驻，加强本地孵化培育，打造在全国具有影响力的展销中心；联合沙溪镇，打造十里红木商贸街，建设集红木交易、红木产品展览、休闲餐饮、产品鉴定、文化旅游等于一体的综合性的红木展销平台。二是延展家居文化，拓宽展销产品类型。以传统文化核心，强调现代时尚口味，满足不同生活方式、家居文化和风格需求，将销售商品拓展到时尚家居饰品、工艺品、软装行业等各种类型。逐步完善中小企业创业辅导服务、投资融资服务、技术支持服务、人才培训服务、管理咨询服务、信息咨询服务、市场开拓服务等服务平台；完善贸易、会计等公共配套服务，提升产业发展的综合环境。

3. 整合文化"原材"，打造文化体验与生态休闲体验相结合的产业链

整合宗教文化、民俗文化、农业文化等文化"原材"，保障材料原材料供应，以隆都民俗馆、都市农业园等文化展示与体验平台为核心，传承并创新传统雕刻手工艺，完善休闲娱乐、商业等配套功能，打造文化体验与生态休闲体验相结合的体验旅游产业链，形成生态文化展示、体验与游乐的综合服务区。

4. 结合设计、体验、商贸三大环节，提升红木制造工艺

结合红木产品设计，建设公共生产服务中心，扶持专精特新的成长型"共性工厂"；结合生态文化体验，加强红木雕刻工艺提升；结合红木产品商贸，加强新型生产技术、生产设施的应用，促进智能化标准化生产，提升红木制造工艺。

2019 中国（中山）红木家具文化博览会

中国苏作红木家具名镇——海虞

一、基本情况

1. 地区基本情况

海虞镇地处长江之滨，面积 109.97 平方千米。近年来被授予全国重点镇、国家卫生镇、全国环境优美镇、中国休闲服装名镇、全国小城镇建设示范镇、中国人居环境范例奖、全国发展改革试点小城镇、全国首批试点示范绿色低碳重点小城镇、全国特色小镇、中国苏作红木家具名镇、中国苏作红木产业转型升级重点镇、中国家具行业先进产业集群等荣誉称号。

2. 行业发展情况

海虞镇政府精耕"苏作红木"区域名片，培育特色产业集群，深挖文化底蕴内涵。目前全镇拥有红木家具生产企业及作坊153家，从业人员6000多人，孕育出了金蝙蝠、明艺、汇生等知名品牌，拥有一支设计精英队伍和一批擅于精雕细刻的能工巧匠，具有工艺美术名人和高级工艺师、工艺美术师等设计团队。产品远销海外，进入美国白宫、扎伊尔等十多个国家的总统府，并先后被中南海紫光阁、钓鱼台国宾馆等选用。

3. 公共平台建设情况

海虞苏作红木家具商会 商会现有会员单位40家，从业人员2000多人，拥有先进的木材干燥设备及先进的木工机械设备1000多台套，生产品种达1200多种，生产规模在国内红木家具行业中名列前茅。商会不定期地组织企业参加雕刻、木工等职业技能赛，参展全国各地的精品博鉴会、品鉴会，组织企业考察各大产区并进行学习交流，开拓眼界，增加产品创新发展的信念，引导会员提高新产品研发能力和工艺水平，携手发展海虞苏作红木产业。

中国红木家具文化研究院 研究院成立之后，加强了国内外红木家具的信息交流，为扩大对外的交流建立了平台。先后组织金蝙蝠、明艺、迎晨阁、永泰、耀龙等企业走出国门亮相世界级艺术博览会，在国际文化交流活动中取得了重要收获；组团海虞红木参展北京、上海等地的重要展会，取得了广泛的认可和骄人的业绩。运用公众号"匠心苏韵"，宣传海虞苏作红木产业，挖掘红木文化内涵。

二、经济运营情况

2017年，海虞红木家具产业在工业总产值、利税、出口额上都较上一年有小幅的增长；2018年，海虞红木行业的产值出口额等也有略微的增长；2019年，海虞镇在同业竞争激烈、市场变化莫测的情况下，完成工业总产值157400万元，完成出口

2017—2019年海虞家具行业发展情况汇总表

主要指标	2019年	2018年	2017年
企业数量（个）	87	87	87
规模以上企业数量（个）	25	25	25
工业总产值（万元）	157400	157410	157390
主营业务收入（万元）	75920	75920	74900
出口值（万美元）	1035	1037	1036
内销（万元）	126720	126710	126690
家具产量（万件）	32.50	32.59	32.39

额 1036 万美元，与上一年基本持平。

三、产业发展及重点企业情况

海虞红木家具产业以小而精为主基调，以"工艺质量求生存，争创名优求发展"为发展理念，走精品发展之路，先后有一批明星企业脱颖而出。

常熟市金蝙蝠工艺家具有限公司 公司创建于1966年，为江苏省老字号，生产的"金蝙蝠"家具荣获江苏省名牌产品称号及江苏省工艺美术百花奖；"金蝙蝠"牌红木家具1998年进入北京中南海紫光阁，1999年进入钓鱼台国宾馆。

江苏汇生红木家具有限公司 公司生产的红木家具在80年代就远销美国、日本、新加波等国家和地区。与美国的林氏公司保持着年销售80万美元左右的合作关系。获首届中国传统家具明式圈椅制作木工技能大赛铜奖。

常熟市明艺红木家具有限公司 公司成立于1992年，有多项产品的设计获得了专利。产品于2015洛杉矶艺术博览会中国国家展展出，获首届中国精品红木坐具设计创新奖等多个奖项。

苏州迎晨阁红木家具有限公司 公司为唐寅故居遗址家具进行制作与修复，产品获第三届"金斧奖"中国传统家具设计制作大赛逸品奖等多个奖项。其"迎晨阁"品牌获得中国红木苏作流派领袖的称号。公司法人的家庭获誉"中华木作世家"称号。

四、2019年发展大事记

在红木家具行业普遍不景气的大背景下。企业发展的模式循着市场走，更加注重设计、技术、管理、人才、品牌、文化等综合素质的整体提升。创新设计方面，有的企业淘汰陈旧的设备，以一部分新型的机器代替纯手工，既节约了时间又减少了成本。有的运用自己的信誉与口碑吸引客户取得订单；有的把书画等文化艺术与红木家具相结合，开拓了艺术方面的潜在客户；有的运用自己独特的销售模式，打开了一片市场。

为了把有优秀传统文化的海虞红木发扬光大，海虞镇政府搭建"创意、创样"平台。一方面与南京林业大学签订了"产学研"合作发展机制，助力设计创新、工艺创新、产品创新；同时，经过整整两年的走访挖掘，写出了《海虞红木发展史》（暂宣名）的初稿，把海虞红木的发展与苏作技艺的传承通过文字的形式记载下来。

五、2019年活动汇总

3月和9月，红木商会组织会员赴广东、湖州考察家具行业。通过参观考察，海虞红木可以进一步了解家具的设计理念，取长补短，打造苏作红木精品。

7月，商会协同研究院共同组织海虞雕刻选手参加第二届"常熟技能状元赛"，海虞的雕刻选手在比赛中脱颖而出，囊括一二三等奖。10月，海虞雕刻选手参赛江苏省"东方红木杯"家具雕刻职业技能竞赛，分获二、三等奖。

10月，研究院协助镇安监、消防、环保等对海虞镇近40家红木企业进行安全生产培训，通过此次培训，进一步针对性地规范红木企业的安全生产，提升区域产业形象。

11月，石碁古典红木家具行业协会、广州市家具行业协会成员一行14人，来到海虞考察交流。这是一次广作与苏作的交流与携手共进，共同为传统家具的发展献言献策。

六、面临问题

虽然海虞红木产业发展历史较长，但大部分企业规模都不大，以小微企业为主，在全镇工业格局中占比较小，与国内其他红木专业镇存在一定差距。

海虞红木企业大多从家庭作坊演变而来，思想、理念相对保守、滞后，积极的开拓精神相对缺乏，产品仍以中低档为主，产品"小而全"，企业"小而散"，作坊式管理较普遍。

专业人才相对匮乏，产品设计创意人才短缺，带来行业创新能力相对不足；从业人员年龄结构偏大，文化结构偏低，整个行业人力资源队伍建设后继乏人。

海虞运用先进的木材处理和加工设备的红木企

业相对较少,对生产工艺的改进和开发应用不多,企业生产管理模式落后,大多采用传统的市场营销手段。在全国各大红木产区产能大发展、市场大覆盖的现状下,海虞红木产业相对滞后。

七、发展规划

1. 提升产品创意理念,提高人员技术素质

以南京林业大学"产学研"合作发展为机制,加强企业设计人员等的技能培训,提升产品的创意理念,调整产品结构,不断进行技术改造和革新,努力开发红木现代加工制造技术,全面带动苏作红木企业整体素质的提高。

2. 搭建市场平台,加强宣传力度

规划红木产业园,利用红木精品展示中心这一市场平台,公众号等载体,加强对外宣传力度;协助企业对外招商,深层次地挖掘市场、开拓市场,为其发展壮大提供有利的空间,力争打造成一个旅游示范基地。

中国（瑞丽）红木家具产业基地——瑞丽

一、基本概况

1. 地区基本情况

瑞丽市地处云南省西南部，总面积1020平方千米，隶属于德宏傣族景颇族自治州，距省会昆明890千米，拥有瑞丽、畹町两个国家级口岸；是中国四大珠宝市场之一。瑞丽名片：中国首批优秀旅游城市、东方珠宝城、全国唯一的"境内关外"管理——姐告、口岸明珠、国家级非物质文化遗产——孔雀舞、文化先进县市、省级卫生城市、文化名镇——畹町、AAAA级风景名胜区莫里雨林景区。

2. 行业发展情况

红木产业是一个创意型、技术型产业，瑞丽经过几十年的沉淀已完成了由名贵木材"中转站"向西部"红木之都"的角色转换，逐步形成集原料采购、产品设计、加工生产、销售服务于一体的完整的红木文化产业体系，打造了一批具有竞争力、影响力和自主创新力的红木文化企业，培育了一批地方特色鲜明、知名度高、深受消费者欢迎的知名红木文化品牌。当前瑞丽红木产业逐步成为文化产业发展的重要组成部分，在经济社会实现跨越发展的过程中起着重要的推动作用。瑞丽已成为当前云南红木文化产业发展的前沿市场和全国重要的红木原料集散地。

3. 产业优势

口岸优势　瑞丽是中国面向西南开放的前沿，是中缅贸易最大的陆路口岸，是东南亚、南亚红木资源集散地和名贵木材"中转站"，同时"境内关外"政策的特殊监管模式为红木资源的集散提供了得天独厚的便利优势。

政策优势　市委、政府根据产业结构调整和市场发展的需要，把红木文化产业作为优势特色产业来打造，制定出台了一系列优惠政策，引导红木家具生产企业入驻，规划了工业用地用于红木文化园区项目建设。

品牌优势　近年来，瑞丽企业坚持科技创新之路，与高校开展科技研发合作，实现现代科学技术与古典艺术风格的完美结合，有的企业获得了十多项外观设计和实用新型国家专利。有的红木加工企业则是倾全力在"雕"字上狠下功，红木上注入文化时尚元素，精于形、臻于艺、达于意，价值将成数倍增长。瑞丽红木就地进口、就地加工、就地升值、远销全国的独特发展模式，货真价实又有质量保证，已具有一定的品牌信誉度、行业影响力和市场号召力。

人力资源优势　红木加工是劳动密集型产业，与东部沿海地区红木家具行业遭遇到的"用工荒""招工难"不同，邻国缅甸人是推动瑞丽红木产业快速成长的"生力军"，几乎每一家上规模的企业都聘有缅籍务工人员，大大平衡了高薪聘请外省技师的支薪成本，构成"瑞丽红木"具有用工优势的重要因素。

市场优势　瑞丽紧靠南亚红木原产地，拥有绝对的资源优势，瑞丽也是著名的旅游城市，为打造从原木进口到产业链销售终端创造了条件优越的市场优势。

产业集群优势 市委、政府积极推动红木行业走产业化、规模化、集群化发展道路，通过实施红木文化产业园等项目，提高产业集中度，加快地域化要素集聚，使之集群优势能得到最大的发挥。尽管近年来受各方面因素影响，红木市场发展与前几年相比呈减缓趋势，但此前产业发展高峰带来的基础条件依旧存在，集群企业的共生效应尚能继续发挥作用，现有的红木文化企业依旧能共享集群优势和品牌福利。

4. 公共平台建设情况

2013年4月10日，瑞丽区域成为了"中国（瑞丽）红木家具产业基地"，使瑞丽红木产业初步形成了原料进口、设计创意、生产加工、展览销售为一体的完整产业链。瑞丽红木家具产业在发展战略与中长期规划、品牌建设、新技术应用、市场建设、公共技术平台和信息化建设中，得到市委、市政府的政策支持。为把瑞丽的红木产业做大做强，政府已将红木产业移居到第二期轻工业园区（环山工业园区，也叫瑞丽市进出口加工制造基地），并给与一定的政策倾斜，现红木园区共占地150亩，已入驻了1家，4家待入驻，占地100亩左右。为企业的发展提供了更广阔的天地，为瑞丽红木产业的发展搭建了一个非常好的平台。

二、经济运营情况

当前，虽然瑞丽红木文化产业发展遇到了诸多困难，有国内外市场因素、有抗风险能力不足的因素、有自身竞争优势不足的因素，但整个红木市场此前已经形成的高效产业组织形式和产业发展方式基础依然牢固，更关键的是市委、市政府依然高度重视红木文化产业发展，积极采取各种有效措施推动红木文化产业持续稳步发展。

三、产业发展及重点企业情况

瑞丽红木家具产业是瑞丽产业集群中的一支新兴产业。从1985年边境贸易兴起到现在的30多年中，红木家具产业经历了不同发展的阶段。经过市

2017—2019年德宏州瑞丽红木家具行业协会家具行业发展情况汇总

主要指标	2019年	2018年	2017年
企业数量（个）	61	60	60
规模以上企业数量（个）	20	20	20
工业总产值或主营业务收入（万元）	43	45	60
规模以上企业工业总产值（或主营业务收入）（万元）	25	28	28
家具产量（万件）	15	18	18

场竞争的大浪淘沙，一些企业已发展成为规模较大、档次较高、实力较为雄厚的企业。如瑞丽市德冠恒隆红木家具有限公司、瑞丽市涵森实业有限责任公司、瑞丽市彩云南木业有限公司、瑞丽市志文木业有限公司等，不但产业发展快，产区建设规模不断扩大，人员不断增加。其中德冠恒隆、涵森、志文已获得云南省名牌产品称号，部分企业荣获了云南省著名商标。另外，瑞丽市万宝红红木家具有限公司、瑞丽市志文木业有限公司被认定为云南省第十三批林业产业省级龙头企业。

而今，瑞丽红木以精工细雕、货真价实、人性化设计等备受消费者的欢迎和好评，瑞丽保真红木的知名度也越来越好，许多优质木材家具，既保持着传统家具的古朴典雅，又融入了现代简约的元素，"新中式、新古典"风格的产品远销全国，乃至东南亚。

四、2019年发展大事记

为解决企业检测红木家具难的问题，让消费者买到放心的产品，瑞丽红木家具行业协会和国家林业和草原局木材与木竹制品质量检验检测中心（昆明）、南亚红木博览城共同举办红木家具检测技术座谈会，决定将国家林业和草原局木材与木竹制品质量检验检测中心（昆明）落户金星红木城，对销售的红木进行现场检测。这一举措，让红木企业的名誉得到了维护，也给消费者提供了一个诚信消费环境。

五、2019年活动汇总

2019年6月12—18日，2019南亚东南亚国家商品展暨投资贸易洽谈会在昆明滇池国际会展中心举办。涵森、志文两家企业代表德宏瑞丽参加了此次活动，宣传了企业产品，展示了企业品牌，展现了瑞丽红木文化的精髓和精湛工艺。

2019年9月30日至10月5日，在金星南亚红木博览城举办了"2019中国（瑞丽）翡翠神工奖大赛"和"2019年红木家具优秀作品展"，这是庆祝中华人民共和国成立70周年和迎接"中国·瑞丽第十九届中缅胞波狂欢节"的主题活动。此次活动共有15家红木商家参展，优秀新家具作品近100余件套。这些新颖、有创意的红木家具作品汇集了整个商场的家具精华，新中式家具的设计在形式上简化很多，在结构上也很符合现代年轻人的想法，既不失古典家具的风范，也不失现代家具的典雅。

六、面临问题

1. 外部环境排斥，原料瓶颈问题日显突出

近年来，受国际、国内环境因素影响，缅甸政府严格控红木原料交易，在一定程度上增加了我国红木市场的投资成本、运营风险，严重制约了红木产业发展。

2. 内部市场挤压，区域竞争发展不断加剧

一方面，随着国内经济下行压力加大，国内市场红木类消费需求收缩明显，购买力持续走低，销量下降、价格下跌、效益下滑，给红木文化产业带来了严峻挑战；另一方面，长期以来红木行业因其营销模式简单、升值空间大而使整个产业规模不断壮大、存量日趋丰富、行业扩张迅速，使同业竞争加剧，一定周期内稳定的市场需求与迅猛发展的卖方市场形成了强烈的反差，红木市场发展压力增大；再一方面，国内、省内区域间竞争发展不断加剧，德宏州红木市场所具有的比较优势越来越小，红木产业发展前沿阵地的地位和作用正在受到挑战和挤压。

3. 面临转型升级，产业自身发展压力增大

从瑞丽红木市场各要素看，红木市场主体是在作坊式、家族式基础上形成和发展起来，而非按照现代企业制度要求，依靠法人治理结构理念建立起

传统家具产区

来的公司化经营模式。红木市场主体单一，总量多而散，体量小而弱，缺乏大型骨干红木文化企业集团，存在资源分散、资金分散、技术分散和经营分散等问题，市场综合竞争能力较弱。红木资源的产品化停留在简单的初加工，深度开发不够，文化附加值不高，产品多样性不足，特色危机严重，产品同质化现象严重，不能满足人们多层次、多样化的消费需求。

中国仙作红木家具产业基地——仙游

一、行业概况

2019年是中国摆脱新常态低迷期、走向高质量发展模式的关键年，经济增速有所下滑，经济形势复杂多变。全国红木市场也因此承受下行的压力，市场消费需求动力不足，红木家具行业仍处于结构调整期、企业转型期。福建省古典工艺家具产业在如此严峻的经济环境背景下，不断转型升级，积极创新营销模式，"互联网+"助力福建省古典工艺家具产业，实现产值420亿元。

福建省仙游县先后荣获"世界中式古典家具之都""中国古典工艺家具之都""仙作红木家具产业基地""中国古典家具收藏文化名城""全国红木古典家具产业知名品牌创建示范区"荣誉称号。"仙游古典家具制作技艺"被国务院列入"国家级非物质文化遗产"保护名录。

二、2019年发展大事记

1. 发布《仙作古典家具分类编码》

详细规定了仙作古典家具编码系统的组成、分类编码的原则与方法、产品名称编码、属性编码等，为仙作家具质量可追溯奠定数据基础。

2. 制订《"仙作"集体商标使用管理规则》

规范"仙作"集体品牌保护，产品专用标志使用监管，保护仙作品牌，促进仙游古典家具产业发展，首批授权37家企业使用"仙作"集体商标。

3. 中国家具品牌集群成立

为推动中国传统文化、古典工艺家具产业和品牌建设深度融合，推动民族文化产业走向世界，仙游县将深入实施品牌战略，全面提升品牌竞争力，以品牌的力量抢占制高点、掌握话语权，推动工艺美术产业向千亿集群跨越前行。

4. 发布"新华·仙游仙作产业发展指数"

"新华·仙游仙作产业发展指数"由新华通讯社新闻信息中心首次发布，仙作入选新华社民族品牌工程，树立仙作高端品牌形象，体现了仙作在全国古典工艺家具市场的核心地位，以品质提升和品牌引领推动仙作产业价值链升级。

三、2019年活动汇总

1. 2019第七届中国（仙游）红木家具精品博览会

10月28日至11月1日，由中国家具协会、中国工艺美术协会、京东集团共同主办的"2019第七届中国（仙游）红木家具精品博览会"在中国古典工艺博览城举办。以"品牌仙作、数字仙作"为主题，开展了丰富多彩的活动。充分运用人工智能、大数据及互联网等手段，举办仙作线上线下拍卖会、百名网红直播红博会等多项线上线下互动活动，达成意向性签约近10亿元，与第六届比增25%；直接成交额超过6亿元，与第六届比增20%，红博会搭设了一个集展示交易、合作交流、创新发展为一体的行业大型平台，加强了仙作与全国同行业之间的技术交流、产业对接，推动全国红木文化产业转型升级、创新驱动，实现高质量发展。

2. 第二届全国家具雕刻职业技能竞赛总决赛

10月25—27日，2019年中国技能大赛——"三福杯"第二届全国家具雕刻职业技能竞赛总决赛在中国古典工艺博览城举办，来自浙江东阳、河北涞水、江苏常熟、广东南海、中山、新会、福建仙游等赛区共79名优秀选手参加决赛，评出"工匠之星"金奖、银奖、铜奖、优秀奖；"青年工匠之星"金奖、银奖、铜奖、优秀奖等若干奖项。

3. 第四届福建省"仙艺杯"手工木工职业技能竞赛

10月10—12日，第四届福建省"仙艺杯"手工木工职业技能竞赛在中国古典工艺博览城举办，参赛选手超百人，评出金奖、银奖、铜奖、团体奖、最佳组织奖等若干奖项。通过举办技能竞赛，发现雕刻人才、展示雕刻技能，推动工艺制作水平不断提升，促进福建省古典工艺家具产业持续繁荣发展。

4. "仙作·中国行"走进厦洽会

9月8日，三福、鲁艺、大东方、景仁堂、明山堂、清河山房和海峡艺雕城等品牌企业组团亮相在厦门会展中心同期举办的"2019厦门国际投资贸易洽谈会暨丝路投资大会"和"2019新中式家居品牌文化博览会"。4天展会共吸引了5万人次以上的境内外客商和观众，组委会官方线上直播观看人数达39万。

四、发展措施

1. 转型升级措施

仙作产业正面临转型升级、转变生产经营模式的关键时期，力争做到既巩固高端市场，又提升中低端市场，以品质提升产品内在价值，巩固现有高端产品市场占有份额。一是满足中低消费群体的产品，提高市场占有率。引导企业进行专业化生产，分工协作，改变自产自销的现状，鼓励中小企业走"专、精、特、新"的发展道路，推动中小企业与大企业协作配套，打造利益共同体的企业"航母"，让合作加盟商有利可图。二是引导企业改变以往"坐商"的经营模式，走出去拓展市场，培育大量经销商，组建营销联盟、中介机构，到全国各地、东南亚各大城市开办直营店、专卖店，扩大产品营销，拓展销售渠道。三是引导企业牢固树立古典工艺家具就是做文化、做艺术、做精品的观念，增强文化软实力，使仙作红木家具可持续发展。四是开发旅游消费品市场，为仙游旅游业增添内容与收益，鼓励更多有条件的企业建立工艺旅游示范点，推动工艺美术旅游。

2. 技术创新措施

一是生产技术创新中，建立几家大型的专业木材烘干中心，统一为行业企业服务。二是产品创新中，引导企业制定产品规划，形成相对完整的产品线。三是通过研发创新，进行产品结构的升级和转型，培育"仙游设计""仙游创意""仙游制造"等产品。四是管理创新中，向现代板式家具生产企业学习，包括ERP、条形码、识别芯片等，实现信息化管理，进一步控制材料消耗和成本。根据多品种、小批量、个性化定制、手工操作等特点更好地设计工艺流程。

3. 木材利用措施

突破原材料制约的瓶颈，通过精挑细选、因材施工，提高木材利用率，使现有名贵材料生产出来的产品价值最大化，保障企业在成本上涨的情况下正常发展。一是加快开发利用替代木材，加大对替代木材的木性、制作工艺、烘干技术等方面的研发投入力度，为企业开发利用新的可替代木材提供技术支持。二是引导企业使用新材料的同时，通过产品的性价比，引导消费者转变原有观念，让更多的消费者认可、接受新材料生产出来的产品。三是通过合法有效的途径把更多稀缺的红木原材料引进"仙作"市场，确保"仙作"产业的原材料供应。四是建立红木种植基地，成立名贵植物研究所，开展名贵植物栽培试验研究、技术指导、推广等科技攻关，制定和完善一系列相关的标准和技术规范，促进大面积种植名贵植物，为产业长远发展提供资源保障。

五、存在问题

部分企业做品牌、做实业的观念意识不强，各企业主要以"单兵"作战为主，缺乏"仙作"的全局理念；目前仙游县大部分企业仍然是以家族经营的管理模式为主，缺乏现代化企业管理体系，管理粗放落后，企业市场定位模糊，小而散、小而全；企业主要依靠扩大生产来提升交易额，整个市场差异化的营销体系尚未成熟，品牌的软实力欠缺；部门企业重材轻艺，产品文化艺术附加值不高，产品利润中主要依靠木材涨价，产品自身的附加值较低。名贵红木资源将日益稀缺，海黄、越黄、小叶紫檀已是一木难求，大红酸枝供应情况也不容乐观，传统红木产业将面临"无米之炊"的局面；当前原木交易市场缺乏统一管理，全县虽然有多家原木经营企业，但多数硬件比较简单，经营水平、交易规则相对原始，整个行业缺乏一个集仓储、交易、信息资讯的市场平台，造成原木交易成本上升，无形中提高了原木价格。以上诸多因素造成红木原材料价格的大幅上涨，生产厂家成本也大幅增加，势必造成很多缺乏营销渠道和品牌支持且资金实力不足的红木企业被淘汰。

中国红木（雕刻）家具之都——东阳

一、基本概况

1. 地区基本情况

东阳市地处浙江省中部，市域总面积1747平方千米，总人口84万，是浙江省历史文化名城，素有"婺之望县""歌山画水"之美称，被誉为教育之乡、建筑之乡、工艺美术之乡、文化影视名城（"三乡一城"）。东阳木雕与红木家具融合发展，形成独具特色的木雕红木家具产业，已成为东阳市一大特色支柱产业。东阳先后获得"中国木雕之都""中国红木（雕刻）家具之都""世界木雕之都"等称号。

2. 行业发展情况

2019年，东阳以机构改革为契机，成立木雕红木家居产业发展局，统筹协调木雕红木家具产业发展相关工作。通过推进环保整治、规范行业税收、制定行业标准等规范提升行动，大力促进木雕红木家具产业转型升级，东阳现已初步形成"家数精减、主体升级、产业规范"的新格局。东阳市现有木雕红木家具企业1336家，其中销售额超2000万元以上的企业200多家；全年产值200多亿元。

3. 公共平台建设情况

随着东阳市委、市政府扶持力度的不断加大，东阳木雕红木家具产业迅猛发展，现已形成东阳经济开发区、横店镇和南马镇三大产业基地，东阳中国木雕城、东阳红木家具市场和花园红木家具城三大交易市场，市场面积达200万平方米。为了推进产业健康持续发展，东阳市先后建成了中国木雕博物馆、国际会展中心等展示平台，并结合木雕小镇建设，建成了木材交易中心、木文化创意设计中心、

2017—2019年东阳市红木家具行业发展情况汇总表

主要指标	2019年	2018年	2017年
企业数量（个）	1336	1336	2150
规模以上企业数量（个）	207	207	207
工业总产值（万元）	2000000	2000000	2000000
商场销售总面积（万平方米）	160	200	200
商场数量（个）	4	6	6

中国东阳家具研究院、国家木雕及红木制品质量监督检验中心、国家（东阳木雕）知识产权快速维权援助中心等平台。为引导产业集聚，大力拓展发展空间，目前，已建设有南马万洋众创城、南市街道红木创业园等红木小微园，共占地200多亩，建筑面积达28万平方米。特色小镇和小微园将成为今后红木家具产业集聚发展的主要平台。

二、产业发展及重点企业情况

东阳木雕红木家具龙头骨干企业发展态势良好。2019年度东阳市木雕红木家具龙头企业有：东阳市陆光正创作室、东阳市明堂红木家俱有限公司、浙江中信红木家具有限公司、浙江卓木王红木家俱有限公司；2019年度东阳市木雕红木家具骨干企业有：东阳市新明红木家具有限公司、浙江大清翰林古典艺术家具有限公司、浙江华盈工贸有限公司、东阳市苏阳红红木家具有限公司、东阳市旭东工艺品有限公司、东阳市凌云阁红木家具有限公司、东阳市双洋红木家具有限公司、浙江浪人工艺品股份有限公司、国祥红木家具有限公司、东阳市御乾堂宫廷红木家具有限公司。

三、2019 年发展大事记

1."浙江制造"团体标准《深色名贵硬木家具》发布实施

由东阳市红木家具行业协会为主起草的"浙江制造"团体标准《深色名贵硬木家具》，经浙江省品牌建设联合会批准发布，于 2019 年 3 月 31 日起正式实施。该标准由金华市标准化研究院牵头，东阳市红木家具行业协会、浙江省木雕红木家具产品质量检验中心以及东阳市明堂红木家俱有限公司等企事业单位共同参与制定。该标准的发布实施，将进一步提高我市名贵硬木家具的生产制造技术水平，提升产品的市场竞争力，提升"浙江制造"东阳家具品牌形象。

2. 东阳市红木家具行业协会换届

12 月 20 日，东阳市红木家具行业协会第三届第一次会员代表大会在东阳顺利召开。浙江东阳中国木雕城有限公司董事长陈义当选为新一届理事会会长。东阳市红木家具行业协会换届是东阳市红木家具行业的一件大事，新一届理事会将带领会员企业逆势而上，加强创业创新，推动转型升级，促进东阳红木家具行业稳健发展。

四、2019 年活动汇总

1. 首届中国红木家具展览会成功举办

4 月 26 日至 5 月 1 日，由中国家具协会、东阳市人民政府共同主办的"首届中国红木家具展览会"在浙江东阳举行。本届展会以"买红木，到东阳"为主题，展出总面积 30 万平方米，吸引了来自广东、福建、上海、海南等全国十大红木家具主产区的 240 家企业组团参展，现场成交额约 1.45 亿元，签约额约 7.4 亿元。

2. 举办第二届"红创二代"新品展

4 月 26 日，第二届"红创二代"新品展在东阳中国木雕城国际会展中心开幕。集中展示了青年企业家设计创作的红木家具精品，其中还有来自其他省市的企业参展，充分体现着年轻企业家们的创新思想和设计水平，展示出红木家具行业青年企业家

"浙江制造"团体标准《深色名贵硬木家具》发布会

东阳市红木家具行业协会换届

首届中国红木家具展览会

的风采。

3. 举办中国技能大赛——第二届全国家具雕刻职业技能竞赛分赛

9 月 25—27 日，2019 年中国技能大赛——第二届全国家具雕刻职业技能竞赛浙江东阳赛区选拔

赛暨浙江省木雕工职业技能大赛于在浙江东阳举行，有来自全省各地的 160 名雕刻能手参加比赛。连续三年举办赛事，不仅传承和弘扬了东阳红木家具雕刻艺术和传统家具制作技艺，充分体现了东阳工匠精神，更强有力地推动了木雕红木家具产业大发展大繁荣。

4. 开展行业培训

2019 年 4 月及 6 月，东阳市红木家具行业协会组织举办了全市红木家具行业"企业劳动用工法律风险防范""大数据背景下税收与企业发展战略"的专题法律培训，200 多名红木家具企业负责人及企业管理人员参加。8 月，东阳市红木家具职业技能培训学校主办的"家具智造系统 TopSolid 培训"开班，二十余名东阳红木家具设计师和生产主管参加培训，通过学习引进新技术、新设备进行创新突破，改变红木家具企业传统图纸设计生产周期长，且设计生产过程中产生的信息对接错误较多等现状。

5. 东阳红木家具企业组团参展

2019 年，东阳市红木家具行业协会积极组织会员企业，参加在东莞厚街广东现代展览馆举行的第 41、42 届国际名家具（东莞）展览会，展示了新中式、新古典、古典等各式精美红木家具，展现了东阳不同风格家具的魅力，不断促进东阳红木家具企业自我提升、拓展市场，提高企业品牌知名度，扩大东阳红木家具产业集群的影响力。

中国京作古典家具产业基地——涞水

一、基本概况

涞水古典红木家具已有 300 多年的历史，是中国家具协会命名的"中国京作古典家具发祥地"，同时是中国家具协会与涞水县人民政府共建的"中国京作古典家具产业基地"。涞水清宫红木雕刻传统技艺是"河北省非物质文化遗产"。近年来，涞水红木行业年销售收入有些下滑态势。目前，涞水京作红木家具制销企业 400 余家，熟练技师近千人，从业人员 2 万余人。2019 年产值达 14 亿元，销售收入达 17 亿元，被河北省工信厅确定为特色产业集群。是北京周边的主要产区之一。涞水与其他产区相比，虽然规模还较小，但独有的区位优势、京作红木传统文化优势及享有的京津冀协同发展战略优势，使涞水红木产业发展潜力巨大，后发优势明显，正成为承接北京产业转移和外溢的首选地。

为有效再现和保护京作古典家具的历史文化，推动古典家具产业转型升级，涞水县正在全力推进"涞水京作古典家具艺术小镇"建设。2019 年 10 月，"涞水京作古典家具艺术小镇"再次入选"河北省第一批创建类特色小镇"。小镇以仿古或新中式设计建造，突出古典文化氛围；以古典家具产业为主，融合中华优秀传统文化；将全力打造中国京作古典家具文化产业高地、国家 4A 级精品旅游区。项目建成后，将成为全国北方最具特色的古典家具、工艺品展示、销售市场，京郊传统文化创意基地、儿童科普教育基地、京郊新兴特色旅游目标地以及北方最具特色的古典家具文化旅游目的地。建成后预计年均接纳 300 余万游客，旅游年收入 12 亿元，解决 12000 余个就业岗位；以此拉动全国古典家具产业结构的深度调整和优化整合。

二、品牌及重点企业

目前，涞水已先后推出隆德轩、森元宏、永蕊缘、万铭森、乾和祥、艺联、易联升、艺宝、精佳、华清墵、古艺坊、庆贤堂、珍木堂等多个品牌。河北古艺坊家具制造股份有限公司成功挂牌石家庄股权交易所，是河北省高新技术企业。隆德轩、森元宏、万铭森、永蕊缘、艺友、艺联在石家庄股权交易所孵化板挂牌。

1. 涞水县隆德轩红木家具有限公司

该公司是涞水县古典艺术家具协会会长单位。公司成立于 2008 年，占地面积 20 亩，总资产 1.2 亿元，注册资本 3000 万元，年生产能力 3000 件（套）古典红木家具。公司成立以来立足深厚的京作家具文化积淀，大力弘扬"京作"文化及传统工艺，努力创建具有涞水特色的古典红木家具系列。"隆德轩"品牌深受红木消费者喜爱。

2017—2019 年涞水县家具行业发展情况汇总表

主要指标	2019 年	2018 年	2017 年
企业数量（个）	410	413	420
规模以上企业数量（个）	8	8	8
工业总产值（万元）	140000	156000	162000
规模以上企业工业总产值（万元）	12000	13500	14400
内销（万元）	170000	184000	200000
家具产量（万件）	2.2	2.8	3.2

2. 涞水县万铭森家具制造有限公司

该公司创立于 2014 年，注册资金 500 万元，年生产红木家具 3000 件，建筑面积 1 万余平方米，占地 20 亩，有职工 54 人。公司主要生产大果紫檀及老挝红酸枝红木家具，包括客厅、餐厅、书房、卧房、休闲、中堂等六大精品系列明式风格京作古典家具，品种达百余款。2019 年销售收入达 0.6 亿元，产值达 4000 万元。

3. 河北古艺坊家具制造股份有限公司

该公司始创于 1996 年，占地 43 亩，有中式家具专业技术人员 270 名，年生产销售现代中式家具 25000 件，公司注册资本金 1500 万元，总资产 5000 多万元。公司下辖三个自主品牌，"古艺坊"主营现代中式榆木家具；"和安泰"主营古典红木家具；"元永贞"主营高档民用家具。公司产品已经得到社会各界的高度认可，2019 年销售收入达 1 亿元，产值达 7000 万元。

4. 涞水县永蕊家具坊

公司是一家专业制作、修复各式明清硬木家具的手工企业。2019 年销售收入达 0.3 亿元，产值达 1000 万元。

5. 涞水县森源仿古家具厂

创建于 1997 年，占地 15 亩，职工 30 人。家具制作材料以红酸枝为主；以明式、清式家具风格为主，一直保持传统的优秀工艺技术，特别是榫卯结构与打蜡工艺。凭着出色的制作工艺、过硬的产品和良好的知名度、美誉度，已成为涞水红木家具行业最具影响力的企业之一。2019 年销售收入达 0.3 亿元，产值达 1000 万元。

6. 涞水县乾和祥红木家具有限公司

公司于 2002 年创建，占地 4 亩，位于涞水县涞阳路。其经营的红木家具多采用大红酸枝、花梨等优质原料精工制作而成，制作工艺传承了京作的传统精艺。已成为涞水红木家具行业最具影响力的企业之一。2019 年销售收入达 0.3 亿元，产值达 1000 万元。

7. 涞水县艺联木刻厂

创建于 2000 年，占地 10 亩，位于涞水县东文山乡上车亭村。企业"以人文精神为本"与"以人为本"并重，同时作为家具设计基本原则，在尊重"以人文精神为本"的同时，在家具设计上坚持以明式家具设计风格为主，重结构、少装饰，重简洁厚重、轻奢华雍容，保持传统的优秀工艺技术。2019 年销售收入达 0.5 亿元，产值达 3000 万元。

三、2019 年发展大事记及活动汇总

3 月 23 日，参加 2019 年京西百渡休闲度假区第三届暨野三坡第十二届开山节，进行了区域公共品牌"京涞派"发布会；6 月 1 日，参加涞水县委宣传部举办的"涞水县非遗文化节"；8 月 8 日，中国·涞水文玩核桃市场的开业；8 月 16—18 日，成功举办 2019 年中国技能大赛——第二届全国家具雕刻职业技能竞赛涞水分赛暨涞水县第四届"工匠杯"雕刻大赛，52 名选手参赛；8 月 18 日，举办第六届中国·涞水京作红木家具文化节暨第五届文玩核桃博览会；10 月 25 日，赴福建仙游参加 2019 年中国技能大赛——第二届全国家具雕刻职业技能竞赛全国总决赛，5 名选手获得"中国家具行业工匠之星"荣誉称号；11 月 5 日，组织保定市职业技能鉴定中心进行木工中级工认证考试；12 月 17 日，涞水县京作红木家具工业设计创新中心挂牌。

四、面临问题

由于国际对珍稀木材的保护措施越来越严格，资源不断减少以及红木产业的发展，造成红木原材料资源的匮乏，加上人工及土地成本的增加；企业运作不规范，缺乏科学管理现代企业的观念和方法；红木产业的发展遇到了瓶颈。

五、发展规划

搭平台，加快涞水红木小镇建设。把推动涞水经济发展、富裕地方百姓作为发展的初心，三年内把小镇打造成可容纳约 5 万人的宜业、宜居、宜游的产城园区。拉动全国古典家具产业结构的深度调整和优化整合。

中国广作红木特色小镇——石碁

一、基本概况

石碁红木小镇位于广州市番禺区石碁镇,是《粤港澳大湾区发展规划纲要》中提及的黄金地带,是粤港澳大湾区内核之一。作为广州地区的家具产业集群,石碁镇是广作红木家具制作技艺传承的重要发源地之一,被中国家具协会命名为"中国广作红木特色小镇"。

石碁红木特色小镇更新改造项目分两期实施,一期项目为南浦村改造,二期项目为石碁村、官涌村、永善村改造。石碁红木小镇(一期)位于广州市番禺区石碁镇市莲路上,北临地铁四号线石碁站,项目总占地面积约 62 公顷,规划总建筑规模约 128 万平方米。

自 2018 年 7 月,南浦村红木小镇一期成功引入碧桂园集团进行合作建设改造。石碁红木小镇未来将更好地肩负城市更新标杆、产业升级和文化传承的历史使命。作为广东红木家具三大产业集群之一,石碁以高端精品家具而著称,是广作工艺的代表。大数据时代的来临,结合国家对科技发展的支持,石碁红木小镇也开启"智慧创变,传统产业集群式升级"模式,助力红木产业智能制造发展与升级,支持科技创新企业集群式发展,将红木家具产业延伸发展成文化创意、智能家居、家居家具等产业链条,保护发展红木家具产业集群并形成产业生态集群。

二、2019 年发展大事记

乘着粤港澳大湾区发展的东风,2019 年石碁镇着力推动重点项目建设,辖内 10 个区级重点建设项目累计完成投资 78223 万元。随着城市更新项目的推进,为加快石碁红木家具产业集群项目建设,石碁镇正在全力以赴配合番禺区的指示精神,大力推进"三旧"改造。未来,石碁红木小镇项目肩负城市更新标杆、产业升级和文化传承的历史使命,将建设成为"广作红木国际艺术展示窗口""广府艺术文化旅游名片"和"华南地区首个智能家居创新平台",将成为番禺东部崛起战略产业载体。

三、品牌及重点企业情况

石碁镇作为广州地区重要的广作红木家具制作技艺传承发展源地,孕育了如广州市番禺永华家具有限公司、广州市家宝红木家具有限公司、广州市番禺华兴红木家具有限公司等红木行业优秀典范,凭借多年来积累的经验以及先进的制作工艺,在红木界起着引领和示范作用,带动红木产业提质增效。截至 2019 年年底,沿着红木小镇的市莲路两侧已形成以永华红木、家宝红木、金舫红木为龙头的近 60 家红木企业集聚带,拥有红木产业从业人员近万人,年产值达到 30 多亿元。该聚集带是广州首条红木产业带,发展潜力巨大。

广州市番禺永华家具有限公司作为石碁红木产业集群的龙头企业、全国十大红木家具品牌之一,2019 年永华红木享誉业界,硕果累累,连续九年被评为"广东省守合同重信用企业",2019 年先后获得了"中国轻工业家具行业十强企业""中国家具行业领军企业""2018 年度广东省优秀企业""2019 年广州品牌百强企业""广州市非公有制经济组织'双强'共同体示范单位""2018 年广州市工艺美术行业先进企业""2018 年度光彩事业贡献奖"等荣

传统家具产区

红木特色小镇效果图

红木特色小镇效果图

誉称号。

永华红木坐拥近 10 万平方米花园式红木生产基地，拥有现代化专业设备、高效的信息化系统和优秀的设计制造团队，凭借出色的工艺技术和过硬的质量保证，永华红木销售网络遍布全国各地，产品远销全国乃至海外地区。2019 年，永华红木主营业务收入达 5922 万元。同时在石碁红木小镇上也设有集收藏研究、陈列展示于一体的永华艺术馆，是目前珠三角规模最大的红木艺术馆，2018 年成功获评国家 3A 级旅游景区。

永华艺术馆

四、发展规划

经过整体匠心规划，综合多方交流探讨，未来石碁红木特色小镇将以全新的面貌呈现，在原来的基础下打造新式智能红木平台，融工业、商业、服务业、旅游业、文化产业于一体，宜居、宜业、宜游优质生活圈，融合多元主题业态的大型综合产业项目，生态化、智能化、现代化的红木特色小镇。带动地区产业经济的提速提质，助力番禺区创建国家全域旅游示范区；发挥自身的区位优势，承接南沙、港澳产业经济带来的辐射效应，为融入粤港澳大湾区建设提供支持。未来规划中将有红木文化商业街区、智能家居体验中心、创新企业总部集群、臻品匠心艺术酒店等。困扰红木家具制造业的环保问题也将在产业升级中得到解决，未来红木小镇规划将红木家具制造涉及环保的生产环节集合化管理，真正实现家具产业园内产业升级，向集生产、物流、商贸、体验、休闲、观光、服务、教育、电子商务于一体的转变，加快发展红木产业新业态、新经济。

中国家具产业集群
——木质家具产区

木质家具是家具行业中最重要的子行业，产量、主营业务收入和利税总量等各项指标均位居家具行业首位。据国际统计局数据显示，2019年木质家具制造子行业规模以上企业4198家，完成工业增加值增速3.3%；累计实现营业收入4350.4亿元，同比增长3.31%；实现利润260亿元，同比增长4.17%；营业收入利润率为5.98%；完成出口交货值730.86亿元，同比下降2.33%。

木质家具具有质轻、强度高、易加工，有天然的纹理和色泽，手感好，使人感到亲切等特点。木质家具制造业的上游主要为木材加工业，我国是少林国家，木材供给方面存在较大缺口，人造板家具、钢木家具应运而生，可以大量节约木材，提高木材使用率。目前中国家具企业所生产的家具种类品种非常丰富，但是木质家具依然最受欢迎，企业数量位居全国首位。

木质家具产量前五位的地区依次是广东、江西、浙江、福建、四川五省，浙江玉环、江西南康、四川崇州、山东宁津等木质家具产区在行业保持健康发展的过程中贡献了很大的力量。2019年受到国内外政治、经济、环境等变化的影响，家具行业整体增速放缓。但我们坚信，新技术涌现、新材料研发、新模式繁衍，木质家具行业正在走向高质量发展之路。

江西 / 南康

家具产业是南康首位产业。2019年，南康重磅推出"南康家具"区域品牌，建立"南康家具"防伪标识体系，打造中国家具智能制造创新中心，提升龙回家具智能制造基地，推进共享喷涂中心建设，南康工业（家具）设计中心成为省级工业设计中心，通过各项措施促使南康家具产业加快新旧动能转换。2019年，南康家具产业集群产值达1807.11亿元，同比增长11.88%。

四川 / 崇州

崇州拥有本土家具生产龙头企业全友家私、明珠家具，以及业内领军企业索菲亚、尚品宅配、喜临门等各类家具企业1000家，相关从业人员7万余人，主要从事板式、实木、藤编、艺雕、钢木家具的研发、生产及销售。2019年规模以上家具企业达40家，工业总产值89.5亿元，出口值523万美元。

山东 / 宁津

宁津县家具以实木为特色和优势，共有家具生产企业2870家，规模以上企业数量237家。宁津实木家具种类齐全，投资10亿元建设绿动能共享园区，助力产业升级。2019年宁津家具行业实现工业总产值116.3亿元，并举办宁津家具与伦教木工机械产业对接会。

浙江 / 玉环

玉环家具经过30多年的发展，已形成产业链完整的产业集群发展模式，尤其是新古典家具和欧式家具，其产品质量和工艺水平处于全国领先地位。2019年有家具企业285家，规模以上企业33家，家具产量93万件。

中国实木家具之乡——宁津

一、基本概况

1. 地区基本情况

宁津县位于山东省西北部冀鲁交界处，隶属德州市，区划面积833平方千米，人口49万，是"中国五金机械产业城""中国实木家具之乡""中国桌椅之乡""中国实木家具之乡""山东省实木家具示范县""山东省优质木质家具生产基地""山东省实木家具产业基地""中国民间艺术（杂技）之乡"和"中华蟋蟀第一县"。

2. 行业发展情况

宁津家具产业兴起于20世纪90年代，起始由加工户自发形成，后经政府引导，逐步由小到大、由弱及强发展成为全县的富民产业和支柱产业。如今在宁津，家具产业已呈遍地开花之势，全县共有家具生产企业近3000家，从业人员近5万人，形成了1个家具园区、7个特色乡镇、180余个专业村的集群格局。

3. 公共平台建设情况

宁津家具产业集群以宁津家具"梦工场"为引领，加快家具产业"五中心一平台"建设，推动信息技术、产品设计研发、生产制造高度融合，融入智能家居理念，打造中国实木家具个性化定制生产基地。以品牌高端化，提高特色产业竞争力。宁津家具"梦工场"是山东省首家家具创意主题孵化器、创客空间，占地3000多平方米，共包含"五区两中心"，分别是：光影展示区、公共服务区、智能家具区、品牌展示区、联合办公区、设计中心、电商中心，是集创新创业、研发设计、品牌孵化、精品展示于一体的家具产业创新龙头。

二、产业发展情况

1. 产业初具规模，影响力不断提升

2004年，宁津县被中国轻工业联合会与中国家具协会授予"中国桌椅之乡"特色区域荣誉称号，先后被评为"山东省优质木质家具生产基地""山东省实木家具示范县"和"山东省出口木质品及家具质量安全监管示范区"；2011年家具产业被列入山

2017—2019年宁津家具行业发展情况汇总表（生产型）

主要指标	2019年	2018年	2017年
企业数量（个）	2870	3078	3500
规模以上企业数量（个）	237	256	258
工业总产值（万元）	1163000	1183600	1195000
主营业务收入（万元）	1150100	1152800	1174000
出口值（万美元）	2350	2750	2800
内销（万元）	113300	1107800	1130500
家具产量（万件）	1050	850	880

2017—2019年宁津家具行业发展情况汇总表（流通型）

主要指标	2019年	2018年	2017年
商场销售总面积（万平方米）	11.5	12	8.5
商场数量（个）	55	54	56
入驻品牌数量（个）	132	105	90
销售额（万元）	53000	50000	48000
家具销量（万件）	66	50	53

2017—2019年宁津家具行业发展情况汇总表（产业园）

主要指标	2019年	2018年	2017年
园区规划面积（万平方米）	112	112	88
已投产面积（万平方米）	60	55	35
入驻企业数量（个）	190	170	105
家具生产企业数量	187	167	103
配套产业企业数量	3	3	2
工业总产值	463200	441000	308000
主营业务收入（万元）	457800	430000	292500
利税（万元）	113000	109000	84000
出口值（万美元）	773	830	780
内销额（万元）	452700	425000	280900
家具产量（万件）	420	289	230

东省30个过百亿元省级产业集群，获得中国家具产业链模式创新金奖；2012年被中国轻工业联合会和中国家具协会联合授予"中国实木家具之乡"特色区域荣誉称号；2013年，宁津家具产业集群被中国家具协会授予"中国家具行业优秀产业集群"；2017年宁津县被授牌为"中国轻工业特色区域和产业集群创新升级示范区"；2019年荣获"中国家具行业突出贡献单位"等荣誉称号，行业影响力进一步提升，宁津实木家具已经成为全国较有名气的区域品牌。

2. 产品种类齐全，市场覆盖广

宁津县家具以实木为特色和优势，产品包括餐厅家具、厨房家具、酒店家具、卧房家具、套房家具、办公家具、软包家具、实木内门等民用和商用家具八大类上千个品种，形成了经典中式、简约欧式、现代中式、英式田园乡村、美式系列、后现代实木、明清古典等多种风格，其定位为中高端市场，在全国大部分省会级城市及经济发达城市均建立了直营"旗舰店"或代理店，在全国近千个大中城市都可见到"宁津家具"的踪影，家具产品还远销美国、韩国、德国等30余个国家和地区。

3. 建设绿动能共享园区，助力产业升级

在环保要求不断提高的背景下，宁津县提出了以绿色制造催生发展新动能的思路，出台了《关于加快家具产业转型升级的工作意见》，采取与市财经公司融资合作、引进社会资本投资建设等方式建设了总投资10多亿元，建设4个乡镇绿动能共享园区，引进环保达标的高端喷漆系统及流水线，园区采用共享租赁的模式为企业提供服务，将散布在各村的家具制造小企业、小作坊集中起来，进区入园，改变传统发展方式，实现绿色发展，加快了家具产业转型升级步伐。全部建成后可整合150家企业入园生产，年生产能力达到100万套成品餐桌椅、700万套白茬，年销售收入可达150亿元，带动2万多人实现就业。

4. 龙头带动能力增强，品牌建设显成效

外部以引进的华日、斯可馨、梵几等国内行业龙头企业为重点，内部以德克、宏发、鸿源等本地企业为重点，实现了小微企业与龙头企业的配套合作，让大量的小微企业成为龙头企业的生产车间，在配套的过程中提档升级。同时，注重品牌建设，目前全县拥有"兴强""万赢""吉祥木""德克"4个山东省名牌产品和"美瑞克"1个山东省著名商标。

5. 产业链条不断完整，分工程度高

经过多年的发展，宁津家具产业链已经形成了从木材经营、"白茬"加工、零部件配套、油漆购销、成品组合到产品销售的产、供、销一体化有机产业链。同时，围绕家具生产又衍生出一系列家具原辅料供应链，形成了规模庞大的木（板）材供应市场，仅张大庄镇就有100多家木材板材经销户，年经销量超百万立方米。

6. 创新能力增强，家具品牌响亮

宁津家具顺应市场发展潮流，不断调整产业结构，全县规模以上家具企业全部建立了研发设计中心，产品设计，工艺创新，科技创新的水平不断提升，产品档次显著提高。三江木业"可可图斯"美式套房、汇丰家具的"左岸尚东"欧式套房、金楸林家具的"金楸林"英式田园套房及贵族系列套房、鸿源家具的"斯贝迪曼"法式套房、利德木业的"欧丽尔"欧式套房、大亨木业的"欧帝森"实木门等品牌家具已经成为全国一线城市的畅销品牌，宁

津家具也成为全国较有名气的区域品牌。

三、重点企业情况

1. 山东华诺家具有限公司

该公司由廊坊华日家具股份有限公司投资19.5亿元建设，主要生产木门、办公酒店家具、软体沙发等产品，可实现年销售收入10亿元，创造就业岗位4000多个。

2. 斯可馨家具北方基地

该项目由江苏斯可馨家具股份有限公司投资建设，总投资10亿，固定投资8亿，主要建设厂房、仓库、研发中心、职工公寓、餐厅、办公楼等。主要产品是软包家具、家居用品、工艺品、办公用品。项目投产后，可实现年产30万套家具，年销售收入20亿，利税2.5亿。

3. 宁津县三江木业有限公司

该公司是一家拥有自营进出口权的技术密集型家具企业，产品获得全国13个家具质量检测机构鉴定，成为绿色家具名牌产品，出口韩国、日本等地。

4. 宁津宏发木业有限公司

该公司是一家专业从事餐桌椅生产的企业，是"全国民营企业重点骨干企业"，原材料由德国、法国直接购进，产品主要出口澳大利亚、欧美、东亚、阿拉伯等国家和地区。年可生产各种高档餐桌椅50000套。

5. 山东德克家具有限公司

该公司是一家集生产、销售、科研于一体的现代化家具制造企业，也是全县家具行业的龙头示范企业之一。主要生产高档实木餐桌、餐椅，产品先后荣获"山东名牌""绿色环保产品""消费者满意产品"等荣誉称号。

6. 山东鸿源家具有限公司

该公司是宁津县家具行业的龙头示范企业之一，是一家集设计、生产、销售于一体的实木家具生产企业，拥有从台湾引进的先进生产设备180台套，专业生产星级酒店客房、餐厅及办公家具，产品于2006年荣获"山东名牌"称号。

四、2019年发展大事记

2019年7月，宁津家具与伦教木工机械产业对接会举行。来自广州顺德26家机械企业与宁津150余家木器加工企业进行对接，达成40余个合作意向，效果显著。对接会的成功举办，为宁津家具产业的发展和转型升级搭建了平台，引入了更多现代化的生产工艺流程和专业化、智能化的环保生产设备，在推动宁津家具企业走上智能化、数控化、绿色化的发展之路具有重大意义。

2019年9月，在中国家具协会成立30周年暨中国国际家具展览会25周年庆典上，中国实木家具之乡——宁津荣获"中国家具行业突出贡献单位"荣誉称号。

五、发展规划

以家具绿动能共享园区作为环保倒逼产业转型升级，推进新旧动能转换重大工程的重要载体，为进一步加快传统产业提档升级，宁津县申请成为环保倒逼中小企业转型升级试点县。

中国欧式古典家具生产基地——玉环

一、基本情况

1. 地区基本情况

2019年,面对复杂严峻的国际国内形势,全市各级各部门以新时代美丽玉环建设推动高质量发展为引领,将老旧工业点改造提升和小微企业园建设作为传统产业优化升级的破题之举,扶工助企扎实推进,积极开展"大走访、大调研、大服务"等系列活动,以大产业大项目再创民营经济新辉煌,实现了高质量发展的既定目标。全年工业总产值1531.8亿元,其中自营出口257.9亿元;规上工业产值830.8亿元,规上企业实现利润63亿元。在工业经济的带动下,全年生产总值突破600亿元,财政收入87.4亿元,其中地方财政收入53.9亿元。位居全国中小城市综合实力百强第27位。

2. 行业发展情况

玉环家具经过30多年的发展,已形成品种繁多、配套齐全、产业链完整的产业集群发展模式,尤其是新古典家具和欧式家具,其产品质量和工艺水平处于全国领先地位。自获得"中国欧式古典家具生产基地"以来,立足基地建设,发挥品牌效应,出台扶持政策,解决行业发展瓶颈,坚持内外并举,推动产业持续发展。经过12年的建设,玉环欧式古典家具产业集群发展更加完善,也取得了长足进步,大力推进了家具产业优化升级。欧式家具是玉环的一张名片。

3. 公共平台建设情况

共建欧式家具研究院。大风范公司与南京林业大学家居与工业设计学院共建"欧式家具研究院",借助时尚家居小镇综合服务体的平台,把"欧式家具研究院"打造成成果转化的示范区、技术创新的试验田、"产学研用"的孵化器。

国际精品家具城开业。玉环国际精品家具城历经5年的建设,于2019年12月开业,发挥玉环精品家具的集聚、展贸效应,打造玉环家具市场的升级版。

编制团体标准《布艺沙发》。以新诺贝公司为主制定的"浙江制造"团体标准《布艺沙发》,对于提升玉环家具产品的质量、附加值和产业的发展有着极大的推动作用。

二、经济运营情况

近三年,玉环以创建国家级产品质量提升示范区为契机,以龙头带动战略、科技人才战略、品牌驱动战略、标准服务战略、管理提升战略、环保协同战略、外向拉动战略、服务兴业战略"八大战略"为手段,立足基地建设,突出质量提升,提高产业

2017—2019年玉环家具行业发展情况汇总表

主要指标	2019年	2018年	2017年
企业数量(个)	285	286	292
规模以上企业数量(个)	33	35	38
工业总产值(万元)	446400	461200	496500
主营业务收入(万元)	415200	427400	481600
出口值(万美元)	15060	17270	19670
内销(万元)	341000	343800	368645
家具产量(万件)	93	95	100

集群美誉度；优化产品结构，加强品牌建设，推进行业升级；注重平台搭建，坚持内外并举，助推产业发展。促进家具产业逐步向规模化、品牌化、产业化、工艺化的方向迈进。

三、行业发展情况

1. 实施"品牌升级、渠道升级、产品升级"战略

制定名牌、著名商标等品牌培育规划，加大对各级品牌和规模企业的培育，同时宣传好区域品牌，积极发挥现有"国"字区域品牌带动效应，努力打造"好家具·玉环造"行业标识。鼓励和支持企业创品牌、争名牌，打造品牌群体，利用品牌和拳头产品的影响力带动销售转化，开拓国内外新市场。开展产品质量提升行动，促进了玉环家具创特色、上档次。

2. 产品结构优化

企业在做优、做精欧式、新古典家具的同时，开发"简欧、轻奢、新中式、现代美式"等不同档次、不同风格的新产品，努力打造高品质、有品位、深受80后、90后消费主群体喜爱的家具产品。

3. 注重工艺创新

推广"跳出家具做家具"的创新理念，从建筑、书画、瓷器等各类艺术作品中挖掘新的设计元素，将其运用到家具外观设计中；在工艺创新上，引入金属加工行业的激光、高压水刀等工艺，替代手工雕刻，引入塑料行业的倒模工艺，开发复杂家具花饰部件，提高生产自动化水平。

4. 家具市场升级

一心家居广场、玉环·国际精品家具城相继开业，为玉环家具企业拓展国内外市场提供展贸平台，成为家具市场升级的助推器。

5. 出台政策扶持

制定出台《玉环市七大产业集群培育工作方案》《玉环市扶持工业经济发展优惠政策（试行）》《玉环市促进商贸业发展若干扶持政策》等政策，推进产业集群培育，加快转型升级速度，补齐产业结构失衡短板，推动玉环工业经济跨越发展。鼓励家具出口企业接单，做大外贸，出口企业的信用保险费由政府买单。

四、重点企业情况

1. 浙江新诺贝家具有限公司

将品牌文化与营销内容紧密联动、多渠道引流，充分挖掘隐藏在年轻人身上的消费潜力；诺贝生活家具馆开业，汇聚了宫廷壹号、壹筑e家、trotanoy等品牌，通过全渠道智慧零售建设，构建一站式购物和艺术家居体验平台，打造多元化消费场景。2019年产值同比增长38.95%；董事长胡再贵荣获"2019年浙江省劳动模范"荣誉称号。

2. 浙江大风范家具有限公司

专注高端沙发32年，扎扎实实做好品牌，为顾客创造出真正的品牌价值，品牌定位升级为"出门坐奔驰，回家坐大风范"；在危机中转型求变、在困境中寻求新商机，借助腾讯大数据决策启动数字店铺，支持全国市场线上推广营销，传递大风范品牌正能量；与南京林业大学签约合作项目——"欧式家具研究院"，为中国欧式家具研究提供国家级行业标准规范；与多家公司、高校合作，成功研发"大风范欧式家具水性漆系统解决方案"。

3. 玉环国森家具有限公司

作为具有代表性的国内家具企业，紧跟时代潮流，为消费者创造极具特色的经典家具，轻奢系列更是体现了国森的文化内涵与设计魅力，现代美式家具也为更多年轻人开发出高雅尊贵、时尚简约、现代气息的新品牌；推出的最新系列全屋家具温馨时尚、新颖独特、人性化的家居，为用户奉献更优美、更舒适、高品质、高性价比的艺术品。

4. 浙江欧宜风家具有限公司

公司坚持完善内控、品牌驱动、内外并举、线上线下同销模式，推进企业创新发展，精心打造"欧宜风"的品牌文化，生产的欧式、轻奢、极简、现代等风格的家具系列与时尚完美结合，高雅尊贵的设计，绿色环保的用材，品位独特的风格，精心优良的售后服务，给用户带来具有当代最新潮流气

息的家具产品，赢得了国内外客户的好评与信赖。连续三年被评为玉环市龙头企业。

五、2019 年活动汇总

1. 举办培训

举办《家具产业先进制造技术集成与转型升级路径》《家具产业传统经销通路与互联网 + 解密》《产品定位与设计策略》《规范提升暨减税降费政策》等专题培训，通过专家授课、对接交流、政策解答等方式，开拓了企业家发展思路，坚定了优化升级信心。

2. 组织考察

组织政企考察团赴赣州市南康区考察，通过参观考察、互动交流，学习南康区政府注重龙头企业培育、注重木业全产业链循环利用生态圈、重视科技创新、加强家具园区建设、扶持家具产业发展和企业生产经营等方面的先进经验及做法，把"南康模式、南康速度、南康经验"带回家，创建玉环家具行业优化升级新局面，推动家具产业实现高质量、跨越式发展。

3. 树立标杆

评选新诺贝等 10 家龙头企业为家具行业标杆企业，30 家企业为重点培育企业，发挥龙头企业带动效应，引导培育企业通过工艺创新、技术创新、设计创新研发高质量产品，提升产品档次和品质，使之培育企业成为家具产业的龙头，带动产业规模的扩张、技术的提升和市场影响力的扩大。

4. 组团参展

组织 36 家企业分别参加广州、上海家具博览会，借助展会平台，宣传、推介、展示玉环家具的新品，吸引新老客户订购、经销玉环家具，进一步拓宽国内外市场。组织 28 位企业负责人赴意大利米兰观展，了解世界家具最新设计潮流和风格，为开发符合潮流的新品提供借鉴。

六、面临问题

受外部环境变化和内部转型升级双重压力的影响，家具行业存在的主要问题是：一是优势弱化。随着综合成本快速上升、环保政策收紧，减税降费未得到实质性的实惠，削弱了企业低成本竞争优势，订单向东南亚地区转移，出口形势严峻。二是管理滞后。玉环市大多数家具企业缺乏现代企业管理理念和模式，与加快转型升级、规范提升有一定的差距。三是人才短缺。行业设计人才、管理人才及高级技工匮乏，严重制约了企业新产品开发、生产管理及经营水平的提高，行业竞争后劲不足。四是消费转型。消费群体的消费转变，市场快变的全屋定制、智能家具，企业跟不上时代节拍。

七、发展规划

1. 精细管控，开创规范化管理

加强对企业家"管理创新"等培训，着力提升企业家综合素质、创新能力。引导企业强化内控、创新管理，建立标准品质、规范管控体系，把互联网 + 、大数据信息，渗透到设计、生产、销售和服务等各个环节，降低运行成本，打造高效率、环保型生产流程，促进企业提质增效。

2. 精准定位，开发智能化产品

以市场为导向，精准定位，设计开发国际化、时尚化、定制化、智能化产品，满足不同国别、不同层次、不同年龄群体的消费需求。支持企业加大技改力度，推进新技术、新工艺、新材料的应用，创造独具特色的家具品牌文化，以达到产品更新更快、成本更低、附加值更高。

3. 注重品质，打造品牌化产业

加强品牌建设，大力发展拳头产品，优化特色品牌，做强现有品牌，创新自主品牌，支持企业申报各级著名商标和名牌产品，打造有影响力的玉环家具知名品牌，实现做订单向做品牌转变。

4. 创新营销，开辟多元化渠道

集合龙头企业的资源和力量，组建品牌联盟、联合销售体，整合现有企业网站资源，建设玉环家具网络销售平台，做好线下线上相结合的营销模式。深挖国际市场，抓住"一带一路"的历史机遇，进一步开拓欧洲等新兴市场；深耕国内市场，根据消费者多元化需求，在品质、风格、服务上打造鲜明特色，致力拓宽一、二、三线市场。

5. 精心策划，举办家具博览会

依托国际精品家具城，策划、筹办玉环·国际家具博览会，为企业搭建更为有效的交易展示平台，构建新供需发布系统、打造"展会+论坛"的双核驱动模式，吸引更多的国内外客商来玉环，订购、经销玉环家具。

6. 多方共建，搭好服务化平台

依托时尚家居小镇创新服务综合体和欧式家具研究院，研究产业发展对策，构建"设计研发服务平台""生产制造服务平台""市场营销服务平台""资金融通服务平台""品牌嫁接服务平台"和"公共技术服务平台"，为企业提供全方位创新创业服务。继续加强与南京林业大学的合作，采用引进人才和强化培训的形式，培育行业设计、制造、营销、管理等方面的专业人才，增强家具行业的人才储备和发展后劲。

中国板式家具产业基地——崇州

一、基本概况

1. 地区基本情况

崇州市位于四川省成都市的西部25千米处，位于成都市半小时都市圈内，是成都市"大城西战略"的重要组成部分。2019年，成都市以坚持产城融合发展为目标，对工业区进行了第二次优化调整，成都崇州经济开发区调整为成都市智能应用产业功能区，主导发展消费电子、智能家居、大数据产业，定位成为中国智能制造基地、成都西部科创高地、崇州特色产业新城。

2. 行业基本情况

家具产业是崇州市的传统优势产业，也是崇州市大力发展的重点产业之一。现阶段，崇州市已拥有包括本土成长的家具生产龙头企业全友家私、明珠家具，以及筑巢引凤的业内领军企业索菲亚、尚品宅配、喜临门等各类家具企业1000家，相关从业人员7万余人，主要从事板式、实木、藤编、艺雕、钢木家具的研发、生产及销售。

崇州家具规模以上企业主要集中在崇州经开区，园区设立有专业的国家级家具产品质量监督检验中心。中国家具协会在2009年9月将崇州授予"中国板式家具产业基地"称号，成功创建了"国家新型工业化产业示范基地""四川省家居产业知名品牌示范区"和"四川省知识产权试点园区"。

二、经济运行情况

近年来，在市委、市政府"智慧崇州、工业强市"战略的大力推动下，崇州经济开发区全面建设取得了长足进步，对全市经济发展的核心支撑作用日益凸显，在对外开放、创新创业和产城融合发展等方面走在了全市前列。2019年园区家具及相关配套产业规模以上企业40户，工业总产值89.5亿元，同比增长3.1%，行业占比26.6%；主营业务收入90.1亿元，同比增长6.6%，行业占比26.4%；利润总额3亿元，税收4亿元。从业人员2.9万人。总体上，崇州家具产业保持了逐年增长的良好运行态势。

三、产业发展情况

1. 龙头带动，促进产业集群发展

贯彻大企业、大集团的发展思路，着力加强带动作用大、示范效应强、发展前景好的的龙头企业的培育，目前，全友、明珠、索菲亚、喜临门、尚品宅配等规上企业为骨干的产业集群，涵盖民用家具、酒店家具、教学家具、办公家具、户外休闲家具等门类，基本形成了集群发展的态势。

2. 配套发展完善，产业链条齐备

按照沿链引进、配套发展的要求，大力加强家具产业上下游配套企业的引进建设。园区家具产业园现有包括奥普集团、帝龙新材、华立股份、前锋集团、美涂士涂料、柯乐芙、飞扬集团、美中美涂料、东信铝业、联友泡沫等为代表的上下游企业，产业融合度逐步提高，基本可以完成主要生产资料的采集本地化，是西南地区家具产业配套条件最完善的区域之一。

3. 创新驱动，注重产业发展内生动力

近2年来，各家具企业生产线技术改造累计投入资金达到13亿元以上。全友、明珠、华立、柯美、索菲亚等公司产品生产线已基本实现全程数控化生产，全友、明珠还建立了国家级企业技术中心。在国家质量监督检验检疫总局指导下，投资1亿元兴建的四川唯一的国家家具产品质量监督检验中心可以就近服务企业。

4. 聚焦供需，匹配构建创新生态

围绕主导产业创新发展需求，扶持企业加强投入，建立完善自身研发机构，大力开展智能化技术改造；发挥园区高层次人才工作站作用，做好企业引进培育高端创新人才的服务保障和优惠政策落实工作；正在探索设立工业产业发展引导基金和主导

2017—2019年崇州经开区家具行业发展情况汇总表

主要指标	2019年	2018年	2017年
企业数量（个）	264	233	181
规模以上企业数量（个）	40	34	33
工业总产值（万元）	894853（经开区规上）	843654（经开区规上）	898000（规上）
主营业务收入（万元）	901481（经开区规上）	818296（经开区规上）	884300
出口值（万美元）	523	667	—
内销（万元）	897820	814296	884300

2017—2019年崇州家具产业园情况汇总表

主要指标	2019年	2018年	2017年
园区规划面积（万平方米）	2060	2041	1864
已投产面积（万平方米）	1067	—	—
入驻企业数量（个）	695	671	658
家具及配套生产企业数量（个）	264	233	—
工业总产值（万元）	894853（规上）	843654（规上）	—
主营业务收入（万元）	901481（规上）	818296（规上）	—
利税（万元）	330797	293627	—
出口值（万美元）	523	667	—

崇州经济开发区标准化厂房一隅

产业专项发展基金，拓展企业融资渠道。

5. 开拓新市场，电商换市效果明显

全友、明珠通过自建电商平台、进入天猫平台等方式，充分利用"假日经济"、打折促销、团购优惠等契机，开展线上线下互动，拓展销售渠道。2019年，全友网销量超过17亿元。更多的企业已经越来越看重新的销售渠道，启动或筹备实施电商网销，抢占网络市场。政府在青年（大学生）创业园建立了电商大厦，引进专业电商创业项目，帮助企业拓展电商销售渠道。

四、面临问题

一是产业链在上游原辅材料环节仍存短板。尽管崇州家具产业链相对较完整，在上游原辅材料环节仍存一定短板，诸如弹簧、面料、五金件等辅料需要在外地采购。二是大部分企业缺乏核心竞争力。大多家具在业内缺少知名度；企业产品定位以中低端产品为主，处于产业链低端；创新能力不足，专利数量较少，甚至没有申请专利，大多数企业缺乏创新性人才。三是企业转型主动性不强。企业转型升级的动力源于外部环境的恶化、企业的利润下降。部分企业有转型的意愿，但迫于资金压力以及行业跨度大，无清晰的规划。四是企业投资意愿不强。大部分企业目前处于观望阶段，不敢贸然投资；一些前期已经计划投资的企业放缓了投资进程，实际投资和计划有较大出入。五是市场拓展及渠道建设不足。如何提高面向全国数十个生产厂商、数千个销售网点的有效管理，是企业生存发展的关键。六是新兴销售模式拓展难。由于地域原因，大部分企业还未敷设完整的供销链，除全友、明珠等少数几家企业依靠前期全国化的布局取得了新型营销模式带来的红利，其余企业还处在拓展的摸索阶段。

五、发展规划

一是重点引进通过合资、合作、独资、联营、参股、收购、兼并等方式投资的品牌上市企业。二是加快工业服务中心建设，依托行业组织招引知名设计大师工作室、设计公司（团队），储备原生设计力量，组建家居设计培训学院。三是针对东南亚、南亚等国家和地区，搭建海外参展、营销推介、产能合作平台。四是推进绿色生产，鼓励企业申报"绿色工厂"认证，建设绿色供应链质量管理体系、品质溯源体系。五是引进送装服务云平台、设计交易与产品创新服务平台、智能展示体验交易平台等项目。六是"五换四培育"产业升级：促进机器换人，加快腾笼换凤，着力空间换地，力推电商换市，强化产品换名品，培育领军企业，培育上市企业，培育规模企业，培育企业家队伍。七是加大对创意设计、智能改造、绿色发展、企业培育、技术创新、质量提升、金融服务、人才培养等方面的支持力度，精准制定智能家居产业引导激励政策及实施细则。

园区中小企业孵化园服务中心

中国中部家具产业基地——南康

一、基本概况

家具产业是南康的传统优势产业、首位产业、富民产业和扶贫产业，是赣州目前最具特色、规模最大的产业集群，也是全省重点打造的工业产业集群之一，是国务院明确支持的特色产业。南康家具产业在无林木资源、无市场条件、无交通优势的情况下，从铁板斧式的"草根经济"发展到千亿产业集群，创造了"无中生有"的产业发展新奇迹。

近年来，在省委、省政府的坚强领导和各级党政部门的关心支持下，紧紧围绕"要把南康家具打造成为全国有较高地位、国际有影响力的产业集群"发展目标，着力推动南康家具产业高质量发展，产业整体呈现"蝶变破茧成蝶"的跃变发展态势，既为赣南苏区振兴发展注入了强劲动力，也为全省传统产业向高质量发展提供了鲜活样本。

南康家具产业起步于 20 世纪 90 年代初，历经 20 多年发展，形成了集加工制造、销售流通、专业配套、家具基地等为一体的全产业链集群，是全国最大的实木家具制造基地，素有"中国实木床，三分南康造"美誉。先后被国家工信部评为国家新型工业化产业示范基地、全国第三批产业集群区域品牌示范区，被国家林业局授予"中国实木家居之都"；连续 9 年被中国家具协会评为"全国优秀家具产业集群"。家具交易市场面积 300 万平方米，市场面积和年交易额位居全国三强，被商务部评为全国十强"电子商务示范基地"。2019 年，家具产业集群产值达 1807 亿元，同比增长 11.9%；主营业务收入 1714.9 亿元，同比增长 9.5%。

二、2019 年发展大事记

1. 家具展会取得新突破

展会以"新设计、新品牌、新模式"为主题，设置了"1 个主会场 +6 个分会场"，全面展示了南康家具全产业链，以及研发、设计、电商、品牌、智能制造、5G 物联家居等全新业态。成功发布了中国（南康）实木家具指数，填补了全国实木家具指数领域的空白；举办了家具产业发展招商恳谈会，与国内家居行业三大巨头——红星美凯龙、居然之家、月星集团签订合作协议，推进"南康家具"全面向一二线城市进军；召开了第四届世界橡胶木产业发展大会；举办了"绿色中国十人谈·两山路上看变迁"大型电视访谈节目，业界精英、专家学者共话家具绿色发展。家博会观展人数突破 150 万，交易金额突破 150 亿元。不论是知名度、美誉度、影响力，还是参展规模、参展人数、交易金额，都再一次创历届之最，成为行业内外瞩目的家居盛会。

2. 南康家具品牌影响力获得新提升

重磅推出"南康家具"区域品牌 制定了《关于加快推进使用"南康家具"集体商标的实施方案（试行）》（康府办字〔2019〕43 号），在"绿色中国行——走进美丽南康"公益晚会上对 179 家符合要求的家具企业举行了集体授牌仪式，通过全球直播的方式，隆重推出"南康家具"品牌，推动"南康家具"区域品牌唱响全国、走向世界。

全面运营"南康家具"区域品牌 深化与居然之家、红星等家具商贸综合体的合作，目前已与居然之家初步达成"部分一二线城市三年 1000 平方米免租"的合作协议，加快南康家具品牌进入国内一二线市场。

积极组织品牌企业"走出去" 2019 年以来，先后组织 160 多家南康家具品牌企业参加了上海展、苏州展、深圳展、广交会等国内外知名展会，南康家具品牌影响力显著提升。特别值得一提的是，在第 41 届国际名家具（东莞）展览会上，区委徐兵书记率领党政考察团一行近 50 人，亲临展会现场为南康家具企业加油鼓劲，29 家南康家具品牌企业首次集体发出"南康声音"，获得了业内的广泛关注和称赞。

建立"南康家具"溯源体系和售后服务体系 溯源体系将对全产业链各环节实行有效跟踪，并实行"先行赔付"，目前江西航天云网集团有限公司正在搭建前端数据平台，于 2019 年底建立起"南康家具"防伪标识体系。

研发设计引领作用进一步凸显 一是激发本地企业练好内功。出台了《关于加快推进工业（家具）设计企业入驻南康家居小镇的奖补办法（试行）》，明确在家居小镇入驻的设计企业，按实际研发设计所产生费用 50% 予以奖补，以政策引导企业加大设计投入，首批 30 多家申报企业计划补助 200 多万元。二是聘请意大利米兰家具展总监 Alessandro Agrati 打造了意大利（米兰）—中国（南康）家具设计研究中心和亚历山德罗·阿格拉蒂南康工作室；与西班牙瓦伦西亚设计学院建立了世界级的家居研发设计中心；与芬兰 YL Design（尤乐智能家居设计公司）的合作即将落地。2019 年已开发原创设计产品 8000 多个，成果转化超 80%，获得专利授权 825 件，同比增长 54%。南康工业（家具）设计中心"破格晋升"，成为省级工业设计中心，平台规格不断提升。

智能制造驱动力进一步释放 一是打造智能制造创新中心。由国家"千人计划"首批特聘专家甘中学博士团队打造的中国家具智能制造创新中心，重新塑造了南康实木家具生产模式，力争建成工信部"家具大规模个性化定制"的国家级智能制造示范。二是提升了龙回家具智能制造基地。打造了一批集机械化、智能化、定制化于一身的智能化生产车间，全面提升家具产品档次和智能化水平。比如，泓翔家具与江西爱通科技有限公司合作，实现 3 秒生产一张椅子的"南康速度"；文华家瑞投入 1500 万元进行智能化改造。三是快速推进共享喷涂中心建设。由南康科维家居有限公司打造的家具喷涂中心集高性能 UV 喷涂、全自动 UV 往复式喷涂、红外干燥于一体，占地 60 余亩，总投资 1.2 亿元，全面投产后年产值达 3 亿元以上，将成为引领南康家具产业创新发展、转型发展的新型环保喷涂共享平台。在科技创新引领下，南康家具智能化车间从 4 个裂变到 139 个，产业加速向数字化、智能化、个性化、定制化转型。

电子商务加快发展 为推动南康家具线上销售，区委主要领导亲自出席南康家具电商产业迎战双 11 誓师大会，为南康家具加油打气。"双 11"当天，促进局主要领导亲自参与淘宝线上直播，宣传推介南康家具，推动当天家具电商成交额达 9.6 亿元。1—10 月，南康家具电商交易总额 360.2 亿元，同比增长 69.8%。

"拆转建管"工作稳步推进 一是抓好规上企业设备升级。2019 年以来，193 家规上企业通过产线规划，并做好镜坝 200 亩、联民杉树下 128 亩集聚区产线规划设计"回头看"。二是规上企业加速入驻标准厂房。目前，341 家企业已选定标准厂房，156 家已入驻，105 家企业已投产。三是引导优质金融资源扶持规上企业。101 户规上企业办理家具产业信贷通，发放贷款 24870 万元。

家具进出口配套体系日趋完善 2019 年，南康家具生产出口企业 41 家（2018 年同期 31 家），同比增长 32.26%，累计出口 225630 万元（2018 年同期 180795 万元），同比增长 24.80%；木材进口企业 29 家（2018 年同期 27 家），同比增长 7.4%，累计进口 90657 万元（2018 年同期 52743 万元），同比增长 71.88%。同时，龙泰安、菜鸟臻顺等物流园的快速建设，进一步完善家具物流仓储配套体系。

打造"产学研用"人才培养平台 在南康家居小镇唐风书院挂牌成立了中国家具学院、中国鲁班大学、江西环境工程职业学院南康分院、南康家具学院、淘宝大学南康商学院，成为家具行业人才培养基地，通过与规上企业、品牌企业牵线搭桥互为助力，为南康家具产业加快新旧动能转换和高质量发展提供强劲的人才支撑和智力支持。

三、面临困难

1. 研发设计水平有待提升

尽管持续在研发和销售两端发力，但南康家具整体研发设计水平还是不高；少数家具企业老板经营管理理念落后，还习惯于过去的抄袭、模仿、盲目跟风市场，舍不得研发投入，脱离市场需求，家具产品附加值低。

2. 智能制造推广运用范围较窄

一是现有的智能制造项目仍在建设和完善提升阶段，暂时无法发挥引领示范作用；二是在智能家居研发体验、3D打印技术运用推广等方面缺少相关业态，导致南康家具覆盖范围变窄，产业智能化、定制化、数字化发展仍然任重道远。

3. 家具品牌影响力不高

"南康家具"品牌联盟成立时间不长，品牌怎么管理、怎么运营还处于探索阶段，还没有充分释放这个全国唯一家具区域品牌的辐射带动效应。同时，就单个家具企业来说，缺乏一批在业内叫得响、消费者普遍认可的企业品牌，还需要加大力度、创新举措来做响品牌。

四、发展规划

1. 构建更高层次产业链条

以家居小镇为载体，打造研发设计、智造创新、电商销售、品牌体验、跨境外贸等十大平台，加速聚集世界一流高端要素和高端人才，促进创新链、产业链、人才链、政策链、资金链深度融合，加快把小镇打造成为产业升级的"加速器"、创新创造的"孵化器"，世界家具创新创业的孵化园、生态园。

2. 实施集群优化升级工程

坚定"个转企、企升规、规改股、股上市"的集群发展、转型升级思路不动摇，下大力气让1万多家家具企业抱团整合至2000家左右。加大力度引进培育一批国内外家具旗舰企业，全力推进汇明木业上市。

3. 提升研发设计水平

加快把南康家具设计中心打造成为省级、国家级家具工业设计中心，再引进一批国内外一流的研

南康家具小镇

发设计机构、人才入驻，提升南康家具原创水平，提升产品竞争力、附加值。

4. 加快智造升级

推进中国家具智能制造创新中心建设，实现"互联网+先进制造业"的深度融合，推进家具产业加速向数字化、智能化、定制化转型。

5. 全面提升南康家具品牌影响力

加强与红星美凯龙、居然之家、月星集团等三大渠道巨头的战略合作，推进南康家具向一二线城市进军。实施"百城千店"计划，加快南康家具在国内重要城市布局。实施"百企领航、千企升级"计划，打造一批十亿、百亿级龙头企业，培育、推动一批家具企业挂牌上市。着力提升中国（赣州）家具产业博览会会展质量，把博览会办成更具特色、更有国际水平和世界影响力的行业盛会，助力"南康家具"品牌建设。

6. 进一步完善提升进口木材产业链

一是谋划建设拼板中心、烘干中心、锯解中心，完善提升全产业链，让进口木材直抵赣州港，把南康打造成为第二个张家港，成为进口木材重要集散地。二是结合升企入规、企业入园，利用大数据、5G技术，在各个工业园区、家具聚集区建立统一调配的家具备料中心，满足不同企业的个性化原材料需求。

7. 加快发展跨境电商

积极申报跨境电商综合试验区。坚持以客户需求为导向，强化与Ariba、京东、天猫、亚马逊等知名电商平台合作，建设共享设计中心。提升完善以阿里巴巴、天猫为主的家具电商总部基地，把南康打造成为天猫、京东省域服务中心。积极争取将南康家具纳入"市场采购贸易"试点，通过线上线下同步发力，国际国内双向出击，打造世界家具采购业的"中国义乌"。

中国家具产业集群
——办公家具产区

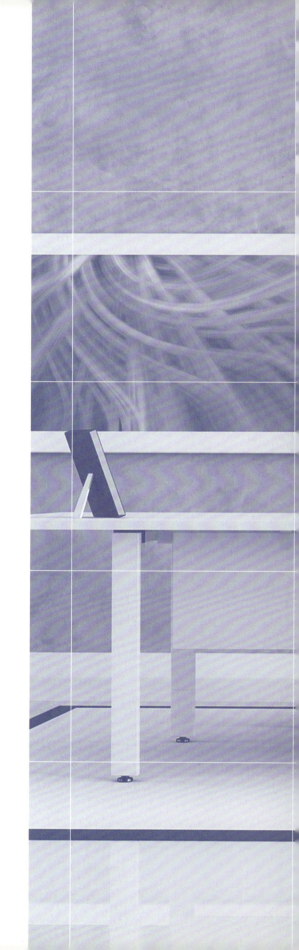

改革开放以来，中国家具产业取得了前所未有的发展，作为家具行业的分支，中国办公家具行业随着生产技术的不断更新、品种的不断增加、专业化生产的逐渐形成和管理水平的不断提高，也实现了迅速发展。中国本土家具开始注重办公家具部分的设计研发和市场的开发，专业办公家具企业陆续出现，快速成长，并且更适合中国人的传统理念。高质低价，经久耐用。但是因为历史问题，初期缺乏对办公环境、员工隐私、人体工程学等方面的了解，经过不断地学习进步，逐步跟上了国际步伐。

国家统计局数据显示，2019 年全年，中国出口办公用金属及木家具 3453.69 万件，出口值 16.34 亿美元；进口量 47.45 万件，进口值 5110 万美元。

浙江杭州和广东东升是中国办公家具产业集群，具有雄厚的产业基础和庞大的规模产量，聚集着一批具有先进的设计、生产和研发能力的大型企业，代表着中国办公家具产业的中坚力量，在全国办公家具产业中具有重要地位。

受社会环境及技术变革的影响，办公家具发展呈现以下特点：①办公家具引领家具行业的智能制造水平。办公家具行业拥有世界最先进的各种木工设备和生产线，掌握先进的生产技术和工艺，新材料被广泛应用。②环保水平行业领先。办公家具企业积极进行技术改造，应用低 VOC 挥发量的水性涂料、UV 涂料及粉末静电喷涂等技术，率先配置环保治理设备，推动环保技术在全国家具行业内广泛应用，引领着行业环保制造。③智能家居首先在办公企业中落地。随着人们对美好生活的追求，智能产品受到消费者的广泛追捧，也成为办公家具的新增长点，同时，受到华为、小米等科技巨头的技术加持，智能办公家具市场有进一步的突破。

浙江 / 杭州

2019年，杭州市家具行业在产业优化的前提下，实现稳步发展。根据杭州市统计局和海关统计数据，全市90家规模以上家具企业，工业总产值130.72亿元，同比下降8.2%；工业利税总额16.12亿元，同比增长25.7%；工业利润总额11.24亿元，同比增长96.3%；出口交货值54.13亿元，同比下降17.5%。

广东 / 东升

东升办公家具行业是国内办公家具行业最早形成的家具产业群之一。2019年，东升镇人民政府举办"广东·中山（东升）第二届办公家具文化节"；东升镇划拨专项资金制定办公家具产业的中长期发展规划方案，并于年底举行"中国办公家具重镇产业规划编制"签约仪式，进一步整合行业资源优势，做强产业链条。

中国办公家具产业基地——杭州

一、基本概况

杭州市家具产业从 20 世纪 80 年代开始起步，经过 20 多年的努力，呈现持续、快速、稳健的发展态势。目前形成民用家具、办公家具、户外家具、软体家具、家具原辅材料、五金、木工机械设备等各相关产业链布局。尤其是办公家具产业，从设计研发、加工制造、品牌建设等均在国内外同类产品中具有较高的行业知名度和市场占有率，形成相对完整的产业集群规模。相关企业 100 余家，主要企业有顾家、圣奥、恒丰、昊天伟业、科尔卡诺、冠臣等。

二、行业发展举措

1. 发展全产业链，产业升级出成效

2019 年杭州市家具行业总体发展步子不大，但龙头企业和骨干企业仍然发展迅猛。圣奥、恒丰、金鹭、科尔卡诺、昊天伟业、冠臣、铭派博杰等一大批杭州家具企业在发展全产业链，产业升级取得了一定成效，实现了产能、销售额的同步突破。

2. 创新引领时尚，杭州家具扬威名

在广州、上海浦东、上海虹桥、杭州和德国科隆等主要家具展览会上，数十家杭州家具企业凭借精美的设计和稳定的品质吸引了大批海内外客商。杭州时尚产业的新锐代表科尔卡诺集团有限公司和浙江冠臣家具制造有限公司均以大规模和大面积展示时尚的现代办公家具产品，引领了办公家具发展的新方向。浙江昊天伟业智能家居股份有限公司重视市场调研，坚持开发细分市场家具产品，成功开发了系列专业化图书馆智能家具产品，在中国家具博览会（广州、上海）大放异彩。杭州骏跃科技有限公司加大新产品研发投入，其开发产品屡获大奖。目前该公司产品已销往世界 30 多个国家与地区。

3. 改变传统思维，提高企业产能利用率

浙江圣奥家具制造有限公司不断整合和调整生产线，减少不必要的工艺环节，提升了生产线的年产能。杭州恒丰家具有限公司、科尔卡诺集团有限公司、浙江昊天伟业智能家居股份有限公司、浙江冠臣家具制造有限公司、浙江铭派博杰家具有限公司、杭州大圣家具制造有限公司、杭州华育教学设备有限公司和浙江优卓家具有限公司等企业通过加大投入，建设现代化新工厂的举措，实现优化企业产能结构，提高产能利用率。科尔卡诺集团有限公司成品仓库采用先进的立体仓储系统和先进的扫码技术进出货物，提高仓储效率，企业仍然发展迅猛。圣奥、金鹭、恒丰、科尔卡诺、冠臣、昊天伟业、铭派博杰等一大批杭州家具企业在发展全产业链，产业升级取得了一定成效，实现了产能、销售额的同步突破。

4. 组织行业培训，提高企业员工综合素质

在杭州市经信委和市工商联政策支持下，杭州市家具商会开展了不同内容的行业培训。培训提升家具产业科技含量，开拓了学员的思想，取得了较好的效果。杭州市家具商会主办的法律专题讲座，针对企业存在的商业合同和劳动用工合同纠纷问题，主讲老师理论与实例结合，得到了会员企业、与会者一致的好评。

5. 校企多方面合作，缓解企业人才困难

为提高家具企业研发能力，增加家具企业人才深度，杭州家具企业与南京林业大学、浙江理工大学和浙江农林大学等高等院校建立多维度的合作关系。通过在企业设立校企合作工作室、企业班等形式，实现高校与企业产学研结合的良性循环；通过企业专场宣讲会、高校在企业实践基地建设，让高校学生了解企业、认可企业。为解决企业人才需求问题，同时为大学毕业生提供更多和更好的就业机会，杭州家具商会组织金鹭、恒丰、昊天伟业、冠臣、科尔卡诺等企业到南京林业大学、浙江理工大学和浙江农林大学等高等院校举办校园招聘会。

三、经济运营情况

2019 年，杭州市家具行业在产业优化的前提下，实现稳步发展。根据杭州市统计局和海关统计数据，全市 90 家规模以上家具企业，1—12 月实现工业总产值 130.72 亿元，同比下降 8.2%；工业利税总额 16.12 亿元，同比增长 25.7%；工业利润总额 11.24 亿元；同比增长 96.3%。完成新产品产值为 70.38 亿元，同比下降 9%。杭州市家具制造业出口交货值 54.13 亿元，2018 年 1—12 月出口交货值为 65.6 亿元，2019 年同比下降 17.5%。

四、品牌发展及重点企业情况

2019 年，顾家、圣奥、恒丰等骨干家具企业发展稳健，龙头、骨干企业的发展作为杭州家具产业的重要支撑，是对中小型企业发展的标榜引领，也是对杭州家具发展规划的认可和肯定。目前杭州家具企业有多家通过 ISO9000 质量体系认证和 ISO14000 环境管理系列体系认证，有 6 家企业荣获中国驰名商标，3 家企业荣获中国品牌荣誉称号，7 家企业荣获浙江省品牌称号，3 家企业荣获浙江省著名商标荣誉称号，4 家企业荣获杭州市名牌或杭州市著名商标称号。

1. 圣奥集团有限公司

圣奥集团以办公家具为主业务，同时经营置业、投资等，公司拥有 36 万平方米的绿色生产基地。公司办公家具国内营销网点达 212 个，覆盖全国 30 个省（市、自治区），公司产品远销世界 113 个国家和地区。2019 年，集团销售 38.76 亿元，其中家具销售 30.37 亿元。纳税 1.7 亿元，同比增长 6%，取得经济效益和社会效益的双丰收。

2. 杭州恒丰家具有限公司

该公司拥有现代化的生产厂房 2 万余平方米。在套房家具、学校家具、会议办公家具及连体快餐家具等产品方面凭时尚设计、精湛工艺，成为家具界公认的优秀品质品牌。公司凭借雄厚的实力先后赢得了诸多省级甚至是国家级的荣誉证书。公司销售网络遍布全国。2019 年销售额同比增长 12%。

3. 浙江金鹭家具有限公司

该公司是一家集研发、生产、销售、服务于一体的专业办公家具生产企业，占地面积 33736 平方米，公司主要产品共计 25 个系列 256 余款，全面满足消费者个性化、多样化需求。公司产品质量达国内领先、国际先进水平，被评为"中国绿色环保节能产品"。三十载历练，金鹭创建了较为规范的经营管理体系，形成了"诚信、务实、创新、高效"的企业理念。2019 年销售额同比增长 14.8%。

4. 浙江昊天伟业智能家居股份有限公司

该公司是一家集开发、设计、生产、销售及服务于一体的专业化现代家具企业，公司主营生产图书馆家具、办公家具、酒店家具、实验室家具、钢制家具、椅子和沙发等系列产品。公司发展至今，先后获得"中国办公家具产业基地重点骨干企业""中国家具协会第五届理事单位""中国绿色环保产品""浙江市场消费者最满意品牌"等诸多称号和荣誉。

5. 科尔卡诺集团有限公司

该公司是一个具备国际化视野的新锐品牌公司，经过 10 几年的发展，目前已拥有 6 家子公司，拥有专利技术 300 多项。科尔卡诺具备明确的商品定位和独具特色的服务模式，创造行销差异化；并结合国际优秀设计资源，强化 R&D 产品研发，为建设具有国际影响力的中国办公家具品牌而不断进取。2019 年销售额同比增长 10%。

6. 浙江冠臣家具制造有限公司

该公司为客户提供办公空间解决方案，十余年的发展已经成为杭派办公家具的主要代表企业，坚持创新并倡导人们对办公家具理解的提升，在设计理念和风格上的的坚持与追求，是首批被评为时尚产业的办公家具企业之一。冠臣家具作为办公空间解决方案的专家，面向国内外客户，针对办公环境、商业空间等提供整体解决方案及核心产品定制。

7. 浙江铭派博杰家具有限公司

该公司占地面积 1.6 万平方米。公司严控质量，重视管理，果断投资设备，家具作业流程化、规范化。在公司领导的带领下，企业近年来稳步增长，积极探索新的发展思路。"江中行舟，不进则退"，面临激烈的市场竞争，企业将以博大的胸怀，融入市场经济和知识经济的浪潮中，不懈致力于家具环境的探索与应用，并提供卓尔不凡的专业品质和高质量的服务。2019 年销售额同比增长 3.6%。

中国办公家具重镇——东升

一、基本概况

中山东升是国内办公家具行业最早形成的产业区之一。第一家办公家具企业于20世纪80年代在东升建立以来，行业通过走多品牌、差异化的发展之路，产业不断集聚，实现了高速的发展和升级。

东升镇拥有集结成网、纵横贯通的交通基础设施，使得办公家具行业快速发展扩张，成为产业较为集聚的区域，并逐渐在全国的办公家具市场中形成了较高的知名度与影响力，为推动中山办公家具产业发展起到示范作用。

截至2017年，中山市现有办公家具企业约300家，办公家具生产从最为集中的东升辐射至周边港口、板芙、南区等镇区，形成了完整的生产体系，产业链与集群优势在全国占据优先地位。因此，行业也取得了"中国家具看广东，广东办公家具看中山"的良好口碑。

二、发展大事记

2019年3月27—31日，东升镇人民政府举办"广东·中山（东升）第二届办公家具文化节"，充分体现行业团结与奋发的精神，倡议全社会更加重视提升办公环境的宣言更为行业发展提供强大的精神动力和文化支撑。

此外，为加快行业发展，东升镇多次组织行业企业与市镇有关部门召开座谈会议，加强政企互动；组织企业参加大型招商活动、出外考察，抱团共同发展；组织与相关行业商协会交流，互访学习；积极推动产业转型升级，助力会员搭建对外平台。

2019年，东升镇划拨专项资金制定办公家具产业的中长期发展规划方案，明确坚持以"政府为主导，市场为导向，企业为主体"的全方位协同发展战略，进一步整合行业资源优势，做强产业链条。同时，鼓励技术创新，充分发挥政府的引导作用，调动各方资源助推"中国办公家具重镇"建设再上新台阶。年底，"中国办公家具重镇产业规划编制"签约仪式隆重举行。这是深入践行"重镇"建设落地的重大机遇，加强了"重镇"产业统一规划、协调发展，为商贸、展示一体化商用家具特色重镇建设奠定了长远的基础。

第二届办公家具文化节金沙启动仪式

中国家具产业集群
——商贸基地

　　中国家具商贸基地共有五个，分别是广东乐从、江苏蠡口、四川武侯、河北香河和广东厚街。它们起步于20世纪80年代，最初是从家具生产、营销开始，经过30多年的发展，逐渐完善了原辅材料、设计生产、展览展示、批发零售等各个环节，形成了完整的产业链。尤其在展览展示方面吸引全国大量客商前来采购，名声渐响，甚至还吸引了红星美凯龙、居然之家等全国连锁龙头家具卖场入驻，建立了深厚的产业基础和广泛的品牌影响力。

　　近年来，商贸基地原有的品牌管理模式和经营方式不再适应市场需求，各基地开始积极寻求转型升级之路。主要有以下几种方式：①完善产业链，借助集群优势，推动原创设计，引领潮流，积极扶持中国青年设计力量的成长；②发挥展会和文化活动对经济的拉动作用及资源聚集效应，搭建展示平台，以创新为核心、以产业为基石，建立创新发展模式，提升国际知名度；③依托新业态和新模式，走高质量发展之路，建立市场准入制度，优化商业环境，迎合升级的消费需求，推动传统商贸业提档升级。

广东 / 厚街

厚街的家具产业,已形成特色明显、配套齐全的产业集群体系和产业综合体,尤其在家具展览、国际采购、终端销售、设计研发、配套市场等方面更是全球瞩目。厚街现有家具企业近 200 家,规模以上家具企业 54 家,上下游关联企业 800 多家,行业从业人员约 10 万人,设计从业人员 5000 多人,实现规上企业生产总值达 60 亿元。目前,厚街已建成 10 个总经营面积达 80 多万平方米的家具原材料交易市场,年营业额达 480 多亿元;培育了名家居世博园等 8 个大型家具产品营销中心,全长 5 千米的家具大道已成为了"家具黄金大道"。

河北 / 香河

香河家具城是中国北方最大的家具销售集散地。4 月 10 日,举办为期三天的第三届中国香河国际家具展览会暨国际家居文化节,累计每天接待客流 3.9 万人次,商品交易额总量达到 14.05 亿元,进一步增强了香河家具城的影响力和辐射力;9 月 18 日,举办为期二十天的金秋采购季活动,成为香河家具城二次创业的开篇。

广东 / 乐从

乐从镇现拥有 180 多座现代化的家具商城,总经营面积达 400 多万平方米,拥有从业人员 5 万多人。2019 年 3 月,乐华家居集团总部生产基地签订土地出让合同及投资开发协议书;5 月,红星美凯龙家居博览中心举行奠基仪式。"2019 中国室内设计周暨大湾区·生活设计节"在乐从成功举办,吸引了近千名设计师的现场参与,超过 210 万人次参与网络直播。

中国家居商贸与创新之都——乐从

一、基本情况

1. 地区基本情况

乐从地处珠江三角洲腹地，位于广东省南部，处于佛山市中心城区，距离广州市 30 千米，距离香港、澳门仅 100 千米。S121 省道、佛山一环贯穿全境，东平水道和顺德水道夹镇而流，地理位置优越、水陆交通便利。乐从镇是广东省佛山市顺德区的商贸重镇，有着悠久的商贸历史。改革开放四十余载，在乐从人民的努力经营以及政府的扶持引导下，打造出著名的家具、钢铁、塑料三大专业市场，被誉为"中国家居商贸与创新之都""中国钢铁专业市场示范区""中国塑料商贸之都"。乐从商贸经济发达，多家制造业、服务业企业早已成为国内专业领域翘楚。

2. 行业发展情况

乐从家具城是国内最早的家具专业市场，乐从如今拥有 180 多座现代化的家具商城，总经营面积达 400 多万平方米，市场拥有家具生产、销售、安装、运输等从业人员 5 万多人，容纳了海内外 5000 多家家具经销商和 1300 多家家具生产企业，汇聚了国内外高、中档的家具品种 4 万多种，每天前来参观购物的顾客达 2 万人次以上。常驻乐从镇进行家具采购贸易的外国客商接近 1000 人，每年到乐从采购的外国客商接近 5 万余人次。每天进出乐从运送家具的车辆超过 3 万台次，产品畅销世界 100 多个国家和地区。家具销售量居全国家具市场之冠，是全国乃至全世界最大的家具集散采购中心。

二、经济运营情况

2019 年乐从镇实现地区生产总值 225.9 亿元，同比增长 6.52%；实现税收 49.49 亿元，同比增长 23.28%；银行存款余额 543.79 亿元，同比增长 8.73%，居民存款余额 378.68 亿元，同比增长 9.8%；贸易业销售收入 1017.3 亿元，同比增长 2.87%，其中三大市场销售额 937.74 亿元，同比增长 3.07%；全社会固定资产投资 131.97 亿元，同比增长 9.55%。目前乐从注册经济户口近 4.5 万，每年均呈上升趋势。

三、产业重点项目发展情况

箭牌卫浴总部大厦总投资约 8 亿元，占地 38 亩，总建筑面积 16.2 万平方米，项目定位为定制家居总部大厦，于 2018 年正式动工建设，现正在进行基坑及土方开挖。

乐华家居集团总部生产基地用地面积 173.74 亩，总投资 12 亿元，总建筑面积约 69 万平方米，于 2018 年 9 月份摘牌，已于 2019 年 3 月签订土地出让合同及投资开发协议书，现正进行规划报建和施工图纸设计，同时进行施工场地围蔽与场地整理。

红星美凯龙家居博览中心占地 143 亩，总投资额从 18 亿元增至 21 亿元，总建筑面积约 30.9 万平方米，已于 2019 年 5 月举行奠基仪式。

四、2019年发展大事记

1."2019中国室内设计周暨大湾区·生活设计节"成功举办

目前，粤港澳大湾区的城市群聚集了我国一大批优秀的家居设计师、设计机构。为履行"中国家居商贸与创新之都"引领中国家居走向创新设计之路的使命，在推进粤港澳大湾区建设的重要历史机遇下，积极推动"乐商小镇"建设及宣传推广，依托历经多年沉淀、拥有坚实基础的家居产业，践行"设计顺德"战略，乐从于2019年11月30日至12月2日成功举办"2019中国室内设计周暨大湾区·生活设计节"。作为国内顶级的设计盛会，活动期间通过一系列活动，吸引了近千名设计师现场参与，超过210万人次参与网络直播。一场场设计与生活的高端对话和交流，不断碰撞出智慧的火花，不断溢出创新的能量。

2019设计周设计节三大亮点：

亮点一：中外设计大师云集，设计赋能、深度交流。2020年的设计周设计节，吸引了一大批国内外知名设计大师和国际机构负责人参加，开幕论坛由中国国际室内设计高峰论坛领衔。此外，以"艺术塑造城市"为主题的"明日城市论坛"，以"高处观点"为主题的"第五届亚洲室内设计圆桌会议"，以及"全国室内装饰行业工作座谈会""中国室内装饰协会设计专业委员会年会""中国室内装饰协会陈设艺术专业委员会年会""麒麟说"等活动先后举办，各个领域的大师及学者登台阐明观点、引发探讨，为面临着转型发展的室内设计行业带来全新启迪。

亮点二：推动原创设计，引领潮流，扶持新锐。作为中国室内设计领域的年度盛事和官方奖项，中国室内设计颁奖盛典，以推进中国室内设计行业大发展为己任，向世界推介中国设计领域的杰出人物及机构，其规模及影响力在业内有目共睹。每年颁发的"生活家·十大年度人物""十强室内设计机构"代表着当年年度最具设计创新力、品牌影响力和市场竞争力的设计标杆；"TOP100""TOP青年100""陈设中国·晶麒麟奖"则更多地关注在当代中国大设计、大装饰、大产业中的重要人物。2019年，设计周设计节上还首度融入"天鹤奖""中国设计潮|华意空间杯·2020中国家居产品创新设计大赛""室内设计师专业技能（水平）评价认证"等活动和内容，积极扶持中国青年新锐设计力量的成长。

亮点三：展会结合，推动产业融合与产教融合。本届设计周设计节，特别关注创意设计的发展，关注年轻设计师的作品。除了给予新锐设计师表彰，设计周设计节更为他们搭建展示自我与产品的平台。一系列获奖作品展，将把获奖作品与日常生活进行深度美学融合，使文化与艺术内涵在生活设计中升华，为地方产业带来产品创新升级的新启示，提升行业审美高度。

中国室内设计周暨大湾区生活设计节将充分发挥展会和文化活动对经济的拉动作用及资源聚集效应，搭建创新平台，以创研为核心、以产业为基石，建立创新发展模式，为打造"设计顺德"城市新名片和全球设计产业高地贡献力量，实现从"创新设

2019中国室内设计师大会

亚洲室内设计圆桌会议

计"到"创新制造"的发展，打造有品位、有意义、有效果的一次设计艺术与大众生活亲密接触的文化盛宴。

2. 深化设计合作，拥抱创新资源

创新发展是传统产业的生命线。乐从以优越的地理优势、深厚的产业根基，通过陆续与中国室内装饰协会、中国家具协会、中央美术学院等国家级设计学研机构展开合作，拥抱全世界创新、创意、智慧、设计资源，让乐从家居源源不断注入艺术品位、思想灵魂，同时不断积极拓展家居产业链上下游，打造国际性的大家居研发和展贸基地，打造全球设计力量和家居产业对接的平台，以及家居设计商业转化的平台，成为设计师们实现设计梦想的平台，推动粤港澳大湾区乃至全国各地以及海外设计资源与市场"零距离"接触，带动传统制造业贸易模式、家居智造技术升级，助力广东省高质量发展综合示范区建设，努力打造粤港澳大湾区创新体系的有特色有魅力开放型的城市节点，打造高品质的"佛山心、国际城"。

3. 组织参加专业展会，刷亮乐从名片招牌

积极组织家居企业参加中国（广东）工业设计产业博览会，借助中国工业设计产业博览会的平台，提高乐从产业知名度，刷亮乐从名片招牌，提升乐从家居设计创新水平。融合本地知名企业设计元素，以"乐从·家"为主题，在本次博览会上设置专门展区，开展设计合作对接与产业推介活动。

4. 政策资金双扶持，鼓励市场开拓发展

出台《佛山市顺德区乐从镇鼓励企业开拓市场专项资金管理办法》，支持企业参与国内外展览（展示）会，鼓励乐从镇企业积极进行市场开拓，提升企业经营和可持续发展能力，引导企业充分利用外部资源提高竞争力。《办法》已于2019年发布，并于2020年开始申报工作。

2019 中国室内设计周开幕式

中国北方家具商贸之都——香河

一、基本概况

2019年,香河家具城党委在县委、县政府的正确领导下,着力落实8·16政企对接会安排部署,推进"二次创业"各项措施,促进香河家具城转型升级,打造经济发展平台,激发市场潜能,刀刃向内进行各种改革调整,适应新的市场环境,进一步增强家具城的影响力和辐射力。

二、2019年发展大事记

2019年4月,香河家具城管委会被中国家具协会评为"2018—2019年度中国家具行业信息工作先进单位";2019年9月,中国北方家具商贸之都被中国家具协会评为"中国家具行业突出贡献单位";2019年12月,香河家具城管委会被河北省家具协会评为"建国70周年河北省家具行业品质服务示范单位"。

1. 成立家具质量监管办公室

家具城党委和县市场监管局联合成立监管机构,召开打击假冒伪劣专项会议,对家具城开展历时3个月的打击假冒伪劣专项整治工作。对多次违规、投诉较多的商户进行停业整顿,各展厅做出承诺,假一赔十。时刻严把产品质量关。确保每一个摊位的商户在经营过程中,坚决禁止蒙骗顾客、以次充好现象的发生,确保做到进、销两个环节的每一件家具产品都货真价实。不断探索有效的举措和方法,加强市场监管和约束商户自律,做好信用方面的奖赏惩戒,营造良好的行业风气和市场环境。召开广告治理专项会议,重点针对家具城内外虚假广告、违法广告和虚假宣传三种广告违规违法行为进行整改落实。

2. 不断提升优质服务建设水平

加强了对新上岗导购人员的培训和考核力度,根据家具城实际情况制定授课方针,主要讲授内容为:销售礼仪、销售沟通技巧、销售人员管理制度、合同单填写及工作处理、消防安全知识等,让新上岗导购员在上岗初期就能够熟练掌握家具城各项规章制定和各种技能,缩短适应期。举办新导购员岗前培训5期,涉及人数287人次,并经过初试补考等环节已全部合格上岗。在接待工作方面,组织大型接待28次,其中涉及省部级考察团1次,其余为相关市县级考察团,提高了家具城的知名度。做好全国经济普查家具城商户的信息统计和录入工作和家具城知识产权的申报工作,完成河北省旅游购物街区和商店评定工作,进一步优化了家具城服务质量水平。

3. 健全诚信体系,规范市场秩序

通过走访展厅,规范售后调解流程,明确职责,对各展厅售后案件进行通报,提高售后部门解决案件的积极性。制定《家具城售后服务公约》,细化投诉类型分类及责任划分,明确相应处罚措施。完善《家具城销售人员管理制度》和服务员上岗办证系统,进一步规范合同单、价签并免费发放。办理服务员上岗证893个、检查各展厅违规服务人员365名,接听咨询电话1699个、投诉电话2511个、处理各类投诉183件,完善2019年投诉咨询电话记录整理、存档及投诉案件分类、装订、封存工作。

4. 成功举办第三届"中国香河国际家具展览会"暨国际家居文化节

本届展会由中国家具协会、河北省家具协会、香河家具城共同主办，4月10—12日，为期3天。通过开展新品发布、直播互动、特色展示等多项丰富多彩的活动，吸纳全国超过10万名经销商、采购商、家具产业集群人士及消费者莅临盛会。活动期间，累计每天接待客流3.9万人次，商品交易额总量达到14.05亿元，进一步增强了香河家具城的影响力和辐射力。

5. 启动金秋采购季活动

2019年9月18日至10月8日，作为香河家具城二次创业的开篇，所有家具城团结一致、凝心聚力，共同谋划举办了金秋采购季活动。采购季时间跨度大，各城活动异彩纷呈，真正做到了城城有特色、户户有优惠，让消费者不仅购买到来实惠的产品同时，更是享受了一场家具文化大餐。根据大数据显示，采购季期间成单量和人数较2018年国庆黄金周均增长10%左右。国庆7天到香河家具城的外地私家车约3.8万辆，平均每天5400辆左右，较2018年同期日增加1000辆左右。本届"金秋采购季"的成功举办，为丰富香河家居产业内涵、拓宽家具产业营销模式、探索家具产业聚集区建设新模式、推动香河家具城二次创业必将起到积极促进作用。

中国家具展览贸易之都——厚街

商贸基地

一、基本概况

1. 地区概况

厚街位于广东、香港、澳门一小时经济圈的核心腹地，地处广州—东莞—深圳—香港等城市发展轴带的中央，北通广州机场、南连宝安机场、西倚虎门港码头。全镇总面积126.15平方千米，常住人口约73万人，先后获得了"中国会展名镇""广东省家具专业镇""广东家具国际采购中心""中国家具展览贸易之都"等区域荣耀。

改革开放以来，厚街经济社会各项事业得到了快速发展。2019年厚街镇实现生产总值412.80亿元、规模以上工业增加值188.15亿元、进出口总额905.6亿元。特别是厚街的家具产业，已形成特色明显、配套齐全的产业集群体系和产业综合体，尤其在家具展览、国际采购、终端销售、设计研发、配套市场等方面更是全球瞩目，被全球家具业界公认为"东方家具之都"。成功走出了一条以生产制造为基础、创新研发为方向，以展促贸、以贸带产的新路子，实现了由"产地办展"向"展贸一体"的转型升级。

2. 产业概况

厚街现有家具企业近200家，规模以上家具企业54家，上下游关联企业800多家，行业从业人员约10万人，设计从业人员5000多人，实现规上企业生产总值达60亿元。先后组建了东莞名家具俱乐部、国际名家具设计研发院、全国家具快速维权中心、名家具俱乐部青年企业家委员会、名家具俱乐部设计师委员会、名家具定制工程委员会、名家具品牌促进会等行业组织机构，与清华大学等9所国内著名院校开展产学研合作，与30多个国家和地区的家具行业组织结盟发展；成功培育国家、省级高新企业7家，建设省、市级工程及技术中心2个；家具企业注册品牌累计2000多个，获得了中国驰名商标3件、广东省名牌产品11个、广东省著名商标8件。

目前，厚街已建成10个总经营面积达80多万平方米的家具原材料交易市场，年营业额达480多亿元；培育了名家居世博园、兴业家居等8个大型家具产品营销中心，其中名家居世博园以单体面积40万平方米，进驻500多个世界级品牌家具的规模创造了家具行业的多项第一，经营面积达15万平方米的兴业家居也成为了国内品牌家具企业展示产品的"热土"；全长5千米的家具大道已成为了"家具黄金大道"，吸引了192家国内外品牌企业设立体验馆和专卖店，年销售额达480亿元；已连续举办42届"国际名家具（东莞）展览会"。

二、发展措施

1. 做强家具制造业，夯实创建基础

厚街家具业起步于20世纪80年代末90年代初，历经30年的发展，家具生产的技术、设计和工艺等方面均在中国处于领先行列。厚街家具产业已经形成包括家具原材料供应、研发设计、生产制造、展览展销、品牌发展、批发零售、电子商务等完备产业链，国内外知名度逐年攀升，成为了厚街的三大支柱产业之一。

2. 发展家具流通业，丰富集群要素

已建成经营面积达40万平方米的名家居世博园、营业规模达25万平方米的兴业家居等10个委员会等行业编制机构，总面积超100万平方米的家

具专业市场；开工建设名家居世博园二期项目，二期规划建筑面积 38 万平方米，与一期联接互通，扩建总体规模将达到 78 万平方米，"巨无霸"体量继续领先全球，助力实现大家居业总部商圈腾飞，引领发展中国大家居业的总部经济；将全长 5000 米的"家具大道"打造成为珠三角地区的家具大型集散地，集聚了 192 家国内外家具品牌专卖店、体验馆，年营业额超 480 亿元；建有中国名家具网、开店客等多个网站，开发出工程家具远程电子商务系统等电子商务平台，可提供 B2B、B2C、C2C、O2O 等电子商务服务；培育了天一美家、欧工等"软体"家具企业，开启了厚街家具定制服务的新内容、新载体；利用展贸平台优势，整合了生产、设计等产业供应链资源，引导迪信、宝居乐等成品家具企业转型发展全屋整装、拎包入住，推出了个性化人居系统解决方案。

3. 做响名家具展会，推动展贸结合

已建有展览面积共计 23 万平方米的展馆 7 个，每年举办国际性的大型展会 30 多场、节事活动近 80 场。其中，"国际名家具（东莞）展览会"自 1999 年 3 月成功创办以来，已连续举办 42 届，成功实现了由产地办展向展贸一体的转型升级，并先后孵化出"中国全屋整装定制展暨东莞国际设计周""国际名家具机械材料展"等产业链上下游展览会，展览规模由原来的 4 万平方米发展到展贸一体后的 81 万平方米，成为国内外最具品牌和影响力的家具展览会。20 年来，名家具展累计招揽参展企业 4.4 万家次、专业采购商超 480 万人次到厚街参展采购，影响覆盖全球 150 多个国家和地区。据不完全统计，2019 年通过"厚街家具展贸平台"实现交易额超 400 亿元，广东全省有近 70%、全国有近 50% 的家具生产企业通过"厚街家具展贸平台"获得海内外订单；全球约 35% 的区域性采购商通过"厚街家具展贸平台"获得交易采购，累计带动国内外企业发展专卖店达 30000 多间。

鉴于"厚街家具展贸平台"的良好效果，作为全球最有影响力的三大国际家具博览会之一的"高点国际家具展"所在地的美国高点，于 2015 年 11 月 7 日与厚街签订了《经贸战略合作发展框架协议》，与名家具展组委会签订《家具展贸合作伙伴协议》，正式开启了两地家具展览贸易的合作。

4. 加快平台建设，提升区域影响

先后建立了东莞名家具俱乐部、东莞国际名家具设计研发院、东莞市厚街镇知识产权服务中心家具类工作站、厚街镇知识产权服务中心综合类工作站和东莞市企业发展研究院等服务机构，并被国家知识产权局授牌成立"中国（东莞）家具知识产权快速维权援助中心"，进一步巩固了厚街家具产业在全国风向标的地位。同时，建有高端信息发布平台，每年举办中外家具行业领袖峰会、中国家具制造大会、中国家居流行趋势发布会等高规格论坛或活动 30 多场，引领家具行业的发展，与《亚太家具报》等 50 多家国内主流媒体和 14 家国际家具媒体联盟成员建立了长期宣传协作关系，及时进行家具信息发布。另外，建设厚街家具专业镇公共创新服务平台平台，联合"政府、院校、协会、企业"多方合作，投资 1.5 亿元共建家具协同创新中心，促进创新型企业发展，为家具企业的创新发展提供产业发展研究、金融服务、知识产权相关服务、情报及大数据研究、共性问题解决、创新人才培养等服务。

5. 明确定位，保障可持续高质量发展

为扶持家具产业发展和推动"中国家具展览贸易之都"的建设，当地政府在经济发展新时期下，通过确立"1+9"发展战略，着力推进"一个名城三大支撑五大片区"建设，突出建设成为湾区会展商贸名城，努力建设成为先进制造业集聚区。

三、发展规划

着力推动厚街镇会展商贸向一体化、全球化和价值链高端延伸，力争把厚街建设成为开放、现代、生态的湾区会展商贸名城；统筹城轨 TOD 和虎门高铁站白濠地块，以现代会展业为引领，打造南部会展现代服务产业区；加快家具总部大厦建设，着力打造湾区企业总部基地，促进传统产业集聚发展；加快名家居世博园二期建设，丰富大家居商圈业态，充分发挥展贸一体化效应；进一步加快实施会展片区控规，把会展片区打造成为现代家具产业园，提升家具产业发展的硬环境；继续办好"国际名家具（东莞）展览会"，加快展贸融合，推进家具产业发展国际化。

第42届国际名家具（东莞）展览会开幕

国际名家具（东莞）展览会展馆

中国家具产业集群
——出口基地

在复杂的国内外环境下，2019年，中国家具行业出口逆势增长，再创新高。据海关数据显示，全年我国家具行业贸易总额588.53亿美元，同比2018年基本持平。其中累计出口560.93亿美元，同比增长0.96%；累计进口27.60亿美元，同比降低16.10%。家具行业企业累计完成出口交货值1690.94亿元，增速较2018年减少2.43%。

美国是我国最大的家具出口贸易国。据海关数据显示，2019年我国家具出口美国累计168.75亿美元，占我国家具出口总额的30.05%，同比降低20.55%。2019年，受到中美贸易摩擦、美元升值等因素影响，对美国的家具出口明显降低，但是出口总额的微涨也提升了家具行业的信心。

2018年下半年，从美国计划对家具行业征10%关税起，为抢在关税实施前出货，家具出口企业连续赶单，到2019年一季度，数据都是良好的；然而5月，家具行业出口美国关税上调至25%；10月，关税再次上调至30%，很多企业已经从如何扭亏转变为能否生存下去的境地。总体而言，2019年受中美贸易战影响，以出口美国为主的家具企业发展低迷，出口额持续下滑。

我国出口基地主要有浙江安吉、浙江海宁、广东大岭山和山东胶州，各产业基地在相关主管部门的引领下，通过设备更新改进，提升管理水平，加大研发创新，增加产品附加值，拓展新市场，提升品牌知名度等一系列措施，不断提高抗风险能力。确保企业能平稳度过难关。

浙江 / 海宁

2019年，海宁家具行业共有生产企业100余家，从业人员约3万人。根据市统计局对45家行业规上企业的统计资料汇总，2019年海宁家具行业累计实现规上工业总产值78.57亿元，同比下降5.6%，利税7.92亿元，同比增长17.7%，全行业利润3.89亿元，同比增长38.4%。

浙江 / 安吉

安吉是闻名中外的"中国椅业之乡"，是全国最大的办公椅生产基地。经过近四十年的发展，产品由原来的单一型发展到系列化生产。椅业已成为安吉县第一大支柱产业。2019年，安吉椅业实现销售收入405亿元，其中规上企业销售收入230.5亿元，同比增长2.2%，利税贡献值在全县主要行业中排名第一。2019年椅业出口企业556家，全县椅业累计出口额190.36亿元，同比增长7.2%。

广东 / 大岭山

大岭山镇拥有家具及配套企业1000多家。其中上规模、上档次的家具企业有300多家，上市公司、投资超亿元企业30多家，家具从业人员10万多人。据统计，2019年全镇家具生产总值135.23亿元，其中家具出口总额14.23亿美元；全年家具内销总额达47.97亿元。

中国椅业之乡——安吉

一、基本概况

1. 地区基本情况

安吉县隶属浙江省湖州市,地处三角经济圈的几何中心,是杭州都市经济圈重要的西北节点,属于两大经济圈中的紧密型城市,素有"中国第一竹乡、中国白茶之乡、中国椅业之乡"之称。安吉县域面积1886平方千米,户籍人口47万人,下辖8镇3乡4街道209个行政村(社区)和1个国家级旅游度假区、1个省级经济开发区、1个国际承接产业转移示范区,是习近平总书记"绿水青山就是金山银山"理念诞生地、中国美丽乡村发源地和绿色发展先行地。2019年,全县地区生产总值469.59亿元,增长7.8%;完成财政总收入90.09亿元,增长12.5%,其中地方财政收入53.56亿元,同比增长14.2%。

2. 行业发展情况

2019年,安吉椅业实现销售收入405亿元,其中规上企业销售收入230.5亿元,同比增长2.2%,占全县规上企业销售收入总额的38.4%,利税贡献值在全县主要行业中排名第一。2019年,椅业企业总数达到700余家,其中规上企业192家,亿元以上企业达到55家。2019年椅业出口企业556家,全县椅业累计出口额190.36亿元,同比增长7.2%,占全县出口总额的70.9%。目前椅业出口企业已经和全球190多个国家和地区建立了贸易关系。

二、产业发展

安吉是闻名中外的"中国椅业之乡",是全国

2017—2019年安吉家具行业发展情况汇总表

主要指标	2019年	2018年	2017年
企业数量(个)	700	700	700
规模以上企业数量(个)	192	176	154
规上椅业工业总产值(亿元)	237.2	225.8	200.2
规上椅业主营业务收入(亿元)	230.5	220.3	195.3
全县椅业出口值(亿元)	190.36	177.52	152.32
规上椅业家具产量(万件)	5353	6037	6423

最大的办公椅生产基地。安吉椅业起步于20世纪80年代初,经过近四十年的发展,产品由原来的单一型发展到系列化生产。椅业已成为安吉县第一大支柱产业,安吉无论从椅业生产规模、市场占有率还是品牌影响力,在全省、全国乃至全球,都具有领先地位。

1. 产品结构不断优化

椅业产品设计风格、外观造型的不断创新,技术成本投入的不断加大,产品由原来单一的转椅生产向椅业系列化方向发展,现已形成办公椅、沙发、功能椅、休闲椅、餐椅、系统家具和各类配件等七大系列数千个品种。企业新产品开发力度继续加大,椅业企业研发总投入以每年30%的速度递增,新品研发是安吉椅业行业健康发展和良好经济效益的一个重要因素。

2. 全球市场不断拓展

产品出口呈快速发展势头。目前椅业出口企业已经和全球190多个国家和地区建立了贸易关

系。积极推广区域品牌，开拓国内市场。设立全国首个椅业工业博物馆"中国安吉椅业博物馆（工业博物馆）"；依托政采彩云平台建立全省首个县级精品馆——"安吉精品馆"；"安吉椅业"高铁冠名京沪线、北京—南宁线、广州—潮汕线；"安吉椅业"品牌广告在浙江交通之声投放推广。

3. 创新能力不断增强

目前，安吉椅业拥有1家国家级工业设计中心、11家省级工业设计中心。安吉椅业设计创新能力不断增强，连续六年举办行业设计大赛，2019年第三届"安吉椅业杯"国际座椅设计大奖赛，共收到来自哈佛、台湾实践、清华等300多所海内外知名院校及百余家企业、设计公司及独立设计师的作品2400多件。企业产品获奖丰硕，永艺股份设计的马司特（Marics）办公椅和Uebobo椅均荣获德国设计奖、国际红点奖、IF设计奖三项大奖，马司特（Marics）还获得"CGD当代好设计"优胜奖、韩国好设计奖。恒林主导研发的产品"MOORE系列"办公椅、德卡办公系统研发的产品均获得IF设计大奖。帛锴家具产品"云椅"和列奇家具产品"雅具系列"分别荣获中国家具产品创新奖银奖和铜奖。

4. 安吉椅业硕果累累

2010年安吉荣获"浙江省块状经济向现代产业集群转型升级示范区"称号；2011—2016年连续被中国家具协会授予"中国家具优秀产业集群奖"或"中国家具先进产业集群奖"荣誉；2014年被中国家具协会授予"中国家具重点产区转型升级试点县"（全国首个）；2016年被国家工信部授予"全国产业集群区域品牌建设椅业产业试点地区"；2017年被科技部火炬中心授予"高端功能坐具特色产业基地"；2018年安吉椅艺产业创新服务综合体被列入浙江省第一批产业创新服务综合体创建名单。2019年安吉家具及竹木制品产业基地成功创建"国家级新型工业化产业示范基地"，中国椅业之乡荣获"中国家具行业突出贡献单位"。

三、重点企业情况

1. 永艺家具股份有限公司

该公司是一家专业研发、生产和销售健康坐具的国家高新技术企业，产品主要涉及办公椅、按摩椅、沙发及功能座椅配件，是目前国内最大的坐具提供商之一。2015年1月23日，公司在上海证券交易所主板挂牌上市，是国内首家在A股上市的座椅企业。

公司成立于2001年，注册资金达3亿元，拥有员工4000余名和三大生产基地（占地面积近45万平方米，建筑面积82万平方米）。公司市场遍及60多个国家和地区，并与全球多家专业知名采购商、零售商、品牌商建立长期战略合作关系。包括俄罗斯最大的采购商之一Bureaucrat，Klaussner，加拿大最大的采购商之一Performance，日本最大的家居零售商NITORI，世界五百强Staples（史泰博）、Office Depot Max以及全球著名品牌HON（美国）、ITOKI（日本）等。

公司是办公椅行业标准的起草单位之一，是业内首批国家高新技术企业之一，是中国家具协会副理事长单位、浙江省椅业协会会长单位，国家知识产权示范企业、中国质量诚信企业、中国家具行业科技创新先进单位、服务G20杭州峰会先进企业、国家"绿色工厂"；公司"健康坐具研究院"是行业内唯一的省级研究院。同时，公司荣获了中国质量诚信企业、浙江省家具行业领军企业、省级高新技术企业研究开发中心、省级企业技术中心、省级绿色企业、湖州市政府质量奖等企业荣誉，以及中国外观设计优秀奖、中国轻工业优秀设计金奖、德国IF设计奖、红点最佳设计奖等众多产品荣誉。在内部管理上，公司一直追求卓越绩效，严格执行ISO9001、ISO14001、OHSAS18001管理体系标准并获得认证。

2. 恒林家具股份有限公司

该公司成立于1998年，是一家集研发、制造、销售办公椅、沙发、按摩椅等健康坐具产品于一体的国家高新技术企业。恒林股份于2017年11月在上交所A股上市，年销售额近24亿元，产品出口80多个国家和地区。

公司注册资金1亿元，占地面积约400亩，拥有员工4000余人，是目前国内领先的健康坐具开发商，安吉县首家金牛奖企业，行业标准《办公椅》起草单位之一，国内最大的办公椅开发制造商和出口商之一。20年来公司先后建立了我国椅业首家院士专家工作站、健康智能坐具企业研究院、省级高新技术企业研究开发中心、工业设计中心等科研平台。

公司始终坚持将技术创新作为企业发展的核心驱动力，每年都将销售额的 3% ～ 4% 投入到研发创新中去，为此公司建立了我国椅业首家院士专家工作站、智能健康坐具企业研究院（省级）、浙江省企业技术中心、浙江省工业设计中心、省级高新技术企业研发中心和浙江省博士后工作站，并先后聘请中国工程院院士、浙江工业大学教授、高级工程师和专家加强研发力度，与浙江大学、西安交通大学、浙江工业大学等国内外多所重点大学及国际知名研发机构建立坐具研发实验室和创意中心。公司累积申报国家专利 342 项、国外专利 39 项，其中获得发明专利 11 项、实用新型专利 80 项、外观设计专利 248 项，成为浙江省专利示范企业。

3. 中源家居股份有限公司

该公司成立于 2001 年，企业成立之初，立足安吉本土丰富的竹资源，产品主要集中于竹制品。2008 年，公司开始聚焦功能沙发制造，主要从事功能沙发的设计、生产和销售，市场遍及美国、加拿大、日本、澳大利亚、南非等多个国家和地区，为全球数百万家庭提供高品质的产品和服务。近三年来，公司凭借长期的行业积累、准确的产品定位、有效的市场开拓、精益化的生产管理、紧贴市场需求的产品设计，业绩实现了跨越式的高速增长。2018 年 2 月 8 日，公司在上海证券交易所主板挂牌上市。经过多年潜心经营，公司先后获得"国家高新技术企业""国家绿色工厂""浙江省著名商标""浙江省企业技术中心""浙江省第一批上云标杆企业""浙江名牌产品""浙江省创新型示范企业"等多种荣誉称号。

4. 嘉瑞福（浙江）家具有限公司

该公司主营办公椅和休闲椅，成立于 2002 年 8 月，工厂位于安吉阳光工业园区内，总占地面积 70000 平方米，建筑面积达 100000 平方米，总投资 800 万美元，年产值逐年递增，发展势头良好。月出货量可达 800 ～ 1000 个 40 尺柜。公司自成立以来，一直着眼于国际办公家具市场，不断为国际市场研发并提供安全、实用、环保的家具产品，产品全部外销欧美亚非等国家和地区，树立了良好的信誉，并与一些欧美公司建立了长期友好的业务关系。

5. 浙江博泰家具有限公司

该公司是中国安吉椅业产业集群示范区的龙头骨干企业，创建于 2003 年 1 月，专业从事办公家具及休闲、功能沙发的研发、设计、生产的企业。截至 2018 年，公司累计获得知识产权 251 项，其中外观专利 195 项，实用新型 35 项，发明专利 7 项，国外专利 1 项，软件著作 13 项。

公司主打产品办公椅和功能沙发主要销往欧洲、美国和日本等海外市场。其中包括：世界五百强企业 Staples（史泰博）、Office Depot（欧迪），加拿大最大的家居零售商之一 Brick, Home Outfitter，欧洲最大的家居零售商之一 Conforama，全球零售巨头 Target、Office Works 以及日本最大家居连锁店 NITORI 等。公司品牌荣获"浙江出口名牌"称号，BJTJ 办公椅被授予"浙江名牌产品"称号。

央视"焦点访谈"栏目和"经济半小时"栏目相继播放安吉椅业

四、2019年发展大事记

2月,安吉椅业品牌专列首发仪式在上海虹桥高铁站内举行。5月,行业首家"椅业消费教育基地"在永艺正式揭牌。6月,中国安吉椅业博物馆(工业博物馆)揭牌仪式在大康控股集团有限公司举行,标志着全国首个椅业工业博物馆在安吉启动建设。9月,中国椅业之乡荣获"中国家具行业突出贡献单位"。9月,央视"焦点访谈"栏目和"经济半小时"栏目相继播放安吉椅业。10月,永艺家具工业设计中心成为国家级工业设计中心。

五、2019年活动汇总

1. 安吉椅业号高铁冠名活动

3月,安吉椅业品牌专列首发仪式在上海虹桥高铁站内举行。这是全国首例以制造集群品牌为目标的高铁宣传,也是安吉创新思路为实体经济发展提供公共服务的又一次新的尝试。此列"安吉椅业"高铁冠名列车,由县政府组织,联动永艺、恒林、博泰、大东方、大康、富和、五星、伟誉、华祺等9家椅业骨干企业共同参与。

11月,安吉县委县政府携手永艺、恒林、中源、博泰、五星、乾门、伟誉、隆博等8家椅业企业,将"安吉椅业"区域品牌在北京南至南宁西高铁部分线路、广州开至潮汕的部分线路上进行冠名。

2. "安吉椅业杯"国际座椅设计大奖赛

5月,第三届"安吉椅业杯"国际座椅设计大奖赛初评结果出炉。本届赛事共征集到海内外作品2400多件,经专家评审团遴选1000余件进入初评,最终院校组入围17件,专业组入围16件。10月,第三届"安吉椅业杯"国际座椅设计大奖赛决赛圆满落幕。杭州柏树工业产品设计有限公司李可琪设计的"MJ-02儿童安全座椅"荣获专业组金奖;清华大学全俊永设计的"INTELLITHY"荣获院校组金奖。

3. 举办团体标准审定会

中国家具协会团体标准审定会在安吉县成功召开,本次会议共对《中式家具用木材》《智能家具多功能床》《儿童转椅》《全铝家具》《家具表面金属箔理化性能检测法》等五项团体标准审定。其中《儿童转椅》团体标准由安吉县质量技术监督检查中心联合护童、永艺、恒林3家企业制定。此外,在2019年的广州家具展和上海虹桥展上,安吉搭建绿色家居形象馆,宣传安吉椅业区域品牌。

六、面临问题

产业链下端企业偏少,导致供应不足;企业主要是以代加工为主,企业品牌价值不高,利润低;客户以外商为主,突发事件(比如中贸摩擦、疫情等影响)会损害到企业自身利益;企业之间互相打价格战,造成两败俱伤;专业人才缺失,互挖人才现象存在。

安吉椅业品牌专列首发仪式

"椅业消费教育基地"揭牌

第三届"安吉椅业杯"国际座椅设计大奖赛评审现场

中国家具出口第一镇——大岭山

一、基本概况

1. 地区基本情况

大岭山镇位于广东省东莞市中南部，面积95平方千米，常住人口35万。靠近珠江口东岸，处于广州市和深圳市经济走廊中间，毗邻香港和澳门特别行政区。距广州市85千米，距深圳市区75千米；距深圳机场45千米，距虎门港25千米，距常平火车站28千米。

大岭山镇是新兴的工业镇区，产业布局相对一体化，具有五大支柱产业及四大特色产业，家具业是特色产业之一。大岭山家具产业集群先后被评为"中国家具出口第一镇""中国家具出口重镇""中国家具优秀产业集群""广东省家具产业集群升级示范区""广东省技术创新（家具工业）专业镇""东莞市重点扶持发展产业集群"。

2. 行业发展情况

全镇拥有各类企业3000多家，其中家具及配套企业1000多家。上规模、上档次的家具企业有300多家，上市公司、投资超亿元企业30多家，家具从业人员10万多人，大大促进了就业，推动了经济快速发展。

家具外、内销情况 大岭山家具出口一直以来雄踞全国乡镇家具出口领军位置。据统计，2019年全镇家具生产总值135.23亿元，其中家具出口总额14.23亿美元；全镇全年家具内销总额达47.97亿元。

家具产业链配套情况 大岭山镇拥有最好的板材加工厂、五金配件厂、皮具加工厂，还有一批上规模、高质量的化工、涂料、木材企业，包括世界500强企业——阿克苏诺贝尔涂料和丽利涂料，华南地区最大的木材供应市场——吉龙木材市场和最具规模的家具五金市场——大诚家具五金批发市场。

家具企业自动化设备应用情况 贯彻落实"机器换人"政策，家具智能自动化设备使用量由2008年底的258台上升到目前的1200台。采用现代化生产技术，引进自动封边机、数码镂花机、激光切割机等一系列世界先进的家具生产机械，一件产品的整个生产过程可以在一条流水线上完成。部分企业装备欧洲全面引进的计算机开料系统、紫外光固化生产流水线、UV漆、水性涂料流水喷涂生产线等先进设备。

家具电子商务发展迅速 大岭山镇家具行业电子商务逐渐兴起，一些大型企业开始采用电商销售模式，力求在消费观念逐渐变化的消费市场上占取先机。部分企业开始了线上与线下相结合的网络销售模式的探索，将线上销售与线下体验充分结合，由消费者网上下单采购家具，实现了快速增长的目标，家具电商销售额快速增长，A家、雅居格、地中海等品牌在京东、天猫名列前茅。

定制家具逐渐成为新兴发展渠道 2016年以来，大岭山家具行业新业态方兴未艾，随着大岭山镇房地产行业大幅度提升，定制家具将持续成为家具行业中细分的成长性子行业，部分家具企业开始向整装家居、全屋定制家具全面转型，加快市场占有率，抢先在定制家具市场打下基础。

二、品牌建设和技术创新情况

大岭山家具区域品牌影响力不断增强。自主自创家具品牌大幅增加，目前拥有 300 多个家具品牌，大岭山镇家具行业拥有国家高新技术企业 5 家、中国驰名商标 5 件、广东省名牌产品 13 件、广东省著名商标 6 件、广东省技术工程中心 2 个。2019 年，大岭山镇与上海高校合作成立的大岭山家具行业科技创新中心已经运行使用，镇内民营企业家合作拟建占地 1200 亩的大岭山家具产业聚集区正在统筹征地中。镇政府致力推动区域品牌的建设，推动了大岭山镇家具行业的发展，加强了政府、企业、协会等各方的沟通协调，促进了产业上下游的综合建设，提升了大岭山镇家具品牌的国际影响力和行业号召力。

三、服务平台情况

组织元宗、台升、富宝、运时通等家具龙头企业与高校进行产学研合作，共同组建"广东省家具产学研创新联盟"。为家具企业的技术创新提供长期、稳定的技术支持，研发新材料、新工艺、新产品，通过市场运作及时把科研成果转化成推动家具产业发展的动力，保障科技成果的推广和产业化，整体提升家具企业自主创新能力，实现可持续发展。

在产业转型升级的关键时刻，镇政府采取诸多措施帮扶家具企业向产业链的高附加值环节拓展延伸。"大岭山杯"金斧奖中国家具设计大赛是中国家具行业最高设计赛事和最高设计奖，每两年一届，由中国家具协会、大岭山镇政府共同主办，中国家具协会设计工作委员会及大岭山家具协会承办，已连续举办了三届。透过"金斧奖"，提高了大岭山镇家具产业主动调整产品结构的意识，推动家具原创设计的转化。鼓励企业以设计大赛为契机重视人才培养、技术创新、知识产权保护等关键环节的构建，提升家具企业的自主创新能力，全面推动家具产业转型升级。

四、发展规划

为升级产业集群建设，计划创建"东莞家具品牌创意园"，联合镇家具协会起草规划方案，以大岭山镇的特色和优势为主轴，考虑未来经济形势的发展趋势，配合"三旧改造""工改工"政策，结合现在企业的实际需求，规划家具创意园具备六大公共服务功能：①家具质量和技术的检测中心；②各级人才的培育基地；③创建新材料研发平台；④创建家具采购平台；⑤创建电子商务交易中心；⑥创建家具设计品牌推广中心。最终打造成为大岭山家具企业总部基地、中国家具品牌中心。

完善中国家具图书馆功能规划。中国家具图书馆是大岭山镇提升家具产业竞争力、促进产业转型升级的一项重要规划。图书馆落成后，计划在图书馆内设立中国家具文化创意中心，其中包括家具展示中心、家具研发中心、家具知识产权展示中心、中国家具行业职业技能培训基地。四大中心即四大公共服务功能：展示、研发、设计大赛、专业人才培训，形成全面、完整、扎实的家具文化保障体系和信息服务体系。

中国出口沙发产业基地——海宁

一、基本概况

1. 地区基本情况

海宁市位于中国长江三角洲南翼、浙江省东北部，东距上海100千米，西接杭州，南濒钱塘江，与绍兴上虞区、杭州萧山区隔江相望。海运方面上海港、宁波港环抱周围，航空方面距上海浦东机场车程1.5小时，杭州萧山机场车程40分钟，杭州至海宁的城际铁路也已启动建设，计划2020年建成通车，地理位置十分优越，交通便捷。海宁物产丰富，市场繁荣，经济发达，乡镇区域民营经济特色鲜明，是我国首批沿海对外开放县市之一，并跻身"全国综合实力百强县市"前列。先后荣获了全国文明城市、全国金融生态县（市）、全国科技进步先进市等称号。

2. 行业发展情况

2019年，以出口美国为主的海宁家具行业进入了一个非常低迷的时期。2018年下半年美国从扬言对家具行业征10%关税，到关税落地以来，原本平稳发展的家具行业，发生了由天入地的变化。从2018年的淡季不淡，到2019年出口额的持续下滑，整个行业面临着巨大的挑战。2018年下半年，为抢在关税实施前出货，家具厂的工人日夜赶单。到2019年1月，每月都以两位数增长。企业一方面和客户、供应商加强沟通和协商，一方面向管理要效益，机器换人，努力消化关税10%的成本压力，留住订单。本来行业利润在3%～8%左右，关税调整让行业发展的动力几乎消失殆尽，形成了做的多、亏的多的怪圈。

最初行业在微幅调整后，基本趋稳。企业能通过转型升级，提高产品设计和品质来逐步恢复良性发展，但计划没有变化快，2019年5月，家具行业出口美国关税上调至25%；10月，关税再次上调至30%。面对这样的上涨，企业已经从如何扭亏的境地转变为要如何面对生死存亡的挑战。

总体而言，2019年受中美贸易战影响，以出口美国为主的海宁家具行业发展较为低迷，出口额持续下滑，龙头企业如慕容、海派都出现了同比超过了40%的下滑；行业呈现订单严重不足的情况，低附加值的订单流向东南亚地区，高附加值的产品如皮革类沙发订单影响相对较小；工厂开工率不足，行业人员流失较大。

二、经济运营情况

2019年，海宁家具行业共有生产企业100余家，从业人员约3万人。根据市统计局对45家行业规上企业的统计资料汇总，2019年海宁市家具行业累计实现规上工业总产值78.57亿元，同比下降5.6%，利税7.92亿元，同比增长17.7%，全行业利润3.89亿元，同比增长38.4%。

根据海关统计数据显示，海宁市家具及制品累计出口49.79亿元，同比下降21.5%。其中，布沙发出口27亿元，同比下降24.6%；皮沙发出口15.65亿元，同比下降26.2%；布沙发套出口8.25亿元，同比增长19.4%；皮沙发套出口4.11亿元，同比下降2.34%。

具体分季度运营情况是：

截至一季度末，家具成品出口累计12.57亿元，同比下降1%；

截至二季度末，家具成品出口累计25.75亿

2017—2019 年海宁市家具行业发展情况汇总表

主要指标	2019 年	2018 年	2017 年
规模以上企业数量（个）	45	43	44
工业总产值（亿元）	78.57	85.11	74.97
主营业务收入（亿元）	81	83.18	73.53
出口值（万美元）	71104.65	91949.64	96627.06

元，同比下降 15.8%；

截至三季度末，家具成品出口累计 37.26 亿元，同比下降 18.6%；

截至四季度末，家具成品出口累计 49.79 亿元，同比下降 21.5%。

三、重点企业情况

慕容集团创立于 1993 年，是海宁市智能家居产业的龙头骨干企业，连续三年荣居中国对美出口的第二大软体沙发生产商，位列中国软体沙发出口企业前三甲，曾荣获中国最具市场竞争力品牌、浙江省工业行业龙头骨干企业等多项荣誉称号。2018 年集团实现销售 29 亿元。

2019 年 2 月 28 日，慕容智能家居项目在马桥正式开工。项目总投资 14 亿元，入选省重大产业项目，主要以时尚、智能、自主品牌家居的研发、生产和销售为主。项目建设的"慕容中心"是慕容集团总部行政、研发设计、生产销售及仓储集于一体的产业新城，采用先进的制造装备，实现智能化与"机器换人"相结合，推进信息化与工业化深度融合，制造业与互联网统筹发展，为传统家具（沙发）制造业提供集约经营、智能化制造的有效探索。截至目前，项目一期已达到开工条件，计划于 2020 年 3 月竣工，4 月进行试生产，预计 2020 年底达到全部设计产能。新项目建成之后，预计实现销售 30 亿元，亩均税收 70 万元，员工数近 5000 人。

四、2019 年活动汇总

1 月，为进一步拓宽海宁市家具行业企业家的国际经营视野，了解马来西亚的投资环境，企业抱团取暖，积极应对中美贸易摩擦，海宁市家具协会组织了 10 余家会员企业代表参加了马来西亚沙巴考察团的交流会。

6 月 25 日，为促进海宁家具企业与欧洲同行的交流与合作，带队组织专业考察团远赴德国法兰克福了解欧洲家具市场的行情。参加此次考察团的有浙江汉盛家具有限公司等 5 家家具企业代表和 5 家沙发辅料供应商代表，共计 13 人。

12 月 30 日，为进一步促进海宁市家具行业内交流，探讨梳理行业现况，展望今后形势。组织了 60 余家家具企业代表前往德清莫霞参观考察。

中国家具产业集群
——新兴家具产业园区

新兴家具产业园区是在国家政策的引导下发展起来的，承接家具产业转移、创新升级、规模集聚的重要功能。在科学的规划管理下，已建设成为涵盖研发平台、设计创新、生产制造、物流运输、销售市场等一体化发展的家具产业集聚区，具有很好的战略协同优势、规模成本优势、信息共享优势和抵御风险优势。产业园的建设，为推动行业进步提供了有力支撑，为发展地方经济贡献了积极力量。

产业园引领产业发展主要表现在以下几个方面：一是环保理念在产业园内彻底践行。在《中华人民共和国环境保护法》《中华人民共和国环境保护税法》等环保政策法规的持续调控下，产业园统一建设标准化、规模化厂房，保证达到环保要求；二是先进技术在产业园内普及。产业园内的企业主要是产业转移或产能扩张过程中兴建的，他们引进新技术、采用先进设备，成为家具行业发展最高水平的典范。

我国家具产业集群主要分布在东部沿海省份，近年，受中部地区崛起的影响，主要在江苏、河南和安徽等地迅速发展壮大。

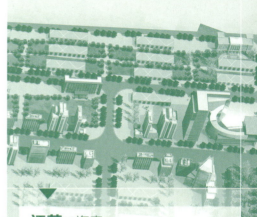

江苏 / 海安

2019年初，海安市委、市政府把家具产业列入海安优先培育发展的十大产业集群。通过全面整顿提升，清理关闭了117家"散乱污"小型作坊式企业，使生产企业在环保设备、安全设备、技改投入上有大幅提升。家具行业全年共计新建各类厂房112万平方米，新招租企业83家，出租厂房94万平方米。原辅材料市场和家具卖场共计开工建设100万平方米，竣工营业30%，2020年将全部建成开业。

河南／信阳

信阳国际家居产业小镇总规划面积15.16平方千米，截至2019年小镇已累计签约项目104个，落地63个，投产企业达27家，原辅料市场、商贸片区进驻商家200多户。2019年家居产业实现主营业务收入28.8亿元，同比增长9.2%；实现工业产值22.5亿元，同比增长9.5%；出口3639万美元，同比增长45%；完成固定资产投资23亿元，实现了发展质量和效益的双提升。

河南／兰考

兰考致力以传统家居产业为基础，做优做强融合发展的"大家居"产业，打造极具兰考特色的品牌家居产业体系，初步构建出了纵向连接"产业区→乡镇→农户"三级、横向融合"成品生产→精深加工→初加工"的新型产业发展模式。形成了"龙头带动、集群共进、链条完整、全民参与"的共赢发展新格局。

河南／清丰

清丰县素有"木工之乡"的美誉，家具制作是县里的传统产业。截至2019年年底，建成家具产业承接园区9个，占地1万余亩，政府标准化厂房29万平方米，形成了国内重要的实木家具产业专业园区。全县共有超亿元家具企业200余家，从业人员3万余人，年销售额253亿元，已是全县第一主导产业。"好家具，清丰造；买家具，到清丰"的口号越来越响。

中国东部家具产业基地——海安

一、基本概况

1. 地区基本情况

江苏省海安市是上海经济圈中一个重要的节点城市，是江苏东部综合交通枢纽、长三角北翼产业高地、全省创新驱动发展示范地区、宜居宜业幸福之城，2019 年全市地区生产总值首次突破千亿大关，实现 1133.21 亿元，增长 6.6%；工业应税销售在南通率先突破 2000 亿元，达到 2010 亿元，增长 17%，工业规模企业数、亿元企业数分别达 900 家、265 家，稳居江苏第一方阵；财政总收入 212.84 亿元，其中一般公共财政预算收入 62.56 亿元，固定资产投资 486 亿元，人均储蓄存款 101886 元，增长 12%，全国中小城市综合实力百强榜、最具投资潜力中小城市百强榜排名分别列第 28 位、第 7 位，全国工业百强榜制造业百强县（市）排名第 25 位、12 位，全国创新百强区县中列第 14 位，是长三角县域经济中的后起之秀。

2. 行业发展情况

2019 年是我国家具企业爬坡过坎的一年，既面临市场低迷、产值下滑的生存问题，又要破解发展中遇到的环保、安全等难题。年初，市委、市政府把家具产业列入海安优先培育发展的十大产业集群，市政府专门召开高规格、大规模的"海安家具行业高质量发展动员大会"，11 月 22 日，市委书记顾国标主持召开现场办公会，听取家具界意见，现场解决发展中的瓶颈难题，充分肯定东部发展成果，研究支持家具产业发展的政策举措，成立了由市委书记、市长领衔的"海安市家具产业高质量发展工作领导组"。

2019 年通过全面整顿提升，清理关闭了 117 家"乱散污"小型作坊式企业，使生产企业在环保设备、安全设备、技改投入上有大幅提升；2019 年度在环保方面，帮助 76 家企业完成验收，28 家企业具备监测验收条件，32 家企业又取得排污许可证。建立安全协会，今年又帮助 88 家企业通过三级标准化验收，全年无重大安全事故，经过这一波风暴，使东部家具产业基地更坚强、更有活力、更可持续发展。

全年共计新建各类厂房 112 万平方米，新招租企业 83 家，出租厂房 94 万平方米。原辅材料市场和家具卖场共计开工建设 100 万平方米，2019 年竣工营业 30%，2020 年将全部建成开业；原木市场已经开工建设，为补齐物流短板做了大量工作，康联仓储物流中心已经招满入驻，首批开通专线 100 条。引进江苏得一集团入驻东部，建设智慧谷，组织培训、设计策划、咨询服务、品牌打造。努力发展电商产业，引进京东、天猫打造东部家具电商产业园。

二、经济运营情况

近三年，是华东家具产业转移的活跃期，也是东部家具加速发展期。从数量上看是逐年上升，从质量上看，已经脱胎换骨，转型升级，传统的家具产业已经走上"机器换人""智能车间""全屋定制""税收论英雄"的时代，家具人在完成了初始投资和原始积累后，更加重视"品牌打造""质量追求""人才建设""绿色环保"，现在的家具产业园已经面貌一新，企业运营势态向好，整个产业集群充满生机和希望。

2017—2019年海安家具行业发展情况汇总表

主要指标	2019年	2018年	2017年
园区规划面积（万平方米）	1450	1400	1350
已投产面积（万平方米）	765	650	500
入驻企业数量（个）	682	528	360
新增规模以上企业数（个）	52	61	56
新增配套产业企业数（个）	280	320	200
工业总产值（亿元）	128	96	68
主营业务收入（万元）	150000	100000	80000
家具产量（万件）	500	320	216

三、2019年发展大事记

1. 东部家具行业商（协）会成绩斐然

东部家具行业商（协）会成立三年，现有会员企业354家，真正办成了会员之家，是沟通政府与企业的桥梁和纽带，是家具产业发展的参谋与推手，是服务会员企业的平台与天职。产业的大事在这个平台上讨论决策，企业的难事由这个团队协调解决。2019年协会获评南通市4A级商会、海安市先进商会、慈善明星单位、服务业十强，在中国家具协会成立30周年庆典上被授予"中国家具行业突出贡献奖"。

2. 第四届东部家具博览会成功举办

2019年12月7—9日，第四届中国东部家具博览会暨首届家居批发节隆重举办。展会规模30万平方米，参观人次超过2万人，本届博览会上品牌家具展、家具设备展、原辅材料展、家居用品展、异业联盟展同时开展，吸引了华东地区的批发商参会，人气好于往届，效果好于往届。

3. "东部家居艺术小镇"开始启动

东部家具市场区占地2080亩，紧临G15高速海安出口，规划建筑面积180万平方米，已经建成100万平方米，目标打造成"文旅商圈"，定位为"中国家居艺术小镇"，已委托苏州设计院完成总规设计，把整个区域打造成"展区、商区、街区、景区"，使其游购吃住俱全，绿化、美化、亮化俱佳，该项目已写进市全委会报告和市人大报告，目前已经启动绿化升级和河道改造。

第四届东部家具博览会

新兴家具产业园区

中国家居艺术小镇效果图

东部全球家具采购中心

中国中部（清丰）家具产业园——清丰

一、基本概况

1. 地区基本情况

清丰县位于河南省东北部，冀鲁豫三省交界处，隶属于濮阳市，总面积828平方千米，辖8镇9乡，72万人口，是全国文明城市提名城市、国家园林城、国家卫生城。清丰区位独特、交通便捷，距雄安新区约350千米，距郑州、石家庄、济南均200千米左右，距郑濮济高速（在建）濮阳出口仅10分钟车程。是中原经济区对接京津冀"首都经济圈"的桥头堡。

2. 行业发展情况

清丰县素有"木工之乡"的美誉，家具制作是县里的传统产业。经专家调研论证，2008年县委、县政府确立发展家具主导产业，2009年建立家居产业园。通过招商引资，先后抓住三回产业转移历史机遇，分别是2010年以全友、南方、双虎和好风景为代表的四川家具龙头企业，2016年以来以福金、亚达金鹰、皇甫世佳、谊木印橡为代表的京津冀实木家具企业和以广立、立凡、俞木匠、华堃为代表的珠三角实木家具企业，已落地实木家具企业208家，建成家具产业承接园区9个，占地1万余亩，政府标准化厂房29万平方米，形成了国内重要的实木家具产业专业园区，被中国家具协会授予"中国中部（清丰）家具生产基地""中国家具新兴产业园区""中国家具行业突出贡献单位"等荣誉称号。2018年以来，连续两年成功举办"中国·清丰实木家具博览会"。清丰产业集聚区荣获河南省5A级最具投资价值营商环境集聚区"金星奖"，是全省30个百亿级产业集群之一。

清丰县持续加大家具品牌培育力度，对获得国家驰名商标、著名品牌的企业，分别给予奖励，激发争创名牌的积极性。设立技术创新基金，鼓励企业研发创新，引进先进技术设备，改造生产工艺，构建节能环保的现代产业体系。

3. 公共平台建设情况

累计投资28亿元，完善基础设施，实现了园区"六通一平"。河南省家具质量监督检验中心、清丰会展中心、企业服务中心、人才培训中心等服务平台，清丰国际家居博览交易中心、申新泰富家具商贸城，三棵树家具博物馆等配套设施已在投入运营；万隆家具材料城、大明宫建材家居·清丰店正在快速建设，2020年即可建成投用；家居研发设计中心、本土家居企业提升工程全面启动；神龙家具物流园、新南方国际文化创意产业园即将开始建设；未来清丰家具产业将会迸发出更大的活力。继清丰江西家具商会成立后，清丰浙江家具商会也已提出正式申请，即将正式成立。

二、经济运营情况

截至2019年年底，全县共有超亿元家具企业200余家，年销售额253亿元，从业人员3万余人，已是全县第一主导产业。清丰县立足发展基础好、原材料充足、技术人员丰富的优势，加之周边300千米范围内没有大型家具产业基地的实际情况，优先发展家具产业，将从"中国中部家具生产基地"再出发，向"中国实木家具第一县""中国中部家具之都"的目标奋力前进。

2016—2019年清丰县家具行业发展情况汇总表

主要指标	2019年	2018年	2017年	2016年
园区规划面积（万平方米）	14.46	14.46	14.46	7.36
入驻企业数量（个）	730	716	590	586
家具生产企业数量（个）	652	641	530	522
配套产业企业数量（个）	80	75	60	56
工业总产值（万元）	253000	2400000	2200000	2100000
家具产量（万件）	220	210	200	200

三、2019年发展大事记

1. 召开清丰县2019年优化营商环境开放合作共赢大会

3月30日，"清丰县2019年优化营商环境开放合作共赢大会"在清丰会堂和17个乡镇分会场隆重召开。3800余人在主会场、分会场参加和收看。大会对2018年工作进行总结，对新形势下开放合作共赢工作进行安排部署。对2018年度产业发展突出贡献企业、组织和个人，以及优化营商环境暨展会筹办突出贡献单位和个人进行通报表彰；对破坏清丰营商环境的6起典型案例进行通报批评，10名涉案人员均被给予法纪处分，充分展现了县委、县政府扬善止恶、优化营商环境的决心和力度。大会新增加书记专题会、项目现场推进会等项目推进制度，并向企业派驻"服务企业第一书记"，助力企业发展。

2. 参加广东家具展

皇甫世佳、江南神龙、世纪嘉美等清丰企业组团参加广州、深圳家具展。期间展馆内人山人海，展品获得广泛认可，签约了大量经销商，成为全场的焦点之一。

3. 参加郑州家具展

在第九届郑州国际家具展上，福金、丰川藤艺、喜上福居、眠馨寝具、合木润家、居富印橡等16家清丰企业组团参展，签约经销商340余家，展品首日基本预订一空。

4. 参加天津家具展

在天津实木家具展上，有谊木印橡、森源艺佳、一品龙腾、名流之居、森朗世家等17家清丰企业组团参展，收获满满，"清丰家居"商标广布全场，集群品牌广为传播，清丰家具知名度再获提升。

5. 韩国抱川市政府代表团到清丰考察

4月8—9日，韩国抱川市市长朴允国、议会议长赵镛春率领代表团一行11人到清丰考察。县委书记冯向军，副县长韩晓东接见代表团一行并进行座谈。双方深入探讨了两地合作的可能领域，表达了交流交往、合作共赢的诚挚意愿，双方一致同意增加人文往来，开拓经贸合作机遇，开启两地交往合作历史篇章。代表团先后考察了国际家具博览交易中心、全友家居、赵家食用菌基地、明月湖小学等处，实地了解清丰主导产业、"康养极"产业、文化产业发展现状，寻找合作机遇。

四、2019年活动汇总

成功举办第二届"中国·清丰实木家具博览会"。10月17日，第二届"中国·清丰实木家具博览会"在清丰会展中心隆重开幕。本届展会由清丰县委县政府和河南省家具协会联合主办，以"好家具 清丰造，买家具 到清丰"为主题，为期4天，共设实木家具展位75个，白茬及辅料展位50余个，展出面积达4万平方米，展品以中高端实木家具为主，吸引了7000余专业经销商、3万余观众的参观采购，涵盖北京、上海、天津、深圳及广东、河南、河北、山东、山西、甘肃、陕西、湖北、安徽、江苏、浙江、四川等地，共签约经销商1500余家，其中古王家具签约经销商100余家，成为全年冠军展。清丰家博会成为家具经销商、上下游采购商、供货商交流、合作、共赢的高效平台。

五、面临问题

一是用地难。产业集聚区土地指标紧缺，出现项目等土地的现象。全省百城提质工程下的新版城市规划已获省政府批复，新版土地利用规划正在报批，短时间内还无法缓解土地紧张局面。二是融资难。由于县产业集聚区建设标准高、起点高，政府和企业面临着后续投入跟不上需求的困境。三是品牌项目少。清丰县引进的家具项目中，知名品牌较少，在行业内影响力不够强。

中国（信阳）新兴家居产业基地——信阳

一、基本概况

1. 地区基本情况

信阳国际家居小镇位于羊山新区以北，距离市行政中心区 10 千米，总规划面积 15.16 平方千米，总预算投资 358 亿元，预计全部建成投产后可年创产值近 1000 亿元，实现税收约 51 亿元，提供就业岗位约 15 万个。

2. 行业发展情况

截至 2019 年小镇已累计签约项目 104 个，落地 63 个，投产企业达 27 家，原辅料市场、商贸片区进驻商家 200 多户。碧桂园现代筑美绿色智能家居产业园项目一期将于 2020 年 6 月建成投产，行业龙头引领作用逐步显现，总体发展趋势稳中向好。

3. 公共平台建设情况

小镇实施了九大平台（中心）建设，目前，信息中心（北斗安康云）、融资平台、技术服务平台（信阳家居学院）、用工平台（用工服务中心）、喷涂平台、烘干平台已建成投用，检测平台（省级木质家具检测中心）、物流平台（快捷物流园）已启动建设，商务服务平台将适时启动建设，随着这些平台（中心）的相继建成，将为小镇长远发展提供强劲支撑。

二、经济运营情况

2019 年家居产业实现主营业务收入 28.8 亿元，同比增长 9.2%；实现工业产值 22.5 亿元，同比增长 9.5%；出口 3639 万美元，同比增长 45%；缴纳税收 2650 万元，带动就业 5000 人；完成固定资产投资 23 亿元，实现了发展质量和效益的双提升。

2017—2019 年羊山新区家具行业发展情况汇总表

主要指标	2019 年	2018 年	2017 年
园区规划面积（万平方米）	1516	1516	1516
已投产面积（万平方米）	48.35	40.3	35.2
入驻企业数量（个）	104	96	83
家具生产企业数量（个）	59	48	30
配套产业企业数量（个）	5	3	2
工业总产值（万元）	225000	200000	73000
主营业务收入（万元）	288000	260000	196000
利税（万元）	2650	2128	278
出口值（万美元）	3639	2515	378

三、产业发展及重点企业情况

碧桂园现代筑美绿色智能家居产业园总投资 23 亿元，项目一期 6 栋 150000 平方米钢构厂房建设基本完成。永豪轩再次以 2.3 亿元的出口业绩领跑河南家具出口企业；百德木门、永豪轩家具、美凯华家具、璞玉家具、富利源家居、德雅诺家居、天一红木、天一窗业、优度家居、左右鑫室家居等企业长年保持稳定生产。

四、2019 年发展大事记

北斗智慧安康云项目正加快应用推广；美凯华家具全智能化生产线已投用；摩根电梯项目已投产，总高 108 米的试验塔即将投用；碧桂园现代筑美项目已按照"工业4.0"的标准启动现代化智能生产线建设工作，采购了400台机器人，运用物联网技术建设的智能仓储项目也在加紧实施；信阳家居学院开班；省级木质家具检测中心装修基本完成，正与市场监管局对接设备采购、人员培训等事宜。

五、2019年活动汇总

4月14—16日，成功举办了第二届信阳家具博览会，进一步拉长了产业链条，提升了家居产业小镇在行业内的知名度和影响力。10月29日，信阳家居学院启动挂牌和开班仪式，信阳家居学院的开班标志着家具产业小镇在高质量发展方面迈上了新的台阶，对于拉长产业链条、拓展发展空间、提高发展层次、推动中国家具创新成果转化、促进行业设计创新能力和水平的提升，具有重大而深远的意义。

六、面临问题

一是达产达效的企业还不多。二是产业链不完善，产业生态环境仍需优化，原辅材料供应仍是短板，包装、海绵、物流配送等企业建设需加快进度。三是中美贸易战和新冠肺炎的影响，家居产业小镇出口企业永豪轩、富利源、权盛等受到波及。另外，企业融资难、融资贵的问题仍未根本解决。

七、2020年发展规划

秉持将家居产业小镇打造成一个宜居宜业、宜创宜游的智慧、生态、人文特色产业小镇的发展理念，2020年拟重点推进以下工作。

1. 推动项目建设投产达产

商贸片区，欧凯龙、红星美凯龙、万家荟兴业家居体验中心等项目下半年完成建设并投入商业运营。物流片区，大中集团原辅料市场、快捷快递物流园年底建成营业。工业片区，碧桂园现代筑美项目6月开始试生产，已进场建设的畅忆森家具、长明实木、将相府家具、御檀香红木家具、美亚家具、柘泉宜居、诺源涂料、中浙远大、诺亚创盟9家企业8月前完成建设任务并相继投产。到2020年底，力争新增投产企业及建成运营商业项目达到13家以上，规上企业达到18家以上。

2. 加大招商引资力度

一是紧盯招商区域。落实市里决策部署，继续紧盯京津冀、珠三角、珠三角家居产业发达地区，实施定点招商、代理招商、以商招商，持续招大引强。二是完善招商政策。完善2020年招商优惠政策，对带动强的龙头企业还采取"一企一策"的办法，注重招商质量，招商选资，引进的产业项目不仅要符合环保要求，而且要产生经济效益、社会效益，为后续发展留足空间。三是继续完善产业链。紧盯已签约意向企业，不断延链补链强链，力促签约项目早落地，落地项目早开工，开工项目早日投产达产。

3. 强化基础设施及公共配套项目建设

一是进一步延伸路网，建成纬北一路西段、信茶大道、经北八路、研发西路等道路基础设施，确保重大项目建设需要。二是进一步推进配套和平台建设。推进110千伏变电站和配网建设完成；确保家具检测中心年内建成并投入使用；继续加快北斗安康云项目推广应用；积极推进智慧小镇项目建设；信阳家居学院正常开展招生培训工作；同时，推动占地30亩的公租房项目、占地10亩的邻里社区商业配套项目建设早日完成，为小镇的快速发展提供强劲支撑。三是进一步完善功能。加快产城互动融合步伐，规划建设好连心河生态湿地、沪陕高速带状公园等，使小镇功能更加完善。

4. 完善要素保障

一是继续落实"一企一人"等服务措施，做好企业工商注册手续办理、融资招工政策承诺兑现等工作。把服务好信阳现代筑美绿色智能家居产业园项目作为今年重中之重工作，确保按期建成投产。二是争取实现获批用地指标900亩，完成供地1500亩的目标。三是继续为入驻企业融资提供服务，支持企业发展。

通过狠抓以上各项工作的落实，2020年家居产业小镇力争完成固定资产投资41亿元，完成工业投资30亿元，投产企业及建成运营商业项目达40家以上，规上企业达到18家以上，努力实现家居主营业务收入和工业企业总产值环比再翻一番。

中国·兰考品牌家居产业基地——兰考

一、基本概况

1. 兰考县情概况

兰考县辖6个乡、7个镇、3个街道，总人口85万，总面积1116平方千米。兰考是焦裕禄精神的发源地，是习近平总书记第二批党的群众路线教育实践活动联系点，国家级扶贫开发工作重点县、国家新型城镇化综合试点县、国家普惠金融改革试验区，河南省省直管县体制改革试点县、河南省改革发展和加强党的建设综合试验示范县。兰考地处于河南、山东、安徽三角地带的中心部位，即将投入运营的郑徐高铁在兰考设有客运站，为兰考经济发展提供了独特的便利条件。2019年，全县生产总值387.89亿元；公共财政预算收入25.2亿元；规模以上工业企业增加值107.8亿元。

2. 品牌家居产业发展情况

兰考致力以传统家居产业为基础，做优做强融合发展的"大家居"产业，打造极具兰考特色的品牌家居产业体系，初步构建出了纵向连接"产业区→乡镇→农户"三级、横向融合"成品生产→精深加工→初加工"的新型产业发展模式。目前，恒大家居产业园内曲美、索菲亚、喜临门、江山欧派、皮阿诺、大自然6家上市企业均已实现投产，TATA木门、鼎丰木业、郁林木业等品牌家居项目已满负荷运转，艺格木门、立邦油漆、万华绿色生态家居产业园等项目正在紧张建设中。同时，以恒大家居产业园为依托，融合兰考泡桐主题公园、凤鸣湖等现有景观资源，打造集高端制造、生态旅游、时尚休闲、参观学习于一体的全国首个家居特色小镇。还建设了4个乡镇品牌家居配套产业园区，定期召开"品牌家居配套产业链对接会"，建立完善了品牌企业与本地配套企业的衔接机制，形成了"龙头带动、集群共进、链条完整、全民参与"的共赢发展新格局。

3. 公共平台建设情况

成立企业服务中心，有效推进行政体制改革，在主要职能部门选拔10个审批科长，代行局长审批权限，打破部门间职权壁垒，简化流程，全面降低企业办事成本。成立由县级领导牵头的重点项目服务组，实行"周例会、月通报、季观摩"制度，每个项目的时间节点都建立工作台帐，实现从项目签约、征地拆迁、开工建设到投产达效全程跟踪服务，以实际工作推动项目建设，体现"兰考速度"。由国检集团投资建设具有国家级检测资质的"兰考家居建材检测中心"投入运营。

二、品牌发展及重点企业情况

兰考恒大家居产业园项目立足于"中国·兰考

2016—2018年兰考家居行业发展情况汇总表

主要指标	2019年	2018年	2017年
企业数量（个）	1060	640	534
规模以上企业数量（个）	192	155	141
工业总产值（万元）	6140974	5117478	4652253
家居主营业务收入（万元）	3060313	2354087	1810836
出口值（万美元）	12276	10230	9300
内销（万元）	2974381	2285546	1748526
家具产量（万件）	203	159	133

品牌家居产业"新定位，于 2016 年 5 月 12 日正式签约，总投资 100 亿元，由中国恒大集团统一规划、统一建设，其中一期投资 40 亿元，总建筑面积 100 万平方米，以股权投资的方式吸引曲美、索菲亚、喜临门、江山欧派、大自然、皮阿诺等 6 家家居上市企业首批入驻，开启了一个"地产＋家具＋家电＋建材＋旅游"跨界融合、全新的商业模式，为客户提供一站式的购买服务。

三、2019 年发展大事记

2019 年 4 月 17 日，万华绿色生态家居产业园项目部成立，项目注资 4.5 亿元；2019 年 6 月 3 日，国务院副总理胡春华参观恒大家居产业园；

恒大家居产业园

家居小镇商业街

万华绿色生态家居产业园签约

2019年7月26日，恒大家居"一河两岸"商业街建成；2019年11月2日，成功召开"第三届中国绿色家居产业发展峰会"，来自定制家居、智能家居、木制品、原材料、辅助材料以及房地产等相关企业的800余名嘉宾，共同商讨绿色家居行业发展。

四、发展规划

以"中国·兰考品牌家居产业基地"为定位，以恒大家居特色小镇为核心，打造品牌家居产业地标，坚持以品牌家居前三十强企业为重点，持续扩大品牌企业对上下游配套企业、乡镇特色专业园区、农村富余劳动力的带动效应，构建集生产、研发、销售、培训、展示、物流于一体的全国最完整的品牌家居产业体系。同时，紧抓精装房地产的机遇，探索搭建全新的商业模式。以恒大家居产业园、万华禾香为核心，打造"一站式"互联网家装平台，贯彻"一箱货"就是"一个家"的理念，打通生产、运输、安装、维护、网络平台等各个环节，形成全国首个精装房地产配套"货仓"，进一步提高兰考品牌家居产业的核心竞争力。

中国家具产业集群
——综合产区

　　家具行业按原材料种类、原材料性能、使用场所等分类，品种繁多，互有交叉。因此，根据各个集散地的不同，中国家具产业集群的命名类型多样。除前述 6 类外，还有主营校用家具、软体家具、金属家具等产区；集原辅材料、家具生产和商贸流通于一体的综合产区；或主营电商家具的产区，这些产区统一在本节中展示。这几类产区基本涵盖了我国家具及上下游产业的大部分产品及业务类型，家具产业集群的形成，推动了我国家具产业形成分工细化、专业生产的发展模式。

江西 / 樟树

樟树市的金属家具制造业，是樟树继药、酒、盐之后的第四大支柱产业，目前有生产及配套企业 153 家，产品有 10 大系列 500 多个品种。通过制定团体标准、拓展国际市场、推广智能设备等举措，有力推进了企业转型升级步伐，增强了企业发展后劲。2019 年家具产值达到 140 亿元，利税 15.5 亿元。

山东 / 周村

软体家具为周村六大支柱产业之一,软体家具流通市场在全国同行业中名列前茅。周村家具市场属于典型的"生产基地+市场"类型,以本地产品批发为主,具有其他市场所缺少的价格优势。2019年,山东家具研究开发院创科检测中心落户中国(周村)国际家居博览城,填补产业链短板;举办中国(周村)第5届家居采购节暨原辅材料展及"梦舒然"杯首届大学生家居创意设计大奖赛。

河北 / 胜芳

2019年,胜芳正式荣获由中国轻工业联合会、中国家具协会颁发的"中国特色定制家具产业基地·胜芳"的称号;被商务部认定为"河北省霸州市国家外贸转型升级基地(家具)"。胜芳全力打造的总投资11亿元、占地650亩的中国胜芳全球特色家具国际博览中心是中国特色定制家具采购总部基地,也是全球最大的以特色定制家具为主体的单体卖场。2019年,胜芳家具工业总产值达688亿元,产量13903万件。

江西 / 南城

20世纪80年代初,南城县一批有远见的木制品加工户到全国各地开展校具加工订单作业,之后逐渐成为江西省最大的校具生产集散地。在株良镇黄家山创业园的基础上,南城县委、县政府在重新规划1500亩校具产业园。2019年校具产业实现主营业务收入106.5亿元(2018年52.6亿元),同比增长102.5%;实现税收1.12亿元(2018年5726.6万元),同比增长95.6%。

广东 / 龙江

龙江享有中国家具设计与制造重镇、中国家具材料之都的美誉。拥有较为完整的家具产业链,全产业链规模产值近1000亿元。辖区内家具制造企业3900余家,覆盖民用、办公、酒店等领域,家具原辅材料商户超过8000家,材料专业市场11个,经营面积约500万平方米,材料交易额超过400亿元。2019年龙江家具行业呈现创新活力和凝聚抱团的状态。

综合产区

中国家具设计与制造重镇、中国家具材料之都——龙江

一、基本概况

1. 地区基本情况

龙江享有"中国家具设计与制造重镇""中国家具材料之都""国家家具电子商务示范基地"之称。发展近40年，是中国最早的民营家具产业集群发展的地区，已形成了完善的产业带，产值近1000亿元。辖区内家具制造企业3900余家，覆盖民用、办公、酒店等领域，涵盖93个品种，产品品类齐全。家具原辅材料商户超过8000家，材料专业市场达11个，经营面积约500万平方米，材料交易额超过400亿元。

2. 行业发展情况

2019年龙江家具行业呈现创新活力和凝聚抱团的状态。一是设计创新刚需化，家具企业设计创新的意识逐步增强，随着原有代工生产的模式利润空间逐渐压缩，及企业运营成本的增加，迫使企业调整战略，转变精耕细作模式，增强品牌意识，重视原创设计，不过目前还是以外包设计为主，自建设计团队为辅。二是市场开拓渠道多元化，2019年在中美贸易摩擦的影响下，出口销售下降，以美国及亚非等美元交易地区为主要出口地区的龙江家具企业，2019年的出口订单明显减少，企业面临着转型及寻求新的渠道。三是生产管理模式精益化，随着企业经营生产成本的不断增加，利润空间的压缩，家具企业原来那种粗犷式发展的模式已越来越不适应新时代的发展要求，很多企业通过借鉴改良，将精益生产管理模式运用到了企业经营生产中。四是供应链管理集采平台化，龙江作为家具产业集聚地，有着较全的产业供应链，家具成品企业已逐步意识到集采的作用和优势，正筹谋建设供应链管理集采平台。

3. 公共平台建设情况

2019年，龙江多层次建设、完善家具行业公共服务平台。在综合服务方面，有佛山市顺德区家具协会"广东省中小企业公共服务示范平台顺德区家具产业创业创新公共服务平台""广东省外贸转型升级示范基地顺德区家具基地工作站"的继续完善建设；在外贸升级方面，有位于亚洲国际家具材料市场的"国家市场采购贸易方式试点"的全面宣传推广；在设计创新方面，有全国首个家居设计产业集聚平台"广东家居设计谷"的建设运营。

二、经济运营情况

近三年，龙江家具产业发展呈现稳步发展的状态，家具制造企业数量：2017年3509家，2018年3836家，2019年3923家。其中规模以上企业数量：2017年89家，2018年98家，2019年116家。工业总产值：2017年7836000万元，2018年8553000万元，2019年9166000万元。2018年龙江出口家具及零配件194827万元，同比增长13.8%。

三、产业发展及重点企业情况

近年来，龙江家具产业以设计创新驱动产业升级为核心动力，全力打造顺德家具区域品牌，积极推动企业品牌战略，多个领域涌现出表现优异的品牌企业。

在软体家具方面，佛山市志豪家具有限公司、广东志达家居实业有限公司、佛山市韦富家具有限

"龙江智能家具主题产业园"启动仪式

第37届国际龙家具展览会开幕式

第七届龙家具(国际)设计大赛现场

公司、佛山市顺德区库斯家具实业有限公司等品牌企业发展稳健。其中志豪家具旗下的"米洛"品牌已成为中国软体中高档客厅家具的代名词，对标家具奢侈品牌"芬迪""宾利"。

在办公家具方面，佛山市虹桥家具有限公司标准化工作成绩优异，是办公屏风桌及办公椅等国家标准主要起草单位之一；佛山市精一家具有限公司则深耕垂直供应链的配套和布局产业链，旗下6大品牌覆盖办公椅行业高中低端系列。

在实木家具方面，佛山市前进家具有限公司创始人谭广照荣获了中国家具协会30周年时颁发的"中国家具行业卓越贡献奖"。

在家具原辅材料方面，亚洲国际家具材料交易中心，建筑面积70万平方米的规模，常年满租率达95%以上，日均客流量达3万人次，是全国乃至全球规模最大、产业链最全的家具原辅材料交易中心。

在家具电商方面，佛山市美梵星空家居用品有限公司旗下品牌"优梵艺术"，以新技术、新思维引领时尚家具设计品牌发展，是以家具为核心的供应链管理专家和生活美学传播者；而佛山哼哈匠信息科技有限公司则为家具行业的工厂和零售商提供资源查找和人脉对接的互联网平台，在家具新零售领域开拓创新。

四、2019年发展大事记

2019年2月，以"汇聚创智、设计未来"为目标，国内首个家居设计产业集聚区"广东家居设计谷"在龙江正式启动。以家居设计全产业链为着力点，推动家居设计产业化，产业设计化，促进设计"芯片"赋能传统家具产业转型升级。

2019年11月8日，佛山市顺德区家具协会顺利完成换届，以左建华会长为首的第八届理事会就职，是该协会最年轻的一届领导班子。

2019年12月19日，龙江举行"龙商回归"工程示范点颁牌仪式，佛山市志豪家具有限公司、佛山市斯帝罗兰家居有限公司等品牌家居企业纷纷响应回归龙江。针对回归龙商，龙江镇委、镇政府出台厂房租金优惠、技改资金、经济贡献等方面的扶持政策。

2019年12月19日，村级工业园升级改造项目"龙江智能家具主题产业园"正式启动。园区面积约300亩，将引入智能、创新、高端的家具企业，同时配套员工宿舍等，打造规模化、现代化的家具产业园区，推动家具产业工业4.0制造。

五、2019年活动汇总

2019年11月14—16日，顺德家具区域品牌参展2019第十七届中国商品（印度孟买）展览会，宣传龙江国家市场采购贸易方式试点。

2019年3月18—21日、9月8—11日，组织企业抱团参展第43届中国（广州）国际家具博览会和第44届中国（上海）家博会，并以特装展位打造"顺德家具·龙江智造"品牌馆。

2019年3月17—20日、8月12—15日，组织举办一年两届的龙江家具展——第37届和第38届国际龙家具展览会、第27届和第28届亚洲国际家具材料博览会。

2019年，龙江组织举办第七届龙家具（国际）设计大赛，大赛征集了海选作品2600余件。

六、发展规划

2020年，龙江家具产业将合力共克时艰，重点开展两大品牌工作：一是成立顺德家协品牌联盟，通过联盟，联合辖区内近40家品牌企业，抱团与全国卖场物业合作，开拓市场渠道，推广顺德家具区域品牌。二是推出阳光集采项目，通过联合成品家具制造企业集中采购原辅材料，让小企业享受大企业的采购价格，让大企业采购更阳光，降低企业采购成本，保证产品品质。

广东家居设计谷入驻企业签约

中国特色定制家具产业基地——胜芳

一、基本概况

1. 地区基本情况

胜芳镇位于河北省霸州市，京津冀经济圈的中心地带，距离雄安新区直线距离仅40多千米，区域内高速铁路、公路、国省干道形成了六个"黄金十字交叉"，京雄铁路、首都新机场南出口高速、津保高铁、津保高速、京津塘高速形成三大轴线，构成核心内三角。坐拥两大主轴的胜芳作为京南重要交通枢纽的地位日益得到提升。

中小城市发展战略研究院、国信中小城市指数研究院发布的《2019年中国中小城市高质量发展指数研究》评选出了2019年度全国综合实力"千强镇"，胜芳凭借产业富有特色、文化独具韵味、生态充满魅力、创新驱动力强等优势位列第153位（较去年上升2位），真正走出了一条"胜芳特色定制家具产业发展新模式"。

未来的胜芳在京津冀协同发展、深入实施雄安新区快速发展的大背景下，会主动适应经济发展新重担，全力建设京津雄节点城市，打造科技成果转移转化先行区、传统产业转型升级引领区、临京区域产业发展协作区，在对接京津、服务雄安中实现高质量发展。

2. 行业发展情况

2019年随着国家经济形势的深刻变化，工业经济传统的竞争优势不断弱化，长期积累的结构性、素质性矛盾日益突出，强大的经济下行压力严峻地考验着全国各地家具市场的承受力，导致广东、四川、江西、江浙地区等传统家具产业集群市场持续低迷。面对大市场环境下行的趋势，通过胜芳家具行业协会科学布局，依靠中国胜芳全球特色家具国际博览中心独特的平台优势，统筹集群区域优化，打破产业链上下游壁垒，整合厂家优势，提升企业营销体系和品牌附加值，一举拿下国内特色定制家具市场73%的份额，同时产品更是出口到美国、日本、俄罗斯、东南亚、欧盟等130多个国家和地区。截至2019年，胜芳家具企业拥有中国驰名商标7项，名牌产品23项，省级质量奖项43个，绿色产品认证20项。

3. 公共平台建设情况

2019年，胜芳家具产业通过实施品牌引领工程，加大对品牌建设投入力度，形成家具企业独特且不可替代的竞争资源，保证家具企业在同质化中突围、升级和持续发展，从而有利于在当前行业抢占先机，以品牌占领市场、赢得市场。

在这期间，中国胜芳全球特色家具国际博览中心起到了主导性作用。作为总投资11亿元，占地650亩，建筑面积100余万平方米的全球最大最强的特色定制家具类单体卖场，中国胜芳全球特色家具国际博览中心依托雄厚的产业基地、自身庞大的规模体量以及辐射全球的营销网络，打通了家具产品上下游的联通环节，从而一举实现了从钢铁冶炼—轧板—制管—玻璃生产—石材、面料加工—机塑配件—家具制造—物流配送系列化分工、专业化合作的完整产业链。本着"打造全球平台、塑造国际品牌"的誓言，中国胜芳全球特色家具国际博览中心真正发展成一座集市场交易、商务会展、数据分析、人工智能、智慧物流于一体的超级航母。

2017—2019 年河北胜芳家具行业发展情况汇总表
（生产型）

主要指标	2019 年	2018 年	2017 年
企业数量（个）	4082	3613	2800
规模以上企业数量（个）	3608	3401	2655
工业总产值（万元）	6880000	6380000	5910000
主营业务收入（万元）	5010000	4622100	4258400
出口值（万美元）	395000	365000	381000
内销（万元）	4115000	3825000	3201000
家具产量（万件）	13903	12003	10166

2017—2019 年河北胜芳家具行业发展情况汇总表
（流通型）

主要指标	2019 年	2018 年	2017 年
商场销售总面积（万平方米）	55	53	50
商场数量（个）	6	6	6
入驻品牌数量（个）	3181	3018	2800
销售额（万元）	6330000	5940000	5570000
家具销量（万件）	12012	10980	9860

2017—2019 年河北胜芳家具行业发展情况汇总表
（产业园）

主要指标	2019 年	2018 年	2017 年
园区规划面积（万平方米）	3000	3000	3000
已投产面积（万平方米）	2100	2100	2100
入驻企业数量（个）	1628	1540	1261
家具生产企业数量（个）	1511	1355	1140
配套产业企业数量（个）	150	136	120
工业总产值（万元）	4210000	4010000	3600000
主营业务收入（万元）	4210000	4010000	3600000
出口值（万美元）	150000	134000	129000
内销额（万元）	3080000	2750000	2280000
家具产量（万件）	3355	3100	2500

二、产业发展及重点企业情况

胜芳家具企业在胜芳家具行业协会的指导下，以中国胜芳全球特色家具国际博览中心为核心，上下游企业密切联动，打造胜芳家具品牌，打开国际市场，形成稳固的产业集群。胜芳家具企业参加全国性、国际性家具展会，到 2019 参加各类展会企业达 3600 多家，在中国胜芳全球特色家具国际博览中心的引导下，胜芳各大家具企业在中国家具行业中脱颖而出，诞生出"三强家具""宏江家具""纽莱客家具""友邦家具"等一批国内外知名家具企业。同时，通过推动家具产业以设计为引领，实施"品牌战略"的方针，逐渐实现产业的上档升级。在 2019 年 12 月的廊坊市工业设计大赛中，星光家具更是一举拿下设计大赛金奖，对于域内家具产业发展必将起到引领和示范效应，逐步实现产业盈利模式以畅销产品为主，向定制个性产品的转变。

中国胜芳全球特色家具国际博览中心是中国特色定制家具采购总部基地，也是全球最大的以特色定制家具为主体的单体卖场。凭借公司全体员工积极进取的精神和广大商户的鼎力支持，中国胜芳全球特色家具国际博览中心不断发展壮大，卖场现已入驻国内 3000 多家企业，年销售额 600 多亿元。经营产品品类丰富，包括民用家具、酒店家具、校用家具、办公家具、户外家具、会所家具、医护家具、定制家具八大品类的 8 万多种单品样式，及各类家具生产设备及配件辅料等。

三、2019 年发展大事记

3 月 21 日，中国轻工业联合会四届五次、中华全国手工业合作总社七届九次理事会上，胜芳正式荣获由中国轻工业联合会、中国家具协会颁发的"中国特色定制家具产业基地·胜芳"的称号。

4 月 8—9 日，举办"智慧共见·创新营销"高端转型论坛，邀请行业资深营销专家与厂家、专业买家共聚一堂，探讨新消费升级模式下家具营销的新思维、新战术，论坛期间听者云集，反响热烈，许多听众现场表示受益匪浅。

8 月，商务部印发《关于 2019 年新认定国家外贸转型升级基地名单的通知》，其中，霸州市成功入围，被认定为"河北省霸州市国家外贸转型升级基地（家具）"。这是继"中国金属玻璃家具产业基地""中国金属玻璃家具出口基地""全国金属玻璃家具知名品牌创建示范区""国家钢木家具质量安全出口示范区""中国特色定制家具产业基地"后获得的又一国家级称号。

9月16日，举办了"胜芳家具外商定向洽谈会"，邀请到全球海外专业买手代表莅临参会，与当地家具厂家面对面沟通，在贸易战的困境下，为胜芳家具出口带来新的希望。

在2019年的秋季展上，胜芳国际家具展首次采用"人脸识别进馆模式"。所有专业买家入馆均通过人脸识别系统入馆，即使面对1天涌入10万人次的高峰时刻依然保持进馆秩序的井然和快速。相信未来几年"人脸识别大数据系统"必将在胜芳国际家具展的数字化展会、智能化展会中发挥更大作用。

2019年年底，随着中国（胜芳）全球特色定制家具国际博览会国际知名度的提升，为了更好地发挥展会的平台作用，向着更加科技和智能的高水平、国际化展会发展，中国（胜芳）全球特色定制家具国际博览会展会组委会升级更新了展会LOGO和SLOGAN，力争以"打造全球智能展会典范，引领数字展会时代楷模"为前进方向，向着更好地促进胜芳家具产业发展，扩大胜芳家具知名度，持续推动胜芳家具产业发展，提升胜芳家具产品质量，扩大胜芳家具市场份额的新使命，砥砺前行。

四、2019年两届家具展实录

2019年4月8日，第二十一届中国（胜芳）特色家具国际博览会暨第八届胜芳国际家具原辅材料展盛大召开，展会覆盖130多个国家和地区，参展企业超过3000余家，来自世界各地的采购商15.7万人，进馆人次达到35.9万。从各方数据汇总可以得出，本届展会是目前为止实至名归的胜芳特色家具展最成功的一届展会，采购商人数突破历史最好成绩，胜芳特色家具展真正成为国内乃至全球家具行业的一流展会。展会的成功举办，给在环保高压态势下忐忑不安的参展商、采购商打了一针强心剂，

坚定了他们对市场的信心。本次展会从办展模式上进行创新升级，一举把胜芳展从传统贸易型展会提升为与国际接轨的专业化规模展会，"展会贸易+高端论坛+旅游庙会"的模式使得胜芳国际家具展吸引了源源不断的客流。

2019年9月16日，第二十二届中国（胜芳）特色家具国际博览会暨第九届胜芳国际家具原辅材料展盛大开幕。参展企业达3556家，展会期间总意向成交308亿元，展会获得行业领导和嘉宾的认同，胜芳特色家具展真正成为国内乃至全球家具行业的一流展会，展出总面积达53万平方米。外商定向洽谈会的举办，一举将胜芳国际家具展带入国际性高端家具展会行列。本届展会的成功举办，让胜芳特色家具展这个平台开始真正摆脱对产业依赖，利用平台自身的影响力，反向促进和推动胜芳乃至全国的特色家具产业进行转型升级。

第二十二届中国（胜芳）特色家具国际博览会实录

胜芳家具外商定向洽谈会

中国金属家具产业基地——樟树

一、基本概况

1. 地区基本情况

樟树市地处赣中，隶属于江西省宜春市。全市总面积1291平方千米，辖19个乡镇（街道）。樟树连续四年跻身全国县域经济与县域综合发展百强县，位列71位。全市形成了以药、酒、盐、金属家具制造四大产业为支撑，工业经济独具特色，产业集群发展的格局。2019年生产总值增长7.6%；完成财政收入60.62亿元，其中一般公共预算收入36.3亿元，增长9.6%；外贸出口1.75亿美元，增长22.2%；社会消费品零售总额92.4亿元，增长11.6%；城镇居民人均可支配收入37510元，增长8%；农村居民人均可支配收入18531元，增长9.2%。

2. 行业发展情况

樟树市金属家具制造业，主要生产保险设备（军地安防设备、档案管理设备、图书管理设备）、殡葬精藏设备、校具设备、医疗设备、户外广告设施、户外停车设施等系列产品，是继药、酒、盐之后的第四大支柱产业，2012年4月被授予"中国家具产业基地"称号。家具行业从1973年起步，从起始2家乡村手工作坊企业，发展至今有生产及配套企业153家，产品有10大系列500多个品种规格。有中国驰名商标6件、江西省著名商标18件、江西名牌产品52个、省级企业中心7个、博士后流动工作站1个、高新企业20个、中央（国家）采购定点供应商6个、中央军委装备工作部军民融合产品指定商2个、中央军委装备发展部武器装备科研生产三级保密资格单位4个；发明专利76个，实用型专利559个，外观专利390个，计算机软件

2017—2019年樟树市金属家具产业发展汇总表

主要指标	2019年	2018年	2017年
企业数量（个）	67	63	53
规模以上企业数量（个）	48	45	40
工业总产值（万元）	1406454	1319481	1052868
主营业务收入（万元）	1421150	1282720	1026794
利税（万元）	155139	136948	120904
出口值（万美元）	1952	880	—
内销（万元）	1419000	1276500	—

著作权登记证书451个，软件产品登记证书9个，国家重点项目2个，省重点新产品23个，近三年来，新增智能设备及先进设备400余台。

二、产业发展及重点企业情况

1. 江西金虎保险设备集团有限公司

该公司创建于1981年，从一个小作坊，发展到目前拥有占地450亩的金虎科技产业园，注册资金2166万元，是中国智能安防、智能钢制家具与档案装具、图书设备管理智能化、信息化整体解决方案的龙头供应商。获得中国驰名商标、国家授权专利130余项，软件著作权40余项，主持或参与国家、行业标准、金属家具团体标准制定11项。2019年实现主营收入243202万元，同比增长13.47%，实现利税44940万元，同比增长31.77%。

2. 江西阳光安全设备集团有限公司

该公司在行业中率先使用了智能数据化、模具

化生产企业，实现了高效率、高精度、高标准、高质量的产品，产品质量在全国同行业中达到领先地位。荣获中国3·15诚信企业，档案管理优秀单位，获得中国驰名商标，国家专利（示范）先进企业，全国质量检测稳定合格产品，中国绿色优秀环保产品，全国产品和服务质量诚信企业，全国金属家具行业质量领先品牌，江西省、国家专业化小巨人企业，全国质量标杆企业称号。2019年实现主营收入43712万元，同比增长24.3%，实现利税2826万元，同比增长5.53%。

3. 江西远洋保险设备实业集团有限公司

该公司荣获"江西省民营企业百强""国家知识产权优势企业""专精特新企业""国家科技型中小企业""全国质量品牌优势企业"；获得中国驰名商标，发明专利4个，实用型专利27个，外观专利7个，计算机软件著作权登记证书9个；荣获"宜春市智能密集书架工程研究中心"，江西省军民融合重点项目，组建了智慧管理库、智能技术应用产业化协同创新体制。2019年实现主营收入14166万元，同比增长16.73%，实现利税7067万元，同比增长5.8%。

4. 江西远大保险设备实业集团有限公司

该公司是国家高新企业，先后获得中国驰名商标，发明专利7个，实用型专利41个，外观专利6个，软件产品登记证书9个，国家安监总局"二级安全生产标准化企业"，江西省品牌百强企业，江西省"专精特新"企业，江西省特级诚信企业，"百汇"牌密集架、书架为"江西省名牌产品"，"百汇"牌保险柜获"中国保险设备十大质量品牌"等荣誉。2019年实现主营收入70378.7万元，同比增长18.57%，实现利税14749万元，同比增长5.95%。

5. 江西卓尔金属设备集团有限公司

该公司是省级企业技术中心，高新技术企业，专精特新中小企业，二级安全标准化企业，获得中国驰名商标、江西省名牌产品，拥有发明专利6个，实用型专利48个，外观专利28个，计算机软件著作权登记证书29个。2019年实现主营收入89908万元，同比增长6.11%，实现利税12354万元，同比增长4.85%。

6. 江西光正金属设备集团有限公司

该公司始建于2012年10月，是一家高起点的骨干企业，先后荣获国家高新技术企业，十环认证企业，标准化良好行为企业，中国最具有投标实力钢制家具供应商五十强企业，中国科技创新优秀企业，江西省省级企业技术中心，银行全自动保管箱、江西名牌产品等，拥有发明专利4个，实用型专利16个，外观专利6个，计算机软件著作权登记证书130个。2019年实现主营收入10594万元，同比增长16.27%，实现利税1467万元，同比增长4.6%。

7. 江西广迪智能钢艺集团有限公司

该公司成立于2011年，现已发展成为一家集科研、设计、生产、销售和系统集成产品售后为一体的国家级高新技术企业，江西省专精特新企业。是国内首家独立研发、生产、销售智慧公交站台、城市便民服务亭等户外金属公共设施的科技型企业。产品已销往全国，在江西省范围内实现全覆盖。获得国家实用型专利18个，计算机版权登记证书9个，发明专利1个，软件产品登记证书9个；获得江西省重点新产品一个。2019年实现主营收入13258万元，同比增长3.8%，实现利税1765万元，同比增长4.8%。

8. 江西广泉钢艺集团有限公司

该公司是一家集产品研发、生产、销售、服务为一体的殡葬设备制造企业，拥有智能设备12台，并在马来西亚投资5000万元建设广泉山庄纪念堂，为产品走出去搭建了平台。主要生产骨灰存放架、牌位架、佛龛、万佛墙、骨灰盒等宗教及殡葬和环保专用汽车改装产品。是国家高新技术企业，国家级知识产权优势企业。拥有发明专利3个，实用型专利27个，外观专利36个，计算机软件著作权登记证书10个。2019年实现主营收入56819万元，同比增长9.7%，实现利税5765万元，同比增长6.46%。

三、2019年发展大事记

1. 转型升级，政策扶持

为加快机器智能化装备的推广应用，鼓励企业通过"机器换人"，增强创新能力，实现高水平、高质量、高效率和可持续的发展，推动全市产业转型升级。2017年3月28日，樟树市人民政府印发了《关于促进机器智能化应用推动产业转型升级的实施意见》的通知，明确了企业购置设备的奖补标准。2019年，樟树市金属家具行业共计享受购置设备政府补贴近2000万元，有力推进了企业转型升级步伐，增强了企业发展后劲。

2. 技术创新

樟树市金属家具产业历经近50年发展，已成为在国内和国际市场具有影响力的产业集群。在产业转型升级高质量发展的大好形势下，樟树市金属家具产业面临着从大到强，打造产业价值高地的新使命，为推进技术创新工作，根据《中华人民共和国标准化法》（国标委联[2019]1号）文件精神，樟树市金属家具行业协会，组织樟树市金属家具行业协会有关会员企业制定实施《密集书架》系列团体标准，即"单复柱书架""积层式书架""手动密集书架""电动密集书架"和"智能密集书架"团体标准的编制工作。团体标准制修订经过筹备阶段、立项阶段、起草阶段、征求意见、技术审查等五个程序，并于2019年11月5日在全国团体标准信息平台发布。

四、2019年活动汇总

3月17—26日，樟树市金属家具行业协会会长刘少荣、江西阳光集团公司董事长张建平等组团赴纳米比亚、赞比亚和埃塞俄比亚开展经贸促进活动。举办了3场专题经贸合作推介会，走访了赞比亚江西工业园，推介了樟树市金属家具产品。

5月10日，参加东盟中心在南昌合作举办的中国（江西）—东盟贸易投资推介会，与国家商务部亚洲司、东盟中心及亚洲国家驻华使节进行交流推介，为樟树市金属家具产品走出国门搭建了平台。

11月6—20日，樟树市金属家具11家骨干企业参加在泰国曼谷举办的2019东盟（曼谷）中国进出口商品博览会，11月14—18日在印度孟买举办的印度国际博览会，开展了一系列的拜访和产品推介活动。

9月21—24日，会长刘少荣组织20多家会员企业董事长到深圳中力控股、华为、众陶联等单位学习先进企业管理经验，促进企业进一步解放思想，转变思想观念，建立现代企业管理机制，苦练内功，改革创新，推动企业优质高效发展步伐。

11月30—12月1日，樟树市金属家具行业协会组织举办会员企业及有关企业股东、高管现代企业管理专业培训班，参训人员500多人，培训班实行封闭式管理。培训课程结合实际，对提升企业高管、股东经营管理能力、创新能力和合作共赢能力起到了积极作用，为使更多的会员企业成为国内乃至国际同行业一流企业奠定了基础。

五、面临困难

人才缺少，规划匮乏。市场恶性竞争难控，人才引进难，特别是外贸人才缺乏。目前，受疫情影响，国内、国际两个市场的营销活动在不同程度上碰到了不少困难。

六、发展规划

樟树市在编制十四五发展规划时，把发展金属家具产业作为打造江西省"创新型制造业示范区"的重要组成部分，在发展思路上，突出以市场为导向，以科技创新促产业升级，大力推进企业从加工型向科技型转变，争取打造国内乃至国际同行业标杆产业。在发展策略上，以服务机关、院校、军队和中等收入家庭为重点，逐步建立连锁型、互联网销售网络，进一步扩大"樟树制造"的市场占有率，提升樟树金属家具在国内外的影响力。

中国校具生产基地——南城

一、基本概况

1. 地区基本情况

南城县是江西省委、省政府规划的抚州副中心城市，是省直管试点县，位于江西省东部、抚州市中部，县域面积1698平方千米，辖10镇2乡，总人口35万，城镇化率57.3%。

2. 产业优势

一是有校具加工传统。由于人均耕地少、竹木资源丰富，株良镇自古就有木制品加工传统，20世纪80年代初，株良镇一批有头脑有远见的木制品加工户到全国各地开展校具加工订单作业，株良镇逐渐成为江西省最大的校具生产集散地。

二是校具加工龙头企业效益凸显。从家家户户点火，到校具加工企业百花齐放，株良校具加工走出了一条集约、集聚的发展道路，为南城赢得了"江南课桌加工销售大县"的美誉。2008年，南城真诚校具有限公司成功申报为江西省农业产业化龙头企业，企业目前已形成年产150万套钢木课桌椅、床及黑板、实验室成套设备的生产能力，成为赣东南最大的校具生产、加工企业。

三是校具加工实现了华丽转型。传统的木制课桌消耗森林资源、破坏生态环境，制约了校具加工产业的强劲发展。为促进校具产业不断优化升级，南城镇及时制定优惠政策，鼓励木制校具企业对现有设备进行更新换代，向钢木校具、塑钢校具、纯塑校具转型。

四是有了一批过硬品牌。南城株良校具企业与国内多所高校和科研机构建立了合作关系，先后开发近10个新产品。同时，通过采取"公司+农户"经营模式，"抱团"作战，由公司统一采购原材料，农户按要求做出产品后由公司统一销售。如今，株良镇"真诚""世纪星""海龙""兴达""育佳"等20余家企业品牌迅速叫响全国各地。

3. 南城校具产业园建设情况

为进一步构建产品结构互补、产业链条协同、功能布局合理、安全规范标准的现代化产业体系，打造创新驱动、开放合作、绿色发展的现代化服务体系，南城县委县政府在校具集中生产区株良镇黄家山创业园的基础上，重新规划1500亩校具产业园。产业园经过2018年、2019年两年的建设，现初具规模。同时围绕"五化"目标、破解发展难题，推动南城校具产业向教育装备产业的再次转型发展。

建设标准化 成立了"南城县校具产业园建设工作领导小组"，采取统一规划、统一设计、统一管理的模式，高标准规划建设1500亩的产业园，南区1320亩为校具企业生产区域，建设标准厂房138万平方米，可容纳企业70余家；北区180亩为科创园。建筑面积16万平方米，同时积极推进建立南城校具团体标准，提升校具产品的市场竞争力。2019年底生产区建成标准厂房20栋，建筑面积近40万平方米，现3家校具集团公司的10家企业和1家教育装备企业入驻投入生产。配套服务的科创园综合办公大楼、产业园配套服务大楼、职工食堂完成了主体工程，2020年10月可全部投入使用。产业园的景观大道、沿江景观带、跨江大桥拓宽等工程也将陆续开工建设。随着产业园建设的稳步推进，校具产业园将成为亮丽的产城融合城市综合体。

生产智能化 入驻产业园企业的生产设备，必须要自动化、智能化，在全国居有领先的水平，在产业中起到标杆示范作用。2019年12月初在产业园举办了首届校具生产设备展示会，邀请了全国40多家校具生产设备厂家的智能设备来校具产业园展示，掀起了南城校具企业新一轮生产设备更新换代，大大提高了企业的生产能力和产品质量。

产业信息化 以配套服务区科创园为载体，积极筹建为校具企业配套服务的"十大中心""七大平台"，打造"互联网+校具"信息平台，为入园企业提供公共数据、资源信息、行业信息、物流供应、产品交易、形象展示等服务。

经营集团化 以校具产业园入驻校具集团企业为模板，积极引导园外的现有校具企业抱团发展，目前已有70多家校具企业，整合重组成立12个集团公司，提高了校具企业在市场的竞争力，有效地遏制了企业间的恶性竞争。

集群集约化 通过开展"三请三回""双返双创""委托招商"等引资模式，鼓励园外企业和国内高端智能教育装备企业向园区集聚，不断强链、补链、延链，拓展产品的外延和内涵，打造了"大众创业、万众创新"的示范基地和产城融合的城市综合体。鼓励企业与国内知名企业强强合作，进一步破解了企业在技术创新、产品研发、人才短缺等方面的难题。

二、产业经济运行情况

南城校具现已拥有加工及配套企业308家，目前获得中国4A级重合同守信用单位2个，江西名牌产品7个，江西省著名商标12个，15家企业获全国诚信企业，28家企业获得江西省3A级重合同守信用单位，8家企业获江西省诚信企业，4家企业评为中国家具协会科技创新先进企业。16家企业通过中国环境标志产品认证；4家企业通过中国绿色环保产品认证；获批专利29个，6家企业认证为江西省"专精特新"中小企业；主营业务收入上亿元的企业10家，拥有自主品牌的企业33家，其中规模企业28家，拥有发明专利2项，实用新型及外观设计专利39项，尤其是真诚、育佳、盱江、龙乐品牌全国闻名。目前生产的校具产品畅销江苏、浙江、安徽、上海、河南、新疆、广西等近30个省（市、自治区）以及赞比亚、印度、菲律宾等非洲及东南亚国家，拥有相关从业人员3万余人，有近6000人的产品销售队伍，在全国90%的大中城市建有分公司（销售部）。2019年校具产业，新增规上企业12家，实现主营业务收入106.5亿元（2018年52.6亿元），同比增长102.5%；实现税收1.12亿元（2018年5726.6万元），同比增长95.6%。

三、产业发展措施

1. 政府推动

县委、县政府先后出台《关于进一步推进就业

2017—2019年南城县校具行业发展情况汇总表（生产型）

主要指标	2019年	2018年	2017年
企业数量（个）	308	282	226
规模以上企业数量（个）	33	21	12
工业总产值（万元）	1097000	541000	499000
主营业务收入（万元）	1065000	526000	486000
出口值（万美元）	101	68	40
内销（万元）	1064300	525590	485760
校用家具产量（万件）	7080	3560	3240

2017—2019年南城县校具行业发展情况汇总表（产业园）

主要指标	2019年	2018年
园区规划面积（万平方米）	100	100
已投产面积（万平方米）	13.7	0.5
入驻企业数量（个）	12	2
校用家具生产企业数量（个）	11	2
配套产业企业数量（个）	6	2
工业总产值（万元）	71000	20620
主营业务收入（万元）	69000	20000
利税（万元）	10350	3000
内销额（万元）	69000	20000
校用家具产量（万件）	460	133

促进全民创业的实施意见》《关于南城县校具产业发展的实施意见》《关于加快推进校具产业转型升级工作实施意见》等一系列文件，进一步做大做优南城县校具产业。以县长为组长成立了校具产业发展领导小组；以县政协主席为组长成立了南城校具行业指导领导小组；以县工信局牵头，在三个乡镇抽调了10名精兵强将组建了县校具办，全力推进校具产业园建设，校具产业转型升级，校具行业行为规范，使校具产业得以快速发展。

2. 部门促动

县工信局瞄准校具产业，经常深入到企业调研，摸清家底，写好调研报告，为县委、县政府决策当好参谋。积极发挥部门自身优势，帮助企业融资担保，指导企业技术改造。县市监局结合部门职责加大对校具企业的质量管理宣传、监管力度，依法打击ISO9001等管理体系虚假认证，严厉打击制售"假、冒、伪、劣"产品行为，适时公布校具产品行业国家质量标准，不定期对校具企业产品质量进行抽检，树立校具企业知识产权保护意识，维护校具企业声誉。驻县金融机构经常开展银企对接活动，加大对校具企业的支持、扶持力度。省信用担保股份公司南城县分公司、县劳动就业局等融资担保机构，优先向重点校具企业、校具项目提供流动资金贷款担保，解决融资难。

3. 企业主动

一是企业主动打造品牌。目前已有33家企业拥有自己的品牌，如真诚、兴达、学子、龙乐、盱江等品牌，从而进一步增强了企业在国内竞标的影响力。二是企业开拓国际市场的主动性明显增强。校具集团公司积极与江苏、浙江大的校具企业联姻，产品出口到非洲及东南亚市场。三是企业主动学习，积极向外取经。如今越来越多的校具加工企业经常组织技管人员到高等院校、科研院所、全国重点校具企业进行脱产培训，使其不断开阔视野，丰富知识，增长才干，在企业尽快形成了一支具有国际管理能力、熟悉企业生产经营操作模式，具有国际战略眼光的企业高级管理人才队伍，推进企业又好又快发展。

4. 全民鼓动

春节期间，南城县开展"欢乐春节家乡行""就业援助月""双返双创""三请三返"系列活动，积极宣传创业优惠政策，鼓励家乡在外能人回乡办厂，形成了新一轮能人志士投资创办企业的高潮。

5. 培训拉动

充分利用抚州创业大学及县劳动就业服务平台，全力做好创业技能培训工作。加强了重点校具项目、产业链升级和区域经济发展项目用工对接的技能培训工作，强化定向培训，组织校具企业实行先招工后培训，落实培训补贴政策，解决企业用工难问题。

四、2019年活动汇总

11月21—23日，南城县举办了"2019中国·南城校具（教育装备）生产设备展示会"。来自全国各地的20多家智能化设备制造商集结南城，充分展示校具生产从传统工艺向生产设备智能化、生产工艺标准化的良性转变。展示会分木工智能生产设备和五金智能生产设备两个展区，主要包括木工机械设备、智能化焊接设备、喷涂房、雕刻机、封边机、校具供应链智能化设备等。

五、面临问题

一是生产产品单一。主要还停留在钢木课桌椅、阶梯课桌椅、塑料软座椅、排椅、公寓床等基教产品上。教育装备类的产品目前尚为空白。二是科技含量不高。校具产业是粗放走量模式的产业，绝大部分企业没有自己的研发团队，缺乏高端定制品牌研发，缺乏产品品牌竞争力。三是市场范围不广。产品主要采取单一的政府采购的销售渠模式，销往全国各类学校。目前还没有充分利用互联网的优势，进行线上销售，使产品销往千家万户。也没有通过外贸渠道使产品走出国门。四是行业人才短缺。尽管南城株良被誉为"木匠之乡"，但多数是传统手工艺人。多年来，绝大部分企业认为自己的效益好，生产的产品能销得出去，而忽视了企业技术人才、管理人才、研发人才、销售人才的引进，导致了目前校具行业尤其缺乏企业管理、产品研发和营销类的核心人才，企业自主创新能力弱、产品开发速度慢，缺乏产品技术创新。五是协会作用发挥不够。目前的校具协会为松散型、自发型、无章程的组织，产业中没有一批叫得响的龙头企业，协会没有说话算数的领头雁，导致了校具协会和商会在服务校具企业发展，推动银企互利合作、搭建产销对接平台的有效作用，产品销售还是依赖外销团队，市场信息掌握不及时，行业自律任重道远，没有充分发挥好应有的作用。六是企业发展后劲不强。校具产业是资金密集型和季节性的产业，需要大量的流动资金，而南城县校具企业相当一部分是家庭式作坊，创业资金相对较少，缺乏有效的担保抵押资产，像现在入驻产业园的校具企业，标准厂房都是租赁的，也就难以向银行等金融机构贷款，一定程度上制约校具企业做大做强。

六、发展计划

针对南城校具产业发展的现状和存在的问题，将围绕"园区品质化、产品智能化、产业信息化、经营集团化"的理念，按照"编制两个规划、打造两大基地、建好两大平台、统筹两大市场、强化五大要素，决战校具（教育装备）千亿产业集群"的思路，打造3.0、4.0升级版，实现南城校具转型发展、高质量发展，力争3年内实现主营业务收入500亿元，朝着千亿产业集群的目标迈进。

1. 编制"两个规划"

一是编制校具（教育装备）产业千亿规划。以国际化的视野，全产业链的思维，结合产业基础、要素条件、市场前景等多重因素，编制好校具（教育装备）产业千亿规划。二是编制产业园功能与品质提升规划。围绕"基于现实基础、落实产业功能、完善配套设施、组织内外交通、打造核心景观"的要求，突出产、学、研、展、销五大功能，深化研究校具产业园布局方案，推动园区品质化发展。

2. 打造"两大基地"

一是打造校具（教育装备）生产基地。一方面，扶优扶强。依托校具产业园的平台优势，鼓励引导现有的300余家校具企业组建集团公司，整合入驻产业园，加强产业协作配套，确保园区入驻率100%。另一方面，招大引强。紧盯深圳心里程教育、中幼国际教育，促其总部经济、产业园等合作板块尽快落户南城，积极引进智慧化校园、AR、VR等领域的国内外龙头教育装备生产企业或总部企业进驻园区，促使"中国校具生产基地"逐渐向"中国校具（教育装备）生产基地"转变。二是打造校具（教育装备）产品展销基地。规划建设展示、体验、销售为一体的3万平方米的校具产品展销中心，并可依托深圳心里程教育等企业，结合南城人文历史、教育旅游等特色，打造一个集科技创新型旅游、创客孵化、双培双训的智慧教育装备体验中心，实现地方旅游、中小学研学与智慧教育科技无缝对接。同时，积极向国家校具协会和教育装备协会申办区域性校具和教育装备展销会，提升南城校具（教育装备）品牌知名度。

3. 建好"两大平台"

一是建好线上平台。依托校具科创园，积极建设采用BBC（平台+代理+零售）电商运营模式的"校具邦"信息服务平台，培育基于互联网平台的个性化定制和服务型制造等新模式，将其打造成为全国最大的校具产业信息交易平台，力争三年内实现南城校具（教育装备）产业线上交易达到100亿元。二是建好线下平台。充分利用国家返乡创业政策，全力抓好1500亩校具产业园建设，将其打造成功能完善、布局合理的产城高度融合的城市经济综合体。重点加快推进道路、雨污管网、通信网络等基础配套建设，强化园区能源保障，保证水、电等生产要素供应，提高园区吸纳功能和承载能力，使其成为推动同业聚集、产业升级的基地。加快校具科创园建设，校具总部大楼、物流、贸易、办公、住宅、酒店等配套服务设施要在年底全部竣工投入使用。

4. 统筹"两大市场"

一是统筹国内市场。在全县现有校具产品销售占据全国同类产品总量三分之一的基础上，积极筹建研发设计中心、技术集成服务中心，加大科技研发力度、打造校具知名品牌、培育骨干龙头企业，切实增强市场竞争力，进一步提高国内产品市场占有率。二是统筹国外市场。南城县校具产品已经远销赞比亚等非洲国家，依托抚州市开通的中欧班列，尽快建设赣东木材交易市场、校具质量检测认证中心、物流供应链服务平台，推动南城县校具（教育装备）产业扩大出口。

5. 强化"五大要素"

一是强化政策支撑，积极推动南城校具（装备）产业发展上升到全市甚至全省发展战略层面，争取更多的优惠政策、扶持资金和土地指标。二是强化人才保障。加大校具产业高级管理、科研、营销人才引进力度，出台具体的人才引进奖补办法。探索建立校具生产技工培训基地，鼓励职业技术教育机构与企业联合办学，加强对校具行业重点骨干企业经营管理人员培训。三是强化融资服务。探索组建校具企业贷款担保中心，对校具企业提供担保贷款等金融服务，充分利用"财园信贷通""科贷通""中小企业信用贷款"等融资平台，并给予一定程度政府贴息补助。同时，在充分论证的基础上，校具产业园三期计划引进社会资金8亿元建设20万平方米标准厂房及配套设施。四是强化商会作用。进一步规范和完善校具协会、商会管理服务职能，减少和杜绝企业之间低价倾销等恶性竞争行为，推动校具行业抱团发展。探索"商会授信"和"联保贷款"等模式，推进银企长期对接合作。同时，要利用商会搭建校具产销对接平台，帮助企业开拓市场，打造校具（教育装备）产业品牌。

中国软体家具产业基地——周村

一、基本概况

1. 地区基本情况

周村,素有"天下第一村"之称,是著名的鲁商发源地。区域总面积约为216平方千米,人口约29万,辖5个镇、5个街道、1个省级经济开发区,隶属于山东淄博市,地处鲁中腹地,是连接省会经济圈和半岛城市经济圈的重要枢纽,同时也处在京沪、京福快速通道的辐射半径范围之内。周村自古商业发达,明末清初已成为重要的商业名镇,1904年与济南同时期成为自主对外开放之商埠,开内陆城市自主开放之先河,工商业更加繁荣兴盛。2014年,全区实现生产总值297.8亿元,三次产业比例为3.1∶48.8∶48.1,公共财政预算收入完成15.24亿元,规模以上固定资产投资完成239.4亿元。全区城镇居民、农村居民人均纯收入为29481元、15060元。

周村工业初步形成丝绸纺织、机电设备、轻钢结构、精细化工、耐火材料、沙发家具六大支柱产业,服务业繁荣发展,鲁中商贸物流集中区初具规模,沙发家具、不锈钢、轻纺、汽车四大专业市场年交易额突破260亿元。

2. 行业发展情况

周村家具产业从20世纪80年代末开始发展,经过30多年的发展,形成了以金周沙发材料市场、木材市场为源头,以周村家具市场为龙头,以周村、邹平的4000余家原材料加工、沙发家具制造业户为主体,产、供、销一条龙的完整产业链条,成为周村区重要的就业渠道、富民产业和支柱产业,2008年被山东省轻工业办公室授予"山东省家具产业基地"称号,2010年被山东省质量强省及名牌战略推进工作领导小组评为"山东省优质软体家具产品生产基地"称号。

周村家具市场属于典型的"生产基地+市场"类型,以本地产品批发为主,具有其他市场所缺少的价格优势。近年来,周村区不断加大品牌建设力度,先后培育出5件中国驰名商标,8件山东省著名商标,并涌现出了一批软体、原辅等龙头骨干企业。

周村软体家具流通市场在全国同行业中名列前茅。随着红星美凯龙国际家居博览中心项目、山东五洲国际家居博览中心、山东寰美家居广场等项目的投入使用,市场面积达到120万平方米以上,年交易额突破70亿元。

3. 公共平台建设情况

周村区依托资源优势,在发展实体经济的同时,加快信息技术的推广应用,集中建设了方达电子商务园、淄博家具村电子商城、福王电子商务园等电商平台等项目,家具电商在周村区得到蓬勃发展。为加大网络经营的培育力度,又建立了家具村电商平台、华奥电商家具网等网络平台,为周村家具的线上销售实现了一条龙服务。目前家具村已经有近200家企业进入该电商平台,其中山东福王家具有限公司加入家具村后,一个季度网销额就达到了200万元。华奥电商家具网上线运行,打通周村家具生产厂家与全国家具经销商的在线交易模式。同时,方达创业园也为家具电商的发展提供了空间。由此,逐步形成了线上线下共同发展的良好格局。

2017—2019年周村家具行业发展情况汇总表（生产型）

主要指标	2019年	2018年	2017年
企业数量（个）	2100	1900	1700
规模以上企业数量（个）	30	25	18
工业总产值（万元）	1600000	1200000	1100000
主营业务收入（万元）	320000	240000	200000
出口值（万美元）	4500	3000	2600
内销（万元）	1560000	1170000	1080000
家具产值（万件）	110	100	90

2017—2019年周村家具行业发展情况汇总表（流通型）

主要指标	2019年	2018年	2017年
商场销售总面积（万平方米）	160	160	160
商场数量（个）	23	23	23
入驻品牌数量（个）	4000	4000	3800
销售额（万元）	3000000	2950000	2670000
家具销量（万件）	600	590	534

二、产业发展及重点企业情况

1. 山东凤阳集团

山东凤阳集团是淄博市的市属企业集团，公司成立于1962年，现为中国家具协会副理事长单位、周村区家具产业联合会名誉会长单位，是中国软体家具特大型骨干企业、中国驰名商标，生产能力为年产床垫20万件，年实现销售收入28亿元。20年来，凤阳始终站在家具行业的前列，主导产品沙发、床垫自1984年起先后荣获了省优、部优、国优等称号，2004年双双被评为国家免检产品，2005年凤阳牌床垫被评为中国名牌产品，2007年凤阳牌沙发也被评为中国名牌产品，凤阳集团成为中国家具行业为数不多的拥有双中国名牌的企业。自2007年，公司又先后投资引进了拥有国内先进水平的板式和实木家具生产线，3万平方米的凤阳家具城的成功改造，使凤阳加入了家具营销、物流的行业。1995年年初，建成凤阳家具沙发商场，经营面积

1.7万余平方米，入驻品牌百余家，包括实木、红木、软体、床垫等各类家具、装饰材料等。

2. 山东蓝天家具

公司成立于1986年，经过三十多年的高速发展，已成为集沙发、软床、床垫设计研发、生产销售及售后服务为一体的大型家居企业，是目前国内最大的高档软体家具专业制造商之一。建设面积20万平方米的工业园，生产能力为年产家具10万件，年实现销售收入25亿元。产品销售、服务网络覆盖全国各地，同时出口欧美、中东、东南亚等40多个国家和地区。蓝天家居全面推进企业信息化、自动化战略，引入美国IBM、德国SAP-ERP管理系统，美国Gerber全自动裁床设备，并凭借蓝天公司强大的IT管理团队，开发出一整套供应商管理、品质管理、客户管理、终端运作管理系统，建立了以OEC管理为基础的管理体系。实现了从产品研发设计、采购、生产制造、物流、销售，到顾客售后服务的信息化集成管理。

3. 山东福王家具

公司组建于1988年，现有员工800余人，其中专业技术人员560人，高级管理人员30人，现代化工业厂房6万平方米，拥有11000平方米的福王家居广场和15000平方米的福王红木博物馆。山东福王家具有限公司已发展成为目前在省内家具行业综合实力排名前五位的中型企业，生产能力为年产家具12万件，年实现收入26亿元。2003年以来"福王"商标连续三届被评为"山东省著名商标"，2012年荣获"中国驰名商标"、中国环境标志产品认证，是中国红木家具标准起草单位、国务院发展研究中心资源与环境研究所重点跟踪扶持单位。公司主要生产沙发、床垫、红木家具、红木工艺礼品。

2009年，福王公司投资10600万元建成占地11.75亩、建筑面积15000平方米的"福王红木博物馆"，2011年9月由中国书画大师范曾先生题名的"福王红木博物馆"正式开业。公司聘请了故宫博物院古典文物修复专家、传承工艺大师王秀林先生作技术顾问。目前红木博物馆是山东省内红木家具品位高、品种多、功能全的综合性场馆，从而使福王公司的发展迈上一个新的台阶。

4. 山东仇潍家具

淄博周村仇潍红木家具厂占地面积 20 余亩，建筑面积 1000 平方米，生产能力为年产家具 3000 余件，年实现销售收入 1500 万。荣获"中国驰名商标""山东名牌"。"仇潍"牌红木家具以总经理仇潍之名冠名注册。公司主要生产包括印度紫檀、越南黄花梨、老挝大红酸枝（交趾黄檀）、花枝（奥氏黄檀）、缅甸花梨等稀有珍贵木材为原料的红木家具。经过二十多年的持续发展，积累了雄厚的实力，所有产品由仇潍亲自设计画图，由经验非富的艺术工匠精心制作。

5. 山东康林家居

公司创建于 1993 年，发展到今天已占地 33000 平方米，员工 200 多名。公司大陆注册商标"康林"牌，公司拥有软体沙发、实木套房、软床、床垫四大主导系列。康林工业园的建立，增加了就业岗位和员工收入，带动了周边地区的经济发展，促进沙发配件、沙发原料、沙发加工及其相关产业的发展。公司荣获"中国绿色环保品牌""中国优质名牌产品"等众多殊荣。

6. 山东恒富家居

公司始建于 2005 年，主要产品有床垫用钢丝、弹簧、弹簧床网、布袋簧、海绵、成品床垫及睡枕。年产钢丝 60000 吨、弹簧床网 100 万张、海绵 30 万立方米、零压力睡枕 100 万个、成品床垫 30 万张。是喜临门、顾家家居、吉斯、际诺思等国内大型床垫企业的战略合作伙伴。公司以过硬的质量畅销国内及出口五十多个国家及地区。公司是国家高新技术企业，山东省家具协会常务理事单位、周村家具产业联合会执行会长单位；先后荣获淄博市"双百佳"文明诚信私营企业等荣誉称号。"佰乐舒"为恒富家居旗下的床垫品牌，以高端"金钻"系列、"大众 V8"系列为主体，集钢丝、海绵全产业链于一体、凭借独立布袋簧技术以及智能睡眠系统研发的优势，全方位、多元化满足不同的消费群体，提升和改善睡眠质量。

三、2019 年发展大事记

2019 年山东家具研究开发院创科检测中心落户中国（周村）国际家居博览城，填补产业链短板，

2019 年中国（周村）第 5 届家居采购节暨原辅材料展

"梦舒然杯"首届大学生家居创意设计大奖

完善本地产业集群服务项。2019 年在山东省家具协会牵头下，中国（周村）国际家居博览城成功组织召开首届山东省内品牌家具推荐会，为生产企业、家居卖场、经销商提供有效对接平台。

四、2019 年活动汇总

1. 2019 年中国（周村）第 5 届家居采购节暨原辅材料展

本次展会融入"大家居"概念，同期举办首届大学生设计大赛，为校企建立合作铺垫基石；首届山东省品牌家具推荐会，邀请山东内代表性家企业及家居零售企业为其搭建合作平台；展会期间将车展、窗帘展、智能家居等相关异业串联。据统计，本届展会参观采购人数超过 2 万人次，成交额达到 2 亿元，再次刷新周村家居采购节新高度。

2. 2019 年山东省首届大学生家居设计大赛

"梦舒然杯"首届大学生家居创意设计大奖赛共收到来自 17 个大专院校的近 400 份参展作品，最终选出优秀作品 20 个、铜奖作品 5 个、银奖作品 3 个、家居室内设计类金奖作品和原创家具设计类金奖作品各 1 个，并对获奖作品作者、优秀指导老师、优秀组织院校等进行了现场表彰和颁奖。本次大赛的成功举办为本地家具企业及高等学院深入了解起到了媒介作用，更为后期专业人才本土化及校企深度合作奠定了基础。

五、面临问题

一是现本土企业缺少家具设计及线上营销等相关专业人才，严重影响产业集群健康持续发展。二是家具产业是周村区支柱性经济产业，历经 30 余年发展，生产企业众多且规模参差不齐，传统家庭式作坊工厂约占企业总数 20%，由于品牌意识薄弱且生产成本低，受传统经营模式影响，该部分小型生产企业习惯性以低价冲击家具市场，造成外界对周村家具产业低端标签化。

六、发展规划

一是大力推进校企合作，开展一系列交流学习活动，增进校企间互动频率，为家具生产企业储备输送相关专业人才。二是加强生产企业品牌意识，利用好专业检测机构，辅助生产企业制定产品标准化，提升周村家具产业对外整体形象。

-08-

行业展会
Industry Exhibition

编者按：2019 年，我国家具展会蓬勃发展，行业影响日益提升。据不完全统计，2020 年全国各地举办的国际型展会已超过 10 个，地方型、特色型展会超过百家。国内各地展会主要集中在每年的 3 月、9 月前后举办，除了一线城市和主要省会城市外，各家具产业集群所在地依靠其规模优势和特色产业，积极组织文化节、展销会甚至博览会已成为常态。本篇不仅对国内外家具行业展会进行了梳理归纳，也对家具行业上游的国内外原辅材料、机械设备及相关展会进行了搜集整理，合计收录 42 场国内各省份重点展览会以及 36 场国际重要展会的基本情况，包括举办时间、地点、2019 年展会情况、官方网址等信息。重点介绍了中国国际家具展、中国（广州）国际家具博览会以及中国沈阳国际家具博览会三大展会在 2019 年的举办情况。

2019年国内外家具及原辅材料设备展会汇总

2019国内家具及原辅材料设备展会一览表

月份	举办时间	展览名称	地点	展会介绍
3月	3月 8—11日	2019第二十八届中国（北京）国际建筑装饰及材料博览会	北京·中国国际展览中心	该展会是中国最具规模和影响力的三大建材展之一，使用老国展和新国展全部展馆，共计18万平方米展示面积，展品涵盖门窗、各类五金、智能建筑、智慧小区、智能家居、建筑材料、地板、衣柜、厨卫、天花吊顶等建材领域上下游链条产品，参展企业多达3000余家，展位数量12000余个。 官方网址：http://www.build-decor.net
	3月 15—18日	第十八届中国国际门业展览会	北京·中国国际展览中心新馆	本届展会对展区划分进行精细改革，13万平方米展出面积划分为全屋定制、智能家居、木门（窗）、进户门/非木室内门、涂料五金家居辅材、智能制造机械设备六大主题展区，集中展示定制上下游产业链，促进商与对口观众互动。 官方网址：http://www.door—expo.net/cn/index.php
	3月 16—20日	第41届国际名家具（东莞）展览会	广东现代国际展览中心	该展会每年两届，第41届名家具展规模76万平方米，参展商共1286家，四天展期，共接待专业观众167797人，同比39届展会同期增长17.7%，其中海外观众达12195人，进场人次351246人，同比增长11.9%。本次展会以展中展形式的全屋整装集成展吸引众多参展商的关注。 官方网址：http://www.ffepcn.com/m/ffep39/index.html
	3月 17—20日	第37届国际龙家具展览会和第27届亚洲国际家具材料博览会	佛山市前进汇展中心	该展会产品更注重绿色制造、智能制造等新理念，确保生产环境绿色、选材绿色、辅料绿色，同时，跨界融合发展大家居方向，展会吸引省内外近400家具品牌企业，展示产品超过数千款，展品包括家具包覆材料、家具填充材料、家具五金配件、家具基材、家具化工产品、家具包装、家具生产设备、家具半成品、家具成品、电子商务等十个领域。
	3月 18—21日 3月 28—31日	第43届中国（广州）国际家具博览会	广州琶洲·广交会展馆/保利世贸博览馆	该展会每年两届。分两期举办，展出规模76万平方米，参展企业4344家，观众数量达297759人。展会以"匠心质造、全能对接"为主题扬帆起航，以民用现代家具、民用古典家具、饰品家纺、户外家居、办公商用及酒店家具、家具生产设备及配件辅料、家居设计等。 官方网址：http://www.ciff—gz.com
	3月 19—22日	2019深圳时尚家居设计周暨34届深圳国际家具展	深圳会展中心	该展会自1996年开始，迄今为止已成功举办了34届。展会坚持"设计导向、潮流引领、持续创新"，以设计为纽带，与城市文化共融的深圳国际家具展，日益成为全球家具和设计界认识深圳的窗口，也成为"国际设计资源与中国制造连接"及"中国制造寻找国际、国内市场"的战略平台。 官方网址：http://www.szcreativeweek.com/

续表

月份	举办时间	展览名称	地点	展会介绍
3月	3月26—28日	2019中国国际建筑贸易博览会（中国建博会-上海）	上海虹桥国家会展中心	中贸展与红星美凯龙共同举办中国国际建筑贸易博览会（上海）与中国国际家具博览会（上海），展出面积400,000平方米，展览涵盖定制家居、室内装饰、门窗、卫浴、建筑五金、机械展，展会3天接待60905名观众参观。该展会是华东地区独一无二的全屋高端定制平台，官方网址：http://shfair—cbd.no4e.com
3月	3月26—28日	第九届中国（广州）定制家居展览会	广州·保利世贸博览馆	本届展会展出面积达8万多平方米，共有全国612多家定制家居企业参展，吸引了全国各地20多万专业观众观展。展会新增了智能家居、家居软装、智能锁、家装设计等新鲜元素。官方网址：http://www.chfgz.com
3月	3月27—29日	2019第二十五届中国东北沈阳国际建筑博览会（CNBE）	沈阳新世界博览馆	本届博览会以"绿色、节能、环保、可持续发展"为主题，面积扩大到2.5万平方米。展品涉及：建筑节能、保温材料、节能门窗、供热供暖、水处理等相关产品，展示建筑节能领域的新技术、新产品。500余家知名企业的最新技术和产品进行展示交流。
4月	4月10—12日	第15届东北（长春）国际家具展览会	长春国际会展中心	本届展会分现代家具展区、古典家具展区、家具配件及原辅材料展区、木工机械及工具展区等，展会更突出推广新产品，新技术，展览展示面积2.5万平方米，有800余家展商参展。
4月	4月10—12日	第三届中国·香河国际家具展览会暨国际家居文化节	河北香河家具城	本届展会以"'俱'会香河·体验世界"为主题。以月星家居广场为主会场，设有大小展厅32座，展销总面积达300万平方米，分为实木家具、红木家具、软体家具、办公酒店家具和家具原辅材料等十余个主题展区，汇聚国内外家具企业上万家，知名家具品牌1000多个，吸引近3万名国内外经销商、采购商和家具界人士参加，接待各类游客10万余人。
4月	4月15—17日	第16届哈尔滨国际家具暨木工机械展览会	哈尔滨国际会展中心	本届展会展览面积达到7.8万平方米，涵盖实木家具、板式家具、定制家具、软体家具、两厅家具、办公家具、家居饰品、原辅材料、木工机械及配件展区10大展区，500多家企业参展。官方网址：http://www.hrbjjz.com
4月	4月25—27日	第五届武汉国际家具展览会	武汉国际博览中心	本届展会汇聚全产业链资源，同步展出武汉国际木工机械及原辅材料展览会、武汉国际定制家具展览会，展出面积6万平方米，参展企业近2000家，到场观众13万余人次，已成为中部家具展示和交易的优秀平台。
5月	5月18—20日	第9届郑州国际家具展览会	郑州国际会展中心	本届郑州家具展会继续以"实木"为核心，展览设立高端实木、睡眠软体、智能制造、家居饰品等多个主题展区，展出规模12万平方米，展品涵盖实木套房家具、软体家居、木工机械、智能软件、家具材料及配件、家居设计、定制家居等。官方网址：http://www.ciff-zz.com
5月	5月23—27日	第九届佛山红木家具博览会	陈村花卉世界展览中心	本届展会展览面积约1万平方米，200多家展商，集中展示明清仿古家具、新中式家具、古典家具、各时期古董家具、经典红木艺术收藏品等，材质涵盖大红酸枝、金丝楠、黄花梨木、紫檀木。
5月	5月28—31日	第六届中国国际实木家具（天津）展览会	天津梅江会展中心	本届展览会展览面积14万平方米，600余家实木家具企业参展，同期展出木工机械和原辅材料，吸引专业观众15万人次观展。展会增加了AGV现场演示，智能制造MINI工厂完美的在线展示了完整展示实木家具从销售前端、设计画图、报价、下单，到后端生产的计料、排单、开料、包装、库存等全部销售生产流程，数字化、智能化技术和装备将贯穿产品的全生命周期，给参观者以深切体验。官方网址：http://www.tifexpo.com
5月	5月28日—6月3日	中国（赣州）第六届家具产业博览会	江西赣州市南康区家居小镇	本届展会设主会场和6个分会场，总展览面积300万平方米。本届家博会以"新设计、新品牌、新模式"为主题，将全面展示南康家具与前沿设计高位嫁接，融入一流设计理念的新成果、新产品，将首次向全国、全球亮出"南康家具"区域品牌。

续表

月份	举办时间	展览名称	地点	展会介绍
6月	6月1—4日	第二十届成都国际家具工业展览会	成都世纪城新国际会展中心/西部国际会议展览中心	本届展会首次启用西博城室外展区，展览总规模34万平方米，参展企业3000余家。其中，中国西部国际博览城展区展览规模24万平方米，展示成品家具全产业链；世纪城新国际会展中心展区展览规模10万平方米，展示定制智能家居全产业链。 官方网址：http://www.iffcd.com
	6月13—16日	第十届苏州家具展览会	苏州国际博览中心	家具展以苏州家具产业基地为基础，立足蠡口流通集散地，逐渐成为了华东地区乃至全国极具影响力的专业B2B展会平台。本届展会展出成品家具、木工机械、原辅材料、家居饰品四大类展品，分套房展区、软体和客厅展区、办公家具展区、木工机械展区、原辅材料展区五大展区，展览面积达12万平方米，吸引13.8万人次的专业观众。 官方网址：http://www.szjjzlh.com
	6月16—19日	第16届中国青岛国际家具展览会	青岛国际会议展览中心	本届展会以实木家具、软体家具和木工机械为主调，本新增设的全屋定制馆弥补了北方定制家具业态合作交流的空缺。展出面积21万平方米，参展品牌共1342个。展会同期还举办全屋整装定制、国际木工机械及原辅材料展。 官方网址：http://www.qiff.net
	6月21—23日	第三届北京国际家居展暨新零售博览会	中国国际展览中心新馆	本届展会设有两个国际家具馆、软体家具馆、儿童家具/生活软装馆、原创家具馆、套房家具馆、京派家具馆、智能家居/未来生活馆八大主题展馆，展会规模达12万平方米，参展商500余家，专业观众将达20余万人次。展会在E4、W4馆分别打造时尚生活馆、家博惠·车博惠全新理念，更大提升了展会的多元性和参与感。
	6月21—23日	第二十四届中国国际家具（大连）展览会	大连世界博览广场	展会继续发挥大连的港口优势，与日、韩、朝、俄及远东地区的外贸合作，本届展会除了大连本地企业积极参展外，黑龙江、长春、山东、河北、天津等地的多家企业也积极参展。同期举办第二十四届中国国际木工机械、家具配件及原辅材料（大连）展览会。
7月	7月3—5日	第七届上海国际智能家居展览会	上海新国际博览中心	本届展会以"智能创新 改变生活"为主题，展馆划分6大主题展区，分别为全屋智能家居，智能安防，智慧社区，智能娱乐，智能晾衣机，智能机器人，展出面积3万平方米，参展企业500家，观众7万人次。 官方网址：http://sh.smarthomeexpo.com.cn
	7月7—12日	第42届国际名家具（东莞）展览会	广东现代国际展览中心	该展会每年两届，拥有9座展馆超过70万平方米，同期举办名家具展、中国（东莞）定制家居展、中式家具文化展、名家具家居饰品展，展会参展企业达1200家，涵盖国内、国际知名品牌，吸引全球150多个国家10万专业观众参观，其中海外观众观众为1万左右。 官方网址：http://www.gde3f.com/
	7月8—11日	第二十一届中国（广州）国际建筑装饰博览会	广州·中国进出口商品交易会展馆/保利世贸博览馆	展会汇聚定制、智能、系统、设计四大主题，展出品类包括智能家居、五金配件、定制家具、软装、木门门窗等。为了更加符合市场趋势，促进家居产业的融合，本届展会将定制展区大扩容，2019建博会启用南丰国际会展中心E区，以满足企业日益增长的展位需求，总展览面积更是达到43万平方米，参展商2000多家，观众达20万人。 官方网址：http://gzfair-cbd.intexh.com/
	7月17—19日	2019第三十届中国（上海）国际绿色建筑建材博览会	上海新国际博览中心	该展会是全面提供绿色建筑整体解决方案的国际建筑建材专业类贸易博览会。参展企业贯通家居市场上下游，涵盖全屋定制、定制家居、家具、橱柜衣柜、门窗、地板、生产设备及配件辅料等大家居概念的全题材产品，700余家企业到会参展，总面积达到15万平方米。

续表

月份	举办时间	展览名称	地点	展会介绍
8月	8月 9—11日	2019第十届中国沈阳国际家博会	沈阳国际展览中心	该展会以沈阳为平台，辐射我国东北、内蒙、华北及俄罗斯、蒙古、日本、韩国、朝鲜等东北亚国际市场。经过多年的发展，展会规模达到10大展馆、13万平方米、1000家参展企业、15万买家。展品涵盖家具、家居装饰、装修材料及原辅材料、五金配件、木工机械等上下游全部品类。
	8月 12—15日	第38届国际龙家具展览会/第28届亚洲国际家具材料博览会	前进汇展中心/亚洲国际家具材料交易中心	本届展会新设了玛奥分会场，整体规模3万平方米，汇聚全国150多家知名家具品牌和上下游产业配套企业，设立实木新中式与睡眠主题馆、都市家居与设计师品牌馆、欧美轻奢与两厅生活馆、智慧新零售与产业综合馆等4大主题馆和8大展区，彰显实木＆新中式、订制都市生活、荟萃潮流名品、推崇原创设计、新零售新营销、产业链接联动6大亮点。 官方网址：http://www.aifm.com.cn
	8月 16—18日	第19届济南金诺国际家具博览会	济南西部会展中心	展会首次移师济南西部会展中心，本届展会展出面积12万平方米，参展企业800余家，参观观众12万人次。展会分民用家具区、办公家具区、智能家居区、红木家具展示区等。 官方网址：http://www.jn—ff.com/
	8月 16—18日	2019北方全屋定制及木工机械博览会	石家庄国际会展中心（正定新区）	该展会展示面积4万平方米，蓝鸟、力军力、依丽兰、双李、欧派嘉等众多知名大厂商参展，涉及定制家居产品、家具材料、木工机械设备等省内外家具产品400多个品牌，木工机械智能化，家具材料环保化，定制家居产品质量高、设计感强成为本届展会的亮点。
	8月 16—18日	第四届贵州家具展	贵阳国际会议展览中心	第四届贵州家具展·8月家居节及2019贵州定制家居展展出面积达到7万平方米。本届展会主题为设计驱动，定制未来，展出产品有现代家具、整装、整木、全铝、门窗、智能家居、家居软装等。 官方网址：http://www.gif-fair.com
	8月 28—31日	第十八届西安国际家具博览会	曲江国际会展中心	本届展会展出面积近5万平方，展出相关品牌400多个，参观观众6万人次。同期展会有第九届西安国际红木古典家具展览会和第四届西安国际定制家居及门业展览会。 官方网址：http://www.xajjzh.com
9月	9月 2—4日	第10届中国临沂国际木业博览会	临沂国际会展中心	本届木博会参展面积为6万平方米，一共2800个标准展位，展区囊括木材、木皮、人造板、木制品、木化工辅料、木业机械、配件及工具相关行业海内外优秀参展商。同期举办第六届世界人造板大会。 官方网址：http://lymbh.net/index/index.html
	9月 8—11日	第44届中国（上海）国际家具博览会	上海虹桥国家会展中心	本届展会以"全球家居生活典范"为主题，在民用家具、生产设备等核心版块的基础上，涵盖家居饰品、家纺用品、户外家居、办公商用、酒店家具等家居业上下游全产业链。展会规模40万平方米，精英品牌1500多家，专业采购观众15万人次。 官方网址：http://www.ciff-sh.com
	9月 9—12日	第二十五届中国国际家具展览会	上海新国际博览中心	中国国际家具展以出口导向，高端内销，原创设计，产业引领的宗旨，成为全球采购成品家具、材料配件、设计家饰最重要的贸易平台之一，其与摩登上海时尚家居展以及上海家居设计周的紧密结合，为全球业内想要找寻和体验新生活方式的买家和观众建立一个确实的、持续发展的贸易平台。 官方网址：https://www.furniture-china.cn
	9月 11—13日	中国（上海）国际时尚家居用品展览会	上海展览中心	本届展会定位于中高端家居产品，汇集本土与国际品牌，面向海内外观众，展出面积2.35万平方米，自27个国家和地区的437家参展商，海外品牌占34%，来自44个国家和地区专业观众21420人次。

续表

月份	举办时间	展览名称	地点	展会介绍
10月	10月10—12日	2019中国国际厨房卫浴博览会	国家会展中心（上海虹桥）	本届展会聚焦整个厨卫行业领域，以整体橱柜、嵌入式厨房电器为主，参展品牌来自德国、美国、意大利、日本、台湾、香港、中国大陆等200余家，展出面积3万平方米，接待海内外观众超3万人次。
	10月16—20日	中国（中山）红木家具文化博览会	中山市红博城会展中心	该展会每年一届，自2001年创办，规模、人数、参展商范围、展示内涵逐年突破。主场馆展览面积逾1万平方米，汇聚百余家红木品牌，数千件红木家具产品，风格涵盖新中式、新古典、明清古典等。本届红博会首次选取茶文化与红木文化融合的载体，带来"当代红木茶台荟萃展"和"匠心守艺·最受欢迎茶台精品奖"评选活动，助力传统文化复兴和中式生活方式普及。 官方网址：http://www.zshmexpo.com
11月	11月2—5日	第十四届中国（东阳）木雕竹编工艺美术博览会	东阳中国木雕城	本届东博会以"匠艺回归 只为初心"为主题，总面积20万平方米，其中东阳中国木雕城国际会展中心1万平方米，主要展示全国各地区工艺美术作品，国风生活馆、木艺文化馆、红木家具馆以店展为主。140名全国工艺美术大师的153件木雕、竹编、刺绣、陶瓷、漆器、花画等作品集中展出。
	11月6—9日	中国（广东）国际家具机械及材料展（FMMF）	广东现代国际展览中心	展会汇聚先进装备系统，生产工艺系统，智慧环保系统，全产业链配套系统，全方位覆盖智能制造与环保生产需求，展示面积达5万平方米，吸引参展企业500家，专业观众达4万余人次。 官方网址：https://www.fmmfair.com
	11月20—22日	第四届米兰国际家具（上海）展览会	上海展览中心	本届展会汇集125家意大利家具品牌，吸引观众超3.4万人次。各展区分别代表着从内在本质到外在形式上的革新、传统手工艺的价值和介于经典和摩登设计之间的艺术演绎。
12月	12月17—19日	第八届广州国际智能家居展览会（全智展）	广州琶洲—保利世贸博览馆	该展会以"智能创新，改变生活"为主题，展会展出面积3万平方米，集国内外智能家居主机、智能安防、智能门锁等知名企业近400家，参展人数近7万人次，同比增加28.37%，其中专业观众近4万人次，占比57%，海外观众占11%，国内观众达89%。 官方网址：http://gz.smarthomeexpo.com.cn

注：以上展会为不完全统计。

2019年国际家具及原辅材料设备展会一览表

月份	举办时间	展览名称	地点	展会简介
1月	1月8—11日	德国法兰克福国际家纺及面料展会（Heimtextil）	法兰克福会展中心	该展会是法兰克福为成功的展览会品牌之一，展会面积达到268100平方米，一年一届。作为业内最重要的室内纺织品、室内设计和内饰潮流展会，凭借其新产品和趋势，向来自世界各地的专业观众展示其专业的水平。该展是专业的B2B贸易展，仅对业内人士开放。现场不提供任何零售活动。 官方网址：http://heimtextil.messefrankfurt.com
	1月18—22日	法国巴黎家居软装饰品展巴黎家居用品展（MAISON&OBJET）	巴黎北郊展览中心	该展会作为欧洲三大著名博览会之一，最大魅力就在于它能够及时展现国际家居装饰界的最新动态，在这里可以欣赏到专业人员发布的家居时尚潮流趋势。 官方网址：http://www.maison-objet.com
	1月20—23日	2019英国伯明翰家具展 JFS	伯明翰展览中心	该展会展出布满伯明翰展览中心的18个展馆（其中家具占7个展馆），专业观众达36206人次，其中多为零售商，也包括批发商、进口商和设计师。他们的兴趣主要集中在餐橱柜、床、卧室家具、特殊家具、布艺、装饰配件、灯具等方面。参展商810多家，其中家具展商超过500家，家居及室内装饰展商近300家。 官方网址：http://dragon1314.cn.b2b168.com/shop/supply/99740844.html
	1月21日落幕	德国科隆国际家具展	科隆国际展览中心	本届展会以"创意、装饰、生活"为主题，每个展区都展现不同的产品和家居生活理念。主要分为6个展区：Pure是独立家具设计的代名词，它给人们的更多生活的创意与灵感；Comfort展区提供全套软体家具；Prime为人们呈现现代客厅和卧室家具；Smart展现年轻人的生活态度；Sleep展区则展现了睡个好觉所需的一切。Global Lifestyles展区涵盖了广泛的国际客厅和卧室家具。 官方网址：http://www.jiajumi.com/news/exhibit/info/28106.html
2月	2月5—9日	2019斯德哥尔摩国际家具展	瑞典国际会展公司	该展览会是贸易型展会，主要展示当今最流行的"设计风格及流行趋势"，在这里能看到最具前沿的卧房家具、办公类家具、设计类产品、纺织类产品、室内设计等各个领域的家具类产品，充分体现的人文环境的品质及人们对家庭家居的更高品质的追求。该展会一年一届，是企业打开瑞典市场非常重要的一个平台。 官方网址：http://www.stockholmdesignweek.com
3月	3月2—5日	美国芝加哥国际家庭用品博览会	芝加哥麦考密克展览中心	该展始办于1928年，现在每年一届，已经举办了120多届。该展览会主要分为：电子和家庭保健；家庭摆设、清洁及家具；厨具、餐具及饰品、家居美食、花园家居等展区。 官方网址：http://www.housewares.org
	3月6—9日	越南国际家具及家具配件展览会	越南胡志明市	该展会由胡志明市工贸局同胡志明市木制品和工艺品协会(Hawa)联合举办。2019年展会共设2420个展位，总面积3.5万平方米，较2018年增长23%。中国台湾、新加坡、美国、加拿大、中国、法国、印度、丹麦、中国香港、爱尔兰、荷兰、韩国、马来西亚、新西兰、泰国、巴西等国家和地区的514家企业报名参展。该展会吸引来自80多个国家和地区的参观者前来参观购物。 官方网址：http://www.vifafair.com
	3月8—11日	马来西亚国际家具及室内装饰展（MIFFMalaysian International Furniture Fair）	吉隆坡太子世界贸易中心(PWTC)	该展会凭借着一站式家具采购的独特性成功吸引世界各地买家每年络绎不绝。与此同时，MIFF也是国际业者进入本区域的橱窗，每年展会成交量高达6.5亿美元，反映出它对家具业的重要性以及影响力。 http://dragon1314.cn.b2b168.com/shop/supply/100326076.html

续表

月份	举办时间	展览名称	地点	展会简介
3月	3月 9—12日	新加坡国际家具展览会（IFFS）	新加坡国际博览中心（樟宜）	该展会首届举办时间是1981年，每年一届。是专门针对出口欧美市场，和覆盖南亚的诸多国家市场的重要展览会。 官方网址：http://www.iffs.com.sg
	3月	乌克兰基辅国际家具展（KIFF）	Kiev International Exhibition Center	该展会是基辅家居及家具用品领域的新型贸易展览模式，也是进入乌克兰市场和东欧市场的最佳平台。每年都吸引世界各地著名的家具生产商莅临，展出效果也得到了认可与好评。 官方网址：http://www.mtkt.kiev.ua
	3月 11—14日	印尼国际家具展（IFEX）	雅加达国际展览中心A-F展厅	该展会每年一届，由亚洲领先展览公司UBM主办，该展会也是企业打开印尼市场非常重要的一个平台。
	3月 12—15日	波兰国际家具展	波兰波兹南国际展览中心	该展首办于1982年，每年一届。距今已有32年的历史。
4月	4月 6—10日	美国高点春季国际家具展览会	高点家居会展中心	该展会首次举办在1913年，是世界上规模最大和最具知名度的家具展览贸易盛会之一，每年两届，分别在当年的四月与十月举行。每届展会平均都会有来自110多个国家的2100名参展商汇聚在一起，其中有850家参展商为世界领先的家具生产商，近年来这一数据更有增大的趋势。世界上最大的25家家具公司几乎悉数参加高点展会。 官方网址：http://www.highpointmarket.org
	4月9日—14日	第58届米兰国际家具展	新米兰国际展览中心	本届米兰国际家具展将分为三种风格类别——经典、设计、xLux，对展品进行分类，有超过200家参展商，约370000名参观者涌入这座设计之城。为了纪念列奥纳多·达芬奇（Leonardo da Vinci）逝世500周年，本届米兰国际家具展在宣言中增加了一个新名词"天才"，它既是展会的DNA，也是对大师的致敬。 官方网址：http://salonemilano.it/it-it
5月	5月 1—4日	印度孟买国际家具展	Bandra-Kurla Complex	该展会4天的展览吸引了高达25000位观众，新展馆占地面积27870平方米，参展商达300多家。在为期4天的展览中，能被称之为"聚光灯"的区域为Abitare Italia，该展团来自意大利家具、灯具及装饰品等配件部件等，包括共32家公司，代表了意大利FEDERLEGNO ARREDO硬木、软木、家具、装潢领域制造商。
	5月 21—24日	2019年德国（科隆）家具生产、木工及室内装饰展览会	科隆国际展览中心	该展会每两年举办一次，是针对家具生产及其原辅料方面的一个全球性盛会，目前世界上家具及木工机械制造工业领域最著名的专业展会，其展品范围之广位居所有同类展会之首。
	5月 26—28日	加拿大多伦多国际家具展(CHFA)	加拿大多伦多Direct Energy展览中心	该展会每年一届，展览面积多达7万平方米，多数来自美国，加拿大及拉美国家的家具批发商和零售商将此展视为不可缺席的行业盛会。参展企业90%都是家具制造工厂，而到访的买家则以大的批发商为主。 官方网址：http://www.chfaweb.ca/i-tsfs.html
6月	6月 11—13日	美国芝加哥室内设计及办公家具展	芝加哥商品市场	该展会是所有美洲地区办公家具经销商、进口商、批发商、零售商、连锁店、室内建筑师、设计师等每年必不可少光顾的重要展览会之一。迄今已成功举办了40届。

续表

月份	举办时间	展览名称	地点	展会简介
7月	7月17—20日	2019美国拉斯维加斯木工机械展	拉斯维加斯国际会展中心	该展会每两年举办一届（逢单年举办），本届为第31届。本届展会共吸引了来自世界各地的80个国家900多家参展企业同台展出，参展面积40000平方米。来自世界各地的69510余名专业观众到会参展洽谈，国外观众的比例超过了60%。
	7月18—21日	2019年澳大利亚墨尔本国际家具展（AIFF）	澳大利亚墨尔本展览中心	该展会每年一届，每年7月在墨尔本举行。本届展会吸引了超过11000位观众，包括澳大利亚领先的零售连锁店、采购团体、独立零售商以及250多家参展商。官方网址：http://www.aiff.net.au
	7月28日—8月1日	2019年美国拉斯维加斯国际家具展	拉斯维加斯会展中心	该展会是为美国家具市场筹办的专业国际展会它为参展商提供了展示自己品牌的优质展销场所，有来自美国、加拿大、中美洲及南美洲专业的买家、批发商、零售商。展出面积达到65万平方英尺。
8月	8月7—11日	2019南非约翰内斯堡家具及室内装饰展（Decorex）	米德兰加拉格尔展览中心	该展会由南非著名的ThebeReed国际展览公司创办于2003年，已经发展成为非洲南部地区最大的家具及室内装饰设计展览会。展会每年举行3次，分别在南非三大城市德班、开普敦和约翰内斯堡巡，其中约翰内斯堡展是规模最大的一个。
	8月28日—9月1日	2019韩国首尔国际家具及室内装潢暨木工机械展览会KOFURN	韩国国际会展中心	该展览会每年举办一届。由KFFIC公司筹划，规模达到32157平方米，包括3个展馆，1200多个展位，吸引观众人群8万余人。官方网址：http://www.kofurn.or.kr
	8月	墨西哥瓜达拉哈拉家具展	墨西哥瓜达拉哈拉展览中心 Expo Guadalajara	该展会每年两届，分别在2月份和8月份，是拉丁美洲地区最大的展会。冬天和夏天的国际家具博览会聚集了900多参展商和超过25000的国内和国际的买家，销售产值超过1000亿美元每年。官方网址：http://www.expomuebleinvierno.com.mx
9月	9月6—10日	法国巴黎家居装饰艺术展览	法国巴黎北郊维勒班展览中心	该展会是法国家居装饰设计圈领先的博览会。于每年一月和九月巴黎时尚家居设计展同期间举行，不仅为全球设计师开启崭新的一年，也让所有顶尖专业人士、时尚先驱和设计迷，能够藉由参访创新设计的同时，体验不一样的巴黎。官方网址：http://www.maison-objet.com
	9月10—13日	美国芝加哥国际休闲家具及配件展CASUAL	芝加哥商品市场	该展每年一届，是一个贸易型展会，主要为零售商提供一个能够寻找到各种休闲及户外家具家居用品的平台。展出面积35万平方英尺。
	9月15—19日	欧洲家具订货博览会（M.O.W.）	德国巴特萨尔茨乌夫伦展览中心	该展会是专门面向德国和欧洲家具采购商的年度订货会，每年一届，已有20多年的历史。展会面积10万平方米，有来自国内外的400多家知名企业参展。官方网址：http://www.mow.de
	9月17日—20日	西班牙瓦伦西亚家具展览会（Feria Habitat Valencia）	瓦伦西亚会展中心 Feria Vale	该展会是由西班牙Feria Valencia公司Feria Valencia举办，展览会一年一届，该展会也是企业打开西班牙市场非常重要的一个平台，展会面积达到3200平方米。
	9月17—20日	西班牙华伦西亚国际家具展览会	西班牙华伦西亚展览中心	本届展会场地规模达4.5万平方米。吸引了来自世界各地的采购商、经销商、零售商、进口商和代理商共400多家；建筑师、室内设计师、装饰设计师和设计爱好者超过33000名，相比2018年增长了25%。
	9月25—28日	土耳其睡眠用品展	伊斯坦布尔展览中心	该展会于2014年成立，展会在第一届和第二届分别有国内外参展商67家、101家。该展是土耳其首家也是唯一一家睡眠领域的展览，展示睡眠新科技和创新产品。展品范围涵盖床垫、器械以及相关配件。

续表

月份	举办时间	展览名称	地点	展会简介
9月	9月27—29日	第46届福祉机械展	东京Big Sit东展示厅	2019年该展会有500余家企业出展。该展会历史悠久，迄今已经举办了46届，是亚洲最大福祉机器、器具、用品博览会。 官方网址：https://www.hcr.or.jp/
10月	10月19—23日	2019年美国高点国际家具展（HIGH POINT）	美国北卡罗来纳州海波因特高点镇IHFC展览中心	美国高点是专门以家具展览为主要商业活动的城市。长期以来吸引来自世界各地的买家和参展商。参展商2200家以上，180多座展楼，总参展面积达11500000平方英尺，75000名来自世界100多个国家及美国各个城市的专业买家。 官方网址：http://www.highpointmarket.org
11月	11月5日—8日	沙特阿拉伯家具及室内装饰展	沙特吉达国际展览中心	该展会是中东地区独具特色的国际性室内装饰展览会。展会覆盖了室内装饰行业全产业链。Decofair 2019共吸引7000多人参与，展会续订率达到30%，95%的观众及买家表示还会继续参加下一届展会。 https://www.indexexhibition.com
	11月21—22日	2019年英国伦敦睡眠用品展览会（Sleep Event）	英国伦敦	该展会集中在床具及床垫生产领域的机械设备、机器配件、设备部件、生产材料、辅料供应及相关服务等，本次展览分三大主题：睡眠展览会、睡眠论坛、欧洲酒店设计大赛。 官方网址：http://www.thesleepevent.com
	11月14—16日	2019年印度@Home国际智能家庭、家居用品博览会	印度孟买展览中心	该展会是由新加坡淡马锡控股（Temasek Holdings）旗下展览公司——新加坡新展览集团SingEx Exhibitions主办的印度大型国际性专业展览会。 官方网址：http://www.globalimporter.net/cdetail_768_7075494.html
	11月18—22日	俄罗斯国际家具展（MEBEL）	克拉斯纳亚普莱斯纳亚世博中心	该展会至今已经成功举办了25届，展会地位在欧洲家具展市场举足轻重，与德国科隆家具展、意大利米兰家具展等国际大展不相伯仲。俄罗斯室内展示莫斯科家居及用品领域的新型贸易展，该展览吸引了许多海外参展商，尤其是来自德国的家居供应商。 官方网址：http://www.meb-expo.com

注：以上展会为不完全统计。

摩登上海**设计周** 暨
摩登上海**时尚家居展**

— 家居饰品、布艺&灯饰
— 智能家居、室内设计
— 设计师作品

2020.9.8-11
📍 上海世博展览馆SWEECC

主办单位： 中国家具协会 China National Furniture Association

informa markets

第 25 届中国国际家具展 & 摩登上海时尚家居展

一、展会概况

第 25 届中国国际家具展（以下简称上海家具展）及摩登上海时尚家居展（以下简称摩登展）于 2019 年 9 月 9—12 日在上海浦东新国际博览中心、上海世博展览馆两地同期举行。2019 年观众人数再创新高，据统计，家具展及摩登上海 4 天共计接待海内外买家及观众 170057 人次，同比增长 2.15%；在中美贸易战逐步升级之际，海外观众人次与去年基本持平，为 21078 人次，较 2018 年下降 0.6%。短短 4 天，家居行业人士们一起品味了全球各地的家居美物，经历了 30 余场大咖云集的头脑风暴，本届上海家具展在 25 周年之际给观众和参展商带来无数惊喜。

二、观众分析

国内观众相对集中于华东地区，尤以长江三角洲地区观众为主，且沿海地区观众尤为密集。在中美贸易战逐步升级之际，海外观众人次与去年基本持平，为 21078 人次，较 2018 年仅下降 0.6%，可见，中国家具出口的国际市场更趋多元化，贸易通道的拓展将更为开阔。

三、展会观察

中国国际家具展览会（简称上海家具展）于 1993 年举办之年，中国家具出口仅 3.75 亿美元，2000 年上海家具展开始了出口导向的征程，当年出口 22 亿美元；2002 年，历时 3 年，上海家具展海外观众达 2600 人次时，第二年的出口值就达 73 亿美元。2006 年家具展海外观众首次超万，达到 12241 人次，2007 年家具出口达到 226 亿，比 2006 年增长 29.5%。此后，经历 2008 年的世界金融危机，2009 年家具出口减少 6%，海外观众也从 2007 年的 15250 降到 2008 年的 13600 人次。上海家具展的观众人次的增长曲线，可能是中国家具出口最精确的参考指标之一。

中国家具出口那么容易地突破了 300 亿、400 亿、500 亿，在 550 亿的节点上停止休息了。中国会步意大利家具出口止步于 100 亿的后尘吗？也许会，也许不会。原上海市家具研究所副所长、教授、行业资深专家许美琪认为，中国家具出口，要"扩大产品的门类，提高产品的质量，打开一条多元化的国际贸易通道，把我国家具出口做实做强。"

2018—2019 年中国国际家具展展后数据统计表

主要指标	2019 年	2018 年	同比增长率
展会面积（万平方米）	35	35	—
展商数量（个）	3500	3500	—
观众人次（万）	170057	166479	2.15%
海外观众人次（万）	21078	21218	−0.6%

观众分析
Visitor Profile

参观目的 Purpose of visiting

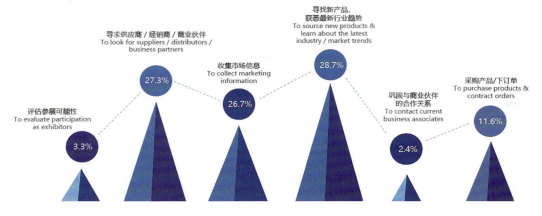

观众分析
Visitor Profile

业务性质 Business Nature

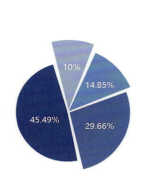

四、现场活动

首届中国国际家具展览会创办于1993年，如今已走过25载春秋。在9月10日举办的中国家具协会30周年暨中国国际家具展25周年庆典晚宴现场，特邀家协领导、行业精英、展商代表、媒体代表亲临见证了"2019中国家具产品创新奖金奖""2019中国家具设计金点奖""十五年展商奖""二十年展商奖"等几大重磅奖项的颁奖典礼。站在新的起点上，中国国际家具展览会无畏过去，直面竞争，继续前行。

在E8BD60展区，主办方携手住逻辑，重磅推出的"缪斯灵感"软装家居跨界show——「具年轻一起燃」主题活动。此地化身软装设计馆，全馆由知名设计师曾建龙全新设计打造，随处可见的软装艺术装置，当之无愧的网红打卡胜地！

1993—2018 中国家具商品出口情况（单位：美元）

- 2018 550亿
- 2016 491亿
- 2011 499.6亿
- 2010 337亿
- 2007 226亿
- 2003 73亿

2002—2019 上海家具展海外观众人次

- 2011 22574人次
- 2013 21823人次
- 2018 21218人次
- 2019 21078人次
- 2007 15250人次
- 2016 15077人次
- 2006 12241人次
- 2002 2600人次

中国家具协会成立30周年暨中国国际家具展览会25周年庆典
The 30th Anniversary of China National Furniture Association and the 25th Anniversary of China International Furniture Expo

中国家具协会（CNFA）成立于1989年，目前，中国家具协会是世界家具联合会主席单位、亚洲家具联合会会长单位、中国轻工业联合会副会长单位、全国家具标准化技术委员会主任单位，被民政部评为5A级中国社会组织。

为庆祝中国家具协会成立30周年，2019年9月10日，"中国家具协会成立30周年暨中国国际家具展25周年庆典"于浦东嘉里大酒店隆重举行。

Founded in 1989, China National Furniture Association (CNFA) so far has assumed the Director membership of the National Technical Committee 480 on Furniture of Standardization Administration of China (SAC/TC480), the Vice Chairmanship of the China National Light Industry Council, the Chairmanship of the Council of Asia Furniture Associations (CAFA) and the Chairmanship of the World Furniture Confederation (WFC). It is also rated by the Ministry of Civil Affairs of the People's Republic of China as an AAAAA association.

In honour of the 30th anniversary of China National Furniture Association, as well as, the 25th anniversary of China International Furniture Expo, a celebrative gala dinner were held at Kerry Hotel in Pudong on 10 September 2019.

对话时代 唱响未来
Catalyse the Change
Praise the Future

H4馆作为今年摩登上海独具特色的主题展之一，落地3大窥探行业设计趋势的明星特展：

"历史与未来：从百年包豪斯到当代中国设计观念展"特展的百年包豪斯展区，观众也可以通过多媒体互动装置，与不同时期的大师进行"交流"，了解他们的设计作品与理念，同时将展厅围合起来的叙事墙，通过文字和数字影像等形式清晰地展现出包豪斯的诞生和发展脉络，也体现了包豪斯主义对现代生活带来的影响和意义，以此向经典致敬……

Home Plus由卢涛担任总策展人，"栖居·实验室"以设计师+品牌联合创作的方式，探索当下社会最受关注的七个问题，带来七套创新性理念的空间解决方案，并进行实景展现，为观众带来创新性理念和启发的同时，具备较强的落地性。

"色彩·中国家居"移师世博馆，开拓出崭新

「缪斯灵感」软装家居跨界SHOW
Muse in Decor

上海家具展携手仕逻辑,推出"缪斯灵感"软装家居跨界show——"具年轻一起燃"主题活动,邀请多位大咖设计师,从软装、家居、艺术的视角出发,打造独具创造力与时代感的灵感空间。现场的"灵感Talk"论坛也吸引了大批观众到场聆听。

Cooperating with ZHULOGIC, Furniture China launched the Muse in Décor event. The theme of the event is "Young and Burning", which is a cross-industry show for soft decoration, and also invited many prestigious designers.
From the perspectives of soft decoration, home design and art, the exhibition aims to create an inspirational space with creativity and a sense of times. "Muse talk", the onsite forum also attracted lots of audiences.

三大特色主题展
Three Characteristic Exhibitions

2019年摩登上海三大主题展,是观展体验与内容并存的实力特展。

01 历史与未来:从百年包豪斯到当代中国设计观念展
History and Future – A Journey of Design

为纪念包豪斯百年诞辰,摩登上海特设"历史与未来"主题展,现场通过多媒体、展示区等互动,与不同时期的大师进行"交流",了解他们的设计作品与理念。

In commemoration of the centenary birth of Bauhaus, Maison Shanghai has set up a special exhibition themed "History and Future". Through the interaction of multimedia and exhibition area, visitors can "communicate" with masters from different periods to understand their design works and concepts.

02 Homeplus: 栖居·实验室
Habitat and Laboratory

以设计师+品牌联合创作的方式,探索当下社会最受关注的七个问题,带来七套创新性理念的空间实景。

In the way of joint creation of designer and brand, the exhibition explores seven issues that are most concerned by the current society and brings seven sets of real space with innovative idea.

03 色彩·中国家居-色彩无界
Boundaryless Color

通过9个主题色彩,及不同生活场景的展示,演绎未来3年中国家居业流行色彩的故事。

Through 9 themed color and different demonstration of life scene, the exhibition presents the story of popular color in the furniture industry in the coming 3 years.

的"色彩无界"主题展区,以景入情,以色亮彩,通过9个色彩空间、9个主题场域,色彩+家具+家居,演绎未来3年中国家居业流行色彩的故事。

五、展会亮点

迎来25岁生日的上海家具展,在设计上再次突破自我,引进了562家新品牌,大力挖掘家具行业内的新星。在E5、E6、E7三大设计馆内,131家原创设计品牌中,就有42家全新的原创设计品牌入驻,包括墨器、米丈堂、拾己、一屿、LightSpace、银筑、KUNDESIGN、玥玑家居、旻和等均首次亮相展场,气势不凡。

在中美贸易战愈演愈烈之时,把"出口导向"

▎从百年包豪斯到当代中国家具设计观念展 A Journey of Design

一场跨越百年设计之旅的"起点":
策展团队分了三个章节,陈述了一百年前包豪斯当时的作用,以及通过上海这座城市,现代主义进入到中国,它对于我们今天生活与时代产生的作用,还有对今天当代设计的影响。

The "origin" of the design journey spanning 100 years:
The exhibition are divided into three chapters, illustrating the role of Bauhaus 100 years ago, the introduction of modernism to China through Shanghai, the role it plays in our life and the current era, and its impact on contemporary design.

▎HOME PLUS 栖居·实验室 Habitat and Laboratory

"诗意的栖居"代表着每个人内心中对理想生活的向往,也是人类生活与居住的最高境界。在生活中,总会因为诸多原因,使得居住环境不尽如人意,如何通过构筑一个可感可触的人居LAB,对更好的人居环境进行一场有价值的尝试?今年HOME PLUS主题展正是以此为出发点。

"Poetic Habitation" represents people's aspiration for ideal life, and it is also the highest state of human life and residence. In daily life, there are always many reasons that make the living environment less satisfying. How to build a touchable living LAB and make a valuable attempt for a better living environment? HOME PLUS, the theme exhibition of this year, is the starting point.

作为第一重点的上海家具展,看到了市场的变化,并做出了一系列的举措:适度减少单纯出口美国的企业参展面积,适度扩大东南亚家具企业的展览份额。在这样的战略下,本届国际馆面积增长了666平方米净面积,覆盖E1、E2、W6、E12 四个国际馆。参展企业的国家和地区从上届的 24 个增长到 29 个,共有 222 家参展品牌。日本、韩国、泰国、菲律宾、越南、印尼、马来西亚、新加坡、斯里兰卡、印度、新西兰、希腊、西班牙、葡萄牙、巴西等国家均有品牌参展。

中国家具高端制造展(FMC China 2019)坚决贯彻以产业优势布局家具业,更是突破工艺瓶颈,

色彩无界 Boundaryless Color

"色彩·中国家居"定义的新主题"色彩无界",则讲述的是9个空间的9个无界沟通的"事件"。

以"999·色彩无界"为主题,归纳9种沟通方式:与AI、与公共、与家人、与恋人、与朋友、与同事、与网友、与自己、与自然,营造了不同的9个空间。

The new theme "Boundaryless Color" defined by "Color-Chinese Home Decoration" narrates 9 "events" or boundless interactions among the 9 spaces.

With the theme of this year, 9 modes of communication are concluded: communication with AI, with the public, with family, with lovers, with friends, with colleagues, with netizens, with ourselves and with nature, creating nine different spaces.

寻找属于未来家居趋势的新工艺新材料,为展会带来更多新鲜血液,满足市场多元化的材料需求。从展览面积上,本届 FMC 共有十个馆和一个展示区,家具材料精品馆、家具皮革馆、家具五金馆、板材表面装饰及化工馆、乳胶及材料/软体机械馆、床垫布馆、中国好面料馆、高端软体机械区,涵盖多品类多层次家具原辅材料,展览面积进一步增加,总面积达 40000 平方米,展商数达 730 余家。

原创设计不只在新国际。今年第四届的摩登上海时尚家居展聚集 550 余家展商新品,打造了精彩绝伦的家居场景,还有 20 余场丰富多彩的设计类论坛活动密集举办,让观众们流连忘返。被视为中国原创设计的承托之所,发掘并扶植了一批又一批新锐设计品牌 DOD,2019 年依然迎来了众多新老伙伴。无论是已创立数年的年轻"老牌",还是新成立的鲜活面孔,在他们的言语与作品中,中国设计与中国制造,呈现出更加丰满的面貌。

本届上海家具展推出"展会+互联网"相结合的专业采购 B2P 平台"采购通",每一家入驻企业会员,都可以使用该平台,获得一个属于自己企业的小程序店铺。采购通将短短 4 天展会延伸至 365 天,通过互联网新渠道,推行家具采购新零售——买家可以直接向厂家购买物美价廉的产品。

六、展会预告

站在 25 周年的新起点上,面临新的挑战和机遇,上海家具展的 16 字方针也升级为"出口导向、高端原创、线上线下、革新零售",并以此为契机,开启下一个 25 年的大发展。就像上海博华国际展览有限公司创始人、董事王明亮先生说的:"中国制造业正在全方位提升,以上海家具展 25 年来的搭台与推动来看,中国家具从设计到制造已经无限接近世界级水平。升级版的 16 字方针,既是展会发力点,也预示着中国家居行业未来的方向——设计引领品牌蜕变,零售变革带动市场生根。"

第二十六届中国国际家具展的展期将从 2019 年的 4 天延长到 5 天(2020 年 9 月 8—12 日),摩登上海时尚家居展展期仍为 4 天(2020 年 9 月 8—11 日),与此同时,仍然启用新国际与世博两大展馆,3500 家参展企业,35 万平方米规模。特别值得一提的是,2020 摩登上海时尚家居展,将从空间规划和品类拓展两方面进行全面升级,相信 9 月的上海世博展览馆,值得大家期待。

第47届中国（广州）国际家具博览会

广州琶洲

2021.3.18 - 21 民用家具展
2021.3.28 - 31 办公环境展&设备配料展

广交会展馆 / 保利世贸博览馆 / 南丰国际会展中心

上海虹桥

2020.9.07 - 10

国家会展中心（上海）

2019中国（广州）国际家具博览会

一、展会概况

中国（广州/上海）国际家具博览会（简称"中国家博会"）创办于1998年。从2015年9月起，每年3月和9月分别在广州琶洲和上海虹桥举办，有效辐射中国经济最有活力的珠三角与长三角地区。2019年3月31日，第43届中国（广州）国际家具博览会圆满闭幕。3月18—21日、28—31日的两期展会，汇聚4344家品牌展商同台竞技，专业观众入场总人数297759，展出规模76万平方米，参展商4344家，全球家居人和跨界设计师共同探索设计的想象，畅享一场极具创造力、高品质、未来感和人性化的家居盛会。

作为"新品首发"，商贸首选平台，本届中国家博会（广州）新品发布蔚然成风，设计亮点精彩空前，商贸优势持续增强，服务体验全面升级，为展商和观众带来实实在在的获得感和幸福感。

二、展会亮点

亮点一：颜美质高新物种 彰显品位新生活

本届中国家博会汇聚一批极具创新理念、创造能力和创意表达的实力品牌，全产业链五大展区联袂展出高颜值高品质新物种，为行业提供一站式的家居采购选择和多元生活方式选择。

展会期间，超过90%的展商首秀新品，50多家企业举办现场发布活动；新设"全球家居新品首发主题展"，从全球各大家居新品中甄选25款最具前瞻意识的原创新品，多维度打造新品发布平台。

设计、定制、极简、轻奢……众多潮流热点汇

展会现场

聚民用家具展区，原创设计品牌、国际知名企业、新锐家居新星济济一堂大显身手。设计潮流馆内，温浩、朱小杰、侯正光、陈向京、柴晓东等设计巨匠携设计品牌大放异彩，向全世界宣告中国原创家具新风向。

饰品家纺展区，从软装新品的呈现，到整体空间的打造，家居陈设原创与文艺之美相互碰撞，以新灵感点亮美好活氛围。走进户外家居展区，犹如置身世外桃源，环球花园生活方式、中式园林庭院文化，东西方休闲哲学完美交融，令人对这个家博会的后花园过目不忘。

办公环境展除了系统办公、坐具等题材外，本届办公环境展还根据社会热点和行业发展趋势，融入了医疗养老题材、酒店工程及室内软装等新鲜主题，呈现更多设计新概念。本届展会首次启用南丰国际会展中心作为E区，打造智能办公和综合配套展区，专题展示升降桌、屏幕支架、系统办公等智能产品，为行业发展提出更前沿的智能化解决方案。

设备配料展专注智能技术在家具生产制造中的新应用、新发展，既有全球知名品牌带来尖端展示，更有干货满满的发布及论坛，带你全方位了解全球家具制造产业变革发展新趋势。

亮点二：人气爆表新商业 缔造参展新价值

八天展会是海内外两个家居市场蓬勃发展的缩影。强大精准的内外销商贸功能及无可比拟的海内外影响力和辐射力，一直是中国家博会（广州）的独有优势。76万平方米的宏大展会，各个题材展馆均呈现人流涌动、门庭若市的盛况，许多热门展位门口均大排长龙，所到之处，皆可感受到浓浓的商业氛围。

在广邀海内外客商的基础上，中国家博会更关注观众质量和参展效果。本届展会的特色贸易配对服务再度升级，邀请多位海内外大买家及设计师到会，根据其采购需求提前联系相关展商，并由专人指引到展位，精准高效的对接服务得到展商观众高度赞扬。中国家博会为展商们的积极反馈备受鼓舞，同时也对今后进一步强化"商贸首选平台"充满信心。

亮点三：人性友好新服务 升级观展新体验

体验全面升级，观展更加愉悦。从观众来到展馆门前的一刻起，家博会便开始提供细致周到的现场服务。

三、现场活动

本届中国家博会举办了数十场精彩纷呈的设计活动，既有打破时空纬度、呈现家居空间新视角的场景展示，又有解码原创新风向、引领多元生活方式的创意分享，带来设计感更佳，设计风格更全，设计理念更新的家居盛宴。作为会展业国家队的品牌展会，本届中国家博会举办形式多样的行业交流活动，为推动中国家具行业高质量发展贡献更大力量。

本届家博会汇聚行业优秀设计力量，60多位跨界知名设计师倾力参与，以案例分享、论坛沙龙、趋势发布等多种形式，吸引大批粉丝前来围观打卡，撬动设计圈层的深入交流与互动，启发人们对品质生活的思考与追求，展开关于未来设计的无限想象。

第43届中国家博会（广州）开幕介绍会

新庭院生活主题馆

春季家居设计趋势风向大会

"换个角度看世界"设计分享沙龙

"中国家具制造·未来的样子"2019趋势发布周

四、展会预告

第45届中国（广州）国际家具博览会将于2020年7月27—30日在广州琶洲广交会展馆举行。第46届中国（上海）国际家具博览会将于2020年9月7—10日在上海虹桥国家会展中心举办，同期举行2020上海国际家具生产设备及木工机械展览会。敬请关注。

12届
沈阳国际家博会
SHENYANG INTERNATIONAL FURNITURE EXPO

2020.08.07-09

沈阳国际展览中心

150,000㎡ 展览面积
150,000 买家云集
1000 家参展企业

2021
春展：3.30-4.01
秋展：8.07-8.09

组委会联系方式：024-22733380

微信公众平台

2019 中国沈阳国际家博会

一、展会概述

沈阳家博会于 2012 年开始在沈阳国际展览中心举行，2018 年开启春秋双展，即每年 3 月下旬、8 月上旬举行。沈阳家博会以沈阳为中心，辐射东北、华北及东北亚国际市场，是涵盖各类家具、定制家居、居室门品、集成吊顶、陶瓷卫浴、地板、灯饰、家居饰品、装饰装修材料、木工机械及原辅材料等家居全产业链的行业盛会。

2019 年，沈阳家博会春秋双展设有 15 个展馆，总规模达到 21 万平方米，吸引 1500 家企业参展，接待来自国内外专业人士达 25 万人次。分别比 2018 年增长 10.5%、15%、23.47%。沈阳家博会不仅在展厅面积、参展品牌、设计服务上不断提升，更在会展的内涵、品质上得以完善升华，成为中国北方最具规模、最有发展前景、最具影响力的家居全产业盛会。中国北方家居企业更是近水楼台，收获多多。通过沈阳家博会走向全国，走进国际市场。更有企业搬迁到沈阳，建立厂房，扩大生产，以沈阳家博会为桥梁，拓展市场份额。

2019 年 9 月，在中国家具协会成立 30 周年的庆典表彰大会上，沈阳家博会被授予"中国家具行业品牌展会"荣誉称号，跻身于全国七大品牌家居展会行列。

二、观众分析

1. 第 9 届沈阳家博会（春展）人气火爆，再创新高

2019 年 3 月 30 日—4 月 1 日，沈阳家博会春展隆重举行。展会规模达 7 万平方米。来自全国各

沈阳家博会场内盛况

地的 550 家企业参展，接待来自国内外专业人士 10 万人次，分别比去年春季展增长 17%、35.8% 和 25%。

展商对展会满意度超过 95% 以上，70% 签满上半年产品生产订单，70% 实现了拓展东北市场的目标，90% 参展企业预定 2019 年沈阳家博会秋季展和 2020 年沈阳家博会春季展位。被业界公认为 2019 开年发展最快、最成功的家居专业展会，当选中国北方家居业春季里的大展。

2. 第 10 届沈阳家博会（秋季展）春华秋实、岁物丰成

第 10 届沈阳家博会规模 15 万平方米，设有 11 大展馆，接待来自国内外专业人士达 15.6 万人次，比去年增长 17.4%，实现新的大跨越。

展会观众以东北三省、内蒙为主，其中辽宁占 38.4%，吉林 16.5%，黑龙江 14.1%，内蒙古 11%，四大主要区域占 80%，其余为河北、河南、山东、山西、陕西等。从观众整体数量上看各个区域数量均有较大幅度增长，其中辽宁观展人数增长 11.3%，

吉林增长22.8%，黑龙江增长25.15%，内蒙增长26.4%，河北增长31.1%。从观众所在城市来看，前10名城市：沈阳、大连、鞍山、长春、哈尔滨、通辽、赤峰、丹东、营口、锦州。

展会的定位为专业渠道展，其中，专业客户占比90.2%，非专业客户9.8%；在专业客户中：经销商占57.2%，生产企业占23.2%，设计师及装修公司占11.6%，家居商场占6.28%，其他占1.72%。观众的与会的目的性很强，主要为订货、采购、寻求合作和了解行业动态、市场发展新趋势。

三、现场活动

1. 国家协会、地方省市领导高度重视支持

沈阳国际家博会一直以来深受行业和社会各界高度关注。2019年沈阳家博会举办期间，中国轻工业联合会、中国家具协会、中国林产工业协会、辽宁省政协、沈阳市政府、辽宁省工商联、辽宁省工信厅、辽宁省民政厅、辽宁省商务厅、沈阳市工信局、沈阳市商务局、沈阳市民政局等相关领导到会考察调研。

中国轻工业联合会党委书记、会长张崇和，中国轻工业联合会党委副书记、中国家具协会理事长徐祥楠与辽宁省政协副主席、省工商业联合会主席赵延庆出席开幕式并为大会开幕剪彩，并就做好协商会建设，助推东北老工业基地振兴发展交换了意见；与沈阳市政府副市长李松林等领导参观展会，就做大做强会展经济、打造沈阳会展中心城市名片、促进家具产业发展进行有益的探讨。张崇和会长、徐祥楠理事长等领导还到辽阳、本溪考察调研，参

2018—2019中国沈阳国际家博会后数据统计表

主要指标	2019年	2018年	同比增长率
展会面积（万平方米）	21	19	10.5%
展商数量（个）	1500	1300	15%
观众人次（万）	25	21.30	23.47%

家博会贵宾室与会领导合影

观辽宁忠旺集团，就全铝家具发展，打造辽阳全铝家具产业基地、建设本溪金属家具板材基地项目进行调研指导。

2. 会间活动丰富多彩

展会期间，举办辽宁省家具协会团体标准《全铝家具通用技术条件》《多功能翻转公寓床》发布表彰仪式；召开"对话设计、空间与家具"设计论坛；举办"为民而生，精'芯'先行"首届东北地区睡眠主题高峰论坛；举办 2019 沈阳家博会盛京杯设计大赛；组织参观辽宁忠旺集团全铝家具科技有限公司。

中国轻工业联合会党建人事部、中国家具协会、辽宁省家具协会、沈阳家具产业协会党支部还联合举行了"勿忘国耻、警钟长鸣"党建活动——参观沈阳"九·一八"历史博物馆，让大家受到一次生动的"不忘初心，牢记使命"的主题教育。

四、展会特色

1. 家具全产业链盛会主题更加鲜明

参展展品涵盖范围更广，品质更加丰富多彩，新材料和智能设备、工具不断涌现，琳琅满目，可广泛适用于家庭、宾馆、酒店、办公、医用、轮船、火车等各种环境需求。

2. 再现中国北方定制家居新高地风采

2012 年首届沈阳家博会上，中国家具协会、中国林产工业协会、中国林产产业联合会、中国室内装饰协会、中国建筑联合会、中国建筑装饰协会、中国建筑装饰装修材料协会、中国建材市场协会、中国房地产协会、中国消费者协会等 10 大国家级行业协会联合举行高峰论坛，确定家居全屋定制为沈阳家博会的特色内容。吸引了越来越多的定制家居企业参展，2019 年沈阳家博会定制馆规模达 6 万平方米，300 家企业参展，分别比 2018 年增长 20%、11%，独占北方会展鳌头。

3. 原创设计结硕果，特色展区受欢迎

本届展会近七成的家具产品，大会设立了创意独特的特色展区：有随时可转换娱乐与休息的"榻榻米城堡"；有经济实用、风格各异的"楼梯小镇"；有炫丽璀璨、充满青春活力的"顶墙彩虹街"。让人驻足不前，订单火爆。智能客厅、智能厨房、智能卫浴、智能床具，养老助残智能家居，反响很好。

五、展会预告

展会名称	2020 中国沈阳国际家博会春秋双展
展会时间	春季展 3 月 30 日—4 月 01 日 秋季展 8 月 07 日—8 月 09 日
展会地点	沈阳国际展览中心（沈阳市苏家屯区会展路 9 号）
主办单位	中国家具协会、辽宁省家具协会
展会规模	春季展：7 万平方米，500 家展商、10 万买家
秋 季 展	15 万平方米，10 大展馆，1000 展商，15 万买家

《全铝家具通用技术条件》团体标准揭牌仪式　　《多功能翻转公寓床》团体标准揭牌仪式

-09-
行业大赛
Industry Competition

编者按：2019 年，中国轻工业联合会、中国家具协会、中国就业培训技术指导中心、中国财贸轻纺烟草工会全国委员会联合主办国家级二类竞赛"2019 年中国技能大赛——第二届全国家具雕刻职业技能竞赛"。2019 年 10 月 25—28 日，大赛总决赛在福建仙游举办，得到了仙游县人民政府、福建省家具协会、福建省古典工艺家具协会的大力支持。本次竞赛从筹备至今历时近一年，覆盖全国 5 个省份 7 个赛区，成为行业展示技艺、选拔人才、弘扬文化的重要平台，为提升行业影响力，增强行业凝聚力发挥了重要作用。

2019年中国技能大赛——"三福杯"第二届全国家具雕刻职业技能竞赛总决赛成功举办

2019年10月25—28日,2019年中国技能大赛——"三福杯"第二届全国家具雕刻职业技能竞赛总决赛在福建仙游成功举办。总决赛由中国轻工业联合会、中国家具协会、中国就业培训技术指导中心、中国财贸轻纺烟草工会全国委员会主办,仙游县人民政府、福建省家具协会、福建省古典工艺家具协会承办。

10月26日上午,2019年中国技能大赛——"三福杯"第二届全国家具雕刻职业技能竞赛总决赛开幕式在福建仙游中国古典工艺博览城举办。出席开幕式的领导和嘉宾有:十二届全国人大内务司法委员会委员、中央编办原副主任、中国轻工业联合会党委书记、会长张崇和,竞赛组委会主任、中国轻工业联合会党委副书记、中国家具协会理事长徐祥楠,中国财贸轻纺烟草工会全国委员会副主席杨冬旭,莆田市人民政府副市长陈志强,仙游县人民政府县长吴国顺,竞赛组委会副主任、中国家具协会副理事长屠祺,竞赛组委会副主任、中国家具协会专家委员会副主任刘金良,中国家具协会传统家具专业委员会主任杨波,莆田市工信局四级调研员郑伟,莆田市二轻联社副主任肖荔清,莆田市人社局四级调研员朱冰星,仙游县人民政府副县长郑秉忠,

开幕式现场

张崇和宣布总决赛开幕

徐祥楠为开幕式致辞

杨冬旭为开幕式致辞

陈志强为开幕式致辞

吴国顺为开幕式致辞

屠祺主持开幕式

裁判员代表杨波宣誓

选手代表方兆文宣誓

福建省古典工艺家具协会会长、三福集团董事长黄福华，江门市新会区人民政府副区长胡悦玲，东阳市人民政府办公室副主任陈国康，佛山市南海区桂城街道经济促进局局长陈国光，中山市大涌镇人民政府经济发展和科技信息局副局长曹浩林，以及来自全国各赛区的政府、协会、企业代表，77名参赛选手，13名裁判员等。开幕式由竞赛组委会副主任、中国家具协会副理事长屠祺主持。

十二届全国人大内务司法委员会委员、中央编办原副主任、中国轻工业联合会党委书记、会长张崇和宣布总决赛开幕。

竞赛组委会主任、中国轻工业联合会党委副书记、中国家具协会理事长徐祥楠在开幕式上致辞。他指出，竞赛汇聚人才资源优势，传承传统雕刻技艺，推进行业创新水平。希望裁判秉公执裁，选手奋勇拼搏，组委会工作人员严谨公正，让竞赛为实现中国家具行业高质量发展打下坚实的人才基础。

中国财贸轻纺烟草工会全国委员会副主席杨冬旭致辞。他强调了高素质技能人才对行业发展的重要作用，并高度赞扬大赛在培养人才方面的积极影响。

莆田市人民政府副市长陈志强在致辞中表示，莆田市人民政府大力培养优秀技能人才，扶持工艺美术产业发展，本次大赛在推动莆田市产业转型升级方面发挥了重要作用。

仙游县人民政府县长吴国顺在致辞中介绍了仙游县工艺家具产业发展情况。他表示，大赛是发扬中国家具雕刻传统技艺的重要平台，有助于仙作工艺迈上新台阶。

开幕式上，中国家具协会传统家具专业委员会主任杨波和选手代表方兆文分别代表裁判员和参赛选手庄严宣誓。

开幕式前一天下午，总决赛召开了裁判员工作会议，竞赛组委会副主任、中国家具协会专家委员会副主任刘金良和来自全国的13位国家职业技能裁判员参加会议。会议宣读了总决赛裁判员名单，代表组委会聘任了竞赛裁判组组长为陆光正，副组长为田燕波，组员为杨波、曹静楼、段国梁、刘晓红、于永超、徐宗华、林志权、冼坚毅、陈正民、卢志江、姜恒夫。监考组组长为姜恒夫，组员为刘晓红、卢志江、陈正名、徐宗华。会议强调了总决赛裁判员的工作纪律和守则，讨论并通过了《技能竞赛技术文件（评分标准）》，介绍了理论考试的工作要求，签署了裁判员保密守则，颁发了裁判员证书。

10月25日晚，全体裁判员和来自全国7个赛区的77名选手召开了技术说明会。选手抽取了比赛工位号并粘贴了雕刻图稿，裁判员们公布了竞赛注意事项和评分标准，并就参赛选手提出的相关技术细则进行了答疑。会后，参赛选手参加了总决赛理论考试。考试时间为90分钟，采用百分制，理论成绩占总决赛总成绩的20%。理论考试内容包括：常用木材知识、常用雕刻工具的基本知识、木雕专业知识与相关的艺术常识、雕刻基本流程知识、安全文明生产与环境保护知识、质量管理知识和相关法律法规知识。

总决赛裁判员和监审委员合影

技能竞赛现场

裁判员评审现场

10月26日上午9点整，总决赛技能竞赛正式开始，技能竞赛总时长16小时，分2天连续进行，成绩占总成绩的80%。内容为：使用手工雕刻工具，按照竞赛组委会提供的雕刻图稿和缅甸花梨花板，现场、独立地进行平面浅浮雕。职工组雕刻图稿为《黛玉看西厢记》，院校组雕刻图稿为《羲之爱鹅》。总决赛获得前3名的选手，将报请人力资源和社会保障部授予"全国技术能手"荣誉称号，取得其他名次的选手将依次获得"全国轻工行业技术能手""中国家具行业技术能手""中国家具行业工匠之星"等荣誉。

10月27日晚16点50分，技能比赛结束，参加总决赛的77名选手全部完成了花板的手工雕刻。晚上18点30分，总决赛全体裁判员在选手离场、工作人员对所有参赛作品进行打乱顺序重新编号后进入评审工作去。裁判员们根据"①艺术效果：作品雕刻线条流畅，作品结构合理，比例协调、层次分明，作品造型优美、形象生动；②技术特色：作品完整，与图纸一致，作品起底平整、深浅均匀、无欠茬，作品无挫印、刀痕、崩欠；③现场清理：操作完毕后，刀具收拾整齐，台面、现场干净整齐"三大项七小项的评分标准，秉承高标准严要求的原

技术点评现场

技术点评现场

张崇和、徐祥楠、杨冬旭、陈志强、吴国顺等领导参观竞赛作品

7个赛区选拔赛优秀作品回顾展

总决赛表彰大会现场

徐祥楠在总决赛表彰大会上讲话

屠祺宣读优秀选手和先进单位决定

周郑生在总决赛表彰大会上致辞

陈志强在总决赛表彰大会上致辞

郑亚木在总决赛表彰大会上致辞

黄福华在总决赛表彰大会上致辞

张崇和、徐祥楠向仙游县人民政府县长吴国顺颁发特殊贡献

则，在监审委员的监督下，对所有参赛作品进行"背对背"的独立打分。经过近3个小时的裁判评审和复核确认，最终评审出选手的作品成绩。

10月28日早，总结表彰大会之前，所有裁判员和参赛选手召开了总决赛技术点评会。77件参赛作品一同展示，裁判员们对参赛作品进行了点评，一致认为本次总决赛参赛选手的整体技艺水平高、现场发挥好，赛前做了充分的准备，体现了我国红木家具各流派红木雕刻的精湛技艺和时代风采。职工组选手雕刻技艺娴熟，艺术表现完整，希望院校组选手通过此类比赛，进一步提升技艺水平。

裁判员指出，本次大赛综合考验了选手雕刻山水、花鸟、人物等形象的技艺，选手在把握整体布局的同时，需要妥善处理细节，注意深浅层次，保证作品自然美观。希望参赛选手再接再厉，保持持续的学习能力，继续发扬工匠精神，把传统的雕刻技艺传播出去、传承下去，让更多的年轻人投入到技能工作岗位上，让更多的消费者喜欢中国传统的雕刻家具。

本次总决赛的赛场内还展示了2018年中国技能大赛——全国家具制作职业技能竞赛总决赛职工组和2019年中国技能大赛——"三福杯"第二届全国家具雕刻职业技能竞赛7个分赛区选拔赛职工组和院校组的优秀作品，各地选手精彩的雕刻技艺受到了与会领导和嘉宾的一致好评。

10月28日，由中国家具协会、中国工艺美术协会、京东集团共同主办，福建省古典工艺家具协会、三福集团、中国古典工艺博览城、京东云承办的2019第七届中国（仙游）红木家具精品博览会在福建仙游中国古典工艺博览城开幕。开幕式上举行了2019年中国技能大赛——"三福杯"第二届全国家具雕刻职业技能竞赛总决赛表彰大会。

十二届全国人大内务司法委员会委员、中央编办原副主任、中国轻工业联合会党委书记、会长张崇和，国务院参事、全国政协委员、国家质检总局原副局长葛志荣，中国劳动学会会长、国务院参事、中国家具品牌集群主席杨志明，国家文化部原副部长潘震宙，中国陶瓷品牌集群主席、国家质检总局原总工程师刘卓慧，莆田市委副书记、市长李建辉，中国轻工业联合会党委副书记、中国家具协会理事长徐祥楠，中国家具协会副理事长屠祺，中国家具协会专家委员会副主任刘金良，中国工艺美术协会执行理事长周郑生，莆田市人大常委会主任阮军，莆田市政协主席林庆生，莆田市委常委、组织部长卓晓銮，莆田市人大常委会副主任宋建新，莆田市人民政府副市长陈志强，莆田市政协副主席赵爱红，仙游县委书记郑亚木，仙游县人民政府县长吴国顺，新华社民族品牌工程办公室负责人刘砺平，京东集团京东云公共业务负责人戢凡峰，京东集团京东云副总裁谢海波等领导嘉宾出席开幕式。

中国轻工业联合会党委副书记、中国家具协会理事长徐祥楠发表讲话。他表示，"仙作"红木产业经过千年的传承创新，已经发展成为特色鲜明，基础雄厚的中国红木家具产业基地。仙游产品体系日臻完善，行业人才不断涌现，为发展地方经济、推动行业进步提供了有力支撑。此次红木家具精品博览会，将继续推动仙游家具产业实现信息共享，带动仙游经济繁荣。技能竞赛的举办，更是在行业内掀起了崇尚技能、重视人才的良好氛围，弘扬了锲而不舍、精益求精的工匠精神，加强了区域间组织协调和合作交流，为提升行业影响力、增强行业凝聚力发挥了重要作用。

中国家具协会副理事长屠祺宣读《关于授予2019年中国技能大赛——"三福杯"第二届全国家具雕刻职业技能竞赛总决赛优秀选手和先进单位荣誉称号的决定》。

中国工艺美术协会执行理事长周郑生、莆田市人民政府副市长陈志强、中共仙游县委书记郑亚木、福建省古典工艺家具协会会长、三福集团董事长黄福华等嘉宾分别在开幕式上致辞。

大会进行了颁奖仪式。十二届全国人大内务司法委员会委员、中央编办原副主任、中国轻工业联合会党委书记、会长张崇和为职工组选手颁奖了"工匠之星·金奖"。

表彰大会的成功举办，标志着2019年中国技能大赛——"第二届全国家具雕刻职业技能竞赛圆满落幕。本次竞赛有力推动了家具行业技能人才队伍建设工作，在全行业形成了弘扬传统文化，崇尚工匠精神，提升技艺水平的良好氛围，为行业的高质量发展打下了坚持的人才基础。

2019年中国技能大赛——"三福杯"第二届全国家具雕刻职业技能竞赛总决赛获奖情况

获奖名单——职工组

奖项	姓名	单位名称
工匠之星·金奖 全国技术能手	周根来	江苏紫翔龙红木家具有限公司
工匠之星·银奖 全国技术能手	陈书凤	佛山市南海区中流木主工艺品店
	陈爱军	新会区会城文华苑古典红木家具厂
工匠之星·铜奖 全国轻工行业技术能手	蔡小英	中山市长丰红木家具有限公司
	虞卫民	东阳市善工红木有限公司
	黄宗炉	佛山市南海区平洲林岳宏兴红木家具厂
	王新民	中山市红古轩家具有限公司
	张国松	广东新会古典家具城有限公司
	陈少宁	佛山市礼和轩家具有限公司
	葛乃中	苏州吴中区光福前进小叶紫檀精品厂
工匠之星·优秀奖 中国家具行业技术能手	蒋达成	蒋达成雕刻工作室
	郑宇良	中山市鸿庭轩古典家具有限公司
	陈文聪	仙游县榜头镇六月居工艺品店
	楼海洪	中山市伍氏大观园家具有限公司
	方兆文	福建省琚宝古典家具有限公司
	胡茂水	江门市新会区森木古典家具有限公司
	李斌	东阳市御乾堂宫廷红木家具有限公司
	孔令星	福建省半尺文创有限公司
	金雨峰	东阳市明清宝典艺术家具有限公司
	沈斌	陆含阳工作室
	陈君强	新会区会城正扬古典家具厂
	周孝金	新会区会城良素雕刻家具厂
	邵灯祥	新会区邵氏明清古典家具厂
	蒋巧刚	义乌市至尊宝红木家具有限公司

续表

奖项	姓名	单位名称
工匠之星·优秀奖 中国家具行业技术能手	黄建海	仙游县榜头镇初人竹木雕刻厂
	赵学东	江门市新会区名嘉坊红木古典家具有限公司
	谢建生	佛山市观华堂工艺美术品有限公司
	郑金星	佛山市明雅轩家具厂
	丘雄兵	佛山市南海区耕酸堂古典家具有限公司
	孙 权	孙权手作
	陈有义	浙江省东阳市吴宁义品雕塑工作室
	陈维能	仙游县郊尾胸有成竹竹木工作室
	刘和良	仙游县榜头坝下承余堂古典家具店
	徐卫成	江门锦东古典家具实业发展有限公司
	何国春	东阳市金贺工艺品有限公司
	金学文	金学文雕刻工作室
	李金雄	仙游县鲤城华瑞工艺品厂
	叶新聪	仙游县郊尾胸有成竹竹木工作室
	刘事金	佛山市金羿缘古典家具有限公司
	金 晓	东阳市金贺工艺品有限公司
工匠之星奖 中国家具行业工匠之星	陈宝明	惠安艺和缘木雕厂
	欧春献	佛山市南海区平洲林岳宏兴红木家具厂
	陆月亮	苏州得趣居红木家具股份有限公司
	郑志坚	东阳市凤凰于飞木雕工艺品有限公司
	陈贵平	涞水县永蕊家具坊
	金高良	常熟市虞山镇谢桥盛世红木厂
	郭宏军	东阳市旭东工艺品有限公司
	张王建	常熟市东方红木家俱有限公司
	玉温礼	佛山市南海区平洲中南木雕工艺厂
	陈宗发	仙游县赖店镇宗发艺雕工作室
	陈明仙	仙游县宝泉仙帆工艺品店
	郑志镇	福建省鲁艺家居有限公司
	谢启学	福建省凯丰里古典家具有限公司
	张洪振	北京市龙顺成中式家具有限公司
	蔡永胜	仙游县坝下明珠古典家具有限公司
	吴必清	福建省聚宝盆根艺有限公司
	丁建芝	河北古艺坊家具制造股份有限公司
	李彩虹	涞水县永蕊家具坊

获奖名单——院校组

奖项	姓名	院校
青年工匠之星·金奖	韦乐康	浙江广厦建设职业技术学院
青年工匠之星·银奖	李京霖	浙江广厦建设职业技术学院
	单天宇	浙江广厦建设职业技术学院
青年工匠之星·铜奖	叶泽锴	浙江广厦建设职业技术学院
	梁 赞	中山职业技术学院
	叶锦辉	东阳市职业教育中心学校
青年工匠之星奖	黄绍刚	福州大学厦门工艺美术学院
	杜睿哲	东阳市职业教育中心学校
	李伟锋	中山职业技术学院
	金 敏	浙江广厦建设职业技术学院
	周鹏鸿	浙江广厦建设职业技术学院
	凌亚文	中山职业技术学院
	黄信诚	中山职业技术学院
	羊垂嘉	福州大学厦门工艺美术学院
	廖安顺	福州大学厦门工艺美术学院
	曹璐璐	浙江广厦建设职业技术学院
	洪琳莹	中山职业技术学院
	谢露升	福州大学厦门工艺美术学院
	周仰思	福州大学厦门工艺美术学院

获奖作品

― 职工组 ―

金奖

周根来,男,1984年10月4日出生,江苏海安人,1999年师从伯伯周立志学习木工雕刻,2000年远赴广东汕头学习红木家具雕刻。2004年,就职于江苏紫翔龙红木家具有限公司,现任公司精雕车间主任。进入公司后,专注于南通非物质文化遗产——"浅浮雕工艺"的学习和钻研,把浅浮雕工艺融入红木雕刻技艺手法中。他擅长雕刻人物、动物及花鸟,所雕刻的作品纤毫毕现,栩栩如生,富有灵性。作为公司青年技术骨干,他严于律己,以"匠人匠心、传承创新"为座右铭。经过二十年的不断学习,潜心钻研,已成为一名技艺精湛的红木雕刻技师。

银奖 银奖

陈书凤，男，1975年5月出生。1995年开始学习手工雕刻，2010年创办佛山市南海区中流柱工艺品加工店。佛山市南海区红木行业协会会员，三级职业资格。先后荣获2017年全国技能大赛——第一届中国家具雕刻职业竞赛番禺赛区石碁杯金奖，2019年全国技能大赛——第二届中国家具雕刻职业竞赛南海赛区桂城杯金奖，2019年全国技能大赛——第二届中国家具雕刻职业竞赛总决赛银奖。

陈爱军，男，1976年生，浙江东阳人。1994年师从卢旭红学习木雕技术，1997年赴厦门家具厂学习红木家具雕刻制作，2003年参与制作广西玉林云天宫室内红木雕刻，2014年在浙江湖州红楼梦木雕有限公司，参与制作由四位中国工艺美术大师监制的大型百件红楼梦系列纯手工家具雕刻。2016年南下广东新会，就职文华苑古典家具厂，专注于古典红木家具广作派纯手工高端家具的设计制作，并结合现代机械制作的简约线条美感，力求每一件家具严谨、细致。

院校组

金奖

韦乐康,男,1997年11月17日生,毕业于浙江广厦建设职业技术学院木雕设计与制作专业。现为木雕小镇夏艺雕刻厂木雕设计师助理。在校期间被评为学院"三好学生"。在2017年中国技能大赛——"明堂红木"全国家具职业技能竞赛总决赛获"青年工匠之星奖";在2019年中国技能大赛——"三福杯"第二届全国家具雕刻职业技能竞赛总决赛获"青年工匠之星金奖"。

金奖

金奖

李京霖，男，1999年4月18日生，2019年6月毕业于浙江广厦建设职业技术学院木雕设计与制作专业。现在与云良木雕雕刻。在校期间被评为学院"三好学生"；在2017年中国技能大赛——"明堂红木"全国家具职业技能竞赛总决赛获"青年工匠之星奖"；在2019年中国技能大赛——"三福杯"第二届全国家具雕刻职业技能竞赛总决赛获"青年工匠之星银奖"。

单天宇，男，2001年8月28日出生，在校学生，专业为雕刻艺术设计，在2019年中国技能大赛——"三福杯"第二届全国家具雕刻职业技能竞赛总决赛获"青年工匠之星银奖"。

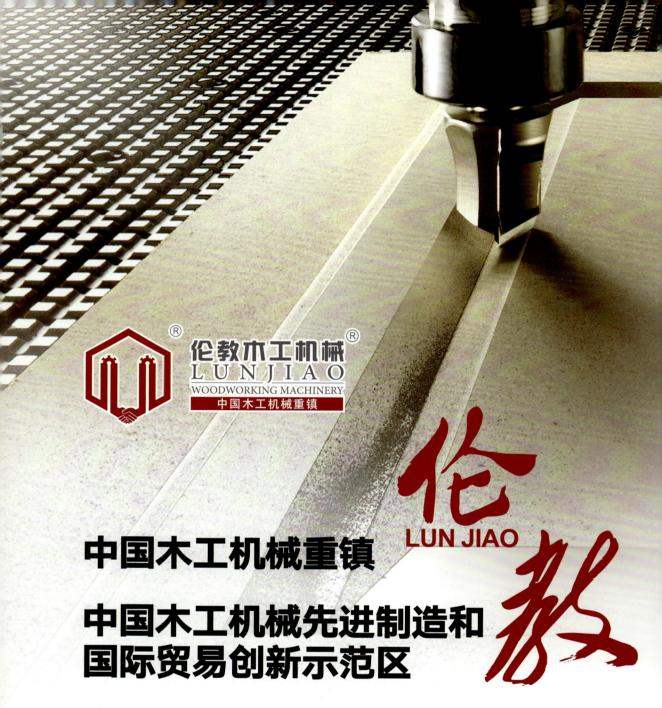

中国木工机械重镇

中国木工机械先进制造和国际贸易创新示范区

TOWN OF CHINA WOODWORKING MACHINERY, LUNJIAO, CHINA.

CHINA WOODWORKING MACHINERY ADWANCED MANUFACTURING AND INTERNATIONAL TRADE INNOVATION DEMONSTRATION ZONE.

佛山市顺德区伦教木工机械商会

地址：广东省佛山市顺德区105国道伦教段30号4楼
电话：0757-27881303 23629988   传真：0757-23620025
邮箱：sd23629988@126.com   网址：www.ljwmcc.org.cn

伦教木工机械 集体商标
LUNJIAO WOODWORKING MACHINERY COLLECTIVE TRADEMARK

为提升"中国木工机械重镇"和"中国木工机械先进制造和国际贸易创新示范区"的品牌影响力,鼓励行业优质制造,加强行业自律,提升行业的市场竞争力,由顺德区市场安全监管局伦教分局、顺德区伦教街道经济和科技促进局以及伦教木工机械商会共同组建"集体商标管理委员会"(简称"管委会"),指导、规范与管理集体商标的各项工作。评委会由质检机构、科研机构、高等院校、企业专家等人员组成,负责对申请单位的经营管理,技术创新和质量管理等情况是否符合使用集体商标的要求进行评审。

获准使用"伦教木工机械"集体商标的产品,代表该木工机械设备及服务在品质、性能等方面具有一定的先进性及稳定性,为优先推荐产品。

第一批获准使用"伦教木工机械"集体商标的产品有:

1、广东先达数控机械有限公司:全自动数控裁板锯、推台锯、智能木工钻铣加工中心、直线封边机。
2、广东博硕涂装技术有限公司:自动喷漆机。
3、佛山豪德数控机械有限公司:排钻、精密推台锯。
4、佛山市顺德区新马木工机械设备有限公司:数控榫槽机、双端数控榫头机。
5、佛山顺德区骏泓成机械制造有限公司:卧式带锯机。
6、佛山市昊扬木工机械制造有限公司:数控开料机。
7、佛山市顺德区普瑞特机械制造有限公司:滚涂机。
8、佛山市林丰砂光科技有限公司:宽幅异型面砂光机。
9、佛山市顺德区集新机械制造有限公司:双端数控榫头机、榫头加工中心、数控榫槽机。
10、广东富全来恩机械有限公司:推料升降机。

第21届中国顺德(伦教)国际木工机械博览会

2020.12.10-13

地点:广东·顺德·伦教展览馆
Address: Lunjiao Exhibition Hall, Shunde District, Guangdong City.

主办单位:伦教木工机械商会
荣誉主办:中国林业机械协会
支持单位:伦教经济和科技促进局/顺德区伦教新民股份社
协办单位:佛山市顺德区华欣龙物业管理有限公司

—— 邀请函 ——

21TH CHINA SHUNDE (LUNJIAO) INTERNATIONAL WOODWORKING MACHINERY FAIR

INVITATION

生活家居美学
三月家·心选家居商城

品质设计/工厂直供/协会心选

广州市家具行业协会
GUANGZHOU FURNITURE ASSOCIATION

入驻电话：020-6126 2888
联系邮箱：gzjjxh@126.com
地　　址：广州市越秀区沿江中路323号临江商务中心18楼

联乐家居

银离子抗菌面料 ｜ 杜邦特卫强防螨布 ｜ 防螨乳胶

防螨、防菌、防尘
每一层，都是一面防护罩
挑战洁净无菌，抵御虫螨侵害

专注健康睡眠36年

好人好梦 联乐一生

全国服务热线：400-027-1999　网址：www.lianle.com.cn
地址：湖北省武汉市武昌区友谊大道联盟南路联乐工业园

DIOUS 办公·医养·酒店家具

迪欧® 办公家

高品质 真不贵

400-0123-50

| DIOUS 迪欧 | GUSTA 格斯图 | 冠御 GRANDY |
| SENYATU 森雅图 | womez 沃美斯™ | 铭扬 |

懋隆 MARCO POLO

懋隆（MARCO POLO），始创于上世纪初，是京城最早经营古玩、古典家具、瓷器、字画的洋行。上世纪50年代起，懋隆作为专业国有外贸企业，代表国家从事旧货家具及其他各类传统工艺品、珠宝首饰的进出口业务。

上世纪80年代起，懋隆开始重点经营清代宫廷制式仿古家具，选用材质均为黄花梨、紫檀、红酸枝、花梨木、乌木等各类名贵木材，制作工艺涵盖嵌珐琅、嵌玉、漆嵌结合、纯木雕等各种古典家具的制作技法，其中不乏雕漆、百宝嵌等传统非遗工艺精品。

懋隆宫廷仿古家具用材考究、制式规范、工艺精良、式样繁多，受到中外客商的广泛赞誉。电影《火烧圆明园》、《垂帘听政》、《红楼梦》以及电视剧《还珠格格》、《甄嬛传》等剧组多次租用懋隆家具作为剧中布景；2018年，懋隆家具赴美国北卡罗莱纳州参加大型工艺品展，引起轰动，为中国传统工艺的传承与传播做出了杰出贡献。